U0338022

微波工程导论

雷振亚　明正峰
李　磊　谢拥军　编著

科学出版社

北京

内 容 简 介

本书以常用微波概念和微波电路专题为线索,简明阐述微波电路的基本理论,重点介绍常用微波知识的结论,侧重于工程实际应用。全书共 14 章,涵盖微波无源元件、有源电路、天线、微波系统、微波测量,附录给出了微波工程常用数据和材料特性等内容。各部分内容相对独立,概念清晰,并有大量的设计实例,使得读者能够尽快理解基本内容,熟悉微波电路的常见结构、指标,掌握设计方法,方便工程数据查阅。

本书可作为电子工程、通信、导航专业的教材,也可供相关专业的科研、工程技术人员参考。

图书在版编目(CIP)数据

微波工程导论/雷振亚等编著. —北京:科学出版社,2010.2
ISBN 978-7-03-026630-9

Ⅰ.①微… Ⅱ.①雷… Ⅲ.①微波技术-高等学校-教材 Ⅳ.①TN015

中国版本图书馆 CIP 数据核字(2010)第 019449 号

责任编辑:匡　敏　潘斯斯　潘继敏/责任校对:包志虹
责任印制:徐晓晨/封面设计:耕者设计工作室

科 学 出 版 社 出版
北京东黄城根北街 16 号
邮政编码:100717
http://www.sciencep.com

北京虎彩文化传播有限公司 印刷
科学出版社发行　各地新华书店经销

*

2010 年 2 月第 一 版　开本:787×1092 1/16
2021 年 1 月第五次印刷　印张:28 1/4
字数:670 000

定价:88.00 元
(如有印装质量问题,我社负责调换)

前　　言

　　射频/微波工程是当今电子工程领域内非常活跃的一个分支。通信系统和雷达系统这两类微波工程的经典应用日新月异,导航、空间、电子对抗、GPS、3G、RFID、交通管理、安全防护等各类新兴无线系统琳琅满目,层出不穷。如何使学生尽快掌握微波工程的实际内涵,便于尽快适应研发生产工作是我们经常思考的问题;如何能够综合掌握已学过的多门专业基础课程,从容面对职场选择并展现才能更是同学们的困惑与迷茫。希望本书的内容能起到抛砖引玉的作用,引导读者尽快进入射频/微波工程领域。

　　微波给人们的印象是抽象的概念和烦琐的公式。麦克斯韦(Maxwell)方程是射频/微波的基本理论,麦克斯韦方程的求解或数值计算是解决射频/微波电路的基本方法。但是,工程中能够严格求解的问题是十分有限的。尤其是有源器件、材料、结构和工艺特性,在实际中无法严格把握,难以体现在计算过程中。解决工程问题的有效方法是微波网络方法,散射参数 S 概念清晰,不追究电路内部的电磁场结构,利用等效电路对波能量的传输和反射概念,能够方便地进行电路设计和调试。任何射频/微波电路的本质仍然是能量的传输或变换。因此,在射频/微波工程实际中,通过正确的概念引导、利用成熟的结论、明白电路的技术指标、掌握设计调试的方法及实现各个电路单元的功能,就可具备承担微波工程的能力。

　　随着半导体技术的发展,MMIC 已大量地进入工程使用阶段。在元器件体积足够小的情况下,射频/微波概念可以适当淡化,像模拟电路一样进行电路设计,选择合适的芯片,合理布局电路,且使用微波印制板,设计 MMIC 的偏置电路,在射频/微波引线端口考虑特性阻抗和匹配。微波材料主要是高介电常数、低损耗的介质,高介电常数介质的使用,可以缩小微带电路的结构尺寸。

　　本书以射频/微波系统中的常用电路来安排章节结构,介绍各种电路的概念和设计方法。全书共 14 章。第 1 章微波工程介绍,第 2 章传输线理论,第 3 章匹配理论,第 4 章功率衰减器,第 5 章功率分配器/合成器,第 6 章定向耦合器,第 7 章射频/微波滤波器,第 8章放大器设计,第 9 章微波振荡器,第 10 章频率合成器,第 11 章其他常用微波电路,第12 章射频/微波天线,第 13 章射频/微波系统,第 14 章微波测量。附录给出回波损耗、功率电平、衰减器计算、LTCC 材料和电路拓扑、各类微波材料特性等内容。每章内容的安排思路是:给出电路指标定义,直接引用公式推导结论,交代清楚物理概念,通过大量实例说明设计过程,强调电路设计和调试中的要领。希望读者把这些设计实例读懂,重复一遍,推广使用。这样,就能掌握微波电路及系统知识,为射频/微波工作打下良好的工程基础。每章的最后都给出一些现代微波工程实例,以扩充知识面。

　　本书的读者对象是电子、通信类专业的学生或工程技术人员。对于掌握了电磁场与微波技术理论系列课程的读者,通过本书可以快速进入工程领域,掌握设计射频/微波电路的基本要领。对于电子相关专业的读者,通过本书可以快速跨入射频/微波技术行列,学习射频/微波工程的基础理论和工程技术,也可以通过本书配合微波设计软件使用和实验系统教学,为从事相关专业的研发生产工作打下良好的基础。

作者感谢西安电子科技大学微波研究所的研究生胡海鹏、王俊鹏、徐银芳、盛琼年等为本书所做的大量具体工作,感谢西安电子科技大学国家电工电子教学基地、电子工程学院、天线与微波国防重点实验室的有关领导和同事给予的热情鼓励和大力支持。

本书的内容安排是个尝试性的工作。由于作者水平有限,书中难免存在不妥之处,敬望各位同行和读者提出宝贵意见,作者诚恳接受,并将在后续版本中采纳。

作　者

2009 年 2 月

目　　录

第1章 微波工程介绍

随着无线技术的发展,微波电子系统已经广泛用于国民经济、军事和人们日常生活的各个方面,如微波通信、雷达、微波遥感、全球定位系统(如 GPS、GLONSS)、遥控遥测系统、电子战系统等,这些都对社会和人们的生活产生了深远的影响。

近些年来以蜂窝移动通信为核心的无线应用技术,包括无线局域网(WLAN)、蓝牙技术(Bluetooth)、电视直播服务(DBS)等,并已取得巨大发展,微波系统的设计在整个无线应用系统中的地位日益突出。由于在高频条件下,微波电路的特性与低频电路不同,如微波电路的集肤效应、电磁辐射效应等,都需要利用微波理论去理解和设计微波电路。微波元件常常是分布元件,因为器件的尺寸与微波波长为同一个数量级,所以其中的电压或电流相位在器件的物理尺寸内有明显变化,增加了电路设计的难度。虽然微波的独特性使分析和设计微波器件和系统变得更加困难,但这些因素也恰恰是微波系统得到广泛应用的前提。

1.1 常用无线电频段

在过去的一百多年里,人们对微波技术的认识和使用日趋成熟,从图 1-1-1 中可以看出,近年微波工程的应用范围越来越广泛。

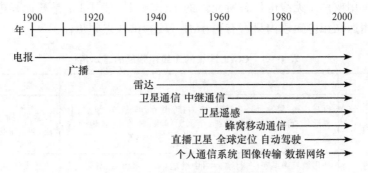

图 1-1-1 无线电技术的发展历史

对电磁波频谱的划分是美国国防部于第二次世界大战期间提出的,由美国电气和电子工程协会(IEEE)推广,被工业界和政府部门广泛接受,具体电磁波频谱分段见图 1-1-2。在整个电磁波谱中,微波处于普通无线电波与红外线之间,是频率最高的无线电波,它的频带宽度比所有普通无线电波波段总和宽 1000 倍以上,可携带的信息量不可想象。一般情况下,微波频段又可划分为米波(波长 10～1m,频率 30～300MHz),分米波(波长 10～1dm,频率 300～3000MHz),厘米波(波长 10～1cm,频率 3～30GHz)和毫米波(波长 10～1mm,频率 30～300GHz)四个波段。其后是亚毫米波、远红外、红外线和可见光。

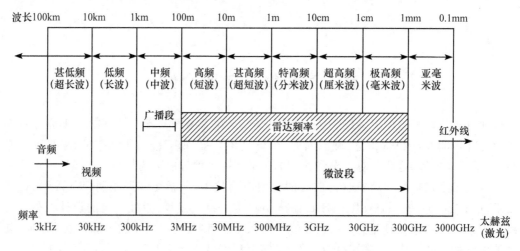

图 1-1-2　电磁波频谱

以上的这些波段的划分并不是唯一的,还有其他许多不同的划分方法,分别由不同的学术组织和政府机构提出,如第二次世界大战中为保密而采用 L、S、X 等字母来命名雷达波段,在相同的名称代号下有不同的范围,因此波段代号只是大致的频谱范围。另外,以上这些波段的分界也并不严格,工作于分界线两边临近频率的系统并没有质和量的跃变,这些划分完全是人为的,仅是一种助记符号。

对不同频段无线电信号的使用不能随意确定,也就是说,频谱作为一种资源,各国各级政府都有相应的机构对无线电设备的工作频率和发射功率进行严格管理。国际范围内更有详细的频谱用途规定,即 CCIR 建议文件。在这个文件中,规定了雷达、通信、导航、工业应用等军用或民用无线电设备所允许的工作频段。表 1-1-1 是各无线电频段的基本用途。各个用途在相应频段内只占有更小的一段频谱或点频工作。

表 1-1-1　CCIR 建议的无线电频段的基本用途

频　　段	基 本 用 途	备　　注
VHF 和 UHF (30~3000MHz)	电视广播;警察、防灾、道路、电力、矿山、汽车、火车、航空、卫星通信;行业专用指挥系统;个人无线电;气象雷达、地面雷达、海事雷达、二次雷达;生物医学、工业加热等	技术发展最成熟,应用最广泛,频谱最拥挤
SHF (3~30GHz)	公用微波中继通信,行政专用中继通信;卫星电视、导航、遥感;射电天文、宇宙研究;探测制导、军用雷达、电子对抗	穿透大气层,广泛用于空间技术
EHF (30~300GHz)	各种小型雷达;专门用途通信;外空研究;核物理工程;无线电波谱学	尺寸更小,近红外,与近代物理学相关

和平年代,在某个地区要避免用途不同的无线电设备使用相同的频率。相反,在电子对抗或电子战系统中,就是要设法掌握敌方所使用的无线电频率,给对方实施毁灭性打击。

目前,发展最快的民用领域是移动通信,巨大的市场潜力和飞速的更新步伐,使得这一领域成为全球的一个支柱产业,表 1-1-2 给出了常用移动通信系统频段分布及其工作方式。

表 1-1-2　常用移动通信系统频段分布

系　　统	IS-95	IS-54	GSM	DCS-1800	DECT	CDMA	WCDMA (CDMA2000)
频带/MHz	869～894 824～849	869～894 824～849	935～960 890～915	1710～1785 1805～1880	1800～1900	1885～2025 2110～2200	1885～2025 2110～2200
多址	CDMA-SS/ FDMA	TDMA/ FDMA	TDMA/ FDMA	TDMA/ FDMA	TDMA/ FDMA	CDMA/ FDMA	CDMA/ FDMA
复用	FDD	FDD	FDD	FDD	FDD		
信道带宽	1250	30	200	200	1728	1250	4400～5000
调制	BPSK/ QPSK	Π/4- QDPSK	GMSK	GMSK	GFSK		BPSK/ QPSK
发射功率/W	200	600/200	1000/125	1000/125	250/10		
语音速率/(kbit/s)	1～8	8	13	13	32	9.6	8.6
语音信道		3	8	8	12		
码片速率/(Mbit/s)	1.2288					1.2288	4.096

一般地,微波技术所涉及的无线电频谱是图 1-1-2 中甚高频(VHF)到毫米波段或者 P 波段到毫米波段很宽范围内的无线电信号的发射与接收设备。具体地,这些技术包括信号的产生、调制、功率放大、发射、接收、低噪声放大、混频、解调、检测、滤波、衰减、移相和开关等各个模块单元的设计和生产。它的基本理论是经典的电磁场理论,研究电磁波沿传输线的传播特性有两种分析方法。一种是"场"的分析方法,即从麦克斯韦方程出发,在特定边界条件下解电磁波动方程,求得场量的时空变化规律,分析电磁波沿线的各种传输特性;另一种是"路"的分析方法,即将传输线作为分布参数电路处理,用基尔霍夫定律建立传输线方程,求得线上电压和电流的时空变化规律,分析电压和电流的各种传输特性。两种方法研究同一个问题,其结论是相同的。到底是用"场"的方法还是用"路"的方法应由研究的方便程度来决定。微波工程中的大量问题采用网络方法和分布参数概念可以得到满意的工程结果,而不是拘泥于严谨的麦克斯韦方程组及其数值解法。

在微波频率范围内,由于模块的几何尺寸与信号的工作波长可以比拟,分布参数概念始终贯穿于工程技术的各个方面。而且,同一功能的模块,在不同的工作频段的结构和实现方式大不相同。"结构就是电路"是微波电路的显著特征。微波电路的设计目标就是处理好材料、结构与电路功能的关系。

1.2　微波的重要特性

微波技术的迅速发展和广泛应用,是与微波技术的特性密切相关的,下面主要介绍微波的基本特性及其优、缺点。

1.2.1　微波的基本特性

1. 似光性

微波能像光线一样在空气或其他媒体中沿直线以光速传播,在不同的媒体界面上存在入射和反射现象。这是因为微波的波长很短,比地球上的一般物体(如舰船、飞机、火箭、导弹、汽车、房屋等)的几何尺寸小得多或在同一个数量级,当微波照射到这些物体上时将产生明显的反射,对于某些物体将会产生镜面反射。因此,可以制成体积合适、增益高、方向性强的天线,用来传输信息,实现通信。而接收物体所引起的回波或其他物体发射的微弱信号,可确定物体的方向、距离和特征,实现雷达探测。

2. 穿透性

微波照射某些物体时,能够深入物体的内部。微波(特别是厘米波段)信号能穿透电离层,是人们探测外层空间的重要窗口;能够穿透云雾、植被、积雪和地表层,具有全天候的工作能力,是遥感技术的重要手段;能够穿透生物组织,是医学透热疗法的重要方法;能穿透等离子体,是等离子体诊断、研究的重要手段。

3. 非电离性

一般情况下,微波的量子能量还不够大,不足以改变物质分子的内部结构或破坏物质分子的结构。由物理学知道,在外加电磁场周期力的作用下,物质内分子、原子和原子核会产生多种共振现象,其中,许多共振频率处于微波频段。这就为研究物质内部结构提供了强有力的实验手段,从而形成一门独立的分支方向——微波波谱学。从另一方面考虑,由物质的微波共振特性,可以用某些特定的物质研制微波元器件,完成许多微波系统的建立。

4. 信息性

微波频带比普通的中波、短波和超短波的频带要宽几千倍以上,这就意味着微波可以携带的信息量要比普通无线电波可能携带的信息量大得多。因此,现代生活中的移动通信、多路通信、图像传输、卫星通信等设备全都使用微波作为传送手段。微波信号还可提供相位信息、极化信息、多普勒频移信息等。这些特性可以被广泛应用于目标探测、目标特征分析、遥测遥控、遥感等领域。

1.2.2　微波的主要优点

由上述基本特性可归纳出微波与普通无线电相比的优点。

(1)频带宽:可以容纳较多的设备同时工作,实现多波段、大容量的传输。

(2)分辨率高:由于波长短,容易实现定向发射和定向接收信号,在军事上可以对目标进行测角、测距;另外,随着信号处理技术的发展,机载雷达已经实现在微波频段对目标进行高精度的成像。

(3)尺寸小:电路元件和天线体积小。

(4)外界干扰小:因为工业城市噪声(如飞机、高压线、电火花)等干扰的主要频谱集中在低频区,因此对微波波段的干扰小。

1.2.3　微波的不利因素

由于微波本身的特点,也会带来一些局限性。主要体现在:

（1）辐射损耗大。

（2）元器件成本高。

（3）电路中，元件损耗大，输出功率小。

（4）设计工具精度低，成熟技术少。

因此，在设计过程中，需要合理地设计电路，取得一个比较好的优化方案。

1.3　微波工程中的核心问题

微波工程中所要解决的核心问题是以下三大主要方面：频率、阻抗和功率。只有合理的解决好三者的关系，才能实现预期的电路功能。

1.3.1　微波铁三角

由于频率、阻抗和功率是贯穿微波工程的三大核心指标，将其称为微波铁三角能够形象地反映微波工程的基本内容。这三方面既有各自独立的特性，又相互影响。三者的关系可以用图 1-3-1 表示。

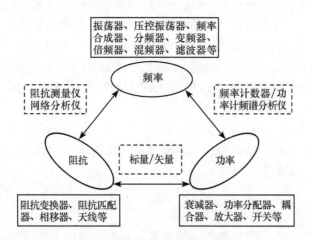

图 1-3-1　频率、阻抗和功率之间的关系

这三个方面涵盖了微波工程中核心内容，下面给出对它们的解释。

1.3.2　微波铁三角的内涵

1. 频率

频率是微波工程中最基本的一个参数，对应于无线系统所工作的频谱范围，也规定了所研究的微波电路的基本前提，进而决定了微波电路的结构形式和器件材料。直接影响频率的微波电路有：

（1）信号产生器。用来产生特定频率的信号，如点频振荡器、机械调谐振荡器、压控振荡器、频率合成器等。

（2）频率变换器。将一个或两个频率的信号变为另一个所希望的频率信号，如分频器、变频器、倍频器、混频器等。

（3）频率选择电路。在复杂的频谱环境中，选择所关心的频谱范围。经典的频率选择电路是滤波器，如低通滤波器、带通滤波器、高通滤波器和带阻滤波器等。近年发展起来的高速电子开关由于体积小，在许多方面取代了滤波器实现频率选择。

在微波工程中，这些电路既可以独立工作，也可以相互组合，还可以与其他电路组合，构成微波电路子系统。

这些电路的测量仪器有频谱分析仪、频率计数器、功率计、网络分析仪等。

2. 功率

功率用来描述微波信号的能量大小，所有电路或系统的设计目标都是实现微波能量的最佳传递。对微波信号功率影响的主要电路有：

（1）衰减器。衰减器用来控制微波信号功率的大小。通常是由有耗材料（电阻性材料）构成，有固定衰减量和可调衰减量之分。

（2）功率分配器。功率分配器指用来将一路微波信号分成若干路的组件。信号可以是等分的，也可以是按比例分配的，希望分配后信号的损失尽可能小。功率分配器也可用作功率合成器，在各个支路口接同频同相等幅信号，在主路叠加输出。

（3）耦合器。定向耦合器是一种特殊的分配器。通常是耦合一小部分功率到支路，用以检测主路信号地工作状态是否正常。分支线耦合器和环形桥耦合器实现不同相位的功率分配/合成，配合微波二极管完成多种功能的微波电路，如混频、变频、移相等。

（4）放大器。放大器用来提高微波信号功率的电路，在微波工程中地位极为重要。用于接收的是小信号放大器，该类放大器着重要求低噪声、高增益；用于发射的是功率放大器，着重点在放大器的输出功率。

3. 阻抗

阻抗是在特定频率下，描述各种微波电路对微波信号能量传输影响的一个参数。构成电路的材料和结构对工作频率的响应决定电路阻抗参数大小。工程实际中，应设法改进阻抗特性，实现能量的最大传输。所涉及微波电路有：

（1）阻抗变换器。增加合适的元件或结构，实现一个阻抗向另一个阻抗的过渡。

（2）阻抗匹配器。一种特定的阻抗变换器，实现两个阻抗之间的匹配。

（3）天线。一种特定的阻抗匹配器，实现微波信号在封闭传输线和空气媒体之间的匹配传送。

1.4 微波系统举例

微波电路在通信、遥感、导航、生物医学和微波能等方面应用相当广泛，下面给出几种微波系统的结构框图或系统示意图。图中方框内的部分功能电路就是我们要学习的微波电路,在以后的章节中分别介绍这些电路的基本原理、设计方法、工程实现等。

1.4.1　微波通信系统

1. 数字微波通信系统

微波通信的基本原理就是利用其似光传输特性,穿越空气,实现信息的无线传输。由于微波的频率极高,波长又很短,在空中的传播特性与光波相近,遇到阻挡就被反射或被阻断,因此微波通信的主要方式是视距通信,超过视距以后需要中继转发。数字微波通信系统构成框图如图 1-4-1 所示。

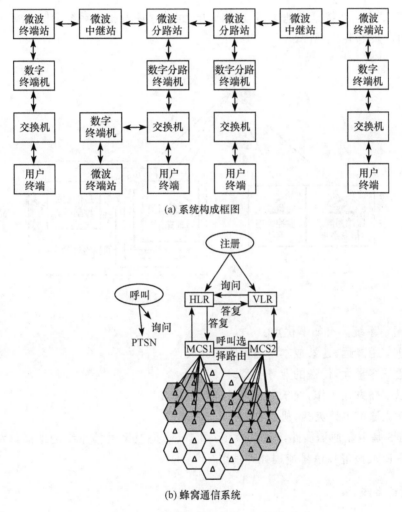

(a) 系统构成框图

(b) 蜂窝通信系统

图 1-4-1　数字微波通信系统构成框图

微波通信由于其频带宽、容量大,可以用于各种电信业务的传送,如电话、电报、数据、传真以及彩色电视等。微波通信具有良好的抗灾性能,对水灾、风灾及地震等自然灾害,微波通信受影响较小。但微波经空中传送,易受干扰,在同一微波电路上不能将相同频率用于同一方向,因此微波电路必须在无线电管理部门的严格管理之下进行建设。此外由于微波直线传播的特性,在电波波束方向上,不能有高楼阻挡,因此城市规划部门要考虑城市空间微波通道的规划,使通信不受高楼阻隔的影响。

　　一般说来,由于地球曲面的影响以及空间传输的损耗,每隔 50km 左右,就需要设置中继站,将电波放大转发而使其能继续传输,这种通信方式,也称为微波中继通信或称微波接力通信。长距离微波通信干线可以经过几十次中继而传至数千公里外仍可保持很高的通信质量。

　　2. 卫星通信系统

　　通常卫星通信系统是由地球站、通信卫星、跟踪遥测及指令系统和监控管理系统 4 大部分组成的,如图 1-4-2 所示。

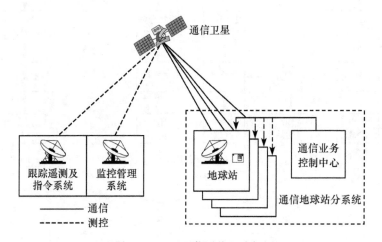

图 1-4-2　卫星通信系统组成框图

卫星通信系统具有如下优点:
(1) 通信距离远,建站成本与通信距离无关。
(2) 通信容量大,传送的业务类型多。
(3) 以广播方式工作,便于实现多址连接。
(4) 建立通信电路灵活,机动性好。

　　图 1-4-3 是卫星通信线路组成示意图;图 1-4-4 是卫星通信系统的地面站结构框图;图 1-4-5 是 K 波段卫星信号流程处理框图。

1.4.2　雷达系统

　　1. 基本原理

　　雷达(radar)原是“无线电探测与定位”的英文缩写,基本任务是探测感兴趣的目标,测定有关目标的距离、方向、速度等状态参数,雷达系统主要由天线、发射机、接收机(包括信号处理机)和显示器等部分组成。

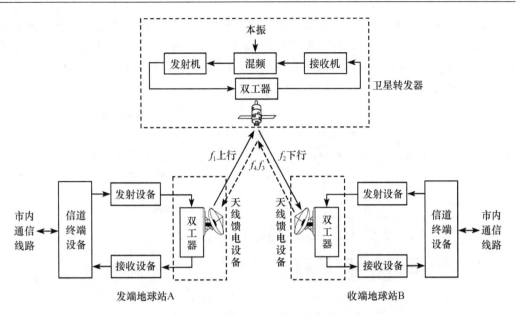

图 1-4-3　卫星通信线路的组成

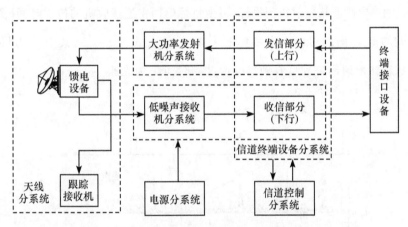

图 1-4-4　卫星地面站结构框图

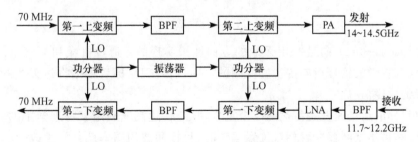

图 1-4-5　K 波段卫星信号流程处理框图

　　雷达探测示意图如图 1-4-6 所示。雷达的一般工作原理是:天线将发射机送来的微波信号在空间中形成一定的波束发射出去,当电磁波遇到波束内的目标后,将沿着各个方向产生反射,其中的一部分电磁能量反射回雷达的方向,被雷达天线获取,天线获取的能量经过收发转换开关送到接收机,形成雷达的回波信号。由于在传播过程中电磁波会随着传播距离而衰减,雷达回波信号非常微弱,几乎被噪声所淹没,接收机放大微弱的回波信号,经过信号处理机处理,提取出包含在回波中的信息,送到显示器,显示出目标的距离、方向、速度等信息。

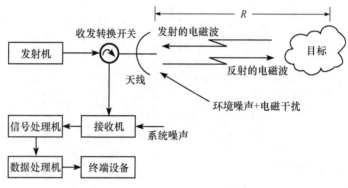

图 1-4-6　雷达探测示意图

为了测定目标的距离,雷达准确测量从电磁波发射时刻到接收到回波时刻的延迟时间,这个延迟时间是电磁波从发射机到目标,再由目标返回雷达接收机的传播时间(图 1-4-7)。根据电磁波的传播速度,可以确定目标的距离,计算公式为 $s = \dfrac{ct}{2}$,其中,s 为目标距离,t 为电磁波从雷达发射出去到接收到目标回波的时间,c 为光速。

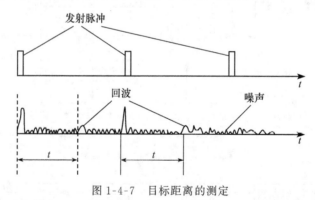

图 1-4-7　目标距离的测定

雷达测定目标的方向是利用天线的方向性来实现的。通过机械和电气上的组合作用,雷达天线将微波信号指向雷达要探测的方向,当发现目标后根据雷达天线的指向,可获得目标的角度信息。

测定目标的运动速度是雷达的一个重要功能,雷达测速利用了物理学中的多普勒原理:当目标和雷达之间存在着相对位置运动时,目标回波的频率就会发生改变,频率的变化量称为多普勒频移,可用于确定目标的相对径向速度。通常,具有测速能力的雷达,例如脉冲多普勒雷达,要比一般雷达复杂得多,多普勒频移值计算公式如下:

$$f_{\mathrm{D}}(\mathrm{Hz}) = \frac{2v_{\mathrm{r}}(\mathrm{m/s})}{\lambda(\mathrm{m})} \begin{cases} > 0, & v_{\mathrm{r}} > 0,\text{目标接近} \\ < 0, & v_{\mathrm{r}} < 0,\text{目标背离} \end{cases}$$

其中,v_r 为相对径向速度。

2. 脉冲雷达

　　脉冲雷达是雷达的一种基本形式,如图 1-4-8 所示。对发射的微波信号进行脉冲调幅,发射出去的信号就是微波脉冲。检测回波脉冲信号与发射脉冲信号的时间差,即可确定目标的距离。

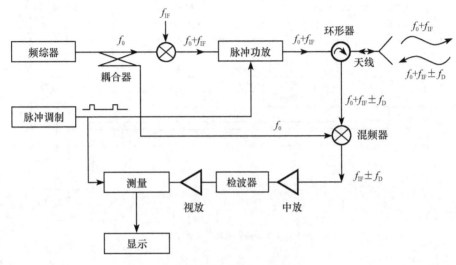

图 1-4-8　脉冲雷达框图

3. 多普勒雷达

　　多普勒(Doppler)雷达是依靠移动目标所引起的多普勒频移信息的一种雷达体制,具有很强的距离鉴别能力和速度鉴别能力,能够在复杂的背景下检测出目标。它有连续波和脉冲两种形式(图 1-4-9)。

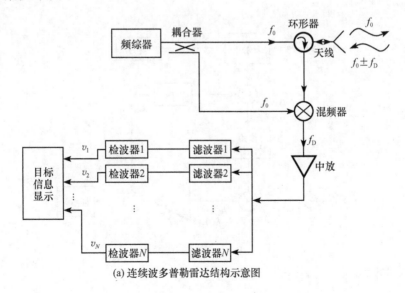

(a) 连续波多普勒雷达结构示意图

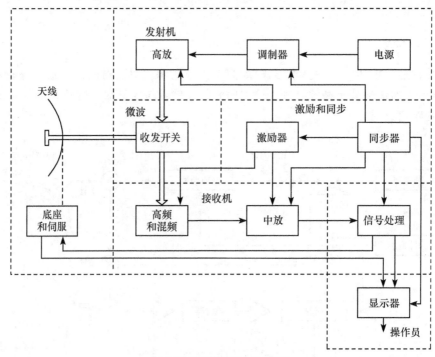

(b) 脉冲多普勒雷达结构示意图

图 1-4-9　多普勒雷达系统

4. 高度表

高度表是各种飞行器的必备仪表。通过发射调频微波信号并接收信号的频移获得目标距离的信息。如果目标是地面,就可确定出飞行器距地面的高度。图 1-4-10 是 C 波段高度表的结构框图。

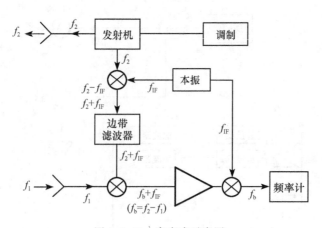

图 1-4-10　高度表示意图

5. 雷达成像

现代合成孔径雷达(SAR)的处理器包括移动补偿、内插计算、数据格式化、傅里叶变换、自动对焦、误差修正等功能,可以得到清晰的图像。广泛用于目标提取、图像识别、图像探索、自动目标识别等领域。图 1-4-11 是 SAR 系统示意图。

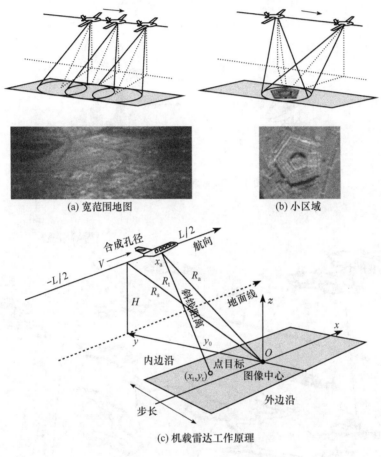

(a) 宽范围地图　　　　　　　　　(b) 小区域

(c) 机载雷达工作原理

图 1-4-11　SAR 系统示意图

6. 多径效应

雷达的工作环境内存在其他频率相同的无线电设备,或者存在固定的大型目标,如图 1-4-12 所示,就可能会引起目标丢失或探测到虚假目标,应该人为判断,或者在处理器内增加判断功能。

7. 电子战系统

图 1-4-13 是电子战系统示意图。涵盖海、陆、空之间的雷达通信和武器制导等。

图 1-4-12　雷达的工作环境

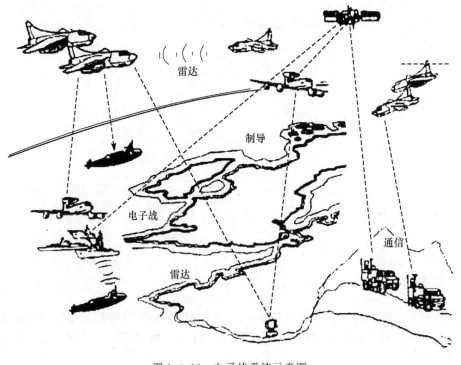

图 1-4-13　电子战系统示意图

　　可以看出:微波电路就是这些系统框图内的各个组成部分。以后将对这些电路分步介绍。

1.5 微波工程基础常识

1.5.1 关于分贝的几个概念

通常情况下,微波电路用波的概念来描述能量的传递,用功率而不用电压或电流。为便于测量和运算,普遍使用分贝。表 1-5-1 给出分贝相关的常见物理量及其用途。

表 1-5-1 分贝相关的常见物理量

单 位	物理量	定 义	用途说明
dB	比值 描述衰减或增益	$10\lg\dfrac{P_2}{P_1}=20\lg\dfrac{V_2}{V_1}$	滤波器、放大器、耦合器、开关等器件的指标
dBm	比值 功率单位	$10\lg\dfrac{P_s}{1\text{mW}}$	振荡器的输出功率
dBc	比值 功率的相对大小	$10\lg\dfrac{P_o}{P_i}=P_o(\text{dBm})-P_i(\text{dBm})$	振荡器的谐(杂)波抑制
dBc/Hz	比值 功率的相对大小	$10\lg\dfrac{P_o}{P_s}-10\lg RBW$	振荡器的相位噪声与测量仪器有关

1.5.2 常用微波接头

各种电路模块需要用接插件连接起来,这种连接可以是硬连接,也可通过电缆软连接,电缆又分为柔性电缆、软电缆和半刚性电缆。工程中的具体选择由总体结构和成本与性能等因素决定。表 1-5-2 给出常用接头的性能。

表 1-5-2 常用微波接头

接头型号	频率范围	阻抗/Ω	VSWR	插损$\sqrt{f}$/dB	说 明
BNC(Q9)	DC～3GHz	75/50/300			频率低、中功率、低价
TNC	DC～15GHz	75/50	1.07	0.05	频率低、低价
N-TYPE(≈L16)	DC～18GHz	75/50	1.06	0.05	尺寸大、结构稳定
SMA(3.5mm)	DC～18GHz	50	1.02	0.03	小型化、现代常用
APC-7(7mm)	DC～18GHz	50	1.04	0.03	尺寸大、质量高
K	DC～40GHz	50	1.04	0.03	高频、高价、高质量

这些接头都是阴-阳配对使用。旋接时一手捏紧阴头端,另一手旋转阳头端螺套,使接头插针沿轴向拔出或插入,不应旋转阴头端,以免损伤插针和插孔。接头另一端焊接微波电路或与合适的电缆相接。

1.6 微波电路的设计软件

自 20 世纪 70 年代以来,微波电路 CAD 技术已经取得了很大的进步,CAD 软件厂商推出了很多通用和专用的微波电路 CAD 软件,包括原理图和微波电路的图形输入、电路的仿真和优化、容差分析、版图生成及输出、与测试仪器接口等功能,并有许许多多的电路模型库、元件库、半导体器件的线性模型库和非线性模型库等可供选择,应该可以说是功能强大、使用方便。微波电路 CAD 软件也已被广泛应用于各种微波电路的设计,并成为微波工程师必须掌握的设计工具。

表 1-6-1 列举了几款常用的微波电路 CAD 软件。

表 1-6-1　主要的微波电路 CAD 软件

序　号	名　称	主要性能	厂　商
1	ADS	综合软件包。RFIC 设计软件、RF 电路板设计软件、DSP 专业设计软件、通信系统设计软件以及微波电路设计软件	Agilent
2	HFSS	3D 电磁场仿真。采用有限元法的任意三维结构全波电磁场仿真工具,得到电磁场分布和 S 参数、辐射特性等,主要用于微波无源电路、天馈系统设计,电磁兼容、电磁干扰分析,目标特性分析,安装平台的天线特性等	Ansoft
3	Designer	高频/高速系统通用仿真设计平台、集成化仿真设计平台,内嵌采用矩量法的三维多层平面电磁场仿真工具	Ansoft
4	Feko	从严格的电磁场积分方程出发,以经典的矩量法为基础。用于天线设计、天线布局与电磁兼容性分析	EMSS
5	MW Studio	3D 电磁场仿真。时域解算器、频域解算器和本征模解算器,移动通信、无线设计、信号完整性和电磁兼容(EMC)等	CST
6	MW Office	线性/非线性电路。对于集总元件构成的电路,用电路的方法来处理较为简便。对于微带几何图形构成的分布参数微波平面电路则采用场的方法较为有效	AWR

与其他电子 EDA 技术相比,微波电路 CAD 软件具有以下几个特点:

(1) 必须有精确的传输线模型和各种器件模型。

(2) 有时必须采用电磁场仿真等数值仿真工具。

(3) 具有 S 参数分析的功能。

微波电路 CAD 设计的步骤可大致总结如下:

(1) 根据技术性能指标的要求,选择半导体器件;对于不需要半导体器件的微波无源电路,根据技术性能指标的要求,选择网络拓扑结构。

(2) 根据所选器件的具体参数,设计匹配电路的拓扑结构。

(3) 确定(或计算)电路中各个元件的初始值。

(4) 根据技术性能指标的要求,设置优化目标(或参数);选择优化方法,并进行优化。

(5) 进行版图的设计并输出版图。

(6) 进行性能指标的复核,进行版图的检查,并提出结构设计的要求。

然而,CAD 技术不是没有限制的,微波电路在计算机仿真的模型只是实际电路的近似处理,不能完全考虑到元件值和加工容差、表面粗糙度等带来的影响。

第 2 章　传输线理论

传输线和电路理论之间的关键差别是电尺寸。电路分析假定电路的物理尺寸比工作波长小得多,而传输线的尺寸则可以和工作波长相比拟,当工作频率不断升高,微波和低频电路相比发生了本质的变化。下面我们比较两种频率信号在微带传输线中幅度和相位的不同,以便更好地理解微波信号特性。

例如,设在自由空间有 1MHz 信号,下式计算出波长为 300m。

$$\lambda = \frac{c}{f} = \frac{3 \times 10^8}{1 \times 10^6} = 300(\mathrm{m})$$

目前在微波电路中较多使用的 FR-4(玻璃环氧树脂)基板,当 1MHz 信号在 FR-4 基板中传输时,波长比自由空间中的波长要短,但也约有 160m;而一般使用基板的长度不过数十厘米左右,因此,在设计 1MHz 信号时,完全不用考虑波长进行设计,也就是说此时低频信号的振幅和相位在基板各处都是相等的。

如果工作在 FR-4 基板上的信号频率变成 1GHz,此时波长为 16cm,和基板的长度可以相比拟,在微带线上位置变化几厘米,信号的振度和相位则完全不同,如图 2-0-1 所示。

对于 1MHz 的信号,在 2cm 变化范围内,振幅和相位变化极少;而对于 1GHz 的信号,振幅下降了 30%,相位也变化了 45°,因此在进行电路设计时,必须考虑这些不同。

在微波传输线上处处存在分布电路、分布电感,线间处处存在分布电容和漏电电导,它们的数值与传输线界面尺寸、导体材料、填充介质以及工作频率有关。表 2-0-1 列出了平行双绞线和同轴线的各分布参数表达式。对于一均匀传输线,由于参数沿线均匀分布,故可任取一小线元 dz 来讨论。因 dz 很小,故可将它看成是一个集总参数电路,于是整个传输线就看成是由许多相同线元的网络级联而成的电路。

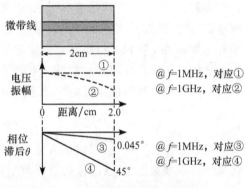

图 2-0-1　信号振幅与相位的分布

表 2-0-1　平行双绞线和同轴线的分布参数

传输线 参数	双绞线	同轴线
$L_1/(\mathrm{H/m})$	$\dfrac{\mu}{\pi}\ln\dfrac{D+\sqrt{D^2-d^2}}{d}$	$\dfrac{\mu}{2\pi}\ln\dfrac{b}{a}$
$C/(\mathrm{F/m})$	$\dfrac{\pi\varepsilon_1}{\ln\dfrac{D+\sqrt{D^2-d^2}}{d}}$	$\dfrac{2\pi\varepsilon_1}{\ln\dfrac{b}{a}}$

续表

传输线　参数	双绞线	同轴线
$R_1/(\Omega/m)$	$\dfrac{2}{\pi d}\sqrt{\dfrac{\omega\mu}{2\sigma_2}}$	$\sqrt{\dfrac{f\mu}{4\pi\sigma_2}}\left(\dfrac{1}{a}+\dfrac{1}{b}\right)$
$G_1/(S/m)$	$\dfrac{\pi\sigma_1}{\ln\dfrac{D+\sqrt{D^2-d^2}}{d}}$	$\dfrac{2\pi\sigma_1}{\ln\dfrac{b}{a}}$

注：δ_1 为导体是介质不理想的漏电电导率；δ_2 为导体的电导率，单位为 S/m；μ 为磁导率；ε_1 为介质介电常数。

2.1　集总参数元件的微波特性

在微波领域，通常意义上的金属导线、电阻、电容和电感都不是单纯的元件，而是交织着许多寄生参数，下面分别介绍这些情况。

2.1.1　金属导线

在直流和低频领域，一般认为金属导线就是一根连接线，不存在电阻、电感和电容等寄生参数。实际上，在低频情况下，这些寄生参数很小，可以忽略不计。当工作频率进入微波范围时，情况就大不相同。金属导线不仅具有自身的电阻和电感或电容，而且还是频率的函数。寄生参数对电路工作性能的影响十分明显，必须仔细考虑，谨慎设计，才能得到良好的结果。下面研究金属导线电阻的变化规律。

设圆柱状直导线的半径为 a，长度为 l，材料的电导率为 σ，则其直流电阻可表示为

$$R_{dc}=\frac{l}{\pi a^2\sigma} \tag{2-1}$$

对于直流信号来说，可以认为导线的全部横截面都可以用来传输电流，或者电流充满在整个导线横截面上，其电流密度可表示为

$$J_{z0}=\frac{I}{\pi a^2} \tag{2-2}$$

但是在交流状态下，由于交流电流会产生磁场，根据法拉第电磁感应定律，该磁场又会产生电场，与此电场联系的感生电流密度的方向将会与原始电流相反。这种效应在导线的中心部位即 $r=0$ 位置最强，造成了在 $r=0$ 附近的电阻显著增加，因而电流将趋向于在导线外表面附近流动，这种现象将随着频率的升高而加剧，这就是通常所说的"集肤效应"。进一步研究表明，在微波（$f\geqslant500\mathrm{MHz}$）范围内，此导线相对于直流状态的电阻和电感可分别表示为

$$\frac{R}{R_{dc}}\approx\frac{a}{2\delta} \tag{2-3a}$$

$$\frac{\omega L}{R_{dc}}\approx\frac{a}{2\delta} \tag{2-3b}$$

式中　　　　　　　　　　　　　$\delta=(\pi f\mu\sigma)^{-1/2}$ 　　　　　　　　　　　　(2-4)

定义为"集肤深度"。式(2-3a)、式(2-3b)一般在 $\delta\ll a$ 条件下成立。从式(2-4)可以看出，

集肤深度与频率之间满足平方反比关系,随着频率的升高,集肤深度是按平方率减小的。

交流状态下沿导线轴向的电流密度可以表示为

$$J_z = \frac{pI}{2\pi a} \cdot \frac{J_0(pr)}{J_1(pa)} \tag{2-5}$$

式中 $p^2 = -\mathrm{j}\omega\mu\sigma$, $J_0(pr)$ 和 $J_1(pa)$ 分别为 0 阶和 1 阶贝塞尔函数, I 是导线中的总电流。图 2-1-1 表示交流状态下铜导线横截面电流密度对直流情况的归一化值。图 2-1-2 表示 $a=1\mathrm{mm}$ 的铜导线在不同频率下的 J_z/J_{z0} 相对于 r 的曲线。

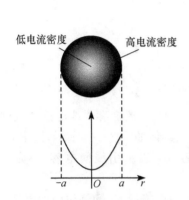

图 2-1-1　交流状态下铜导线
横截面电流密度分布图

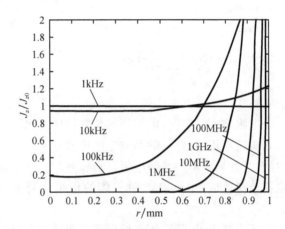

图 2-1-2　半径 1mm 的铜导线在不同
频率下的电流比值分布

由图 2-1-2 可以看到,在频率达到 1MHz 左右时,就已经出现比较严重的集肤效应,当频率到达 1GHz 时电流几乎仅在导线表面流动而不能深入导线中心,也就是说金属导线的中心部位电阻极大。

金属导线本身具有一定的电感量,这个电感在微波、微波电路中,会影响电路的工作性能。电感值与导线的长度、形状、工作频率有关。工程中要谨慎设计,合理使用金属导线的电感。

金属导线可以看作一个电极,它与地线或其他电子元件之间存在一定的电容量,这个电容对微波、微波电路的工作性能也会有较大的影响。对导线寄生电容的考虑是微波、微波工程设计的一项主要任务。

金属导线的电阻、电感和电容是微波电路的基本参数。工程中,严格计算这些参数是没有必要的,关键是掌握存在这些参数的物理概念,合理地使用或回避,实现电路模块的功能指标。

2.1.2　电阻

电阻是在电子线路中最常用的基础元件之一,基本功能是将电能转换成热能并产生电压降。电子电路中,一个或多个电阻构成降压或分压电路用于器件的直流偏置,也可用作直流或微波电路的负载电阻完成某些特定功能。通常,主要有以下几种类型电阻:高密度碳介质合成电阻、镍或其他材料的线绕电阻、温度稳定材料的金属膜电阻和铝或铍基材料薄膜片电阻。

这些电阻的应用场合与它们的构成材料、结构尺寸、成本价格、电气性能有关。在微波电子电路中使用最多的是薄膜片电阻，一般使用表面贴装元件（SMD）。单片微波集成电路中使用的电阻有三类：半导体电阻、沉积金属膜电阻以及金属和介质的混合物。

图 2-1-3　物质的体电阻

物质的电阻的大小与物质内部电子和空穴的迁移率有关。从外部看，物质的电阻与电导率 σ 和物质的体积 $L \times W \times H$ 有关，图 2-1-3 所示电阻，即

$$R = \frac{L}{\sigma W H} \tag{2-6a}$$

定义薄片电阻 $R_h = \frac{1}{\sigma H}$，则

$$R = R_h \frac{L}{W} \tag{2-6b}$$

当电阻厚度一定时，电阻值与长宽比成正比。

在微波应用中，电阻的等效电路比较复杂，不仅具有阻值，还会有引线电感和线间寄生电容，其性质将不再是纯电阻，而是"阻"与"抗"兼有。具体如图 2-1-4 所示，图中 C_a 表示电荷分离效应，也就是电阻引脚的极板间等效电容，C_b 表示引线间电容，L 为引线电感。

对于线绕电阻，其等效电路还要考虑线绕部分造成的电感量 L_1 和绕线间的电容 C_1，引线间电容 C_b 与内部和绕线电容相比一般较小，可以忽略，等效电路如图 2-1-5 所示。

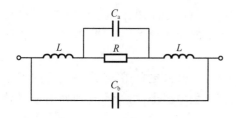

图 2-1-4　电阻的等效电路

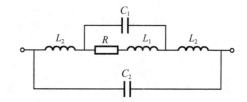

图 2-1-5　线绕电阻的等效电路

以 500Ω 金属膜电阻为例，其等效电路为图 2-1-4。设两端的引线长度各为 2.5cm，引线半径为 0.2032mm，材料为铜，已知 C_a 为 5pF，根据式（2-3b）计算引线电感，并求出图 2-1-4 等效电路的总阻抗对频率的变化曲线，如图 2-1-6 所示。

从图 2-1-6 可以看出，在低频率下阻抗即等于电阻 R，而随着频率的升高达到 10MHz 以上，电容 C_a 的影响开始占优，它导致总阻抗降低；当频率达到 20GHz 左右的时，出现了并联谐振点；越过谐振点后，引线电感的影响开始表现出来，阻抗又加大并逐渐表现为开路或有限阻抗值。这一结果说明看似与频率无关的电阻器用于微波、微波波段时将不再仅是一个电阻器，应用中应加以特别注意。

电阻的基本结构为图 2-1-3 所示长方体。在微波集成电路中，为了优化电路结构和某些寄生参数，会用到曲边矩形电阻。

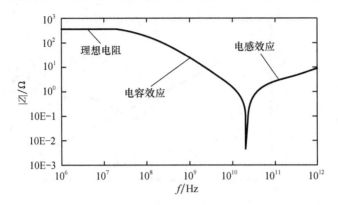

图 2-1-6 电阻的阻抗绝对值与频率的关系

2.1.3 电容

在低频率下,电容器一般都可以看成是平行板结构,其极板的尺寸要远大于极板间距离,电容量定义为

$$C = \frac{\varepsilon A}{d} = \varepsilon_0 \varepsilon_r \frac{A}{d} \qquad (2-7)$$

式中,A 是极板面积,d 表示极板间距离,$\varepsilon = \varepsilon_0 \varepsilon_r$ 为极板填充介质的介电常数。

理想状态下,极板间介质中没有电流。在微波频率下,实际的介质并非理想介质,故在介质内部存在传导电流,也就存在传导电流引起的损耗,更重要的是介质中的带电粒子具有一定的质量和惯性,在电磁场的作用下,很难随之同步振荡,导致在时间上有滞后现象,也会引起对能量的损耗。

所以电容器的阻抗是由电导 G_e 和电纳 ωC 并联组成,即

$$Z = \frac{1}{G_e + j\omega C} \qquad (2-8)$$

在式(2-8)中,电流起因于电导

$$G_e = \frac{\sigma_d A}{d} \qquad (2-9)$$

式中,σ_d 是介质的电导率。

在微波应用中,还要考虑引线电感 L、引线导体损耗的串联电阻 R_s 和介质损耗电阻 R_e,故电容器的等效电路如图 2-1-7 所示。

例如,一个 47pF 电容器,假设其极板间填充介质为 Al_2O_3,损耗角正切为 10^{-4}(假定与频率无关),引线长度为 1.25cm,半径为 0.2032mm,可以算出其等效电路的频率响应曲线如图 2-1-8 所示。

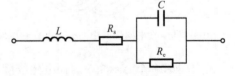

图 2-1-7 微波电容的等效电路

从图 2-1-8 中可以看出其特性在高频段已经偏离理想电容很多,在实际情况下,当损耗角正切本身还是频率的函数时,其特性变异将更严重。

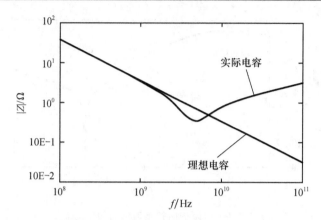

图 2-1-8   电容的阻抗的绝对值于频率的关系

2.1.4 电感

在电子线路中常用的电感器一般是线圈结构,在高频率下也称为高频扼流圈。它的结构一般是用直导线沿柱状结构缠绕而成,如图 2-1-9 所示。

导线的缠绕构成电感的主要部分,而导线本身的电感可以忽略不计,细长螺线管的电感量为

$$L = \frac{\pi r^2 \mu_0 N^2}{l} \tag{2-10}$$

式中,r 为螺线管半径,N 为圈数,l 为螺线管长度。在考虑了寄生旁路电容 C_s,以及引线导体损耗的串联电阻 R_s 后,电感的等效电路如图 2-1-10 所示。

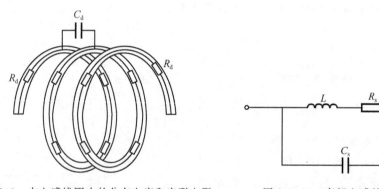

图 2-1-9   在电感线圈中的分布电容和串联电阻   图 2-1-10   高频电感的等效电路

例如,一个 $N=3.5$ 的铜电感线圈,线圈半径为 1.27mm,线圈长度为 1.27mm,导线半径为 63.5μm。假设它可以看成是一细长螺线管,根据式(2-10)可求出其电感部分为 $L=61.4$nH。其电容 C_s 可以看成是平板电容产生的电容,极板间距离假设为两圈螺线间距离 $d=l/N=3.6\times10^{-4}$mm,极板面积 $A=2al_{wire}=2a(2\pi rN)$,l_{wire} 为绕成线圈的导线总长度,根据式(2-7)可求得 $C_s=0.087$pF。导线的自身阻抗可由式(2-1)求得,为 0.034Ω。于是图 2-1-10 所示等效电路对应的阻抗频率特性曲线如图 2-1-11 所示。

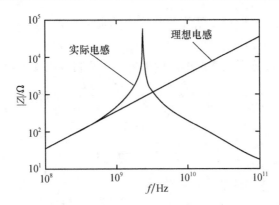

图 2-1-11　电感的阻抗的绝对值与频率的关系

由图 2-1-11 可以看出,这一铜电感线圈的高频特性已经完全不同于理想电感。在谐振点之前其阻抗升高很快;而在谐振点之后,由于寄生电容 C_s 的影响已经逐步处于优势地位而逐渐减小。

2.2　传输线理论

在微波频段,工作波长与导线尺寸处在同一量级,在传输线上传输波的电压、电流信号是时间及传输距离的函数。一条单位长度传输线的等效电路可由 R、L、G、C 等四个元件来组成,如图 2-2-1 所示。

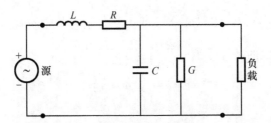

图 2-2-1　单位长度传输线的等效电路

假设波的传播方向为 $+z$ 轴方向,由基尔霍夫电压及电流定律可得下列二个传输线方程式:

$$\frac{\mathrm{d}^2 V(z)}{\mathrm{d}z^2} - (RG - \omega^2 LC)V(z) - \mathrm{j}\omega(RC + LG)V(z) = 0$$

$$\frac{\mathrm{d}^2 I(z)}{\mathrm{d}z^2} - (RG - \omega^2 LC)I(z) - \mathrm{j}\omega(RC + LG)I(z) = 0$$

$$(2\text{-}11)$$

式(2-11)的解可写成

$$V(z) = V^+ \mathrm{e}^{-\gamma z} + V^- \mathrm{e}^{\gamma z}$$

$$I(z) = I^+ \mathrm{e}^{-\gamma z} - I^- \mathrm{e}^{\gamma z}$$

$$(2\text{-}12)$$

式中 V^+、V^-、I^+、I^- 分别是信号的电压及电流振幅常数,而 $+$、$-$ 分别表示沿 $+z$、$-z$ 的传输方向,γ 是传输系数,定义为

$$\gamma = \sqrt{(R + j\omega L)(G + j\omega C)} = \alpha + j\beta \tag{2-13}$$

其中,α 为衰减常数,β 为相移常数.

波在 z 上任一点的总电压及总电流的关系可由下列方程式表示:

$$\frac{dV}{dz} = -(R + j\omega L)I, \quad \frac{dI}{dz} = -(G + j\omega C)V \tag{2-14}$$

将式(2-11)、式(2-12)代入式(2-13)可得

$$\frac{V^+}{I^+} = \frac{\gamma}{G + j\omega C}$$

一般地,将上式定义为传输线的特性阻抗

$$Z_0 = \frac{V^+}{I^+} = \frac{V^-}{I^-} = \frac{\gamma}{G + j\omega C} = \sqrt{\frac{R + j\omega L}{G + j\omega C}}$$

当 $R = G = 0$ 时,传输线没有损耗,无耗传输线的传输系数 γ 及特性阻抗 Z_0 分别为

$$\gamma = j\beta = j\omega\sqrt{LC}$$

$$Z_0 = \sqrt{\frac{L}{C}}$$

此时传输系数为纯虚数。大多数的微波传输线损耗都很小,亦即 $R \ll \omega L$ 且 $G \ll \omega C$,传输线的传输系数可写成下式:

$$\gamma \approx j\omega\sqrt{LC} + \frac{\sqrt{LC}}{2}\left(\frac{R}{L} + \frac{G}{C}\right) = \alpha + j\beta \tag{2-15}$$

式中,α 定义为传输线的衰减常数

$$\alpha = \frac{\sqrt{LC}}{2}\left(\frac{R}{L} + \frac{G}{C}\right) = \frac{1}{2}(RY_0 + GZ_0)$$

其中,Y_0 定义为传输线的特性导纳

$$Y_0 = \frac{1}{Z_0} = \sqrt{\frac{C}{L}}$$

2.2.1 无耗传输线

考虑一段特性阻抗为 Z_0 的传输线,一端接信号源,另一端则接上负载,如图 2-2-2 所示。并假设此传输线无耗,且其传输系数 $\gamma = j\beta$,则传输线上电压及电流可以用式(2-16a)

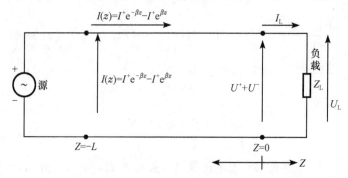

图 2-2-2 传输线电路

和式(2-16b)表示为

$$V(z) = V^+ e^{-\beta z} + V^- e^{\beta z} \tag{2-16a}$$

$$I(z) = I^+ e^{-\beta z} - I^- e^{\beta z} \tag{2-16b}$$

1. 负载端($z=0$)处情况

电压及电流为

$$V = V_L = V^+ + V^- \tag{2-17a}$$

$$I = I_L = I^+ - I^- \tag{2-17b}$$

而 $Z_0 I^+ = V^+$, $Z_0 I^- = V^-$, 则式(2-17b)可改写成

$$I_L = \frac{1}{Z_0}(V^+ - V^-) \tag{2-18}$$

可得负载阻抗

$$Z_L = \frac{V_L}{I_L} = Z_0 \frac{V^+ + V^-}{V^+ - V^-} \tag{2-19}$$

定义归一化负载阻抗

$$z_L = \overline{Z_L} = \frac{Z_L}{Z_0} = \frac{1 + \Gamma_L}{1 - \Gamma_L} \tag{2-20}$$

其中,Γ_L 定义为负载端的电压反射系数

$$\Gamma_L = \frac{V^-}{V^+} = \frac{\overline{Z_L} - 1}{\overline{Z_L} + 1} = |\Gamma_L| e^{j\phi_L} \tag{2-21}$$

当 $Z_L = Z_0$ 或无限长传输线 $\Gamma_L = 0$ 时,无反射波,是行波状态或匹配状态;当 Z_L 为纯电抗元件、开路或者短路状态时,$|\Gamma_L| = 1$,全反射,是驻波状态;当 Z_L 为其他值时,$|\Gamma_L| \leqslant 1$,是行驻波状态。

线上任意点的反射系数为

$$\Gamma(z) = |\Gamma_L| e^{j\phi_L - j2\beta z} \tag{2-22}$$

当负载失配时,不是所有来自源的功率都传给了负载,这种"损耗"称为回波损耗,它定义(以 dB 为单位)为

$$RL = -20\lg|\Gamma| \text{ dB}$$

因此,匹配负载($\Gamma = 0$)具有 ∞ dB 的回波损耗(即无反射功率),而全反射($|\Gamma| = 1$)具有 0dB 的回波损耗(即所有的入射功率都被反射)。

若负载与传输线是匹配的,则线上的电压幅值都相等;若负载失配,反射波的存在会导致驻波,这时线上的电压幅值不是常数。

2. 输入端($z=-l$)处情况

反射系数 $\Gamma(z)$ 应改成

$$\Gamma(l) = \frac{V^- e^{-j\beta l}}{V^+ e^{j\beta l}} = \frac{V^-}{V^+} e^{-j2\beta l} = \Gamma_L e^{-j2\beta l} \tag{2-23}$$

输入阻抗为

$$Z_{in}(-l) = Z_0 \frac{Z_L + jZ_0 \tan(\beta l)}{Z_0 + jZ_L \tan(\beta l)} \tag{2-24}$$

由上式可知：

(1) 当 $l \to \infty$ 时，$Z_{in} \to Z_0$。

(2) 当 $l = \lambda/2$ 时，$Z_{in} = Z_0$。

(3) 当 $l = \lambda/4$ 时，$Z_{in} = Z_0^2/Z_L$。

3. 无耗传输线的特殊状态

在实际的电路中，经常出现一些无耗传输线的特殊情况，如传输线的一段是短路或开路状态，因此有必要对这些情况进行分析。

首先假定传输线的一段是短路的，即 $Z_L = 0$，由计算公式可以得到短路负载的反射系数是 $\Gamma = -1$，此时线上的电压和电流分布为

$$V(z) = V_0^+ (e^{-j\beta z} - e^{j\beta z}) = -2jV_0^+ \sin(\beta z)$$

$$I(z) = \frac{V_0^+}{Z_0}(e^{-j\beta z} + e^{j\beta z}) = \frac{2V_0^+ \cos(\beta z)}{Z_0}$$

上式表明，在负载处，电压为 0，而电流是极大值；计算可以得到传输线上的输入阻抗为

$$Z_{in} = jZ_0 \tan(\beta l)$$

可以看到：当 $l = 0$ 时，$Z_{in} = 0$；在 $l = \lambda/4$ 时，$Z_{in} = \infty$。因此，可以看出阻抗是长度 l 的周期函数，对 $\lambda/2$ 的整数倍重复。图 2-2-3 是短路负载传输线上的电压、电流和输入阻抗分布曲线图。

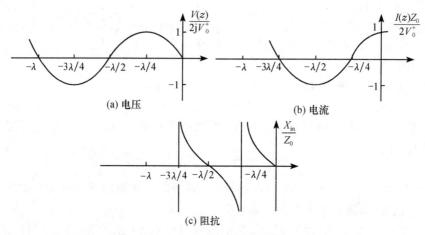

图 2-2-3　终端短路的传输线

下面考虑传输线的一段为开路状态，即 $Z_L = \infty$，计算可知此时的反射系数 $\Gamma = 1$，传输线上的电压、电流为

$$V(z) = V_0^+ (e^{-j\beta z} + e^{j\beta z}) = 2V_0^+ \cos(\beta z)$$

$$I(z) = \frac{V_0^+}{Z_0}(e^{-j\beta z} - e^{j\beta z}) = \frac{-2jV_0^+ \sin(\beta z)}{Z_0}$$

上式表明，在负载处 $l = 0$，电压为极大值；传输线上的输入阻抗

$$Z_{in} = -jZ_0 \cot(\beta l)$$

图 2-2-4 是终端开路传输线上的电压、电流和输入阻抗分布曲线图。

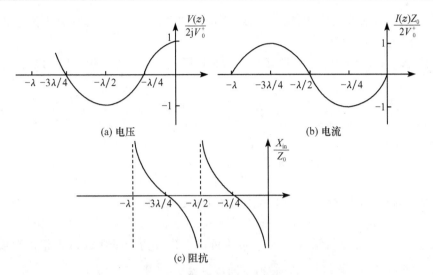

图 2-2-4　终端开路的传输线

若传输线的长度 $l = \lambda/4 + n\lambda/2, n = 1, 2, 3, \cdots$，则输入阻抗由下式给出：

$$Z_{\text{in}} = \frac{Z_0^2}{Z_{\text{L}}}$$

这样的传输线称为四分之一波长变换器，它以倒数的方式变换了负载阻抗。

2.2.2　有耗传输线

考虑有耗传输线，传输系数 $\gamma = \alpha + \mathrm{j}\beta$ 为复数，输入端电压反射系数 $\Gamma(l)$ 应改成

$$\Gamma(l) = \Gamma_{\text{L}} \mathrm{e}^{-2\gamma l} \tag{2-25}$$

而输入阻抗则改成

$$Z_{\text{in}} = Z_0 \frac{Z_{\text{L}} + \mathrm{j}Z_0 \tanh(\gamma l)}{Z_0 + \mathrm{j}Z_{\text{L}} \tanh(\gamma l)} \tag{2-26}$$

2.3　史密斯圆图

阻抗与反射系数是传输线上两个重要电特性参数。数学公式上的联系可以简化为图解法。史密斯(Smith)圆图是将归一化阻抗($Z = r + \mathrm{j}x$)的复数半平面($r > 0$)变换到反射系数为 1 的单位圆($|\Gamma| = 1$)内。已知一点的阻抗或反射系数，用史密斯圆图能方便的算出另一点的归一化阻抗值和对应的反射系数。史密斯圆图概念清晰，使用方便，广泛用于阻抗匹配电路的设计中。

2.3.1　阻抗圆图

在无损耗传输线终端接上任意负载阻抗，传输线上任一点的输入阻抗为

$$Z = \frac{U}{I} = \frac{U^+ + U^-}{I^+ - I^-} = \frac{U^+ \left(1 + \dfrac{U^-}{U^+} \right)}{I^+ \left(1 - \dfrac{I^-}{I^+} \right)} = Z_0 \frac{1 + \rho}{1 - \rho}$$

式中,U^+、I^+为入射波电压、电流,U^-、I^-为反射波电压、电流,ρ为传输线任意点的反射系数,Z_0为传输线特性阻抗。

为了使圆图具有通用性,要把Z变为对特性阻抗Z_0归一化的输入阻抗(又称标称化阻抗)

$$\bar{Z} = \frac{Z}{Z_0} = \frac{1+\rho}{1-\rho}$$

上式也可写成

$$\rho = \frac{\bar{Z}-1}{\bar{Z}+1}$$

因为Z为复数,即$\bar{Z}=\bar{R}+j\bar{X}$,反射系数也为复数,即

$$\rho = \rho_0 e^{-2\gamma x} = |\rho_0| e^{-j\varphi_0} e^{-2(\alpha+j\beta)x} = |\rho_0| e^{-2\alpha x} e^{-2j(\varphi_0+j\beta x)} = U + jV$$

式中,ρ为线上任一点反射系数,$\gamma=\alpha+j\beta$为传播常数(α为衰减常数,β为相位常数),$\rho_0 = \frac{Z_L - Z_0}{Z_L + Z_0} = \left|\frac{Z_L - Z_0}{Z_L + Z_0}\right| e^{-j\varphi_0} = |\rho_0| e^{-j\varphi_0}$为终端反射系数。

现在利用$\bar{Z}$与ρ之间的关系,把$\bar{Z}$的变化规律在ρ复平面上表示出来,即从$\bar{Z}$平面变换到ρ平面。

$$\bar{Z} = \bar{R} + j\bar{X} = \frac{1+\rho}{1-\rho} = \frac{1+(U+jV)}{1-(U+jV)} = \frac{1-U^2-V^2}{(1-U)^2+V^2} + j\frac{2V}{(1-U)^2+V^2}$$

上式中两边实数与虚数部分别相等,即得

$$\bar{R} = \frac{1-U^2-V^2}{(1-U)^2+V^2}, \quad \bar{X} = \frac{2V}{(1-U)^2+V^2}$$

以上可以分别推导出等电阻圆图和等电抗圆图方程,并由此得到等电阻圆图和等电抗圆图。

先考虑上式中的实部方程,进行经整理可得

$$\left(U - \frac{\bar{R}}{\bar{R}+1}\right)^2 + V^2 = \left(\frac{1}{\bar{R}+1}\right)^2$$

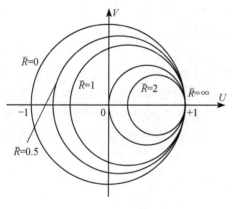

相应的圆心坐标为$\left(\frac{\bar{R}}{\bar{R}+1}, 0\right)$,半径是$\frac{1}{\bar{R}+1}$。当$\bar{R}$为不同值时,可绘出许多大小不同的圆。由于在同一圆周上各点的电阻值均相同,所以称为等电阻圆。等电阻圆图如图2-3-1所示。

对方程的虚部进行整理可得到下式:

$$(U-1)^2 + \left(V - \frac{1}{\bar{X}}\right)^2 = \left(\frac{1}{\bar{X}}\right)^2$$

此式即为等电抗圆方程,其圆心坐标是$\left(1, \frac{1}{\bar{X}}\right)$,半径为$\left|\frac{1}{\bar{X}}\right|$。当$\bar{X}$以不同的值代入时,可绘出

图 2-3-1 等电阻圆图

许多大小不同的圆,由于在同一圆周上各点的电抗值都相等,所以称它为等电抗圆。如图2-3-2所示。

对于无损耗线来说($\alpha=0$),反射系数在$U+jV$复平面上也是一个圆,这个圆的圆心

在坐标的原点(0,0)处,其半径等于反射系数的模量,不同的终端反射系数就得到不同的圆。它的圆心为固定的原点,所以等反射系数圆是一系列的同心圆。如图 2-3-3 所示。

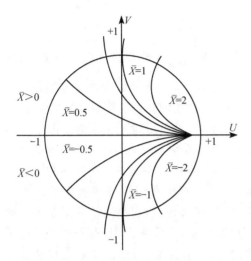

图 2-3-2　等电抗圆图

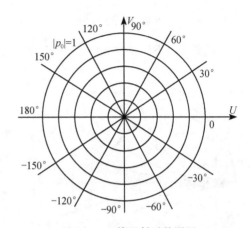

图 2-3-3　等反射系数圆图

将上面所述的等电阻圆、等电抗圆及等反射系数圆重叠在 U、V 直角坐标系中,有时为了使表述清楚以便于工程上实用,常将等反射系数圆略去,只将等电阻圆和等电抗圆重叠画在一张圆图上,故称为阻抗圆图(图 2-3-4)。当需要知道 $|r|$ 时,可以用直尺测量。

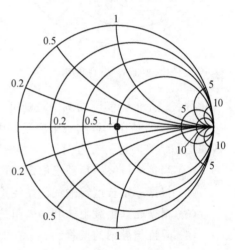

图 2-3-4　阻抗圆图的构成

2.3.2　导纳圆图

我们可以利用与前面相同的方法和概念来讨论导纳圆图的原理。我们知道,传输线上任意一点的输入导纳与该点的输入阻抗呈倒数关系,为了使圆图具有通用性需将输入导纳归一化,即

$$Y = \frac{1}{Z} = \frac{1}{Z_0 \dfrac{1+\rho}{1-\rho}} = Y_0 \frac{1-\rho}{1+\rho}$$

而 $\rho = \dfrac{1-\bar{Y}}{1+\bar{Y}} = U + \mathrm{j}V$,令 $\bar{Y} = \bar{G} + \mathrm{j}\bar{B}$,则有

$$\bar{G} = \frac{1 - U^2 + V^2}{(1+U)^2 + V^2}, \quad \bar{B} = \frac{-2V}{(1+U)^2 + V^2}$$

先考虑上式中的实部方程,进行经整理可得

$$\left(U + \frac{\bar{G}}{1+\bar{G}}\right)^2 + V^2 = \frac{1}{(1+\bar{G})^2}$$

上式相应的圆心坐标为 $\left(\dfrac{-\bar{G}}{\bar{G}+1}, 0\right)$,半径是 $\dfrac{1}{\bar{G}+1}$。当 $\bar{G}$ 为不同值时,可绘出许多大小不同

的圆,由于在同一圆周上各点的电导值均相同,所以称为等电导圆。

对于虚部方程,计算可得到

$$(U+1)^2 + \left(V + \frac{1}{B}\right)^2 = \frac{1}{(B)^2}$$

上式即为等电纳圆方程,其圆心是$\left(-1, -\frac{1}{B}\right)$,半径为$\left|\frac{1}{B}\right|$。当$\overline{B}$以不同的值代入,可绘出许多大小不同的圆,由于在同一圆周上各点的电纳值都相等,所以称为等电纳圆。

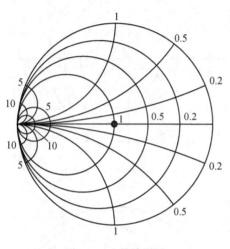

图 2-3-5　导纳圆图

将上面所述的等电导圆、等电纳圆重叠在U、V直角坐标系中,就可得到导纳圆图,如图 2-3-5。

不难看出,导纳圆图的形状与阻抗圆图完全相同。根据数学关系,只要把阻抗圆图的原坐标转一个$180°$,并直接在阻抗圆图上简单地用$\overline{G}$代替$\overline{R}$,用$\overline{B}$代替$\overline{X}$,就可把阻抗圆图变为导纳圆图。在实际应用时,对于圆图是否转$180°$是无关紧要的,只需把$\overline{G}$和$\overline{R}$、$\overline{B}$和$\overline{X}$相互代替就可以了,所以阻抗圆图即可作阻抗圆图用,也可作导纳圆图用。

所谓导抗圆图是由阻抗圆图和导纳圆图合并而成的,即在同一个图上同时画有阻抗圆图和导纳圆图,图中电阻、电抗、电导和电纳都是用归一化数值表示的。实际的圆图是既可以用作阻抗圆图又可以作为导纳圆图使用的。

导抗圆图是在工程实践中广泛应用的一种求解传输线、波导、微带电路和计算集中参数匹配网络等问题的有力工具,它能极简便地解决下列问题:

(1)当传输线终端负载已给定,可以直接读出不同长度的始端输入阻抗。

(2)根据一定长度传输线的始端输入电阻决定负载阻抗。

(3)根据已知负载阻抗和输入阻抗决定传输线的长度。

(4)阻抗与导纳的换算。

(5)根据传输线终端负载阻抗确定反射系数及驻波比的数值。

(6)已知待匹配的两个阻抗,计算网络的参数。

2.3.3　等Q圆图

品质因数Q表示一个元件的储能和耗能之间的关系,即

$$Q = \frac{元件的储能}{元件耗能}$$

从上述元件的等效电路图可以看出,金属导线、电阻、电容和电感的等效电路中均包含储能元件和耗能元件,其中电容,电感代表储能元件,电阻代表耗能元件。由两者的比值关系可以看出,当元件的耗能越小,Q值越高。即当元件的损耗$\to 0$时,Q值无限大,则电路越接近于理想电路。在某些微波电路设计中,Q值概念清晰,计算方便。

在设计匹配网络时,必须与输入、输出阻抗一起来确定网络的 Q 值大小,这样才能合理的解决匹配网络的工作频带、传输效率和滤波度三者之间的矛盾。所以希望匹配网络的 Q 值最好也能用曲线表示出来,并画在 U、V 复平面上。

根据前面的推导有

$$\bar{R} = \frac{1-U^2-V^2}{(1-U)^2+V^2}, \quad \bar{X} = \frac{2V}{(1-U)^2+V^2}$$

而

$$\bar{R} = \frac{R}{Z_0}, \quad \bar{X} = \frac{X}{Z_0}$$

也即

$$R = \bar{R}Z_0, \quad X = \bar{X}Z_0$$

因为回路的品质因数 $Q=\pm\dfrac{X}{R}$,所以

$$\pm Q = \frac{\bar{X}}{\bar{R}} = \frac{\dfrac{2V}{(1-U)^2+V^2}}{\dfrac{1-U^2-V^2}{(1-U)^2+V^2}} = \frac{2V}{1-U^2-V^2}$$

经整理得

$$U^2 + V^2 \pm \frac{2V}{Q} = 1$$

在等式两边均加 $\left(\dfrac{1}{Q}\right)^2$ 得

$$U^2 + \left(V\pm\frac{1}{Q}\right)^2 = 1+\left(\frac{1}{Q}\right)^2 = \sqrt{1+\frac{1}{Q^2}}^2$$

为 U、V 平面上的圆系方程式。圆心为:$U=0$,$V=\pm1/Q$(两个圆心),圆的半径:$r=\sqrt{1+\dfrac{1}{Q^2}}$。以不同的 Q 值带入,可绘出不同的等 Q 圆,如图 2-3-6 所示。

当 $Q=1$ 时,圆心为$(0,1)$,$(0,-1)$,半径 $r=1.414$;当 $Q=5$ 时,圆心为 $(0,0.2)$,$(0,-0.2)$,半径 $r=0.997$;当 $Q=\infty$ 时,两圆心重合为$(0,0)$,半径$r=1$,此圆与 $\bar{R}=0$、$|r_0|=1$ 的圆均重合。因此,匹配电路的 Q 均在以原点为圆心,半径为 1 的单位圆内,欲求的匹配阻抗与等 Q 曲线的交点即为所求阻抗的 Q 值。

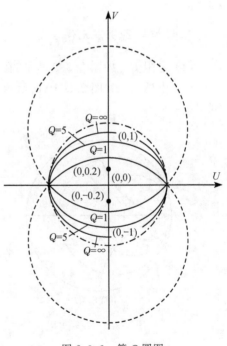

图 2-3-6　等 Q 圆图

2.3.4　圆图的运用

下面简单阐述一下史密斯圆图的用法,设在输入阻抗为 $Z_{in}=R_{in}+jX_{in}$ 电路的输入端,并联或串联电阻、电容、电感等元件后,输入阻抗在圆图上是如何变化的。

1. 增加与 Z_{in} 串联元件

（1）电阻 R。如图 2-3-7 所示，在等电抗圆上移动到 Z_{inR}。

（2）电感 L。如图 2-3-8 所示，在等阻抗圆上以电抗增加的方向（顺时针方向）移动到 Z_{inL}。

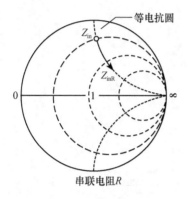

图 2-3-7　串联电阻

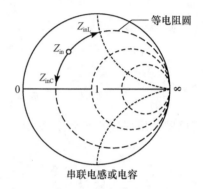

图 2-3-8　串联电感与电容

（3）电容 C。如图 2-3-8 所示，在等阻抗圆上以电抗减少的方向（逆时针方向）移动到 Z_{inC}。

2. 增加与 Z_{in} 并联元件

（1）电阻 R。如图 2-3-9 所示，在等电纳圆上移动到 Z_{inR}。

（2）电感 L。如图 2-3-10 所示，在等电导圆上以电纳减少的方向（逆时针方向）移动到 Z_{inL}。

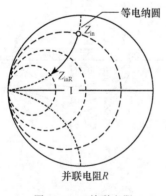

图 2-3-9　并联电阻

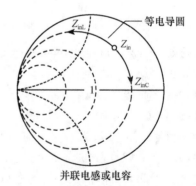

图 2-3-10　并联电感或电容

（3）电容 C。如图 2-3-10 所示，在等电导圆上以电纳增加的方向（顺时针方向）移动到 Z_{inC}。

3. 在 Z_{in} 中增加一段传输线（阻抗等于特性阻抗 Z_0）

在接入特性阻抗为 Z_0 的传输线（对应的电长度为 θ）后，输入端阻抗将顺时针旋转 2θ

（图 2-3-11），此时，输入端的反射系数幅值保持不变，只是相位发生了变化。

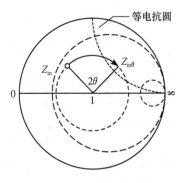

图 2-3-11　串联传输线

关于导抗圆图在应用时有以下几点说明：

（1）阻抗是由电阻和电抗串联构成的，则归一化阻抗必在归一化电阻圆 $\bar{R}=0$ 的单位圆内，相对应的等电阻圆和等电抗圆的交点。同理，导纳是由电导和电纳并联构成的，则归一化电纳必在归一化电导圆 $\bar{G}=0$ 的单位圆内，相对应的等电导圆和等电纳圆的交点，即任一阻抗或导纳归一化以后，都能在圆图上找到对应的点。

（2）阻抗或导纳为纯电阻或纯电导，则归一化阻抗或导纳在相应横轴上，在横轴上各点的阻抗或导纳为纯电阻或纯电导。

（3）阻抗或导纳为纯电抗或纯电纳，则归一化阻抗或导纳在相应的归一化等电抗圆或等电纳圆与 $\bar{R}=0$ 或 $\bar{G}=0$ 的交点处，即在 $\bar{R}=0$ 或单位圆上。

（4）阻抗或导纳为无穷大（即 $\bar{R}=\infty$，$\bar{X}=\infty$ 或 $\bar{G}=\infty$，$\bar{B}=\infty$）的点在 $(1,0)$ 或 $(-1,0)$ 处；阻抗或导纳为零（即 $\bar{R}=0$，$\bar{X}=0$ 或 $\bar{G}=0$，$\bar{B}=0$）的点在 $(-1,0)$ 或 $(1,0)$ 处。$\bar{R}=1$ 或 $\bar{G}=1$ 的归一化纯阻圆与横轴交点 $(0,0)$ 为传输线终端接纯阻性负载并等于传输线特性阻抗或导纳，也称为匹配点。

（5）阻抗（或导纳）圆图有表示线长的波长刻度，顺时针方向的波长表示朝电源方向移动的情况，反时针方向的波长表示朝负载方向移动。

（6）利用导抗圆图设计匹配网络，特别是计算分布参数匹配电路比较方便，一般在处理匹配电路中的串联元件时用阻抗圆图，处理并联元件时则应用导纳圆图。

导抗圆图的应用举例　已知传输线的特性阻抗 $Z_0=100\,\Omega$，终端负载 $Z_L=(30+j60)\,\Omega$，试求距终端四分之一波长处的输入阻抗。

计算步骤：

（1）将 Z_L 归一化

$$\bar{Z}_L = \frac{Z_L}{Z_0} = \frac{30+j60}{100} = 0.3+j0.6$$

（2）在圆图上找到该点（如图 2-3-12 中的 A 点）；

（3）四分之一波长传输线相对长度为 $\dfrac{l}{\lambda} = \dfrac{1}{4} = 0.25$；

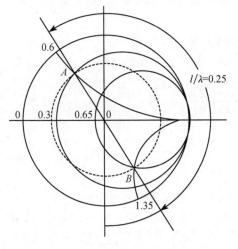

图 2-3-12　输入阻抗计算

（4）以点 $A(0.3,0.6)$ 为起始点，以 OA 为半径，沿顺时针方向转 0.25 个刻度，得到 B 点，由 B 点读出对应的数据，即得输入端的归一化阻抗值

$$\bar{Z}_i = 0.65 - j1.35$$

（5）反归一，即可求出实际输入阻抗

$$Z_{\mathrm{i}} = Z_0 \bar{Z}_{\mathrm{i}} = 65 - \mathrm{j}135$$

另外,这个例子还可以用来说明如何利用阻抗圆图将阻抗 $Z=30+\mathrm{j}60$ 转化为相应的导纳。这时,先将 Z 归一化,在阻抗圆图上找到相应的点 A,旋转 0.25 个刻度(即反相 $180°$),得到点 B;然后按导纳圆图读出 B 点的值。

应用实例　特性阻抗为 50Ω 的无耗传输线端接阻抗为终端 $60 \underline{/60°}$ Ω,用解析法和圆图法计算:

负载电压反射系数,$\lambda/8$ 处的输入阻抗和电压反射系数,$3\lambda/8$ 处的输入阻抗和电压反射系数,传输线上的电压驻波比 VSWR。

一、解析法

1) 负载反射系数

$$\Gamma_{\mathrm{L}} = \frac{Z_{\mathrm{L}} - Z_0}{Z_{\mathrm{L}} + Z_0} = \frac{30 + \mathrm{j}51.96 - 50}{30 + \mathrm{j}51.96 + 50} = 0.1279 + \mathrm{j}0.571 = 0.5837 \ \underline{/78°}$$

2) 输入阻抗和反射系数,参见图 2-3-13。

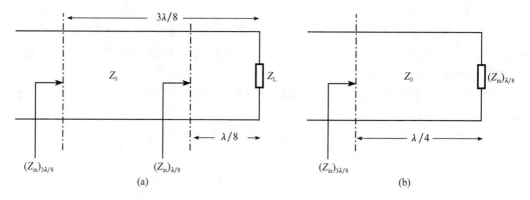

图 2-3-13　传输线上阻抗问题

传输线上任一点的阻抗为

$$Z_{\mathrm{in}} = Z_0 \frac{Z_{\mathrm{L}} + \mathrm{j}Z_0 \tan(\beta l)}{Z_0 + \mathrm{j}Z_{\mathrm{L}} \tan(\beta l)}$$

(1) $l = \lambda/8$

$$\beta l = \frac{2\pi}{\lambda} \cdot \frac{\lambda}{8} = \frac{\pi}{4} \Rightarrow \tan(\beta l) = 1$$

$$(Z_{\mathrm{in}})_{\lambda/8} = 50 \frac{30 + \mathrm{j}51.96 + \mathrm{j}50}{50 + \mathrm{j}(30 + \mathrm{j}51.96)} = 165.96 - \mathrm{j}60.85\Omega$$

$$\Gamma_{\lambda/8} = \frac{165.96 - \mathrm{j}60.85 - 50}{165.96 + \mathrm{j}60.85 + 50} = 0.571 - \mathrm{j}0.121 = 0.5837 \ \underline{/-12°}$$

(2) $l = 3\lambda/8$

$$\beta l = \frac{2\pi}{\lambda} \cdot \frac{3\lambda}{8} = \frac{3\pi}{4} \Rightarrow \tan(\beta l) = -1$$

$$(Z_{\mathrm{in}})_{3\lambda/8} = 50 \frac{30 + \mathrm{j}51.96 - \mathrm{j}50}{50 - \mathrm{j}(30 + \mathrm{j}51.96)} = 13.28 + \mathrm{j}4.87\Omega$$

$$\Gamma_{3\lambda/8} = \frac{13.28 + j4.87 - 50}{13.28 + j4.87 + 50} = -0.571 + j0.121 = 0.5837 \underline{/168°}$$

3）传输线上的电压驻波比

$$SWR = \frac{1 + |\Gamma|}{1 - |\Gamma|} = \frac{1 + 0.5837}{1 - 0.5837} = 3.804$$

二、圆图法（图 2-3-14）

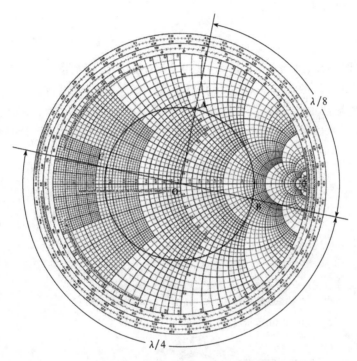

图 2-3-14　传输线阻抗的圆图求解

计算步骤如下：

（1）计算归一化阻抗，$\bar{Z}_L = Z_L/Z_0 = 0.6 + j1.039$ 并标注在圆图上 A 点。

（2）以 OA 为半径作圆，半径值为反射系数，$|\Gamma| = 0.58$。

（3）延长 OA 到圆图外沿，读出反射系数的相角 $\theta_\Gamma = 78°$。

（4）等反射系数圆与 x 轴正向交点为电压驻波比 SWR=3.8。

（5）从 A 点沿等反射系数圆向电源方向移动 0.125λ（$l=\lambda/8$ 处）到达 B 点，读出角度 $-12°$。

（6）读出 B 点的归一化阻抗的实部 $r=3.3$ 和虚部 $x=-1.21$，则有

$$(Z_{in})_{\lambda/8} = 50(\bar{Z}_{in})_{\lambda/8} = 50(3.3 - j1.21) = 165 - j60.5(\Omega)$$

（7）从 B 点向电源移动 $\lambda/4$ 到达 C 点（$3\lambda/8$ 处），读出反射系数和阻抗，并作简单计算

$$(\Gamma)_{3\lambda/8} = 0.58 \underline{/168°}$$

$$(\bar{Z}_{in})_{3\lambda/8} = r + jx = 0.265 + j0.1$$

$$(Z_{in})_{3\lambda/8} = 50(\bar{Z}_{in})_{\lambda/8} = 50(0.265 + j0.1) = 13.25 + j5(\Omega)$$

比较两种方法所得结果,手工使用圆图求解的精度为 1%,可以满足所有的工程指标,过程简单,现代圆图软件的读数精度会大幅度提高。

2.4　微带线理论

实际使用的传输线有许多种,微波电路中使用最多的是微带线。本节主要介绍微带线的基本结构、理论和设计方法。

2.4.1　传输线类型

常见的有同轴线、微带线、带状线、波导等,如图 2-4-1 所示。前面介绍的传输线理论、工作状态分析、圆图计算方法都可用于这些不同形式的传输线。由于材料和结构的不同,每种传输线的传播常数不同,所以,传播常数的计算是各种传输线研究的核心内容。表 2-4-1 给出了常用微波传输线性能比较,可根据任务情况,选择传输线。

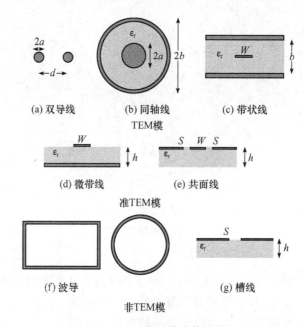

图 2-4-1　常用微波传输线

表 2-4-1　常用微波传输线性能比较

特　性	同轴线	矩形波导	微　带
模式	TEM	TE_{10}	准 TEM
色散	无	中	低
频带	宽	窄	宽
承受功率	中	高	低
损耗	中	低	高
尺寸	大	大	小
加工	中	中	易
与其他元件集成	难	难	易

2.4.2　微带传输线

微带线是一种准 TEM 波传输线,结构简单,计算复杂。由于各种设计公式都是有一定的近似条件的,很难得到一个理想的设计结果,但都能够得到比较满意的工程效果。加上实验修正,便于器件的安装和电路调试,产品化程度高。使得微带线成为微波电路中首选的电路结构。

目前,在印制板导线的高速信号传输线可分为两大类:一类是微波信号传输类电子产品,这一类产品是与无线电的电磁波有关,它是以正弦波来传输信号的产品,如雷达、广播电视和通信;另一类是高速逻辑信号传输类的电子产品,这一类产品是以数字信号传输的,同样也与电磁波的方波传输有关,这一类产品开始主要在计算机等方面应用,现在已迅速推广应用到家电和通信的电子产品上了。

为了达到高速传送,对微波印制板基板材料在电气特性上有明确要求。在提高高速传送方面,要实现传输信号的低损耗、低延迟,必须选用介电常数合适和介质损耗角正切小的基板材料,并进行严格的尺寸计算和加工。

1. 微带线基本设计参数

微带线的结构如图 2-4-2 所示。相关设计参数如下。

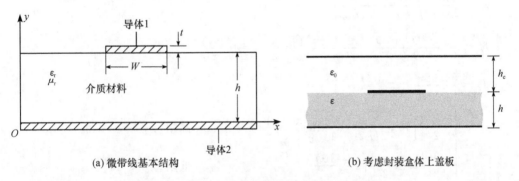

(a) 微带线基本结构　　　　　　　　(b) 考虑封装盒体上盖板

图 2-4-2　微带线结构示意图

(1) 基板参数:基板介电常数 ε_r、基板介质损耗角正切 $\tan\delta$、基板高度 h 和导线厚度 t,其中导带和底板(接地板)金属通常为铜、金、银、锡或铝。

(2) 电特性参数:特性阻抗 Z_0、工作频率 f_0、工作波长 λ_0、波导波长 λ_g 和电长度(角度)θ。

(3) 微带线参数:宽度 W、长度 L 和单位长度衰减量 A_{dB}。

构成微带的基板材料,带线尺寸与微带线的电性能参数之间存在严格的对应关系。微带线的设计就是确定满足一定电性能参数的微带物理结构。下面给出微带线基本结构相关计算公式。

2. 综合公式

已知传输线的电特性参数 (Z_0, θ),求出微带线的物理结构参数 (W, L, A_{dB})

$$W = \begin{cases} w_e + \dfrac{t}{\pi}\left[1 + \ln\left(\dfrac{4\pi w_e}{t}\right)\right], & \text{窄带 } w_e \leqslant \dfrac{h}{2\pi} \\ w_e + \dfrac{t}{\pi}\left[1 + \ln\left(\dfrac{2h}{t}\right)\right], & \text{宽带 } w_e < \dfrac{h}{2\pi} \end{cases}$$

$$L = \frac{\theta \lambda_g}{2\pi}$$

$$A = \alpha_c + \alpha_d$$

其中

$$w_e = \begin{cases} h\left(\dfrac{e^H}{8} - \dfrac{1}{4e^H}\right)^{-1}, & \text{高阻}, Z_0 \geqslant 44 - 2\varepsilon_r \\ h\left\{\dfrac{2}{\pi}\left[(d_\varepsilon - 1) - \ln(2d_\varepsilon - 1)\right] + \dfrac{\varepsilon_r - 1}{\pi\varepsilon_r}\left[\ln(d_\varepsilon - 1) + 0.293 - \dfrac{0.517}{\varepsilon_r}\right]\right\}, \\ & \text{低阻}, Z_0 < 44 - 2\varepsilon_r \end{cases}$$

$$\lambda_g = \frac{\lambda_0}{\sqrt{\varepsilon_e}}$$

$$\alpha_d = 2.73\frac{c}{f_0\sqrt{\varepsilon_r}}\frac{\varepsilon_r}{\varepsilon_e}\frac{\varepsilon_e - 1}{\varepsilon_r + 1}\tan\delta$$

$$\alpha_c = \frac{2000}{\ln 10}\sqrt{\frac{\pi f_0 \mu}{\sigma}}\frac{1}{2\pi f_0 Z_0}$$

$$H = \frac{Z_0\sqrt{2(\varepsilon_r + 1)}}{119.9} + \frac{1}{2}\frac{\varepsilon_r - 1}{\varepsilon_r + 1}\left(\ln\frac{\pi}{2} + \frac{1}{\varepsilon_r}\ln\frac{4}{\pi}\right)$$

$$d_\varepsilon = \frac{59.95\pi^2}{Z_0\sqrt{\varepsilon_r}}$$

$$\varepsilon_e = \begin{cases} \dfrac{\varepsilon_r + 1}{2}\left[1 - \dfrac{1}{2H}\dfrac{\varepsilon_r - 1}{\varepsilon_r + 1}\left(\ln\dfrac{\pi}{2} + \dfrac{1}{\varepsilon_r}\dfrac{\ln 4}{\pi}\right)\right]^{-2}, & \text{高阻}, Z_0 \geqslant 44 - 2\varepsilon_r \\ \dfrac{\varepsilon_r + 1}{2} + \dfrac{\varepsilon_r - 1}{2}\left(1 + \dfrac{10h}{w_e}\right)^{-0.555}, & \text{低阻}, Z_0 < 44 - 2\varepsilon_r \end{cases}$$

3. 分析公式

已知微带线的物理结构参数(W, L, A_{dB})，求出电特性参数(Z_0, θ)

$$Z_0 = \begin{cases} \dfrac{119.9\pi}{2\sqrt{\varepsilon_r}}\left\{\dfrac{W}{2h} + \dfrac{\ln 4}{\pi} + \dfrac{\ln\dfrac{e\pi^2}{16}}{2\pi}\dfrac{\varepsilon_r - 1}{\varepsilon_r^2} + \dfrac{\varepsilon_r + 1}{2\pi\varepsilon_r}\right\}\left[\ln\dfrac{e\pi}{2} + \ln\left(\dfrac{W}{2h} + 0.9\right)\right], \\ \hspace{9cm} \text{宽带}, W \geqslant 3.3h \\ \dfrac{119.9}{\sqrt{2(\varepsilon_r + 1)}}\left[\ln\left[\dfrac{4h}{W} + \sqrt{\left(\dfrac{4h}{W}\right)^2 + 2}\right] - \dfrac{\varepsilon_r - 1}{2(\varepsilon_r + 1)}\left(\ln\dfrac{\pi}{2} + \dfrac{1}{\varepsilon_r}\ln\dfrac{4}{\pi}\right)\right], \\ \hspace{9cm} \text{窄带}, W < 3.3h \end{cases}$$

$$\theta = \frac{2\pi p}{\lambda_g}$$

$$\varepsilon_e = \begin{cases} \dfrac{\varepsilon_r + 1}{2}\left[1 - \dfrac{1}{2H}\dfrac{\varepsilon_r - 1}{\varepsilon_r + 1}\left(\ln\dfrac{\pi}{2} + \dfrac{1}{\varepsilon_r}\ln\dfrac{4}{\pi}\right)\right]^{-2}, & \text{高阻 } Z_0 \geqslant 44 - 2\varepsilon_r \\[4mm] \dfrac{\varepsilon_r + 1}{2} + \dfrac{\varepsilon_r - 1}{2}\left(1 + \dfrac{10h}{w_e}\right)^{-0.555}, & \text{低阻 } Z_0 < 44 - 2\varepsilon_r \end{cases}$$

4. 微带线的设计方法

由上述综合公式和分析公式可以看出：计算公式极为复杂。每一个电路的设计都使用一次这些公式是不现实的。经过几十年的发展，使得这一过程变得相当简单。微带线设计问题的实质就是求给定介质基板情况下阻抗与导带宽度的对应关系。目前使用的方法主要有：

1）查表格

早期微波工作者针对不同介质基板，计算出了物理结构参数与电性能参数之间的对应关系，建立了详细的数据表格。这种表格的用法步骤是：①按相对介电常数选表格；②查阻抗值、宽高比 W/h、有效介电常数 ε_e 三者的对应关系，只要已知一个值，其他两个就可查出；③计算，通常 h 已知，则 W 可得。由 ε_e 求出波导波长，进而求出微带线长度。

2）仿真软件

目前计算微带电路的仿真软件，如 ADS、Ansoft、MW Office 等，输入微带的物理参数和拓扑结构，就能方便得到微带线的电性能参数，并可调整或优化微带线的物理参数。

5. 微带线的常用材料

如前所述，构成微带线的材料是金属和介质，对金属的要求是导电性能，对介质的要求是提供合适的介电常数，而不带来损耗。当然，这是理想情况，对材料的要求还与制造成本和系统性能有关。

1）介质材料

高速传送信号的基板材料，一般有陶瓷材料、玻纤布、聚四氟乙烯以及其他热固性树脂等。表 2-4-2 给出微波集成电路中常用介质材料特性。就微带加工工艺而言，这些材料可以分为两大类：

表 2-4-2 微波集成电路常用介质材料特性

材　料		损耗角正切 $\tan\delta \times 10^{-4}$（10GHz 时）	相对介电常数 ε_r	电导率 σ	应　用
氧化铝陶瓷	99.5%	2	10	0.30	
	96%	6	9	0.28	微带线
	85%	15	8	0.20	
蓝宝石		1	10	0.40	微带线、集总参数元件
玻璃		20	5	0.01	微带线、集总参数元件
熔石英		1	4	0.01	微带线、集总参数元件
氧化铍		1	7	2.50	微带线复合介质基片
金红石		4	100	0.02	微带线
铁氧体		2	14	0.03	微带线、不可逆元件
聚四氟乙烯		15	2.5		微带线

（1）在基片上沉淀金属导带，这类材料主要是陶瓷类刚性材料，这种方法工艺复杂，加工周期长，性能指标好。在毫米波或要求高的场合使用。

（2）现成介质覆铜板，再光刻腐蚀成印制板电路，这类材料主要是复合介质类材料。加工方便、成本低。目前使用最广泛的方法，又称微波印制板电路。

在所有的树脂中，聚四氟乙烯的介电常数（ε_r）稳定和介质耗角正切（$\tan\delta$）最小，而且耐高低温性和耐老化性能好，最适合于作高频基板材料，是目前采用量最大的微波印制板制造基板材料。表 2-4-3 给出几个覆铜板基材的国内外主要生产厂家。

表 2-4-3　覆铜板基材的国内外主要生产厂家

厂　家	产　品	说　明
江苏泰兴几家企业	不同厚度的聚四氟乙烯玻璃纤维增强型双面板，不同厚度、不同 ε_r 复合介质双面板	国内流行产品，用途最广
南京化工大学	不同厚度、不同 ε_r 的复合介质双面板	性能良好，替代进口产品
ROGERS	RT/Duroid 系列、TMM 系列、FR-4 系列玻璃纤维增强聚四氟乙烯覆铜板，陶瓷粉填充聚四氟乙烯覆铜板和陶瓷粉填充热固性树脂覆铜板，不同厚度、不同介电常数 ε_r 复合介质双面板	优异的介电性能和机械性能有相当大的优势。这类微波基材和带铝衬底的基材得到大量应用
Taconic	RF-35 系列掺杂有陶瓷成分的 PTFE/编织型玻璃板材	
Arlon	薄膜柔性板材，各种微带基板	

2）铜箔种类及厚度选择

目前最常用的铜箔厚度有 $35\mu m$ 和 $18\mu m$ 两种。铜箔越薄，越易获得高的图形精密度，所以高精密度的微波图形应选用不大于 $18\mu m$ 的铜箔。如果选用 $35\mu m$ 的铜箔，则过高的图形精度使工艺性变差，不合格品率必然增加。研究表明，铜箔类型对图形精度亦有影响。目前的铜箔类型有压延铜箔和电解铜箔两类。压延铜箔较电解铜箔更适合于制造高精密图形，所以在材料订货时，可以考虑选择压延铜箔的基材板。

3）环境适应性选择

现有的微波基材，对于标准要求的 $-55\sim+125℃$ 环境温度范围都没有问题。但还应考虑两点，一是孔化与否对基材选择的影响，对于要求通孔金属化的微波板，基材 z 轴热膨胀系数越大，意味着在高低温冲击下，金属化孔断裂的可能性越大，因而在满足介电性能的前提下，应尽可能选择 z 轴热膨胀系数小的基材；二是湿度对基材板选择的影响，基材树脂本身吸水性很小，但加入增强材料后，其整体的吸水性增大，在高湿环境下使用时会对介电性能产生影响，因而选材时应选择吸水性小的基材或采取结构工艺上的措施进行保护。

6. 微带线加工工艺

1）外形设计和加工

现代微带电路板的外形越来越复杂，尺寸精度要求高，同品种的生产数量很大，必须要应用数控铣加工技术，因而在进行微波板设计时应充分考虑到数控加工的特点，所有加工处的内角都应设计成为圆角，以便于一次加工成形。

微波板的结构设计也不应追求过高的精度，因为非金属材料的尺寸变形倾向较大，不能以金属零件的加工精度来要求微波板。外形的高精度要求,在很大程度上可能是因为考虑到当微带线与外形相接的情况下,外形偏差会影响微带线长度,从而影响微波性能。实际上,参照国外的规范设计,微带线端距板边应保留 0.2mm 的空隙,这样即可避免外形加工偏差的影响。

随着设计要求的不断提升,一些微波印制板基材带有铝衬板。此类带有铝衬基材的出现给制造加工带来了额外的压力,图形制作过程复杂,外形加工复杂,生产周期加长,因而在可用可不用的情况下,尽量不采用带铝衬板的基材。

ROGERS 公司的 TMM 系列微波印制板基材,是由陶瓷粉填充的热固性树脂构成。其中,TMM10 基材中填充的陶瓷粉较多,材质较脆,给图形制造和外形加工过程带来很大难度,容易缺损或形成内在裂纹,成品率相对较低。目前对 TMM10 板材的外形加工采用的是激光切割,该方法成本高,效率低,生产周期长。所以,在可能的情况下,可考虑优先选择 ROGERS 公司符合介电性能要求的 RT/Duroid 系列基材板。

2) 电路的设计与加工

微波印制板的制造由于受微波印制板制造层数、微波印制板原材料的特性、金属化孔制造需求、最终表面涂覆方式、线路设计特点、制造线路精度要求、制造设备及药水先进性等各方面因素的制约,其制造工艺流程将根据具体要求作相应调整。电镀镍金工艺流程被细分为电镀镍金的阳版工艺流程和电镀镍金的阴版工艺流程。工艺说明如下:

(1) 线路图形互连时,可选用图形电镀镍金的阴版工艺流程。

(2) 为提高微波印制板的制造合格率,尽量采用图形电镀镍金的阴版工艺流程。如果采用图形电镀镍金的阳版工艺流程,若操作控制不当,会出现渗镀镍金的质量问题。

(3) ROGERS 公司牌号为 RT/Duroid 6010 基材的微波板,由于蚀刻后之图形电镀时,会出现线条边缘"长毛"现象而导致产品报废,须采用图形电镀镍金的阳版工艺流程。

(4) 当线路制造精度要求在 ±0.02mm 以内时,各流程之相应处,须采用湿膜制板工艺方法。

(5) 当线路制造精度要求在 ±0.03mm 以上时,各流程之相应处,可采用干膜(或湿膜)制板工艺方法。

(6) 对于四氟介质微波板,如 ROGERS 公司 RT/Duroid 5880、RT/Duroid 5870、ULTRALAM 2000、RT/Duroid 6010 等,在进行孔金属化制造时,可采用钠萘溶液或等离子进行处理。而 TMM10、TMM10i 和 RO4003、RO4350 等则无须进行活化前处理。

微波印制板的制造正向着 FR-4 普通刚性印制板的加工方向发展,越来越多的刚性印制板制造工艺和技术运用到微波印制板的加工上来,具体表现在微波印制板制造的多层化、线路制造精度的细微化、数控加工的三维化和表面涂覆的多样化。

此外,随着微波印制板基材种类的进一步增多、设计要求的不断提升,要求我们进一步优化现有微波印制板制造工艺,满足不断增长的微波印制板制造需求。

7. 微带线工程的发展趋势

微波印制板电路是微波系统小型化的关键,因此有必要了解目前的状况和发展趋势。

(1) 设计要求高精度。微波印制板的图形制造精度将会逐步提高,但受印制板制造工艺方法本身的限制,这种精度提高不可能是无限制的,到一定程度后会进入稳定阶段。而微波板的设计内容将会很大地丰富。从种类上看,将不仅会有单面板、双面板,还会有微波多层板。对微波板的接地,会提出更高要求,如普遍解决聚四氟乙烯基板的孔金属化,解决带铝衬底微波板的接地。镀覆要求进一步多样化,将特别强调铝衬底的保护及镀覆。另外,对微波板的整体三防保护也将提出更高要求,特别是聚四氟乙烯基板的三防保护问题。

(2) 计算机控制。传统的微波印制板生产中极少应用到计算机技术,但随着 CAD 技术在设计中的广泛应用,以及微波印制板的高精度、大批量的需求,在微波印制板制造中大量应用计算机技术已成为必然的选择。高精度的微波印制板模版设计制造,外形的数控加工,以及高精度微波印制板的批生产检验,已经离不开计算机技术。因此,需将微波印制板的 CAD 与 CAM、CAT 连接起来,通过对 CAD 设计的数据处理和工艺干预,生成相应的数控加工文件和数控检测文件,用于微波印制板生产的工序控制、工序检验和成品检验。

(3) 高精度图形制造。微波印制板的高精度图形制造,与传统的刚性印制板相比,向着更为专业化的方向发展,包括高精度模版制造、高精度图形转移、高精度图形蚀刻等相关工序的生产和过程控制技术,以及合理的制造工艺路线安排。针对不同的设计要求,如孔金属化与否、表面镀覆种类等制订合理的制造工艺方法,经过大量的工艺实验,优化各相关工序的工艺参数,并确定各工序的工艺余量。

(4) 表面镀覆多样化。随着微波印制板应用范围的扩大,其使用的环境条件也复杂化,同时由于大量应用铝衬底基材,因而对微波印制板的表面镀覆及保护,在原有化学沉银及镀锡铈合金的基础上,提出了更高的要求。一是微带图形表面的镀覆及防护,需满足微波器件的焊接要求,采用电镀镍金的工艺技术,保证在恶劣环境下微带图形不被损坏。这其中除微带图形表面的可焊性镀层外,最主要的是应解决既可有效防护又不影响微波性能的三防保护技术。二是铝衬板的防护及镀覆技术。铝衬板如不加防护,暴露在潮湿、盐雾环境中很快就会被腐蚀,因而随着铝衬板被大量应用,其防护技术应引起足够重视。另外要研究解决铝板的电镀技术,在铝衬板表面电镀银、锡等金属用于微波器件焊接或其他特殊用途的需求在逐步增多,这不仅涉及铝板的电镀技术,同时还存在微带图形的保护问题。

(5) 数控外形加工。微波印制板的外形加工,特别是带铝衬板的微波印制板的三维外形加工,是微波印制板批生产需要重点解决的一项技术。面对成千上万件的带有铝衬板的微波印制板,用传统的外形加工方法既不能保证制造精度和一致性,更无法保证生产周期,因此必须采用先进的计算机控制数控加工技术。但带铝衬板微波印制板的外形加工技术既不同于金属材料加工,也不同于非金属材料加工。由于金属材料和非金属材料共同存在,它的加工刀具、加工参数等以及加工机床都具有极大的特殊性,也有大量的技术问题需要解决。外形加工工序是微波印制板制造过程中周期最长的一道工序,因而外形加工技术解决的好坏直接关系到整个微波印制板的加工周期长短,并影响到产品的研制或生产周期。

(6) 批生产检验。微波印制板与普通的单双面板和多层板不同,不仅起着结构件、连接件的作用,更重要的是作为信号传输线的作用。这就是说,对高频信号和高速数字信号的传输用微波印制板的电气测试,不仅要测量线路(或网络)的“通”、“断”和“短路”等是否符合要求,而且还应测量特性阻抗值是否在规定的合格范围内。

高精度微波印制板有大量的数据需要检验,如图形精度、位置精度、重合精度、镀覆层厚度、外形三维尺寸精度等。现行方法基本是以人工目视检验为主,辅以一些简单的测量工具。这种原始而简单的检验方法很难应对大量拥有成百上千数据的微波印制板批生产要求,不仅检验周期长,而且错漏现象多,因而迫使微波印制板制造向着批生产检验设备化的方向发展。

8. 微带线计算实例

已知 $Z_0 = 50\Omega$,$\theta = 30°$,$f_0 = 900\text{MHz}$,负载为 50Ω,计算无耗传输线的特性:

(1) 反射系数 Γ_L,回波损耗 R_L,电压驻波比 VSWR;

(2) 输入阻抗 Z_{in},输入反射系数 Γ_{in};

(3) 基板为 FR4 的微条线宽度 W、长度 L 及单位损耗量 A_{dB}。

基板参数:基板介电常数 $\varepsilon_r = 4.5$,损耗角正切 $\tan\delta = 0.015$。基板高度 $h = 62\text{mil}$($1\text{mil} = 2.54 \times 10^{-5}\text{m}$),基板导线金属铜,基板导线厚度 $t = 0.03\text{mm}$。

解 (1) $\Gamma_L = \dfrac{Z_L - Z_0}{Z_L + Z_0} = \dfrac{50 - 75}{50 + 75} = -0.2$

$$R_L = 20\lg(|\Gamma_L|) = -13.98\text{dB}$$

$$\text{VSWR} = \frac{1 + |\Gamma_L|}{1 - |\Gamma_L|} = 1.5$$

(2) $Z_{in} = Z_0 \dfrac{Z_L + jZ_0\tan\theta}{Z_0 + jZ_L\tan\theta} = (58 + j20)\Omega$

$\Gamma_{in} = |\Gamma_d| e^{j\theta_d} = 0.2 e^{j(180 - 60)°}$

(3) 计算出微带线物理参数如下。

用仿真软件或相应计算程序,都可以计算出微带物理参数如下:

$$W = 1.38\text{mm}$$

$$L = 15.54\text{mm}$$

$$A_{dB} = 0.0057\text{dB/m}$$

从中可见,微带线尺寸的决定就是设计导带的宽度和长度。

2.4.3 LTCC 电路

低温共烧陶瓷(low temperature co-fired ceramic,LTCC)技术是 MCM-C(共烧陶瓷多芯片组件)中的一种多层布线基板技术。它是一种将未烧结的流延陶瓷材料叠层在一起而制成的多层电路,内有印制互连导体、元件和电路,并将该结构烧成一个集成式陶瓷多层材料,然后在表面安装 IC、LSI 裸芯片等构成具有一定部件或系统功能的高密度微电子组件技术。VLSI(超大规模集成)电路传输速度的提高及电子整机与系统进一步向小型化、多功能化、高可靠性方向发展,对发展更高密度和更高可靠性的电子封装技术提出了要求。LTCC 技术因其封装密度高、微波特性好、可靠性高等优点而得到迅速发展。

1. LTCC 加工工艺流程

LTCC 多层基板的主要工艺步骤包括配料、流延、打孔、填充通孔、印刷导体浆料、叠层热压、切片和共烧等工序。其工艺流程如图 2-4-3 所示。其中的关键制造技术如下：

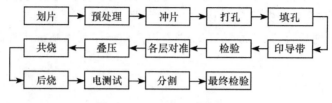

图 2-4-3　LTCC 工艺流程图

（1）生瓷带流延技术。流延的目的是把陶瓷粉料转变为易加工的生瓷带，对生瓷带的要求是致密、厚度均匀和具有一定的机械强度。流延工艺包括配料、真空除气和流延三道工序。

（2）生瓷片打孔技术。生瓷片上打孔是 LTCC 多层基板制造中极为关键的工艺技术。孔径大小、位置精度均将直接影响布线密度与基板质量。生瓷片打孔的方法有三个：

① 数控钻床钻孔，该方法打孔位置正确与精度比较高，但是打孔效率不高，此外机械钻孔对孔的边缘会产生一定的影响。

② 数控冲床冲孔，该方法打孔效率高适合于批量生产，但是由于孔的数量和排列不同，不同生瓷片上打孔所需的模具不同，因而成本较高。

③ 激光打孔，该方法是生瓷片的理想打孔方法。

（3）生瓷片金属化技术。生瓷片金属化技术的内容可分为两部分，即通孔填充和导电带图形的形成。

① 通孔填充的方法一般有两种：丝网印刷和导体生片填孔。目前使用最多的是丝网印刷法。丝网印刷是采用负压抽吸的方法，可使孔的周围均匀印有导体浆料。导体生片填孔法是将比生瓷片略厚的导体生片冲进通孔内，以达到通孔金属化的目的，此法有利于提高多层基板的可靠性。

② 导电带形成的方法有两种：传统的厚膜丝网印刷工艺和计算机直接描绘法。

（4）叠片与热压技术。烧结前应把印刷好金属化图形和形成互连通孔的生瓷片，按照预先设计的层数和次序叠到一起，在一定的温度和压力下，使它们紧密粘接，形成一个完整的多层基板坯体。该过程包括叠片和热压两道工序。

（5）排胶与共烧技术。将叠片热压后的陶瓷生坯放入炉中排胶，排胶是有机黏合剂气化和烧除的过程。排胶工艺对 LTCC 多层基板的质量有着严重的影响。排胶不充分，烧结后基板会起泡、变形或分层；排胶过量，又可能使金属化图形脱落或基板碎裂。低温共烧技术的关键是烧结曲线和炉膛温度的均匀性。烧结时升温速度过快，会导致基板的平整度差和收缩率大。炉膛温度的均匀性差，烧结后基板收缩率的一致性也差。LTCC 多层基板的烧结温度一般为 800～9508℃。

2. LTCC 基板的材料特性

LTCC 多层基板的基本材料包括介质材料、导体材料和电阻材料。

介质材料主要包括构成电路基材的介质陶瓷材料,具有较高介电常数的介质陶瓷材料,以及内埋置电容器材料。目前 LTCC 技术中使用的主要的介质材料是玻璃陶瓷和结晶玻璃,以及非玻璃系。玻璃陶瓷是在玻璃中掺入某些陶瓷填料(如氧化铝粉末)。其特点是烧结时玻璃软化,润湿填料粉末,介质表面能与烧结用垫板平面趋于一致,表面很平整。具有代表性的如杜邦(Dupont)公司的 Dupont 943 和 Dupont 951 系列。结晶玻璃(如硅镁酸铝)具有比玻璃陶瓷更为优良的特性。对多次烧结的不利影响不敏感,对后续处理很有利。具有代表性的如费罗(Ferro)公司的 Ferro A6-S/M 系列。

导体材料相比于 HTCC 工艺,LTCC 的共烧温度更低,因此可以使用高电导率的贵金属材料,如金、银等。这样的最大好处就是降低了导体损耗。

电阻材料 LTCC 多层基板的埋置电阻材料由 RuO_2、$Ru_2M_2O_2$($M = Pb$、Bi 等)及玻璃、添加剂等组成。电阻材料应与 LTCC 基板的热膨胀系数相近,且常温稳定性较好。

3. LTCC 技术的特点

LTCC 技术由于其本身所具备的一系列优点使其在通信、宇航与军事、MEMS(微机电系统)与传感技术、汽车电子等领域得到广泛应用。LTCC 技术的主要优越性在于:

(1)可将无源元件埋入多层基板中,有利于提高电路的组装密度。埋置电阻、表面电阻和埋置电容器、电感器均可设计为 LTCC 电路的组成部分;埋置阻容元件可以印刷在生瓷片上,并和组件的其他部分共同烧结。此特点使设计人员可以把更多的表面区域留给有源器件,而不是无源器件。因而设计灵活性大,组装密度高。

(2)烧结温度低(850℃左右),可与传统的厚膜技术兼容,并可使用一些高电导率的厚膜导体材料,如 Au、Ag、Pd-Ag、Cu 等,采用 Au 和 Ag 时由于 Au 和 Ag 不会氧化,所以不需要电镀保护,可在空气中烧结。使用电导率高的金属材料作为导体材料有利于提高电路系统的品质因数和高频性能。为标准厚膜电路开发的厚膜电阻器和厚膜电容器材料均可适用于 LTCC 技术。

(3)陶瓷基片的组成可以变化,以提供一系列具有不同电气特性和其他物理性质的介质材料的组合。瓷料的介电常数低,介质损耗角正切小,信号传输快,可提高布线系统性能。陶瓷材料具有优良的高频高 Q 的特性。

(4)LTCC 多层基板具有较好的温度特性(如较小的热膨胀系数、较小的共振频率温度系数),并且其热膨胀系数可设计成与硅、砷化钾或铝相匹配,有利于裸芯片组装。

(5)LTCC 多层基板可适应大电流及耐高温特性要求,并具备比普通 PCB 电路基板更优良的热传导性。

(6)属并行式制造工艺技术,而非连续式工艺,如图 2-4-4 所示。前者具有较佳的弹性制造方式,可针对多层基板的生坯基板进行烧结前的检查,有利于生产效率的提高,然后再堆叠一次烧结,从而可避免多次高温烧结,以及制造过程中因中间某步工艺错误而带来产品性能降低与废品率增大。

(7)LTCC 多层基板气密性良好,也可兼作气密式密封基板,有助于提高设计灵活性、减小尺寸、降低成本、提高可靠性。

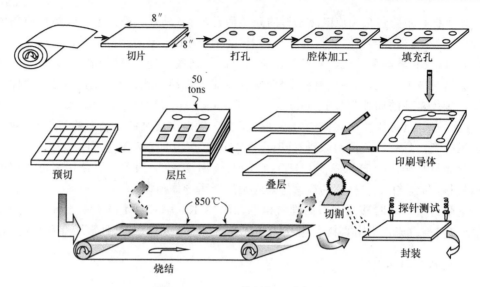

图 2-4-4　LTCC 并行加工示意图

2.5　波导和同轴传输线

波导和同轴传输线方便与天线连接,在微波系统前端是必不可少的。早期的微波系统主要依靠波导和同轴线作为传输线媒质。波导具有高功率容量及低损耗的优点,但它的体积大。同轴线具有非常宽的带宽,各种微带电路的连接要大量使用同轴线。下面简单介绍波导和同轴的基本知识(更深的内容请阅读有关书籍)。

2.5.1　波导

矩形波导是最早用于传输微波信号的传输线类型之一,而且目前也有很多的应用,如耦合器、检波器、隔离器、衰减器等等。通常使用的波导基本结构尺寸是 $a \times b$ 的矩形横截面,长度一般要大于几个波长,如图 2-5-1 所示。

一般情况下,矩形波导传输的 H_{10} 模,场方程为

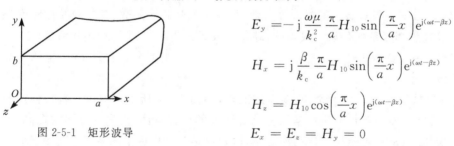

$$E_y = -j \frac{\omega\mu}{k_c^2} \frac{\pi}{a} H_{10} \sin\left(\frac{\pi}{a}x\right) e^{j(\omega t - \beta z)}$$

$$H_x = j \frac{\beta}{k_c} \frac{\pi}{a} H_{10} \sin\left(\frac{\pi}{a}x\right) e^{j(\omega t - \beta z)}$$

$$H_z = H_{10} \cos\left(\frac{\pi}{a}x\right) e^{j(\omega t - \beta z)}$$

图 2-5-1　矩形波导

$$E_x = E_z = H_y = 0$$

电磁场只有三个分量,与 y 无关说明三个分量在 y 方向没有变化。电场在 x 方向呈正弦分布,并且在 $a/2$ 处为最大值,电力线垂直于波导宽边。磁场有 x 和 z 两个方向,其中 x 方向在 $a/2$ 处最大,z 方向在 $a/2$ 处最小,磁力线呈椭圆面形,与波导宽边面平行。H_{10} 模的电磁场沿 z 向 $\lambda_g/2$ 内的立体结构就像一个"鸟笼",如图 2-5-2 所示。用波导结

构做微波元件,必须搞清楚电磁场结构。

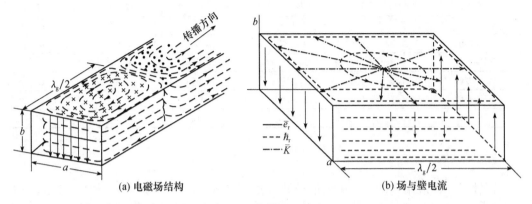

(a) 电磁场结构　　　　　　　　　　　　　(b) 场与壁电流

图 2-5-2　矩形波导主模 H_{10}

波导内传输的是色散波,波导内一个周期的相位面距离为波长,这个波长比自由空间波长大,表达式为

$$\lambda_g = \frac{\lambda}{\sqrt{1 - \left(\dfrac{\lambda}{2a}\right)}}$$

波导的尺寸选择原则是,只有主模传输,具有足够的功率容量,损耗小和尺寸尽可能小。综合考虑这些因素,通常取

$$a = 0.7\lambda$$

$$b = \frac{a}{2}$$

波导尺寸与信号的工作频率有关,当波导的 $a \times b$ 一定时,所能传输的信号只是一个频率段。为了加工方便,连接规范,国家对波导 $a \times b$ 有标准规定,由铜材加工厂生产不同频段的标准波导。在此基础上设计波导元件,截短使用,进行加工和表面处理。表 2-5-1 给出波导标准频段和尺寸。

表 2-5-1　波导标准频段和尺寸

波导型号	主模频段/GHz	截止频率/GHz	宽边 a/mm	窄边 b/mm	壁厚 t/mm
WJB-22	1.72~2.61	1.372	109.20	54.60	2
WJB-26	2.71~3.30	1.735	86.40	43.20	2
WJB-32	2.60~3.95	2.078	72.14	34.04	2
WJB-39	3.40~4.20	2.567	58.00	25.00	2
WJB-40	3.22~4.90	2.677	58.20	29.10	2
WJB-48	3.94~5.99	3.152	47.55	22.15	1.5
WJB-58	4.64~7.05	3.711	40.40	20.20	1.5
WJB-70	5.38~8.17	4.301	34.85	15.80	1.5
WJB-84	6.57~9.99	5.260	28.50	12.60	1.5
WJB-100	8.20~12.50	6.557	22.80	10.16	1.5

续表

波导型号	主模频段/GHz	截止频率/GHz	宽边 a/mm	窄边 b/mm	壁厚 t/mm
WJB-120	9.84～15.00	7.868	19.05	9.52	1
WJB-140	11.9～18.0	9.487	15.80	7.90	1
WJB-180	14.5～22.0	11.571	12.96	6.48	1
WJB-220	17.6～26.7	14.071	10.67	5.33	1
WJB-260	21.7～33.0	17.357	8.64	4.32	1
WJB-320	26.4～40.0	21.077	7.112	3.556	1

2.5.2 同轴线

同轴线广泛应用于微波和微波信号的传输,同轴线与微带连接很方便。一般地,同轴线分为三类:刚性同轴,主要是空气介质的同轴元件和陶瓷类刚性介质的同轴元件,这类元件尺寸比较灵活,由设计而定;软同轴电缆,用于信号传输、系统连接和测试仪器,尺寸有国家统一标准;半刚性电缆,主要是系统连接,尺寸有国家统一标准,根据实际需要选用。

同轴线的尺寸选择原则是,只有主模 TEM 模传输,具备足够的功率容量,损耗小和尺寸尽可能小。尺寸的选择就是决定内导体外半径 a 和外导体内半径 b 的值。按照这些条件可归纳出不同用途的同轴线尺寸,由表 2-5-2 给出。

表 2-5-2 同轴尺寸原则

条 件	原 则	阻 抗	使用场合
主模 TEM 模传输	$a+b \leqslant \dfrac{\lambda_{\min}}{\pi}$	$Z_0 = \dfrac{60}{\sqrt{\epsilon_r}} \ln \dfrac{b}{a}$	基本模式
承受功率最大	$\dfrac{b}{a} = 1.649$	30	高功率传输线
衰减最小	$\dfrac{b}{a} = 3.591$	76.71	谐振器,滤波器 小信号传输线
功率衰减均考虑	$\dfrac{b}{a} = 2.303$	50	通用传输线

软同轴电缆和半刚性电缆标准,国内外厂家均有手册可参阅,要和同轴接头配套使用。

第3章 匹配理论

阻抗匹配是电工电子学科的一个基本问题。微波电路的一般都是与特定阻抗(如 50Ω)的传输线相连接,因此需要进行阻抗匹配,匹配的目的在于:

(1)可以向负载传输最大功率。

(2)在接收机微波前端进行匹配可以改善噪声系数。

(3)发射机进行电路匹配可以实现最大功率传输,提高了效率。

匹配电路的形式随着信号的工作频率的提高而变化,但各种匹配电路的基本原理还是相同的,这就是共轭匹配原理。表 3-0-1 简单给出了基本匹配电路的原理和特性。下面介绍各种匹配电路中基本原理的形式及匹配电路的基本结构。

表 3-0-1　基本匹配电路的原理和特性

匹配网络	元件类型	工作频带	网络灵活性	网络复杂度	负载阻抗	设计方法
L 网络	集总元件	窄	小	低	复数	圆图或解析
T 和 Π 网络		中	中	中	复数	
梯网络		宽	高	高	复数	综合
单枝节	分布参数	窄	小	低	复数	圆图
双枝节		中	中	低	复数	
滤波器理论		宽	高	高	复数	综合
四分之一波长变换器		窄	无	低	实数	解析
多节变换器		宽	中	高	实数	综合
渐变线		宽	高	高	实数	解析
混合型	集总元件分布参数	窄到宽	高	低到高	复数	圆图或解析

3.1　基本阻抗匹配理论

基本电路如图 3-1-1(a)所示,V_s 为信号源电压,R_s 为信号源内阻,R_L 为负载电阻。任何形式的电路都可以等效为这个简单模型。我们的目标是使信号源的功率尽可能多的送入负载 R_L,也就是说,要使得信号源的输出功率尽可能的大。

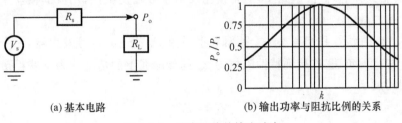

(a)基本电路　　　　　　　　(b)输出功率与阻抗比例的关系

图 3-1-1　基本电路的输出功率

在这个简单的电路中,输出功率与电路元件之间存在以下关系:

$$P_\text{o} = I^2 \cdot R_\text{L} = \frac{V_\text{s}^2}{(R_\text{s} + R_\text{L})^2} \cdot R_\text{L}$$

令

$$R_\text{L} = k \cdot R_\text{s}, \quad P_\text{i} = \frac{V_\text{s}^2}{R_\text{s}}$$

则

$$P_\text{o} = \frac{k}{(1+k)^2} P_\text{i} \tag{3-1}$$

可见,信号源的输出功率决定于 V_s、R_s 和 R_L。信号源给定情况下,输出功率取决于负载电阻与信号源内阻之比 k。输出功率表达式(3-1)可以直观的用图 3-1-1(b)表示。由图可知,当 $R_\text{L} = R_\text{s}$ 时可获得最大输出功率,此时为阻抗匹配状态。无论负载电阻大于还是小于信号源内阻,都不可能使负载获得最大功率,且两个电阻值偏差越大,输出功率越小。

阻抗匹配概念可以推广到交流电路。如图 3-1-2 所示,当负载阻抗 Z_L 与信号源阻抗 Z_s 共轭,即 $Z_\text{L} = Z_\text{s}^*$ 时,能够实现功率的最大传输,称作共轭匹配,或广义阻抗匹配。

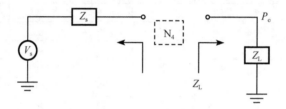

图 3-1-2　广义阻抗匹配

任何一种交流电路都可以等效为图 3-1-2 所示电路结构。如果负载阻抗不满足共轭匹配条件,就要在负载和信号源之间一个阻抗变换网络(如图 3-1-2 中虚线框所示),将负载阻抗变换为信号源阻抗的共轭阻抗,实现阻抗匹配。

3.2　微波匹配原理

微波电路的阻抗匹配也是交流电路阻抗匹配问题。如上面所述,当 $Z_\text{L} = Z_\text{s}^*$ 时,电路处于阻抗匹配状态下,得到最大输出功率。在频率更高的情况下,分析问题的方法有其特殊性。由传输线知识,微波电路中,通常使用反射系数描述阻抗,用波的概念来描述信号大小。

如图 3-2-1 所示,我们考察一个用源反射系数 Γ_g 描述的信号发生器,一个用负载反射系数 Γ_L 描述的负载,连接到特性阻抗为 Z_0 的传输线上的情况。为了获得最大功率传递,必须同时满足

$$Z_\text{L} = Z_\text{G}^* \tag{3-2}$$

和

$$Z_G = Z_0 \tag{3-3}$$

式(3-2)是熟知的共扼阻抗匹配条件,式(3-3)表示信号发生器将全部功率提供给传输线的条件。

考察图 3-2-2,一般情况下,负载与信号源是不匹配的,增加一个双端口网络,与负载组合起来形成一个等效负载,我们的目标是寻求等效负载与信号源的匹配条件。在图 3-2-2 虚线所示参考面上,入射波为 a_1,反射波为 b_1,等效负载的反射系数为 $\Gamma_L = b_1/a_1$,信号发生器发出的波幅为 b_G,即第一个入射波为 b_G,b_G 的反射波为 $b_G\Gamma_L$,$b_G\Gamma_L$ 的反射波为 $b_G\Gamma_L\Gamma_G$,依次类推,朝着信号发生器方向的反射波总和为

$$b_1 = b_G\Gamma_L[1 + \Gamma_L\Gamma_G + (\Gamma_L\Gamma_G)^2 + \cdots] = \frac{b_G\Gamma_L}{1 - \Gamma_L\Gamma_G} \tag{3-4}$$

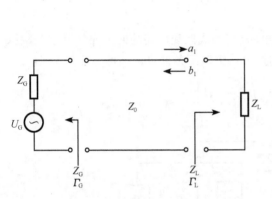

图 3-2-1　微波电路的匹配　　　　　　图 3-2-2　信号发生器端口的反射波

因为 $\Gamma_L = b_1/a_1$,从而上式变为

$$a_1 = b_G + b_1\Gamma_G \tag{3-5}$$

则提供给负载的功率为

$$P_L = |a_1|^2 - |b_1|^2 = |a_1|^2(1 - |\Gamma_L|^2) \tag{3-6}$$

将式(3-5)代入式(3-6)则提供给负载的功率可写成

$$P_L = \frac{|b_G|^2(1 - |\Gamma_L|^2)}{|1 - \Gamma_L\Gamma_G|^2} \tag{3-7}$$

可见,P_L 是 b_G、Γ_L 和 Γ_G 的函数,与前面的 V_S、R_L 和 R_S 相对应。为了得到最大功率传输,必须满足

$$\Gamma_L = \Gamma_G^* \tag{3-8}$$

将式(3-8)代入式(3-7)可得

$$P = \frac{|b_G|^2}{1 - |\Gamma_G|^2} \tag{3-9}$$

所以,$\Gamma_L = \Gamma_G^*$ 是阻抗共轭匹配的一种等效方式,在微波电路中经常会用到这个条件。

3.3　集总参数匹配电路

在微波和微波低端,通常采用集总元件来实现阻抗变换,以达到匹配目的。具体讲,

就是利用电感和电容的各种组合设计匹配网络,该方法行之有效。根据工作频带宽度和电路尺寸大小,可分为 L 型、T 型及 Ⅱ 型等三种拓扑结构。

3.3.1 L 型匹配电路

L 型匹配电路是最简单的集总元件匹配电路,只有两个元件,成本最低,性能可靠。具体的电路结构选择有一定的规律可循。以下按照输入阻抗和输出阻抗均为纯电阻和任意阻抗两种情况分别介绍设计方法。

1. 输入阻抗和输出阻抗均为纯电阻

L 型匹配电路的设计步骤如下:

步骤一 确定工作频率 f_c、输入阻抗 R_s 及输出阻抗 R_L。这三个基本参数由设计任务给出。

步骤二 如图 3-3-1(a)所示 L 型匹配电路,将构成匹配电路的两个元件分别与输入阻抗 R_s 和输出阻抗 R_L 结合。当电路匹配时,由共轭匹配条件可以推得

$$Q_s = Q_L = \sqrt{\left|\frac{R_L}{R_s} - 1\right|} \tag{3-10}$$

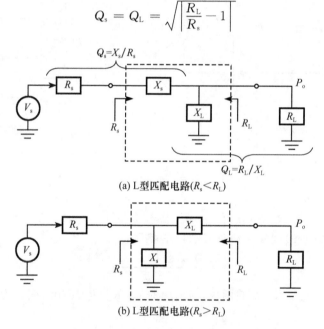

(a) L型匹配电路($R_s < R_L$)

(b) L型匹配电路($R_s > R_L$)

图 3-3-1 L 型匹配电路的两种形式

步骤三 判别 $R_s < R_L$ 或 $R_s > R_L$。

(1) $R_s < R_L$,如图 3-3-1(a)所示。

$$X_s = Q_s \cdot R_s, \quad X_L = \frac{R_L}{Q_L} \tag{3-11}$$

(2) $R_s > R_L$,如图 3-3-1(b)所示。

$$X_s = \frac{R_s}{Q_s}, \quad X_L = Q_L \cdot R_L \tag{3-12}$$

步骤四　若 $R_s < R_L$，如图 3-3-2 所示，选择 $L_s\text{-}C_p$ 低通式或 $C_s\text{-}L_p$ 高通式电路。根据下列公式计算出电路所需电感及电容值。

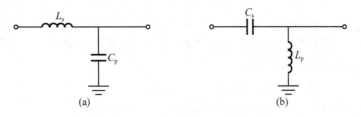

图 3-3-2　$R_s < R_L$ 的 L 型匹配电路

(1) $L_s\text{-}C_p$ 低通式。

$$L_s = \frac{X_s}{2\pi f_c}, \quad C_p = \frac{1}{2\pi f_c \cdot X_L} \tag{3-13}$$

(2) $C_s\text{-}L_p$ 高通式。

$$C_s = \frac{1}{2\pi f_c \cdot X_s}, \quad L_p = \frac{X_L}{2\pi f_c} \tag{3-14}$$

步骤五　若 $R_s > R_L$，如图 3-3-3 所示，选择 $C_p\text{-}L_s$ 低通式或 $L_p\text{-}C_s$ 高通式电路。按下列公式计算出电路所需电感及电容值。

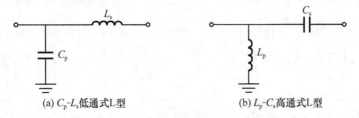

(a) $C_p\text{-}L_s$ 低通式 L 型　　　　　　　　(b) $L_p\text{-}C_s$ 高通式 L 型

图 3-3-3　$R_s > R_L$ 的 L 型匹配电路

(1) $C_p\text{-}L_s$ 低通式。

$$C_p = \frac{1}{2\pi f_c \cdot X_s}, \quad L_s = \frac{X_L}{2\pi f_c} \tag{3-15}$$

(2) $L_p\text{-}C_s$ 高通式。

$$L_p = \frac{X_s}{2\pi f_c}, \quad C_s = \frac{1}{2\pi f_c \cdot X_L} \tag{3-16}$$

2. 输入阻抗和输出阻抗不为纯电阻

如果输入阻抗和输出阻抗不是纯电阻，而是复数阻抗，处理的方法是只考虑电阻部分，按照上述方法计算 L 型匹配电路中的电容和电感值，再扣除两端的虚数部分，就可得到实际的匹配电路参数。

3. 关于 L 型匹配电路的其他说明

L 型匹配电路的用途广泛，技术成熟。为了工程使用的方便，再做说明如下。

1) 设计方法

L 型匹配电路的设计计算还可以使用下面两种方法。

（1）解析法求元件值。按照电路级联的方法求出负载和匹配元件组合等效负载的表达式，与信号源阻抗共轭相等，实部和虚部分别相等，两个方程两个未知数（两个元件值）。缺点是比较复杂、易出差错，要事先给出合适的拓扑结构，求解困难。

（2）史密斯圆图法求元件值。

步骤一　计算源阻抗和负载阻抗的归一化值。

步骤二　在圆图上找出源阻抗点，画出过该点的等电阻圆和等电导圆。

步骤三　在圆图上找出负载阻抗的共轭点，画出过该点的等电阻圆和等电导圆。

步骤四　找出步骤二、三所画圆的交点，交点的个数就是可能的匹配电路拓扑个数。

步骤五　分别把源阻抗、负载阻抗沿相应的等反射系数圆移到步骤四的同一交点。两次移动的电抗（纳）或电纳（抗）变化就是所求电感或电容的电抗或电纳。

步骤六　由工作频率计算出电感电容的实际值。

2) 电路拓扑

L 型匹配电路的两个元件的连接方式共有十种可能。图 3-3-4 给出了电路拓扑及其匹配盲区。由前面可以看出，拓扑结构的选择有其规律性。选择不当，无法实现匹配功能，也就是说，圆图中找不到交点。而对于任意一对要实现匹配的信号源和负载，至少有两个以上的拓扑可选，即十个拓扑结构中，总是可以找到合适的匹配电路形式。两个以上

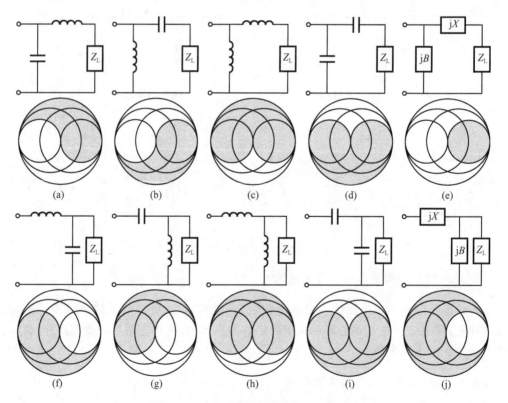

图 3-3-4　L 型匹配电路及其匹配盲区

的拓扑中如何选定最合适的一个,要考虑的因素有元件的标称值,元件是否方便得到;电感电容的组合就会有频率特性,即带通或高通特性,要考虑匹配电路所处系统的工作频率和其他指标,如有源电路中的谐波或交调等;与周边电路的结构的相关性,如直流偏置的方便、电路尺寸布局的许可等。

3.3.2　T 型匹配电路

与 L 型匹配电路的分析设计方法类似。下面仅以纯电阻性信号源和负载且 $R_s < R_L$ 为例介绍基本方法,其他情况的 T 型匹配电路可在此基础上进行设计,过程类似。

T 型匹配电路设计步骤如下:

步骤一　确定工作频率 f_c、负载 Q 值、输入阻抗 R_s 及输出阻抗 R_L,并求出 $R_{small} = \min(R_s, R_L)$。

步骤二　依据图 3-3-5(a)所示,按下列公式计算出 X_{s1}、X_{p1}、X_{p2} 及 X_{s2}。

$$R = R_{small}(Q^2 + 1), \quad X_{s1} = QR_s, \quad X_{p1} = \frac{R}{Q} \tag{3-17}$$

$$Q_2 = \sqrt{\frac{R}{R_L} - 1}, \quad X_{p2} = \frac{R}{Q_2}, \quad X_{s2} = Q_2 R_L \tag{3-18}$$

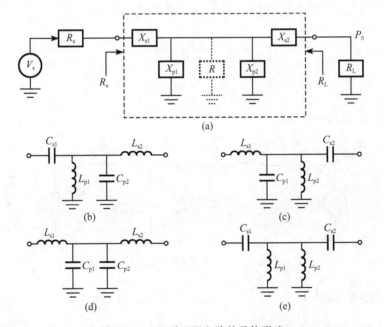

图 3-3-5　T 型匹配电路的具体形式

步骤三　根据电路选用元件的不同,可有四种形式。如图 3-3-5(b)、(c)、(d)和(e)所示。其中,电感及电容值之求法如下:

$$L = \frac{X}{2\pi f_c}, \quad C = \frac{1}{2\pi f_c X} \tag{3-19}$$

设计实例

设计一个工作频率 400MHz,带宽 40MHz 的 50~75Ω 的 T 型阻抗变换器。

步骤一　确定工作频率 $f_c = 400\mathrm{MHz}$，负载 Q 值 $= 400/40 = 10$，输入阻抗 $R_s = 50$，输出阻抗 $R_L = 75$，$R_{small} = \min(R_s, R_L) = 50$。

步骤二　参考图 3-3-4，按公式计算出 X_{s1}、X_{p1}、X_{p2} 及 X_{s2}。

$$R = R_{small}(Q^2 + 1) = 5050$$

$$X_{s1} = QR_s = 500$$

$$X_{p1} = \frac{R}{Q} = 505$$

$$Q_2 = \sqrt{\frac{R}{R_L} - 1} = 8.145$$

$$X_{p2} = \frac{R}{Q_2} = 620$$

$$X_{s2} = Q_2 R_L = 610.8$$

步骤三　根据电路选用元件的不同，可有四种形式。选用图 3-3-5(b)所示电路，其中电感及电容值的求法如下：

$$C_{p1} = \frac{1}{2\pi f_c \cdot X_{p1}} = 0.79\mathrm{pF}$$

$$L_{s1} = \frac{X_{s1}}{2\pi f_c} = 198.9\mathrm{nH}$$

$$C_{p2} = \frac{1}{2\pi f_c \cdot X_{p2}} = 0.64\mathrm{pF}$$

$$L_{s2} = \frac{X_{s1}}{2\pi f_c} = 243\mathrm{nH}$$

匹配电路的最后结果如图 3-3-6 所示。

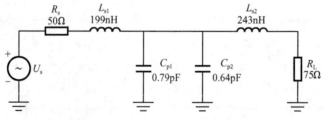

图 3-3-6　T 型匹配电路设计实例

3.3.3　Π型匹配电路

同样，Π 型匹配电路与 L 型匹配电路的分析设计方法类似。下面也以纯电阻性信号源和负载且 $R_s < R_L$ 为例介绍基本方法，其他情况的 Π 型匹配电路可在此基础上进行设计。

Π 型匹配电路设计步骤如下：

步骤一　确定工作频率 f_c、负载 Q 值、输入阻抗 R_s 及输出阻抗 R_L，并求出 $R_H = \max(R_s, R_L)$。

步骤二　根据图 3-3-7(a)中所示及下列公式计算出 X_{p2}、X_{s2}、X_{p1} 及 X_{s1}：

$$R = \frac{R_{\mathrm{H}}}{Q^2 + 1}, \quad X_{\mathrm{p2}} = \frac{R_{\mathrm{L}}}{Q}, \quad X_{\mathrm{s2}} = QR \tag{3-20}$$

$$Q_1 = \sqrt{\frac{R_{\mathrm{s}}}{R} - 1}, \quad X_{\mathrm{p1}} = \frac{R_{\mathrm{s}}}{Q_1}, \quad X_{\mathrm{s1}} = Q_1 R \tag{3-21}$$

步骤三　依据电路选用元件的不同,可有四种形式。如图 3-3-7(b)、(c)、(d)、(e)所示。其中电感及电容值的求法如下:

$$L = \frac{X}{2\pi f_{\mathrm{c}}}, \quad C = \frac{1}{2\pi f_{\mathrm{c}} \cdot X} \tag{3-22}$$

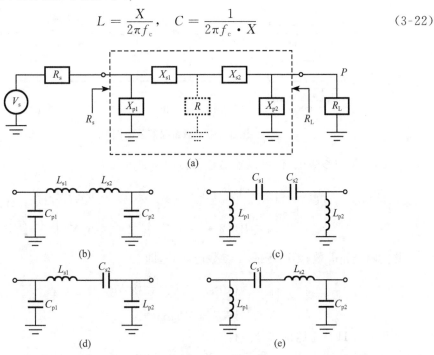

图 3-3-7　Ⅱ 型匹配电路及其具体形式

3.4　微带线型匹配电路

前面讨论的集总元件匹配网络只适应于频率较低的场合,或者是几何尺寸远小于工作波长的情况。随着工作频率的提高及相应工作波长的减小,集总元件的寄生参数效应就变得更加明显。此时我们的设计工作就要考虑这些寄生效应,导致元件值的求解变得相当复杂。上述问题以及集总元件值只能是一些标准数值的事实,限制了集总元件在微波电路中的应用。当波长变得明显小于典型的电路元件长度时,分布参数元件则替代了集总元件而得到了广泛的应用。各种微波传输线结构都可以实现匹配网络。本节以微带匹配电路为主,介绍分布参数匹配网络的设计方法,最后简单介绍其他匹配电路形式。

3.4.1　微带线构成电感和电容

1. 利用小于 $\lambda_{\mathrm{g}}/8$ 微带线实现

假定一段传输线(或微带线)长度为 l,特性阻抗为 Z_0,如图 3-4-1(a)所示。写出其传

输参数方程为

$$\begin{bmatrix} U_1 \\ I_1 \end{bmatrix} = \begin{bmatrix} \cos\beta l & \mathrm{j}Z_0\sin\beta l \\ \mathrm{j}\dfrac{1}{Z_0}\sin\beta l & \cos\beta l \end{bmatrix} \begin{bmatrix} U_2 \\ I_2 \end{bmatrix}$$

式中，$\beta = 2\pi/\lambda_g$。把它等效成集中参数电路，一种是 Π 型电路，另一种是 T 型电路，如图 3-4-1(b)、(c) 所示。

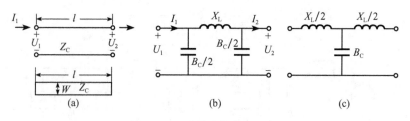

图 3-4-1　微带线等效原理图

对 Π 型集中参数电路，可以求出它的传输参数方程为

$$\begin{bmatrix} U_1 \\ I_1 \end{bmatrix} = \begin{bmatrix} 1 - \dfrac{1}{2}B_C X_L & \mathrm{j}X_L \\ \mathrm{j}\dfrac{1}{2}B_C\left(2 - \dfrac{1}{2}B_C X_L\right) & 1 - \dfrac{1}{2}B_C X_L \end{bmatrix} \begin{bmatrix} U_2 \\ I_2 \end{bmatrix}$$

要使两电路等效，则两者的 A 参数应相等，即

$$\begin{cases} \cos\beta l = 1 - \dfrac{1}{2}B_C X_L \\ X_L = Z_0\sin\beta l \end{cases}$$

由此可得 Π 型电路的等效条件为

$$\begin{cases} X_L = Z_0\sin\beta l \\ \dfrac{B_C}{2} = Y_0\tan\dfrac{\beta l}{2} \end{cases}$$

当已知集中参数电路的 X_L 时，可计算微带线的长度 l 为

$$l = \frac{1}{\beta}\arcsin\frac{X_L}{Z_0} = \frac{\lambda_g}{2\pi}\arcsin\frac{X_L}{Z_0}$$

在两端加上适当的电容，即可构成所需 Π 型匹配电路。

同理，把一段微带线等效成 T 型匹配电路，T 型电路的传输参数方程为

$$\begin{bmatrix} U_1 \\ I_1 \end{bmatrix} = \begin{bmatrix} 1 - \dfrac{1}{2}B_C X_L & \mathrm{j}\dfrac{X_L}{2}\left(2 - \dfrac{1}{2}B_C X_L\right) \\ \mathrm{j}B_C & 1 - \dfrac{1}{2}B_C X_L \end{bmatrix} \begin{bmatrix} U_2 \\ I_2 \end{bmatrix}$$

要使两电路等效，则 A 参数应相等，即

$$\begin{cases} \cos\beta l = 1 - \dfrac{1}{2}B_C X_L \\ \dfrac{1}{Z_0}\sin\beta l = B_C \end{cases}$$

由此可得 T 型电路的等效条件为

$$
\begin{cases}
B_C = Y_0 \sin\beta l \\
\dfrac{X_L}{2} = Z_0 \tan\dfrac{\beta l}{2}
\end{cases}
$$

根据以上推导出来的公式,在满足一定条件的情况下,可利用微带线构成电感和电容元件。

1）构成串联电感

对上述的 Π 型电路形式,根据等效条件,当 Z_0 较大时,则 Y_0 较小,并臂为两个小电容,而且使 l 尽量短,则 $\tan(\beta l/2)$ 很小,这样 $B_C/2$ 的值很小,且小到可以忽略不计时,这样一段高特性阻抗的微带线可等效为一串联电感,即可以认为这一小段微带线相当于电感元件,以串联的形式接入电路。一般要求 $l < \lambda_g/8, Z_0 \geqslant 80\Omega$,两个小电容 $C_p \leqslant 0.5\text{pF}$。

2）构成并联电容

对于 T 型电路,根据等效条件,当 Z_0 较小时,则 Y_0 较大,串臂为两个小电感,而且使 l 尽量短,则 $\tan(\beta l/2)$ 很小,当 $X_L/2$ 小到可忽略时,则可等效为一并联电容。

2. 利用小于 $\lambda_g/4$ 微带线实现

通常用小于 $\lambda_g/4$ 的终端短路或开路线来实现。

1）并联电感

$$
X_L = Z_0 \tan\beta l
$$

式中,l 为小于 $\lambda_g/4$ 终端短路线。

2）并联电容

$$
X_L = Z_0 \cot\beta l
$$

式中,l 为小于 $\lambda_g/4$ 终端开路线。

微带线匹配电路的拓扑结构主要分为并联和串联两种形式,而由此所派生出来的电路形式则多种多样。

3.4.2　微带的非连续性

1. 微带的开路端

微带的开路端并不是理想开路,因为在微带中心导带突然中断处,导带末端将出现剩余电荷,引起边缘电场效应。微带开路端电场相对集中,可以等效为一电容。由于一段短开路线可以等效为电容,所以微带的开路端可以用一段理想开路线等效,于是实际的开路端相比于理想开路线缩短了一小段,称为开路线缩短效应,如图 3-4-2 所示。

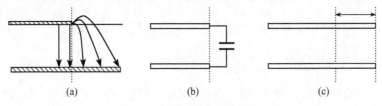

$$\text{(a)} \qquad\qquad \text{(b)} \qquad\qquad \text{(c)}$$

图 3-4-2　微带开路端及其等效电路

一个常用的缩短长度 Δl 的公式为

$$\Delta l = \frac{\lambda_e}{2\pi}\mathrm{arccot}\left(\frac{4A+2W}{A+2W}\cot\frac{2\pi}{\lambda_e}A\right)$$

式中，λ_e 为微带波导波长，$A=\dfrac{2h}{\pi}\ln 2$，W、h 分别为微带导带宽度和基片厚度。在氧化铝陶瓷基片上，阻抗为 50Ω 左右的开路端，可取 $\Delta l=0.33h$。

2. 微带间隙

微带间隙的结构如图 3-4-3 所示，根据力线分布可以看出，它可以等效为串联电容，如图 3-4-3(c)所示，所以微带间隙常用作为耦合电容和隔直流电容。

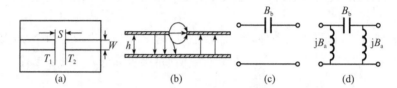

图 3-4-3　微带间隙及其等效电路

当间隙较大时或要求精确较高的情况下，间隙等效为一个串联电容误差较大，而应采用图 3-4-3(d)所示的 Π 型等效电路，这是用微带平板波导模型的间隙与矩形波导缝隙等效而得到的，其等效电路参数是

$$\begin{cases}\dfrac{B_a}{Y_0}=-\dfrac{4h}{\lambda_e}\ln\left(\mathrm{ch}\,\dfrac{\pi S}{2h}\right)\\[3mm]\dfrac{B_b}{Y_0}=\dfrac{2h}{\lambda_e}\ln\left(\mathrm{cth}\,\dfrac{\pi S}{4h}\right)\end{cases}$$

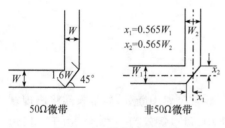

图 3-4-4　微带匹配拐角

3. 微带拐角

在微带电路中，为了改变电磁波传播方向通常采用微带拐角。直接的直角拐角会产生较大反射。为了减小反射，把拐角的外部切成 45°斜角，利用两次反射的相互抵消达到匹配。斜角边长是使两次反射抵消的关键，如图 3-4-4 所示。

3.4.3　并联型微带匹配电路

一般来说，并联型微带线匹配电路分为单枝节匹配和双枝节匹配，下面分别介绍。

1. 微带单枝节匹配电路

单枝节匹配有两种拓扑结构：第一种为负载与短截线并联后再与一段传输线串联，第二种为负载与传输线串联后再与短截线并联，如图 3-4-5 所示。

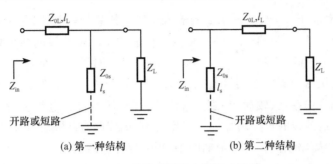

图 3-4-5 单枝节匹配电路基本结构

上述两种匹配网络中都有四个可调整参数:短截线的长度 l_s 和特性阻抗 Z_{0s},传输线的长度 l_L 和特性阻抗 Z_{0L}。因此,四个参数的合理组合,可以实现任意阻抗之间的匹配。

下面的实例分析介绍了图 3-4-5(a)所示匹配网络的设计过程。为了简单,将短截线特性阻抗 Z_{0s} 和传输线特性阻抗 Z_{0L} 均取为 Z_0,通过调整它们的长度实现预定的输入阻抗。

设计实例一

设计单枝节匹配网络,将负载阻抗 $Z_L=(60-j45)\Omega$ 变换为输入阻抗 $Z_{in}=(75+j90)\Omega$。假设图 3-4-5(a)中的短截线和传输线的特性抗均为 $Z_0=75\Omega$。

步骤一 求归一化阻抗。

负载阻抗
$$z_L=\frac{60-j45}{75}=0.8-j0.6$$

输入阻抗
$$z_{in}=\frac{75+j90}{75}=1.0+j1.2$$

步骤二 选择短截线长度 l_s 的基本原则是,短截线产生的电纳 B_s 能够使负载阻抗 $z_L=0.8-j0.6$ 变换到归一化输入阻抗点 $z_{in}=1.0+j1.2$ 的反射系数圆上,如图 3-4-6 所示。

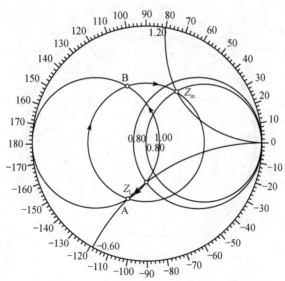

图 3-4-6 利用圆图设计单枝节匹配网络

可以看出,对应于 $z_{in}=1.0+j1.2$ 的输入反射系数圆与等电导圆 $g=0.8$ 的两个交点（$y_A=0.8+j1.05$ 和 $y_B=0.8-j1.05$）,是两个可能的解。短截线的两个相应的电纳值分别为 $jb_{SA}=y_A-y_L=j0.45$ 和 $jb_{SB}=y_B-y_L=-j1.65$。对于第一个解而言,开路短截线的长度可以通过在史密斯圆图上测量 l_{SA} 求出,l_{SA} 是从 $y=0$ 点（开路点）开始沿史密斯圆图的最外圈向源的方向移动（顺时针）到达 $y=j0.45$ 点所经过的电长度,在本例题中 $l_{SA}=0.067\lambda$。只需将短截线的长度增加 $1/4$ 工作波长,则开路短截线就可以换成短路短截线。在同轴系统中,用短路线段。在微带电路中,用开路短截线。

类似于第一个解,由 b_{SB} 可求出开路短截线的长度 $l_{SB}=0.337\lambda$ 和短路短截线的长度 $l_{SB}=0.087\lambda$。在这种情况下,我们发现短路短截线需要比开路短截线的长度更短。其原因是由于开路短截线的等效电纳为负值。

同理我们可以求出串联传输线长度,其中第一个解为 $l_{LA}=0.266\lambda$,第二个解为 $l_{SB}=0.07\lambda$。

设计实例二

设计单枝节匹配网络将负载负载阻抗 $Z_L=(25+j75)\Omega$ 变换为 $Z_{in}=50\Omega$ 的输入阻抗,假设图 3-4-5(a) 中的短截线和传输线的特性抗均为 $Z_0=50\Omega$。

解　首先将负载归一化 $z_L=0.5+j1.5$,并转化为导纳得 $y_L=0.2-j0.6$,将 y_L 向电源（顺时针）旋转,并与匹配圆（$r=1$）相交于两点（图 3-4-7）。

$$y_{La}=1+j2.2 \quad (\text{对应} 0.192)$$

$$y_{Lb}=1-j2.2 \quad (\text{对应} 0.308)$$

则可以求出串联短截线的长度

$$l_{La}=(0.5-0.412)+0.192=0.088+0.192=0.280(\lambda)$$

$$l_{Lb}=(0.5-0.412)+0.308=0.088+0.308=0.396(\lambda)$$

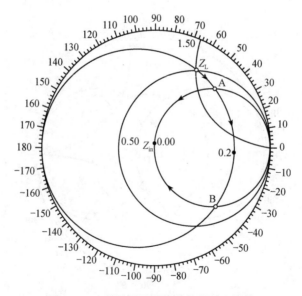

图 3-4-7　利用圆图设计单枝节匹配网络

对于并联短截线我们可以利用上例的原理求出短路短截线的长度分别为

$$l_{sa} = 0.068\lambda, \quad l_{sb} = 0.432\lambda$$

在电路设计中,需要尽量压缩电路板的尺寸,因而总是希望采取尽可能短的传输线段。根据阻抗的具体情况,最短的传输线段既可能是开路短截线也可能是短路短截线。

2. 微带双枝节匹配电路

单枝节匹配网络具有良好的通用性,它可在任意输入阻抗和实部不为零的负载阻抗之间形成阻抗匹配或阻抗变换。这种匹配网络的主要缺点之一是需要在短截线与输入端口或短截线与负载之间插入一段长度可变的传输线。虽然这对于固定型匹配网络不会成为问题,但对可调型匹配器带来困难。可以通过在这种网络中再增加一个并联短截线来解决上述问题,这就是双枝节匹配网络(图 3-4-8)。

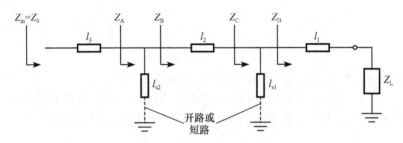

图 3-4-8 双枝节匹配网络

在双枝节匹配网络中,两段开路或短路短截线并联在一段固定长度的传输线两端。传输线 l_2 的长度通常选为 $\frac{1}{8}$、$\frac{3}{8}$ 或 $\frac{5}{8}$ 个波长。在微波应用中通常采用 $\frac{3}{8}$ 和 $\frac{5}{8}$ 个波长的间隔,以便简化可调匹配器的结构。

为了确保匹配,导纳 y_c(等于 z_L 与传输线 l_1 串联后再与并联短截线 l_{s1} 并联)必须落在这个移动后的圆 $g=1$(称为 y_c 圆)上。通过改变短截线 l_{s1} 的长度,可以使点 y_d 最终变换为位于旋转后的等电导圆 $g=1$ 上。只要点 y_d(即 z_L 与传输线 l_1 串联)落在等电导圆 $g=2$ 之外,上述变换过程就可以实现。也就是说,间距一定的双枝节匹配电路存在可能的匹配禁区。实际工作中应该避开这个禁区。解决这个问题的方法是双短截线可调匹配器的输入、输出传输线符合 $l_1 = l_3 \pm \lambda/4$ 的关系,如果可调匹配器不能对某一特定负载实现匹配,只需要对调可调匹配器的输入、输出端口,则 y_d 必将移出匹配禁区。

由于双枝节匹配网络存在匹配禁区,工程中常用的是三枝节或四枝节匹配电路。最典型的是波导多螺钉调配器,反复调整各个螺钉的深度,测量输入端驻波比,可以使系统匹配,并且获得良好的频带特性。

3.4.4 串联型微带匹配电路

串联型微带匹配电路的基本结构是 $\lambda/4$ 阻抗变换器。在负载阻抗与输入阻抗之间串联一段传输线就可实现负载阻抗向输入阻抗的变换,如图 3-4-9 所示。

这段传输线的特性阻抗与负载阻抗和输入阻抗有关,长度为相应微带线波导波长的

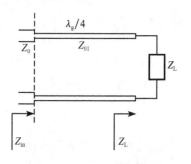

图 3-4-9　λ/4 阻抗变换器

$\dfrac{1}{4}$。由于特性阻抗不同的微带线对应着不同的有效介电常数,也就对应着不同的波导波长,也就是说,长度也与两端阻抗有关。

可以求得

$$Z_{01} = \sqrt{Z_{in}Z_L} \qquad\qquad (3-23)$$

如果输入阻抗和负载阻抗均为纯电阻,则

$$Z_{01} = \sqrt{Z_0 R_L} \qquad\qquad (3-24)$$

如果负载不是纯电阻,可以在负载前加一段传输线将负载先变换成电阻再进行匹配。这种匹配电路与波长有关,工作频带很窄。要想扩展工作频带,可以采用多级 λ/4 阻抗变换器串联的方式。以两节为例,特性阻抗计算公式为

$$\left(\frac{Z_0}{Z_{02}}\right)^2 = \frac{Z_{02}}{Z_{01}} = \left(\frac{Z_{01}}{R_L}\right)^2 \qquad\qquad (3-25)$$

多级串联型匹配电路的设计可以用切比雪夫多项式综合。

指数线型阻抗变换器是多节 λ/4 阻抗变换器的极限形式。计算和加工都极为复杂,可利用计算软件结合 PCB 软件和工艺实现微带复杂结构的阻抗变换器。

3.4.5　渐变线阻抗变换器

为了增加串联阻抗变换器的工作频带,可采用多节阻抗变换器。这种结构可进一步演化为渐变线阻抗变换器,如图 3-4-10 所示。

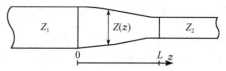

图 3-4-10　渐变线阻抗变换器

渐变线的曲线可以表 3-4-1 给出了各种渐变线形式,表中给出了这些渐变线的阻抗计算公式。

表 3-4-1　各种渐变线阻抗的计算公式

渐变线	公式 $Z(z)$
线性	$Z(z) = Z_1 + \dfrac{z}{L}(Z_2 - Z_1)$
指数	$Z(z) = Z_1 e^{az}$ $a = \dfrac{1}{L}\ln\left(\dfrac{Z_2}{Z_1}\right)$
三角	$Z(z) = Z_1 \exp[2(z/L)^2 \ln(Z_2/Z_1)],\ 0 \leqslant z \leqslant L/2$ $Z(z) = Z_1 \exp[((4z/L) - (2z^2/L^2) - 1)\ln(Z_2/Z_1)],\ L/2 \leqslant z \leqslant L$
余弦平方	$Z(z) = Z_1 \cos^2 az$ $a = \dfrac{1}{L}\arccos\left(\dfrac{Z_2}{Z_1}\right)$

渐变线	公式 $Z(z)$
抛物线	$Z(z) = (\sqrt{Z_1} + az)^2$ $a = \dfrac{1}{L}(\sqrt{Z_2} - \sqrt{Z_1})$
Klopfenstein	$\ln(Z(z)) = \dfrac{1}{2}\ln(Z_1 Z_2) + \dfrac{\Gamma_0}{\cosh A}A^2\phi\left(2\dfrac{z}{L}-1,A\right)$ $A = \operatorname{arcosh}\left(\dfrac{\Gamma_0}{\Gamma_{\mathrm{m}}}\right),\quad \Gamma_0 = \dfrac{Z_2 - Z_1}{Z_2 + Z_1}$ $\phi(x,A) = -\phi(-x,A) = \displaystyle\int_0^x \dfrac{I_1(A\sqrt{1-y^2})}{A\sqrt{1-y^2}}\,\mathrm{d}y$ $I_1(x)$ 为第一类贝塞尔函数 Γ_{m} 为最大反射系数
Hecken	$\ln(Z(z)) = \dfrac{1}{2}\ln(Z_1 Z_2) + \dfrac{1}{2}\ln\left(\dfrac{Z_1}{Z_2}\right)\psi\left(2\dfrac{z}{L}-1,B\right)$ $B = \sqrt{(\beta L)^2 - 6.523}$ $\psi(x,A) = -\psi(-x,A) = \dfrac{B}{\sinh B}\displaystyle\int_0^x I_0(B\sqrt{1-y^2})\,\mathrm{d}y$ $I_0(x)$ 为第一类贝塞尔函数 β 为低频传播常数

3.5　波导和同轴线型匹配电路

波导和同轴线是常见的微波传输线和电路结构形式,虽然微带线技术近年来在很多场合下都得到广泛应用,但是波导和同轴线在大功率、高 Q 值、天线连接等方面仍然占据着统治地位,所以有必要了解这方面的匹配知识。

3.5.1　波导型匹配电路

波导形式的传输线在微波频率高端的发射和接收天线附近是必不可少的。由前面知识可以看出,实现匹配就是在电路中引入合适的电抗元件。波导结构内电抗元件有两种形式,即销钉和膜片。由于调整方便,用途最广的是销钉,如图 3-5-1 所示。

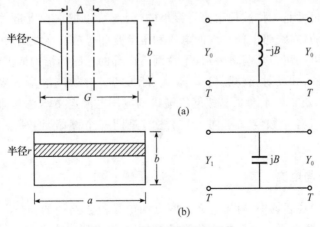

图 3-5-1　波导销钉调配元件

电感销钉的计算公式

$$-\frac{B}{Y_0} = \frac{2\lambda_g}{a\left[\sec^2\dfrac{\pi\Delta}{a}\ln\left(\dfrac{2a}{\pi r}\cos\dfrac{\pi\Delta}{a}\right)-2\right]} \tag{3-26}$$

电容销钉的计算公式

$$\frac{B}{Y_0} = \frac{4\pi^2 r^2}{\lambda_g b} \tag{3-27}$$

通常使用的调配电路是销钉基础上形成的螺钉调配器、单螺钉等效单枝节,以及三螺钉等效三枝节。它们基本都是在宽边中央打孔插入销钉,外加传动或锁紧装置。

3.5.2　同轴线匹配电路

同轴线的销钉调配就是在外导体上插入螺钉。在小功率时使用尚可,大功率时不能使用。因为大功率下,销钉处会打火。大功率时匹配元件用串联或并联枝节实现,如图 3-5-2 所示。

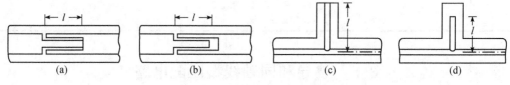

(a)　　　　　　　(b)　　　　　　　(c)　　　　　　　(d)

图 3-5-2　同轴线串、并联短截线

波导销钉和同轴支节匹配器都可以看作枝节匹配的具体形式,都可用圆图或软件设计。在工程实际操作中,直接用网络分析仪或测量线检视系统驻波,然后逐个调整螺钉是一个比较直观的方法。

微带、波导或同轴匹配电路的实验调整是必要的。从样件设计、试制到技术稳定成熟有一定的过程,即使成熟产品,由于每批材料不同和加工工艺差异,也需要适当的调整。

3.6　微波网络参数

低频电路的尺寸与工作波长相比是很小的,因此可以把它看成是由无源或有源的集总元件互连构成的,在线路上任一点的电压和电流是相等的。在线路尺寸足够小情况下,任何微波电路都可以用一个网络表示,不管网络内部的电磁场结构或供电情况,只考虑对外呈现的电气特性,如反射、衰减、相移、放大、滤波等。在微波电路中常用的网络参数有 Z、Y、A 和 S 四种,Z、Y 和 A 参数是按网络端口的电压电流定义,S 参数是按照网络端口的输入输出波定义。各参数定义不同,但描述的是同一个网络,四种参数之间可以进行变换。

3.6.1　模式电压与电流

在静场和低频稳态场中,电压定义为两点间电场关于路径的积分。由于这时的场为(或近似为)位场,两点间的电压与积分路径无关,所以电压的定义是唯一的。

　　这一概念也可用于 TEM 波传输线,因为 TEM 波传输线的横向问题也是位场问题(满足 Laplace 方程)。但是对于非 TEM 波传输线,横向问题不再是位场问题,上述方法定义的电压不再唯一,需要寻找新的定义方法。

　　为了唯一地定义电压和电流,规定:

　　(1) 对于传输线的某一模式而言,电压 V 与该模式的横向电场 $\boldsymbol{E}_t$ 成正比;电流 I 与该模式的横向磁场 $\boldsymbol{H}_t$ 成正比,即 $V\infty\boldsymbol{E}_t$,$I\infty\boldsymbol{H}_t$。

　　(2) 电压与电流的共轭乘积的实部代表该模式的传输功率 P,即 $\frac{1}{2}\mathrm{Re}\{VI^*\}=P$。

　　(3) 传输行波时,电压与电流之比等于传输线的特性阻抗 Z_0,即 $\frac{V}{I}=Z_0$。

　　根据规定(1),设传输线中某一模式的横向场为

$$\begin{cases} \boldsymbol{E}_t = \boldsymbol{e}(x,y)V(z) \\ \boldsymbol{H}_t = \boldsymbol{h}(x,y)I(z) \end{cases}$$

令

$$\iint_s \boldsymbol{e} \times \boldsymbol{h} \cdot \hat{z}\mathrm{d}s = 1$$

则从传输线横截面 s 入射的功率为

$$P = \frac{1}{2}\mathrm{Re}\left\{\iint_s \boldsymbol{E}_t \times \boldsymbol{H}_t^* \cdot \hat{z}\mathrm{d}s\right\} = \frac{1}{2}\mathrm{Re}\{VI^*\}$$

恰好满足规定(2)。

　　$V(z)$ 称为模式电压,$I(z)$ 为模式电流,$\boldsymbol{e}$,$\boldsymbol{h}$ 分别称为电场和磁场模式矢量函数。

　　应当指出,规定(1)、(2)并不能唯一确定电压和电流。例如,令 $V'=AV$,$I'=I/A$,规定(1)、(2)仍满足,但规定(3)不再满足

$$\frac{V'}{I'} = A^2 \frac{V}{I} = A^2 Z_0$$

因此,还必须满足规定(3)才能唯一确定电压和电流。

　　我们知道,横向电场模值和横向磁场模值之比等于波阻抗 Z_w,即

$$\frac{|\boldsymbol{E}_t|}{|\boldsymbol{H}_t|} = Z_w$$

所以,根据规定(3),在行波状态下,得

$$\frac{|\boldsymbol{e}|}{|\boldsymbol{h}|} = \frac{Z_w}{Z_0}$$

由于 $\boldsymbol{e}\times\boldsymbol{h}$ 为 $\hat{z}$ 方向,所以,可以设

$$\begin{cases} \boldsymbol{e} = \dfrac{Z_w}{Z_0}\boldsymbol{h} \times \hat{z} \\[2mm] \boldsymbol{h} = \dfrac{Z_0}{Z_w}\hat{z} \times \boldsymbol{e} \end{cases}$$

这样,剩下的问题就是如何确定特性阻抗 Z_0。通常根据具体问题而定。

　　例　求矩形波导 TE_{10} 模的模式电压和模式电流。

　　解　矩形波导中 TE_{10} 模的横向场分量为

$$\boldsymbol{E}_t = \hat{y}E_y = \hat{y}E_{10}\sin\left(\frac{\pi}{a}x\right)\mathrm{e}^{-\gamma z}$$

$$\boldsymbol{H}_t = \hat{x}H_x = -\hat{x}\frac{E_{10}}{Z_{\mathrm{WTE}_{10}}}\sin\left(\frac{\pi}{a}x\right)\mathrm{e}^{-\gamma z}$$

令电场模式矢量函数为

$$\boldsymbol{e} = \hat{y}A\sin\left(\frac{\pi}{a}x\right)$$

式中,A 为任意常数。

根据计算公式,磁场模式矢量函数为

$$\boldsymbol{h} = -\hat{x}\frac{Z_0 A}{Z_{\mathrm{WTE}_{10}}}\sin\left(\frac{\pi}{a}x\right)$$

于是,模式电压和模式电流分别为

$$V = \frac{E_{10}}{A}\mathrm{e}^{-\gamma z}, \quad I = \frac{E_{10}}{AZ_0}\mathrm{e}^{-\gamma z}$$

根据

$$\iint_s \boldsymbol{e}\times\boldsymbol{h}\cdot\hat{z}\mathrm{d}s = \frac{Z_0 A^2}{Z_{\mathrm{WTE}10}}\int_0^a\int_0^b\sin^2\left(\frac{\pi}{a}x\right)\mathrm{d}x\mathrm{d}y = \frac{Z_0 A^2}{Z_{\mathrm{WTE}_{10}}}\cdot\frac{ab}{2} = 1$$

有

$$Z_0 = \frac{2}{abA^2}Z_{\mathrm{WTE}_{10}}$$

可见,特性阻抗的确定与任意常数 A 有关,定义特性阻抗具有一定的任意性。

为了使特性阻抗、模式电压和模式电流有正确的量纲,令 $A = \dfrac{\sqrt{2}}{b}$,则

$$Z_0 = \frac{b}{a}Z_{\mathrm{WTE}_{10}} = \frac{b}{a}\frac{\eta}{\sqrt{1-\left(\dfrac{\lambda}{2a}\right)^2}}$$

于是

$$\begin{cases} \boldsymbol{e} = \hat{y}\dfrac{\sqrt{2}}{b}\sin\left(\dfrac{\pi}{a}x\right), & \boldsymbol{h} = -\hat{x}\dfrac{\sqrt{2}}{a}\sin\left(\dfrac{\pi}{a}x\right) \\ V = \dfrac{E_{10}b}{\sqrt{2}}\mathrm{e}^{-\gamma z}, & I = \dfrac{E_{10}a}{\sqrt{2}Z_{\mathrm{WTE}_{10}}}\mathrm{e}^{-\gamma z} \end{cases}$$

关于矩形波导 TE_{10} 模特性阻抗的定义有三种。

定义电压、电流为

$$\begin{cases} V_\mathrm{m} = \displaystyle\int_0^b E_y\Big|_{x=\frac{a}{2}}\mathrm{d}y = bE_{10} \\ I_\mathrm{m} = \displaystyle\int_0^a J_z\mathrm{d}x = -\int_0^a H_x\Big|_{y=b}\mathrm{d}x = \frac{2aE_{10}}{\pi Z_{\mathrm{WTE}_{10}}} \end{cases}$$

传输 TE_{10} 模时的平均功率为

$$P = \iint_s \boldsymbol{E}_t\times\boldsymbol{H}_t\cdot\hat{z}\mathrm{d}s = \frac{E_{10}^2 ab}{2Z_{\mathrm{WTE}_{10}}}$$

波导的特性阻抗按如下三种公式定义:

$$Z_{0(V\text{-}I)} = \frac{V_{\mathrm{m}}}{I_{\mathrm{m}}} = \frac{\pi b}{2a} \cdot \frac{\eta}{\sqrt{1 - \left(\dfrac{\lambda}{2a}\right)^2}}$$

$$Z_{0(V\text{-}P)} = \frac{V_{\mathrm{m}}^2}{P} = \frac{2b}{a} \cdot \frac{\eta}{\sqrt{1 - \left(\dfrac{\lambda}{2a}\right)^2}}$$

$$Z_{0(P\text{-}I)} = \frac{P}{I_{\mathrm{m}}^2} = \frac{\pi^2 b}{8a} \cdot \frac{\eta}{\sqrt{1 - \left(\dfrac{\lambda}{2a}\right)^2}}$$

可以看出,用不同方式定义的特性阻抗,仅相差一个数字系数。

在实际中,通常采用归一化电压和电流,用小写字母表示为

$$\begin{cases} v = \dfrac{V}{\sqrt{Z_0}} \\ i = \sqrt{Z_0}\, I \end{cases}$$

容易验证,归一化电压和电流并不违反关于电压、电流的三条规定。只是在归一化电压、电流下,特性阻抗相当于定义为1,从而避免了特性阻抗定义的不确定性。

3.6.2 阻抗概念

下面说明几种不同阻抗的定义。

(1) $\eta = \sqrt{\mu/\varepsilon}$ 表示媒质的本征阻抗,该阻抗仅与媒质的材料有关,并且等于平面波的波阻抗。

(2) $Z_{\mathrm{w}} = E_t / H_t$ 表示波阻抗,该阻抗是特定波形的一种特性。TEM 波、TM 波和 TE 波对应的波阻抗不同,具体取决于传输线和波导的类型、材料以及工作频率。

(3) $Z_0 = \sqrt{L/C}$ 表示特征阻抗,该阻抗是传输线上的行波电压电流之比。因为对于 TEM 波,电压和电流是唯一确定的,所以 TEM 波的特征也是唯一的,然而,对于 TE 波和 TM 波,并不能唯一确定电压和电流,因此,这些波的特征阻抗可以用不同的方式来定义。

3.6.3 网络参数的定义

如图 3-6-1 所示,按电流和电压,入射波和反射波两种信号关系描述双口网络。

图 3-6-1 双口网络的参数定义

1. Z、Y 和 A 参数

由网络端口处的电压电流关系，可得 Z、Y 和 A 参数。

$$V_1 = Z_{11}I_1 + Z_{12}I_2$$
$$V_2 = Z_{21}I_1 + Z_{22}I_2$$

即

$$\begin{bmatrix} V_1 \\ V_2 \end{bmatrix} = \begin{bmatrix} Z_{11} & Z_{12} \\ Z_{21} & Z_{22} \end{bmatrix} \begin{bmatrix} I_1 \\ I_2 \end{bmatrix} \tag{3-28}$$

$$I_1 = Y_{11}V_1 + Y_{12}V_2$$
$$I_2 = Y_{21}V_1 + Y_{22}V_2$$

即

$$\begin{bmatrix} I_1 \\ I_2 \end{bmatrix} = \begin{bmatrix} Y_{11} & Y_{12} \\ Y_{21} & Y_{22} \end{bmatrix} \begin{bmatrix} V_1 \\ V_2 \end{bmatrix} \tag{3-29}$$

$$V_1 = A_{11}V_2 + A_{12}I_2$$
$$I_1 = A_{21}V_2 + A_{22}I_2$$

即

$$\begin{bmatrix} V_1 \\ I_1 \end{bmatrix} = \begin{bmatrix} A_{11} & A_{12} \\ A_{21} & A_{22} \end{bmatrix} \begin{bmatrix} V_2 \\ I_2 \end{bmatrix} \tag{3-30}$$

阻抗参数 Z 的物理意义

$$Z_{11} = \frac{V_1}{I_1}\Big|_{I_2=0, 2端口开路}, \quad Z_{12} = \frac{V_1}{I_2}\Big|_{I_1=0, 1端口开路}$$
$$Z_{21} = \frac{V_2}{I_1}\Big|_{I_2=0, 2端口开路}, \quad Z_{22} = \frac{V_2}{I_2}\Big|_{I_1=0, 1端口开路} \tag{3-31}$$

导纳参数 Y 和传输参数 A 的物理意义也可用同样的方法求得。Z、Y 和 A 参数对特性阻抗或特性导纳的归一值为 z、y 和 a。

例 求如图 3-6-2 所示双端口网络的 Z 矩阵和 Y 矩阵。

解 由 Z 矩阵的定义

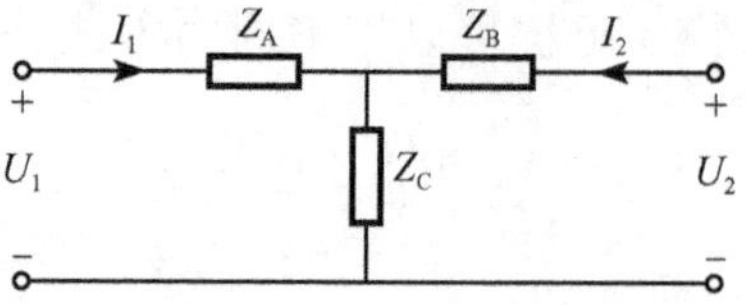

图 3-6-2　双端口网络

$$z_{11} = \frac{U_1}{I_1}\Big|_{I_2=0} = Z_A + Z_C$$

$$z_{21} = \frac{U_1}{I_1}\Big|_{I_1=0} = Z_C = Z_{21}$$

$$z_{22} = \frac{U_2}{I_2}\Big|_{I_1=0} = Z_B = Z_C$$

于是

$$Z = \begin{pmatrix} Z_A + Z_C & Z_C \\ Z_C & Z_B + Z_C \end{pmatrix}$$

$$Y = Z^{-1} = \frac{1}{Z_A Z_B + (Z_A + Z_B)Z_C} \begin{pmatrix} Z_B + Z_C & Z_C \\ -Z_C & Z_A + Z_C \end{pmatrix}$$

2. **S** 参数

前面讨论的三种网络矩阵及其所描述的微波网络,都是建立在电压和电流概念基础上的,因为在微波系统中无法实现真正的恒压源和恒流源,所以电压和电流在微波频率下已失去明确的物理意义。

另外这三种网络参数的测量不是要求端口开路就是要求端口短路,这在微波频率下也是难以实现的。但在信源匹配的条件下,总可以对驻波系数、反射系数及功率等进行测量,即在与网络相连的各分支传输系统的端口参考面上入射波和反射波的相对大小和相对相位是可以测量的,而散射矩阵和传输矩阵就是建立在入射波、反射波的关系基础上的网络参数矩阵。

端口的电压等于入射波加反射波,电流等于入射波减反射波。二倍入射波等于电压加电流,二倍反射波等于电压减电流,即

$$
\begin{aligned}
V &= a + b \\
I &= a - b \\
2a &= V + I \\
2b &= V - I
\end{aligned}
\tag{3-32}
$$

散射参数 **S** 定义为

$$
\begin{aligned}
b_1 &= s_{11}a_1 + s_{12}a_2 \\
b_2 &= s_{21}a_1 + s_{22}a_2
\end{aligned}
$$

即

$$
\begin{bmatrix} b_1 \\ b_2 \end{bmatrix} =
\begin{bmatrix} s_{11} & s_{12} \\ s_{21} & s_{22} \end{bmatrix}
\begin{bmatrix} a_1 \\ a_2 \end{bmatrix}
\tag{3-33}
$$

散射参数 **S** 的物理意义

$$
s_{11} = \left.\frac{b_1}{a_1}\right|_{a_2=0,2端口匹配}, \quad
s_{12} = \left.\frac{b_1}{a_2}\right|_{a_1=0,1端口匹配}
$$

$$
s_{21} = \left.\frac{b_2}{a_1}\right|_{a_2=0,2端口匹配}, \quad
s_{22} = \left.\frac{b_2}{a_2}\right|_{a_1=0,1端口匹配}
\tag{3-34}
$$

s_{11} 和 s_{22} 是两端的反射系数,s_{12} 和 s_{21} 是两端之间的传输系数。

3.6.4　网络参数的转换

微波工程中,散射参数 **S** 使用最多,因为端口反射系数概念清晰,容易测量,端口之间的传输系数就是衰减或增益,便于工程使用。但是网络级联时,使用 **A** 参数很方便,多个网络 **A** 参数相乘就是整个网络的 **A** 参数,这就需要在 **S** 和 **A** 之间进行转换。通常是把每个网络单元的 **S** 变为 **A**,相乘后得到整个网络的 **A**,再变为 **S**。考虑归一化参数,$z = Z/Z_0$,$y = Y/Y_0$,$a_{11} = A_{11}$,$a_{12} = A_{12}/Z_0$,$a_{21} = A_{21}/Y_0$,$a_{22} = A_{22}$。下面给出 z、y、a 和 **S** 间的变换关系

1. 已知 z

$$y = \frac{1}{|z|} \begin{bmatrix} z_{22} & -z_{12} \\ -z_{21} & z_{11} \end{bmatrix} \qquad (3-35)$$

$$a = \frac{1}{z_{21}} \begin{bmatrix} z_{11} & |z| \\ 1 & z_{22} \end{bmatrix} \qquad (3-36)$$

$$S_{11} = \frac{|z| + z_{11} - z_{22} - 1}{|z| + z_{11} + z_{22} + 1}, \quad S_{12} = \frac{2z_{12}}{|z| + z_{11} + z_{22} + 1}$$
$$S_{21} = \frac{2z_{21}}{|z| + z_{11} + z_{22} + 1}, \quad S_{22} = \frac{|z| - z_{11} + z_{22} - 1}{|z| + z_{11} + z_{22} + 1} \qquad (3-37)$$

2. 已知 y

$$z = \frac{1}{|y|} \begin{bmatrix} y_{22} & -y_{12} \\ -y_{21} & y_{11} \end{bmatrix} \qquad (3-38)$$

$$a = \frac{-1}{y_{21}} \begin{bmatrix} y_{22} & 1 \\ |z| & y_{11} \end{bmatrix} \qquad (3-39)$$

$$S_{11} = \frac{1 - y_{11} + y_{22} - |y|}{1 + y_{11} + y_{22} + |y|}, \quad S_{12} = \frac{-2y_{12}}{1 + y_{11} + y_{22} + |y|}$$
$$S_{21} = \frac{-2y_{21}}{1 + y_{11} + y_{22} + |y|}, \quad S_{22} = \frac{1 + y_{11} - y_{22} - |y|}{1 + y_{11} + y_{22} + |y|} \qquad (3-40)$$

3. 已知 a

$$z = \frac{1}{a_{21}} \begin{bmatrix} a_{11} & |a| \\ 1 & a_{22} \end{bmatrix} \qquad (3-41)$$

$$y = \frac{1}{a_{12}} \begin{bmatrix} a_{22} & -|a| \\ -1 & a_{11} \end{bmatrix} \qquad (3-42)$$

$$S_{11} = \frac{a_{11} + a_{12} - a_{21} - a_{22}}{a_{11} + a_{12} + a_{21} + a_{22}}, \quad S_{12} = \frac{2(a_{11}a_{22} - a_{12}a_{21})}{a_{11} + a_{12} + a_{21} + a_{22}}$$
$$S_{21} = \frac{2}{a_{11} + a_{12} + a_{21} + a_{22}}, \quad S_{22} = \frac{-a_{11} + a_{12} - a_{21} + a_{22}}{a_{11} + a_{12} + a_{21} + a_{22}} \qquad (3-43)$$

4. 已知 S

$$z_{11} = \frac{1 + S_{11} - S_{22} - |S|}{1 - S_{11} - S_{22} + |S|}, \quad z_{12} = \frac{2S_{12}}{1 - S_{11} - S_{22} + |S|}$$
$$z_{21} = \frac{2S_{21}}{1 - S_{11} - S_{22} + |S|}, \quad z_{22} = \frac{1 - S_{11} + S_{22} - |S|}{1 - S_{11} - S_{22} + |S|} \qquad (3-44)$$

$$y_{11} = \frac{1 - S_{11} + S_{22} - |S|}{1 + S_{11} + S_{22} + |S|}, \quad y_{12} = \frac{-2S_{12}}{1 + S_{11} + S_{22} + |S|}$$

$$y_{21} = \frac{-2S_{21}}{1 + S_{11} + S_{22} + |S|}, \quad y_{22} = \frac{1 + S_{11} - S_{22} - |S|}{1 - S_{11} - S_{22} + |S|}$$

$$\text{(3-45)}$$

$$a_{11} = \frac{1}{2S_{21}}(1 + S_{11} - S_{22} - |S|), \quad a_{12} = \frac{1}{2S_{21}}(1 + S_{11} + S_{22} + |S|)$$

$$a_{21} = \frac{1}{2S_{21}}(1 - S_{11} - S_{22} + |S|), \quad a_{22} = \frac{1}{2S_{21}}(1 - S_{11} + S_{22} - |S|)$$

$$\text{(3-46)}$$

两端口网络的四个矩阵之间的变换有软件可以使用。工程中应尽可能使用这些软件,减少手工计算,以免出错。

3.7　微波传输线过渡段

前述微波匹配技术的主要功能是实现相同传输线的不同阻抗之间的匹配,在微波工程中有许多不同传输线构成的微波元器件需要相互连接,如图 3-7-1 所示。这种连接涉及模式变换和阻抗匹配。不同传输线的阻抗定义不同,模式结构不同,带来了各种各样的过渡段的结构。本节给出常见过渡段的拓扑结构,设计中可按照技术指标利用电磁场仿真软件进行优化。

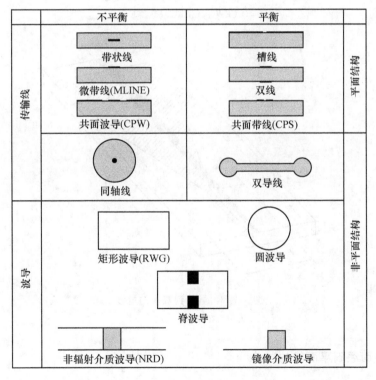

图 3-7-1　需要相互连接的传输线

3.7.1　平面线到平面线的过渡

　　图 3-7-2 和图 3-7-3 分别是微带线到共面线的过渡和微带线到双线的过渡,由图可以清楚地看出结构。图 3-7-4 为各种平面型巴伦变换。这些变换段广泛用于平衡混频器和魔 T 等电路的设计。可分为两类:Marchand 巴伦和双 Y 巴伦,均具有宽带和高隔离的指标。Marchand 巴伦具有带通特性;而双 Y 巴伦具有全通特性,由于微带中理想短路和开路难以实现,其工作频率上限取决于开短路线的长度,依赖于平面线的间隙,在 MMIC 中有广泛的使用。

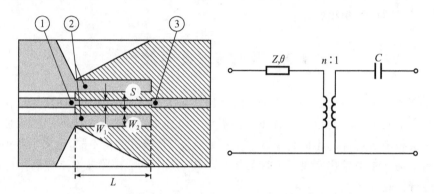

图 3-7-2　微带线到共面线的过渡
①CPW②变换器③MLINE

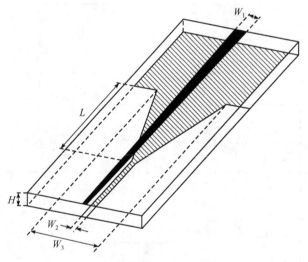

图 3-7-3　微带到双线的过渡
L 为中心频率的四分之一波长

3.7.2　非平面线到平面线的过渡

　　图 3-7-5 是同轴线到微带线的三种过渡。图 3-7-6 波导到微带四种过渡形式。图 3-7-7 波导到槽线过渡结构。

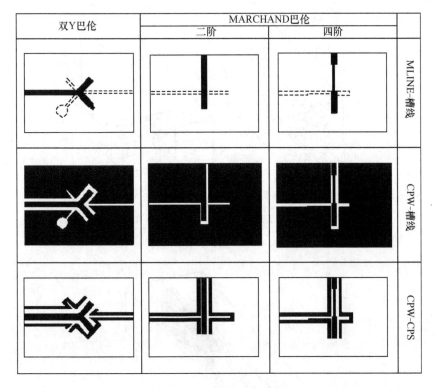

图 3-7-4　平面巴伦变换

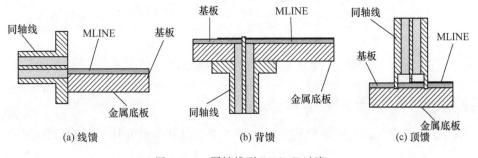

图 3-7-5　同轴线到 MLINE 过渡

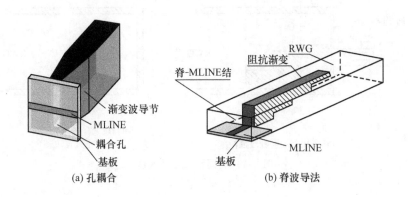

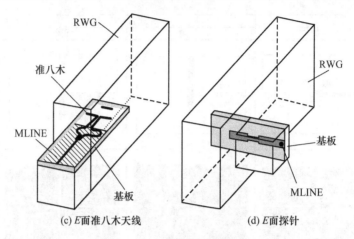

(c) *E*面准八木天线　　　　　　　　(d) *E*面探针

图 3-7-6　波导到微带过渡

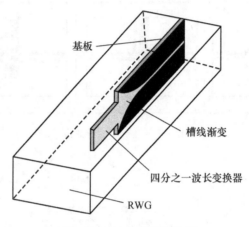

图 3-7-7　波导到槽线过渡

3.7.3　非平面线到非平面线的过渡

图 3-7-8 是常见的同轴波导转换器。图 3-7-9 是非辐射介质波导（NRD）到波导过

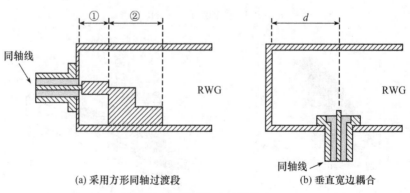

(a) 采用方形同轴过渡段　　　　　　(b) 垂直宽边耦合

图 3-7-8　同轴波导转换器

①脊波导；②台阶

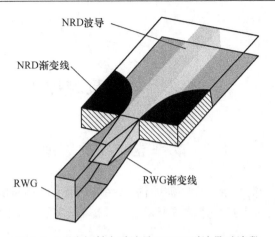

图 3-7-9　非辐射介质波导(NRD)到波导过渡段

渡段。NRD 是毫米波段一种质优价廉的传输线,其主模是混合 LSM_{10} 模。为了进行 NRD 器件的测量,必须把它过渡到 RWG 的 TE_{10} 模。

第4章 功率衰减器

4.1 功率衰减器的原理

功率衰减器是一种能量损耗性微波元件,元件内部含有电阻性材料。除了常用的电阻性固定衰减器外,还有电控快速调整衰减器。衰减器广泛使用于需要功率电平调整的各种场合。

4.1.1 衰减器的技术指标

衰减器的技术指标包括衰减器的工作带宽、衰减量、功率容量、回波损耗等。

(1) 工作频带。衰减器的工作频带是指在给定频率范围内使用衰减器,衰减量才能达到指标值。由于微波结构与频率有关,不同频段的元器件,结构不同,不能通用。现代同轴结构的衰减器使用频带相当宽,设计或使用中要加以注意。

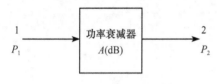

图 4-1-1 功率衰减器

(2) 衰减量。无论形成功率衰减的机理和具体结构如何,总是可以用图 4-1-1 所示两端口网络来描述。

图 4-1-1 中,信号输入端的功率为 P_1,而输出端的功率为 P_2。衰减器的功率衰减量为 A(dB)。若 P_1、P_2 以分贝毫瓦(dBm)表示,则两端功率间的关系为

$$P_2(\text{dBm}) = P_1(\text{dBm}) - A(\text{dB})$$

即

$$A(\text{dB}) = 10\lg \frac{P_2(\text{mW})}{P_1(\text{mW})} \tag{4-1}$$

可以看出,衰减量描述功率通过衰减器后功率的变小程度。衰减量的大小由构成衰减器的材料和结构确定。衰减量用分贝作单位,便于整机指标计算。

(3) 功率容量。衰减器是一种能量消耗元件,功率消耗后变成热量。一般情况下,一旦材料结构确定后,衰减器的功率容量就确定了。如果让衰减器承受的功率超过这个极限值,衰减器就会被烧毁。设计和使用时,必须明确功率容量。

(4) 回波损耗。回波损耗就是衰减器的驻波比,要求衰减器两端的输入输出驻波比尽可能的小。我们希望的衰减器只是一个功率消耗元件,而不能对两端电路有影响,也就是说,与两端电路都是匹配的。设计衰减器时要考虑这一因素。

4.1.2 衰减器的基本构成

构成微波功率衰减器的基本材料是电阻性材料。通常的电阻是衰减器的一种基本形

式,由此形成的电阻衰减网络就是集总参数衰减器。通过一定的工艺把电阻材料放置到不同波段的微波电路结构中就形成相应频率的衰减器。如果是大功率衰减器,体积肯定要加大,散热设计是关键。随着现代电子技术的发展,在许多场合要用到快速调整衰减器,这种衰减器通常有两种实现方式:一是半导体小功率快调衰减器,如 PIN 管或 FET 单片集成衰减器;二是开关控制的电阻衰减网络,开关可以是电子开关,也可以是微波继电器。下面介绍各种衰减器的原理和设计方法。

4.1.3　衰减器的主要用途

从微波网络观点看,衰减器是一个二端口有耗微波网络,它是属于通过型微波元件。衰减器有以下基本用途:

(1) 控制功率电平。在微波超外差接收机中对本振输出功率控制,获得最佳噪声系数和变频损耗,达到最佳接收效果。在微波接收机中,实现自动增益控制,改善动态范围。

(2) 去耦元件。作为振荡器与负载之间的去耦合元件。

(3) 相对标准。作为比较功率电平的相对标准。

(4) 用于雷达抗干扰中的跳变衰减器。是一种衰减量能突变的可变衰减器,平时不引入衰减,遇到外界干扰时,突然加大衰减。

4.2　集总参数衰减器

利用电阻构成的 T 型或 Π 型网络,实现集总参数衰减器。通常情况下,衰减量是固定的,由三个电阻值决定。电阻网络兼有阻抗匹配或变换作用。两种电路拓扑如图 4-2-1 所示。

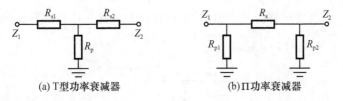

(a) T 型功率衰减器　　　　　　(b) Π 功率衰减器

图 4-2-1　衰减器拓扑图

图中 Z_1、Z_2 是电路输入端、输出端的特性阻抗。根据电路两端使用的阻抗不同,可分为同阻式和异阻式两种情况。

4.2.1　同阻式集总参数衰减器

同阻式衰减器两端的阻抗相同,即 $Z_1 = Z_2$,不需要考虑阻抗变换,直接应用网络级联的办法求出衰减量与各电阻值的关系。

1. T 型同阻式($Z_1 = Z_2 = Z_0$)

对于图 4-2-1(a)所示 T 型同阻式衰减器,取 $R_{s1} = R_{s2}$。我们可以利用三个 A 参数矩阵相乘的办法求出衰减器的 A 参数矩阵,再换算成 S 矩阵,就能求出它的衰减量。串联电阻和并联电阻的 A 网络参数如下。

R_{s1} 的传输矩阵
$$a = \begin{bmatrix} 1 & R_{s1} \\ 0 & 1 \end{bmatrix} \qquad (4\text{-}2)$$

R_p 的传输矩阵
$$a = \begin{bmatrix} 1 & 0 \\ 1/R_p & 1 \end{bmatrix} \qquad (4\text{-}3)$$

相乘得

$$a = \begin{bmatrix} 1 & R_{s1} \\ 0 & 1 \end{bmatrix} \begin{bmatrix} 1 & 0 \\ \dfrac{1}{R_p} & 1 \end{bmatrix} \begin{bmatrix} 1 & R_{s1} \\ 0 & 1 \end{bmatrix}$$

$$= \begin{bmatrix} 1 + R_{s1}/R_p & 2R_{s1} + R_{s1}^2/R_p \\ 1/R_p & 1 + R_{s1}/R_p \end{bmatrix} = \begin{bmatrix} a_{11} & a_{12} \\ a_{21} & a_{22} \end{bmatrix} \qquad (4\text{-}4)$$

转化为 S 矩阵

$$s_{11} = \frac{a_{11} + a_{12} - a_{21} - a_{22}}{a_{11} + a_{12} + a_{21} + a_{22}}$$

$$s_{22} = \frac{-a_{11} + a_{12} - a_{21} + a_{22}}{a_{11} + a_{12} + a_{21} + a_{22}}$$

$$s_{21} = \frac{2}{a_{11} + a_{12} + a_{21} + a_{22}} \qquad (4\text{-}5)$$

$$s_{12} = \frac{2(a_{11}a_{22} - a_{12}a_{21})}{a_{11} + a_{12} + a_{21} + a_{22}}$$

对衰减器的要求是衰减量 $20\lg|s_{21}|$(dB),端口匹配 $10\lg|s_{11}| = -\infty$。

求解联立方程组就可解得各个阻值,下面的公式就是这种衰减器的设计公式。

$$\alpha = 10^{\frac{A}{10}}$$

$$R_p = Z_0 \frac{2 \cdot \sqrt{\alpha}}{|\alpha - 1|} \qquad (4\text{-}6)$$

$$R_{s1} = R_{s2} = Z_0 \cdot \frac{|\sqrt{\alpha} - 1|}{\sqrt{\alpha} + 1}$$

2. Π 型同阻式$(Z_1 = Z_2 = Z_0)$

对于图 4-2-1(b)所示 Π 型同阻式衰减器,取 $R_{p1} = R_{p2}$,可以用上述 T 型同阻式衰减器的分析和设计方法,过程完全相同,即利用三个 A 参数矩阵相乘的办法求出衰减器的 A 参数矩阵,再换算成 S 矩阵,就能求出它的衰减量。所得结果由式(4-7)给出。

$$\alpha = 10^{\frac{A}{10}}$$

$$R_s = Z_0 \frac{|\alpha - 1|}{2\sqrt{\alpha}}$$

$$R_{p1} = R_{p2} = Z_0 \cdot \frac{\sqrt{\alpha} + 1}{|\sqrt{\alpha} - 1|} \tag{4-7}$$

4.2.2　异阻式集总参数衰减器

异阻式集总参数衰减器设计,级联后要考虑阻抗变换。下面分别给出两种衰减器的计算公式。

1. T 型异阻式

$$\alpha = 10^{\frac{A}{10}}$$

$$R_p = \frac{2 \cdot \sqrt{\alpha \cdot Z_1 \cdot Z_2}}{|\alpha - 1|}$$

$$R_{s1} = Z_1 \cdot \frac{\alpha + 1}{|\alpha - 1|} - R_p \tag{4-8}$$

$$R_{s2} = Z_2 \cdot \frac{\alpha + 1}{|\alpha - 1|} - R_p$$

2. Π 型异阻式

$$\alpha = 10^{\frac{A}{10}}$$

$$R_s = \frac{(|\alpha - 1|) \cdot \sqrt{Z_1 \cdot Z_2}}{2 \cdot \sqrt{\alpha}}$$

$$R_{p1} = \left(\frac{1}{Z_1} \cdot \frac{\alpha + 1}{|\alpha - 1|} - \frac{1}{R_s} \right)^{-1} \tag{4-9}$$

$$R_{p2} = \left(\frac{1}{Z_2} \cdot \frac{\alpha + 1}{|\alpha - 1|} - \frac{1}{R_s} \right)^{-1}$$

4.2.3　集总参数衰减器设计实例

设计实例一

设计一个 5dB T 型同阻式($Z_1 = Z_2 = 50\Omega$)固定衰减器。

步骤一　同阻式集总参数衰减器。$A = -5\text{dB}$,由公式(4-6)计算元件参数

$$\alpha = 10^{\frac{A}{10}} = 3.162$$

$$R_p = Z_0 \frac{2 \cdot \sqrt{\alpha}}{|\alpha - 1|} = 82.24\Omega$$

$$R_{s1} = R_{s2} = Z_0 \cdot \frac{|\sqrt{\alpha} - 1|}{\sqrt{\alpha} + 1} = 14.01\Omega$$

步骤二　MW Office 仿真衰减器特性。由上述计算结果画出电路图,如图 4-2-2 所示。仿真结果如图 4-2-3 所示。

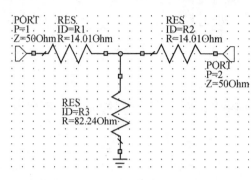

图 4-2-2　固定衰减器电路图

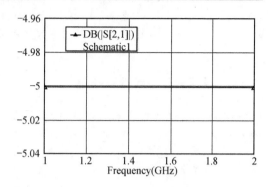

图 4-2-3　仿真结果

设计实例二

设计 $10\mathrm{dB}\Pi$ 型同阻式（$Z_1=Z_2=50\Omega$）固定衰减器。

步骤一　同阻式集总参数衰减器。$A=-10\mathrm{dB}$，由公式(4-7)计算元件参数

$$\alpha = 10^{\frac{A}{10}} = 0.1$$

$$R_s = Z_o\frac{|\alpha-1|}{2\cdot\sqrt{\alpha}} = 71.15\Omega$$

$$R_{p1} = R_{p2} = Z_o\cdot\frac{\sqrt{\alpha}+1}{|\sqrt{\alpha}-1|} = 96.25\Omega$$

步骤二　利用 MW Office 仿真衰减器特性。由上述计算结果画出电路图，如图 4-2-4 所示。仿真结果如图 4-2-5 所示。

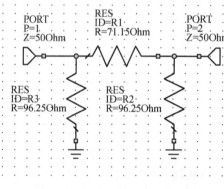

图 4-2-4　Π 型同阻式固定衰减器电路图

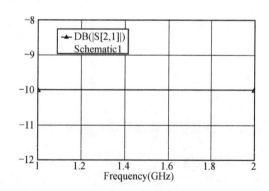

图 4-2-5　仿真结果

设计实例三

设计 $10\mathrm{dB}\Pi$ 型异阻式（$Z_1=50\Omega, Z_2=50\Omega$）固定衰减器。

步骤一　异阻式集总参数衰减器。$A=-10\mathrm{dB}$，由公式(4-9)计算元件参数

$$\alpha = 10^{\frac{A}{10}} = 0.1$$

$$R_s = \frac{(|\alpha-1|)\cdot\sqrt{Z_1 Z_2}}{2\sqrt{\alpha}} = 87.14\Omega$$

$$R_{p1} = \left(\frac{1}{Z_1}\cdot\frac{\alpha+1}{|\alpha-1|} - \frac{1}{R_s}\right)^{-1} = 77.11\Omega$$

$$R_{p2} = \left(\frac{1}{Z_2} \cdot \frac{\alpha+1}{|\alpha-1|} - \frac{1}{R_s} \right)^{-1} = 207.45\Omega$$

步骤二　利用 MW Office 仿真衰减器特性。由上述计算结果画出电路图,如图 4-2-6 所示。仿真结果如图 4-2-7 所示。

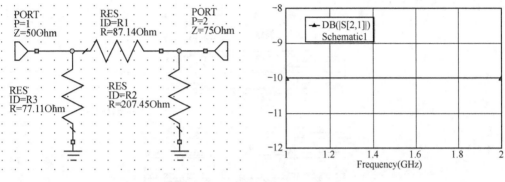

图 4-2-6　Π 型异阻式固定衰减器电路图　　　　　　图 4-2-7　仿真结果

4.3　分布参数衰减器

分布参数衰减器是将电阻材料以一定的形式与微波传输线相结合,使电磁波的传播常数 $\gamma = \alpha + j\beta$ 实部增加,来实现对微波信号的衰减。

衰减器按其工作原理可分为吸收式、截止式、极化式、电调式、谐振吸收式和场移式等多种。如按其结构特征来分,则有可变衰减器和固定衰减器。如按功率的大小来分,则有高功率型和低功率型衰减器两大类。衰减器可以由波导、同轴线或微带线构成。

4.3.1　同轴型衰减器

1. 吸收式衰减器

在同轴系统中,吸收式衰减器的结构有五种种形式:内外导体间电阻性介质填充、内导体串联电阻和带状线衰减器转换为同轴形式,还有 T 型和 Π 型,如图 4-3-1 所示。衰减量的大小与电阻材料的性质和体积有关。

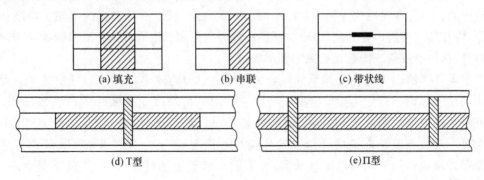

图 4-3-1　五种同轴结构吸收式衰减器

2. 截止式衰减器

截止式衰减器又称为"过极限衰减器",是用截止波导制成的,其结构如图 4-3-2 所示。它是根据当工作波长远大于截止波长 λ_c 时,电磁波的幅度在波导中按指数规律衰减的特性来实现衰减的。

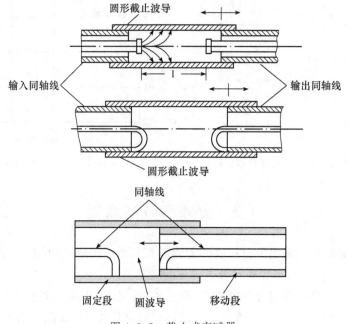

图 4-3-2　截止式衰减器

在截止式衰减器中截止波导常用圆柱形波导,可以用比较简单的机械结构来调节。通过调节衰减器内两个耦合元件之间的距离 l 以改变其衰减量。

4.3.2　波导型衰减器

1. 吸收式衰减器

最简单的波导吸收式衰减器是在波导中平行于电场方向放置具有一定衰减量的吸收片组成的。因为有损耗性薄膜或介质表面有一定电阻,所以沿其表面的电磁波电场切向分量,将在其上引起传导电流,形成焦耳热损耗并以热能的形式散发掉。只要控制衰减器衰减量,信号经过衰减器后就被减弱到所需电平。

图 4-3-3 给出了几种最简单的吸收式衰减器,(a)为固定式,(b)为可变式。前者吸收片的位置和面积固定不变,后者可以通过传动机构来改变衰减片的位置或面积,实现衰减量的改变。吸收片用陶瓷、硅酸盐玻璃,以及云母、纸(布)胶板等作基片,在上面涂复或喷镀石墨粉或镍铬合金。基片应尽可能薄,要有一定的强度,以保持平整和不变形。吸收片沿横向移动的衰减器,在吸收片移到电场最大处,吸收的能量最多,衰减量最大。在贴近窄壁时衰减量小。片的位移可由外附的机械微测装置读出,它与衰

减量的关系不是线性的,有时甚至不是单调变化的,这由片在不同位置时对横向场型分布影响的程度来决定。在实际使用这种衰减器前用实验方法,借助于精密的衰减标准作出定标校正曲线。

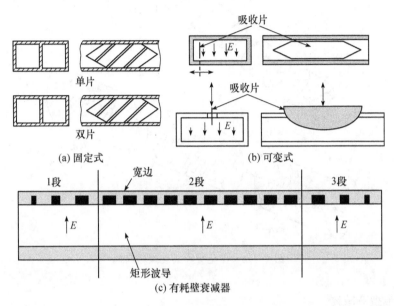

图 4-3-3　吸收式衰减器结构示意图

　　刀形旋转片衰减器其衰减量与旋入波导内的面积成正比例。这种衰减器的优点是起始衰减为零分贝,此时对波导内波的传输没有影响。在刀片旋入时,由于不附加任何支撑物于波导内,因此,输入驻波比很接近于 1。设计合适的刀片形状可以实现衰减量与机械转角或深度读数之间接近线性关系,保持在全部衰减量可变范围内有足够高的精确度。这种定衰减器的缺点是少量电磁能量从波导中漏出,机械强度上略差。从多方面比较,刀形旋转吸收片衰减器显得比横向移动吸收片衰减器优越,在结构、安装等方面也比较简便。这种形式的衰减器结构简单加工容易,适于成批生产。

　　横向移动式和刀片式衰减器都是粗调式,精度都不高,需要校准曲线才有定量衰减。

　　2. 极化吸收式衰减器

　　极化吸收式衰减器是一种精密衰减器,其结构如图 4-3-4 所示,由三段波导组成的。两端是固定的矩形波导到圆柱波导的过渡段,中间是一段可以绕纵轴转动的圆柱波导。在每段波导中部沿轴向放置厚度极薄的能完全吸收与其平行的切向电场的吸收片,各段中吸收片的相对位置如图所示。

　　圆柱波导旋转的角度 θ 可以用精密传动系统测量并显示出来,角度的变化也就是极化面的变化。

　　极化衰减器的衰减量为

$$A = 20\lg\cos\theta \tag{4-10}$$

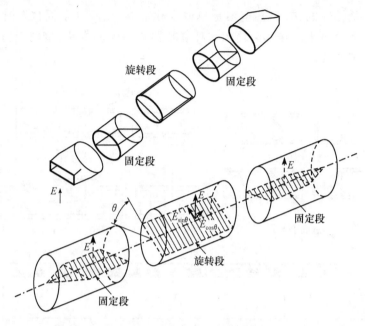

图 4-3-4　极化吸收式衰减器原理

4.3.3　微带型衰减器

在微带线的表面镀膜一层电阻材料即可实现衰减,也可用涂覆方法实现衰减。工程中常用吸波橡胶材料,将其裁剪成合适的尺寸,用胶粘到电路上。在微波有源电路的调整中,会用到吸波材料来消除高次模、谐杂波影响以及控制组件泄露等。

4.3.4　匹配负载

匹配负载是个单口网络,实现匹配的原理与衰减的原理相同。通常,衰减器是部分吸收能量,匹配负载是全吸收负载,而且频带足够宽。图 4-3-5 是波导、同轴和微带三种匹配负载结构。

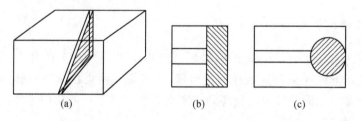

图 4-3-5　波导、同轴和微带匹配负载结构

同轴和微带中,匹配负载的电阻通常是 50Ω,可以用电阻表测量。因此,集总元件电阻可以用来实现窄带匹配负载。微波工程中,用 50Ω 贴片电阻实现微带匹配负载。

4.4　PIN 二极管电调衰减器

PIN 二极管的主要特点是可以用小的直流控制大功率的微波信号,在微波控制电路中应用十分广泛。本节先介绍 PIN 二极管的基本性能,然后介绍电调衰减器的几种形式。

4.4.1　PIN 二极管

如图 4-4-1 所示,PIN 二极管就是在重掺杂 P^+、N^+ 之间夹了一段较长的本征半导体所形成的半导体器件,中间 I 层长度为几到几十微米。

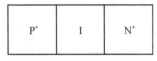

图 4-4-1　PIN 二极管结构示意图

1. 直流偏置

在零偏与反偏时,PIN 管均不能导通,呈现大电阻。

正偏时,P^+、N^+ 分别从两端向 I 区注入载流子,它们到达中间区域复合。PIN 管一直呈现导通状态,偏压(流)越大,载流子数目越多,正向电阻越小。

2. 交流信号作用下的阻抗特性

频率较低时,正向导电,反向截止,具有整流特性。

频率较高时,正半周来不及复合,负半周不能完全抽空,I 区总有一定的载流子维持导通。小信号时 I 区的载流子少,大信号时 I 区的载流多。所以高频情况下,大信号时电阻大,小信号时电阻小。

3. PIN 二极管的特性

(1) 直流反偏时,对微波信号呈现很高的阻抗,正偏时呈现很低的阻抗。可用小的直流(低频)功率控制微波信号的通断,用作开关,数字移相等。

(2) 直流从零到正偏连续增加时,对微波信号呈现一个线性电阻,变化范围从几兆欧到几个欧姆,用作可调衰减器。

(3) 只有微波信号时,I 区的信号积累与微波功率有关,微波功率越大,二极管阻抗越大,用作微波限幅器。

(4) 大功率低频整流器,I 区的存在使得承受功率比普通整流管大的多。

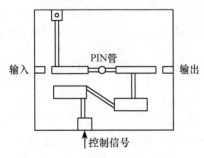

图 4-4-2　微带单管电调衰减器

4.4.2　电调衰减器

利用 PIN 管正偏电阻随电流变化这一特点,调节偏流改变电阻,可以控制 PIN 开关插入衰减量,这就是电调衰减器。

1. 单管电调衰减器

如图 4-4-2 所示,在微带线中打孔并接一个 PIN

管,改变控制信号就可改变输出功率大小。这种的衰减器简单结构,但是输入电压驻波比大。

2. 3dB 定向耦合器型衰减器

这是一种匹配型衰减器,如图 4-4-3 所示。微波功率从 1 口输出,分两路从 2、3 口反射后从 4 口叠加输出,若 2、3 口匹配($R_f \approx 0$),则 4 口无输出,2、3 口全反射则 4 口输出最大,$Z_2 = Z_3 = R_f + Z_0$。同步调节两只管子偏流,可以改变 4 口输出功率。

$$\Gamma = \frac{R_f + Z_0 - Z_0}{R_f + Z_0 + Z_0} = \frac{R_f}{R_f + 2Z_0} \tag{4-11}$$

$$L = 20\lg \frac{1}{|\Gamma|} = 20\lg \frac{2 + r_f}{r_f} \tag{4-12}$$

式中

$$r_f = \frac{R_f}{Z_0}$$

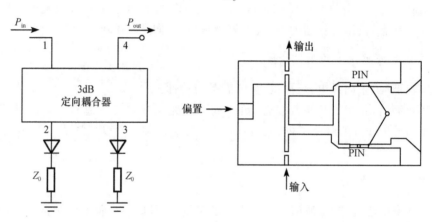

图 4-4-3　3dB 定向耦合器型衰减器的原理和微带结构

3. 吸收阵列式电调衰减器

利用多个 PIN 管合理布置可制成频带宽、动态范围大、驻波比小、功率容量大的阵列式电调衰减器,如图 4-4-4 所示。PIN 管等距排列,但偏流不同,单节衰减器的影像反射系数和衰减分别为

$$\Gamma_i = -j \frac{2}{Z_0 Y_D} + j \sqrt{1 + \left(\frac{2}{Z_0 Y_D}\right)^2} \tag{4-13}$$

$$L_i = 20\lg \left| j \frac{Z_0 Y_D}{2} + \sqrt{1 + \left(\frac{Z_0 Y_D}{2}\right)^2} \right| \tag{4-14}$$

$$\rho = \frac{1 + |\Gamma_i|}{1 - |\Gamma_i|} \tag{4-15}$$

$|Y_D|$ 小(R_f 大)反射小,衰减小,驻波比小;$|Y_D|$ 大(R_f 小)反射大,衰减大,驻波比大。所以,由左到右,R_f 依次递减,可得到较好的性能。

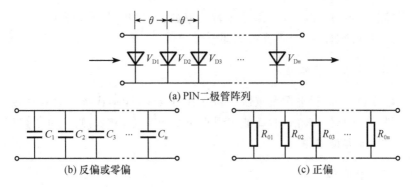

(a) PIN二极管阵列

(b) 反偏或零偏　　　　　　　　　　(c) 正偏

图 4-4-4　阵列式电调衰减器

4.4.3　PIN 管限幅器

由于 PIN 工作区载流子数目在零偏时与微波信号幅度成正比,小信号时 R_j 很大,不衰减;信号增大时,R_j 下降,衰减增加;当信号很强时,R_j 很大,对信号的衰减也很大,可起到自动限幅作用。限幅用的 PIN 管工层较薄(约 $1\mu m$)对功率反应灵敏。当输入功率达到限幅功率时,输入功率再大,输出功率也不会增加。在微波接收机的前端,都放置 PIN 限幅器,以保护低噪放不被意外信号烧毁。双管限幅器及其特性如图 4-4-5 所示。

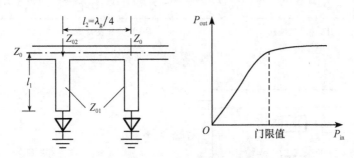

图 4-4-5　双管限幅器及其特性

4.5　步进式衰减器

步进式衰减器有两种基本形式,即固定衰减器+开关和 PIN 二极管步进衰减器。

1. 固定衰减器+开关

早期的步进衰减器大量使用这种方案。手动步进衰减器就是扳动开关,控制不同的衰减量。电控开关大多数都是继电器形式,专门设计加工的微波继电器,性能相当稳定。如 HP 的信号源功率调整可以听到继电器的动作声音。固定衰减器是前面所学的电阻网络。近年也有采用这个方法实现步进衰减器,只要满足使用的要求就是好方案。

开关也可用 PIN 二极管实现或 FET 单片集成开关。特点是速度快、寿命长。缺点是承受功率小。随着微电子技术的发展,微波电子开关的用途将越来越广。

数字程控衰减器,需要把数字信号进行功率放大,以推动继电器或 PIN 管。开关的驱动电路是程控衰减器的一个重要组成部分。

2. PIN 二极管步进衰减器

如前所述,PIN 二极管电调衰减器控制电流的改变,能够连续的改变衰减量,将这一控制信号按照一定的规律离散化,就能实现衰减量的步进调整。近代电子仪器中大量使用这个方案实现步进衰减器。

3. 集成数字衰减器

用微波集成电路技术制作开关切换衰减器已经得到广泛的应用。基本结构是GaAsFET 和电阻网络,通常采用半导体基板,使得衰减器的体积小到毫米级。图 4-5-1是砷化镓集成衰减器示意图。图 4-5-2 和图 4-5-3 是两个商品数字衰减器实例。

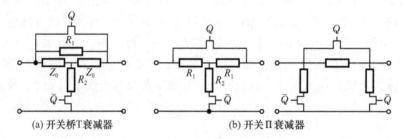

图 4-5-1　砷化镓集成衰减器示意图

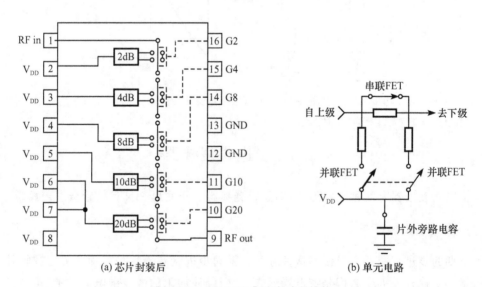

图 4-5-2　RF 2420 集成衰减器结构

图 4-5-3 中的通信用步进衰减器是用于 1.9GHz 个人通信发射机的 4dB 步进,28dB衰减器,采用 GaAsFET 和电阻 Π 网络。整个尺寸为 1.1mm×0.5mm。步进精度为1.2dB,电源为 2.7V,21mA。

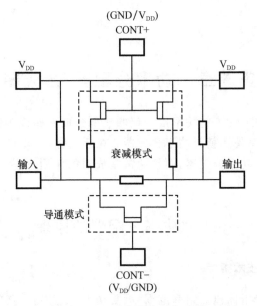

图 4-5-3 通信用步进衰减器

第5章 功率分配器/合成器

在射频/微波电路中,为了将功率按一定的比例分成两路或多路,需要使用功率分配器,而功率分配器反过来使用就是功率合成器。在近代射频/微波大功率固态发射源的功率放大器中广泛地使用功率分配器,而且通常是成对的使用,先将功率分成若干份,分别放大后,再合成后输出。

5.1 功率分配器的原理

5.1.1 功率分配器的技术指标

功率分配器的技术指标包括频率范围、承受功率、主路到支路的分配损耗、输入输出间的插入损耗、支路端口间的隔离度、每个端口的电压驻波比等。

(1)频率范围。这是各种射频/微波电路的工作前提,功率分配器的设计结构与工作频率密切相关。必须首先明确分配器的工作频率,才能进行下面的设计。

(2)承受功率。在大功率分配器/合成器中,电路元件所能承受的最大功率是核心指标,它决定了采用什么形式的传输线才能实现设计任务。一般地,传输线承受功率由小到大的次序是微带线、带状线、同轴线、空气带状线、空气同轴线,要根据设计任务来选择用何种传输线。

(3)分配损耗。主路到支路的分配损耗实质上与功率分配器的功率分配比有关。如二等分功率分配器的分配损耗是 3dB,四等分功率分配器的分配损耗是 6dB。定义

$$A_d = 10\lg \frac{P_{in}}{P_{out}}$$

式中

$$P_{in} = kP_{out}$$

(4)插入损耗。输入输出间的插入损耗是由传输线(如微带线)的介质或导体不理想等因素造成的,考虑输入端的驻波比所带来的损耗。定义

$$A_i = A - A_d$$

其中,A 是实际测量值。在其他支路端口接匹配负载,测量主路到某一支路间的传输损耗。可以想象,A 的理想值就是 A_d。在功率分配器的实际工作中,几乎都是以 A 作为研究对象。

(5)隔离度。支路端口间的隔离度是功率分配器的另一个重要指标。如果从每个支路端口输入功率只能从主路端口输出,而不应该从其他支路输出,这就要求支路之间有足够的隔离度。在主路和其他支路都接匹配负载情况下,i 口和 j 口的隔离度定义为

$$A_{ij} = 10\lg \frac{P_{ini}}{P_{outj}}$$

隔离度的测量也可按照这个定义进行。

（6）驻波比。每个端口的电压驻波比越小越好。

5.1.2　功率分配器的原理

功率分配器是无源微波器件,用于功率分配或功率合成,一个输入信号被分成两个(或多个)较小的功率信号。一分为二功率分配器是三端口网络结构,如图 5-1-1 所示。图 5-1-1(a)信号输入端的功率为 P_1,而其他两个输出端口的功率分别为 P_2 及 P_3。由能量守恒定律可知 $P_1 = P_2 + P_3$。图 5-1-1(b)两个信号输入端口的功率为 P_2 及 P_3,而其合成的输出功率为 P_1。由能量守恒定律可知 $P_1 = P_2 + P_3$。

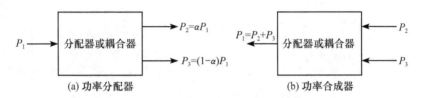

图 5-1-1　功率分配器和合成器

如果 $P_2(\mathrm{dBm}) = P_3(\mathrm{dBm})$,三端功率间的关系可写成

$$P_2(\mathrm{dBm}) = P_3(\mathrm{dBm}) = P_{\mathrm{in}}(\mathrm{dBm}) - 3\mathrm{dB} \tag{5-1}$$

当然,P_2 并不一定要等于 P_3,只是相等的情况在实际电路中最常用。因此,功率分配器可分为等分型($P_2 = P_3$)和比例型($P_2 = kP_3$)两种。

5.2　集总参数功率分配器

5.2.1　等分型功率分配器

根据电路使用元件的不同,可分为电阻式和 LC 式两种情况。

1. 电阻式

电阻式电路仅利用电阻设计,图 5-2-1 是△形和 Y 形两种结构形式。

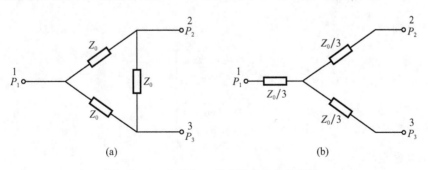

图 5-2-1　△形和 Y 形电阻式功率分配器

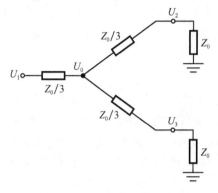

图 5-2-2　Y 形电阻式二等分
功率分配器

图 5-2-1 中 Z_0 是电路特性阻抗,在高频电路中,不同的使用频段,电路中的特性阻抗是不相同的,这里以 50Ω 为例。这种电路的优点是频宽大、布线面积小、设计简单;缺点是功率衰减较大(6dB)。以 Y 形电阻式二等分功率分配器为例(图 5-2-2)。计算如下:

$$\left.\begin{array}{l} U_0 = \dfrac{1}{2}\,\dfrac{4}{3}U_1 = \dfrac{2}{3}U_1 \\[2mm] U_2 = U_3 = \dfrac{3}{4}U_0 \\[2mm] U_2 = \dfrac{1}{2}U_1 \\[2mm] 20\lg\overline{U_1} = -6\text{dB} \end{array}\right\} \qquad (5\text{-}2)$$

$$\boldsymbol{S} = \frac{1}{2}\begin{bmatrix} 0 & 1 & 1 \\ 1 & 0 & 1 \\ 1 & 1 & 0 \end{bmatrix}$$

2. LC 式

这种电路利用电感及电容进行设计。按结构可分成高通型和低通型,如图 5-2-3 所示。下面分别给出其设计公式。

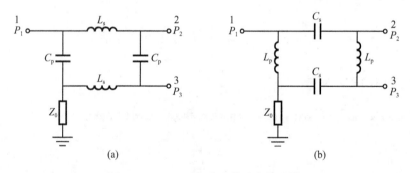

图 5-2-3　LC 型集总参数功率分配器

(1) 低通型

$$\left.\begin{array}{l} L_s = \dfrac{Z_0}{\sqrt{2}\,\omega_0} \\[2mm] C_p = \dfrac{1}{\omega_0 Z_0} \\[2mm] \omega_0 = 2\pi f_0 \end{array}\right\} \qquad (5\text{-}3)$$

(2) 高通型

$$L_p = \frac{Z_0}{\omega_0}$$
$$C_s = \frac{\sqrt{2}}{\omega_0 Z_0}$$
$$\omega_0 = 2\pi f_0$$

$\left.\begin{array}{c}\\\\\\\end{array}\right\}$ (5-4)

5.2.2　比例型功率分配器

比例型功率分配器的两个输出口的功率不相等。假定一个支路端口与主路端口的功率比为 k，可按照下面公式来设计图 5-2-3(a)中的低通式 LC 型集总参数比例功率分配器。

$$P_3 = kP_1$$
$$P_2 = (1-k)P_1$$
$$\left(\frac{Z_s}{Z_0}\right)^2 = 1-k$$
$$\left(\frac{Z_s}{Z_p}\right)^2 = k$$
$$Z_s = Z_0 \sqrt{1-k}$$
$$L_s = \frac{Z_r}{\omega_0}$$
$$Z_p = Z_0 \sqrt{\frac{1-k}{k}}$$
$$C_p = \frac{1}{\omega_0 Z_p}$$

$\left.\begin{array}{c}\\\\\\\\\\\\\\\\\end{array}\right\}$ (5-5)

其他形式的比例型功率分配器可用类似的方法进行设计。

5.2.3　集总参数功率分配器的设计方法

集总参数功率分配器的设计就是要计算出各个电感、电容或电阻的值。可以使用计算软件，也可以查手册或手工解析计算。

设计实例

设计功率分配器，$f_0 = 750\text{MHz}$，$Z_0 = 50\Omega$，功率比例为 $k = 0.1$，且要求在 $750 \pm 50\text{MHz}$ 的范围内 $S_{11} \leqslant -10\text{dB}$，$S_{21} \geqslant -4\text{dB}$，$S_{31} \geqslant -4\text{dB}$。

在电路实现上采用如图 5-2-4 所示结构。

由公式(5-5)，计算可得：

$Z_r = 47.4\Omega \rightarrow L_r = 10.065\text{nH}$，选定 $L_r = 10\text{nH}$；

$Z_p = 150\Omega \rightarrow C_p = 1.415\text{pF}$，选定 $C_p = 1.4\text{pF}$。

用软件进行仿真，图 5-2-5 为电路仿真原理图。仿真结果如图 5-2-6 所示。

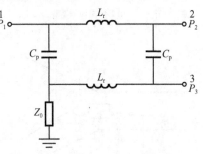

图 5-2-4　低通 LC 式功率分配器

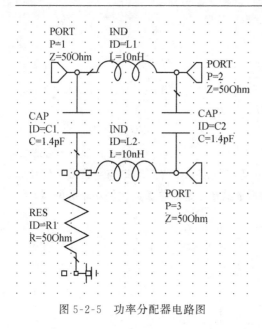

图 5-2-5　功率分配器电路图

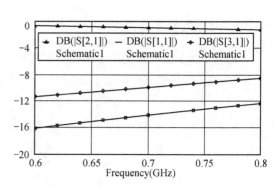

图 5-2-6　功率分配器电路仿真结果

5.3　分布参数功率分配器

　　分布参数功率分配器的基本结构有 T 型结功率分配器和威尔金森(Wilkinson)功率分配器等,工程中大量使用的是微带线结构形式,在大功率情况下可能会用到空气带状线或空气同轴线结构。

5.3.1　T 型结功率分配器

　　T 型结功率分配器是一个简单的三端口网络,能用做功率分配和功率合成。实际上,可用任意类型的传输线制作。图 5-3-1 给出了一些常用的波导型和微带或带状线型的 T 型结。这种结不能同时在全部端口匹配。

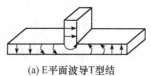

(a) E平面波导T型结

(b) H平面波导T型结

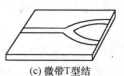

(c) 微带T型结

图 5-3-1　各种 T 型结功率分配器

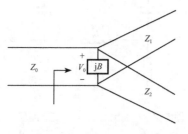

图 5-3-2　无耗 T 型结的传输线模型

　　图 5-3-1 所示的各个无耗 T 型结全部都能化成三条传输线的结,如图 5-3-2 所示。通常,在每个结的不连续性处伴随有杂散场或高阶模,导致能用集总电纳 B 来估算的能量存储。为了使分配器与特性阻抗为 Z_0 的传输线匹配,必须有

$$Y_{\text{in}} = jB + \frac{1}{Z_1} + \frac{1}{Z_2} = \frac{1}{Z_0} \qquad (5-6)$$

假定传输线是无耗的(或低损耗),则特性阻抗是实数。若假定 $B=0$,则式(5-6)简化为

$$\frac{1}{Z_1} + \frac{1}{Z_2} = \frac{1}{Z_0} \tag{5-7}$$

实际上,若 B 是不可忽略的,则常常将某种类型的电抗性调谐元件添加在分配器上,以便抵消这个电纳(至少能在一个窄的频率范围内)。

然后,可以选择输出传输线特征阻抗 Z_1 和 Z_2,以提供所需的各种功率分配比。所以,对于 50Ω 的输入传输线,3dB(等分)功率分配器能选用两个 100Ω 的输出传输线。如有必要,可用四分之一波长变换器将输出传输线的阻抗变换到所希望的值。若两输出传输线是匹配的,则输入传输线是匹配的。两个输出端口没有隔离,且从输出端口往里看是失配的。

设计实例

设计一个无耗 T 型结功率分配器,工作频率 f_0 为 $2\sim4\mathrm{GHz}$,源阻抗为 50Ω,使输入功率分配为 $2:1$ 的输出功率。用微带线实现,并用仿真软件仿真。

假定在结处电压是 V_0,如图 5-3-2 所示,输入到匹配的分配器的功率是

$$P_{\mathrm{in}} = \frac{1}{2}\frac{V_0^2}{Z_0}$$

而输出功率是

$$P_1 = \frac{1}{2}\frac{V_1^2}{Z_1} = \frac{1}{3}P_{\mathrm{in}}$$

$$P_2 = \frac{1}{2}\frac{V_2^2}{Z_2} = \frac{2}{3}P_{\mathrm{in}}$$

解得 1,2 端口输出阻抗分别为

$$Z_1 = 3Z_0 = 150\Omega$$

$$Z_2 = \frac{3Z_0}{2} = 75\Omega$$

图 5-3-3 和图 5-3-4 分别是仿真原理图和仿真结果。

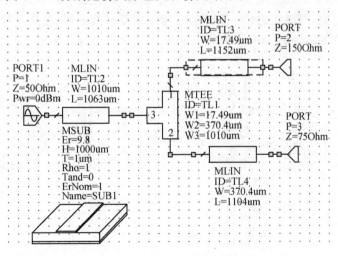

图 5-3-3　T 型微带结的仿真原理图

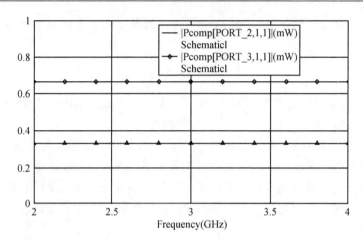

图 5-3-4　T 型微带结功率器分配仿真结果

5.3.2　威尔金森微带分配器

无耗 T 型结分配器不能在全部端口匹配,另外在输出端口之间没有任何隔离。工程中,得到更为广泛应用的是威尔金森功率分配器,它是这样一种网络:当输出端口都匹配时,它仍具有无耗的有用特性,只是散射了反射功率,这种功率分配器原始模型是同轴形式,经常用微带线形式实现。威尔金森功率分配器/合成器有两路、三路或多路情况,下面分别介绍。

1. 两路功率分配器

图 5-3-5 是两路微带线威尔金森功率分配器示意图。这是一个功率等分器,$P_2 = P_3 = P_1 - 3\mathrm{dB}$,$Z_0$ 是特性阻抗,λ_g 是信号的波导波长,R 是隔离电阻。当信号从端口 1 输入时,功率从端口 2 和端口 3 等功率输出。如果有必要,输出功率可按一定比例分配,并保持电压同相,电阻 R 上无电流,不吸收功率。若端口 2 或端口 3 有失配,则反射功率通过分支叉口和电阻,两路到达另一支路的电压等幅反相而抵消,在此点没有输出,从而保证两输出端有良好的隔离。

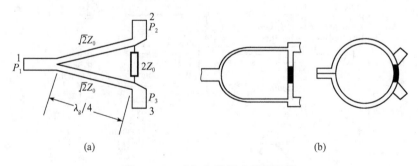

(a)　　　　　　　　　　　　　　　　　　(b)

图 5-3-5　威尔金森等功率分配器

考虑一般情况,比例分配输入功率。设端口 3 和端口 2 的输出功率比为 K^2,即

$$K^2 = \frac{P_3}{P_2} \tag{5-8}$$

由于端口 1 到端口 2 与端口 1 到端口 3 的线长度相等,故端口 2 的电压 V_2 与端口 3 的电压 V_3 相等,即 $V_2 = V_3$。又端口 2 和端口 3 的输出功率与电压的关系为

$$\begin{cases} P_2 = \dfrac{U_2^2}{Z_2} \\[2mm] P_3 = \dfrac{U_3^3}{Z_3} \end{cases} \tag{5-9}$$

将上式代入式(5-8),得

$$\frac{U_3^3}{Z_3} = k^2 \frac{U_2^2}{Z_2} \tag{5-10}$$

即

$$Z_2 = K^2 Z_3 \tag{5-11}$$

式中,Z_2、Z_3 为端口 2 和端口 3 的输入阻抗,若选

$$\begin{cases} Z_2 = K Z_0 \\ Z_3 = Z_0 / K \end{cases} \tag{5-12}$$

则可以满足式(5-11),为了保证端口 1 匹配,应有

$$\begin{aligned} \frac{1}{Z_0} &= \frac{Z_2}{Z_{02}^2} + \frac{Z_3}{Z_{03}^2} \\[2mm] \frac{1}{Z_0} &= \frac{k Z_0}{Z_{02}^2} + \frac{Z_3}{k Z_{03}^2} \end{aligned} \tag{5-13}$$

同时考虑到

$$\frac{Z_{02}^2}{Z_2} = K^2 \frac{Z_{03}^2}{Z_3}$$

则

$$\frac{1}{Z_0} = (K^{-2} + 1) \frac{Z_3}{Z_{03}^2} = (K^{-2} + 1) \frac{Z_0}{K_{03}^2}$$

所以

$$\begin{cases} Z_{03} = \sqrt{\dfrac{1 + K^2}{K^3}} Z_0 \\[3mm] Z_{02} = \sqrt{K(1 + K^2)} \end{cases} \tag{5-14}$$

为使端口 2 和端口 3 隔离,即端口 2 或端口 3 的反射波不会进入端口 3 或端口 2,可选

$$R = k Z_0 + Z_0 / k = \frac{1 + k^2}{k} Z_0$$

在等功率分配的情况下,即 $P_2 = P_3$,$K = 1$ 时,有

$$\begin{cases} Z_2 = Z_3 = Z_0 \\ Z_{02} = Z_{03} = \sqrt{2} Z_0 \\ R = 2 Z_0 \end{cases} \tag{5-15}$$

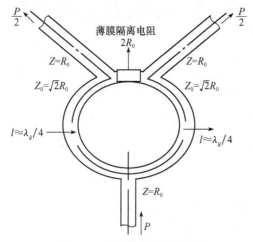

图 5-3-6　微带线功率分配器

微带线功率分配器的实际结构可以是圆环形，便于加工和隔离电阻的安装，如图 5-3-6 所示。

设计实例

设工作频率为 $f_0 = 750\mathrm{MHz}$，特性阻抗 $Z_0 = 50\Omega$，功率比例为 $k = 1$，且要求在 $750 \pm 50\mathrm{MHz}$ 的范围内 $S_{11} \leqslant -20\mathrm{dB}$，$S_{21} \geqslant -4\mathrm{dB}$，$S_{31} \geqslant -4\mathrm{dB}$。

由（5-15）式可知 $Z_{02} = Z_{03} = \sqrt{2}\,Z_0 = 70.7\Omega$，$R = 2Z_0 = 100\Omega$。采用微波设计软件进行仿真，电路拓扑和仿真结果如图 5-3-7 所示。

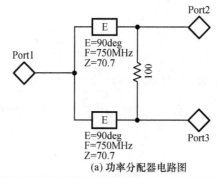

(a) 功率分配器电路图

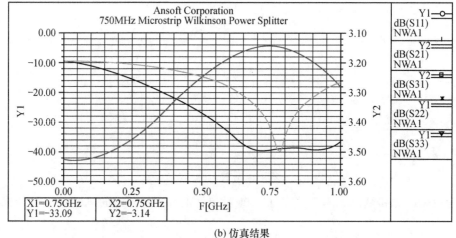

(b) 仿真结果

图 5-3-7　功率分配器电路图及仿真结果

以上对功率分配器的分析都是对中心频率而言的情形，和其他的微带电路元件一样，功率分配器也有一定的频率特性。图 5-3-7(b)给出了上面讨论过的单节二等分功率分配器的频率特性。由图可以看出，当频带边缘频率之比 $f_2/f_1 = 1.44$ 时，输入驻波比 $\rho <$ 1.22，能基本满足输出两端口隔离度大于 20dB 的指标要求。但是当 $f_2/f_1 = 2$ 时，各部

分指标也开始下降,隔离度只有 14.7dB,输入驻波比也达到 1.42。为了进一步加宽工作频带,可以用多节的宽频带功率分配器,即和其他一些宽频带器件一样,可以增加节数,即增加 $\lambda_g/4$ 线段和相应的隔离电阻 R 的数目,如图 5-3-8(a)所示。分析结果表明即使节数增加得不多,各指标也可有较大改善,工作频带有较大的展宽。例如当 $n=2$,即对于二节的功率分配器,当 $f_2/f_1=2$ 时,驻波比 $\rho<1.11$,隔离度大于 27dB。当 $n=4$,即对于二节的功率分配器,当 $f_2/f_1=4$ 时,驻波比 $\rho<1.10$,隔离度大于 26dB。当 $n=7$,即对于二节的功率分配器,当 $f_2/f_1=10$ 时,驻波比 $\rho<1.21$,隔离度大于 19dB。多节宽带功率分配器的极限情况是渐变线形,如图 5-3-8(b)所示,隔离电阻用扇型薄膜结构。

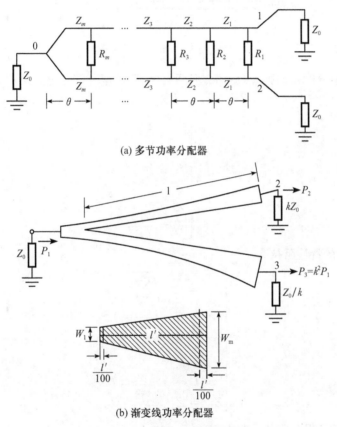

(a) 多节功率分配器

(b) 渐变线功率分配器

图 5-3-8　宽频带功率分配器

　　功率分配器的设计是在假定支路口负载相等且等于传输线特性阻抗的前提下进行的。如果负载阻抗不是这样,必须增加阻抗匹配元件,然后进行设计。这一点在功率合成器中尤为重要,直接影响功率合成器的合成效率。

2. 多路功率分配器/合成器

　　有的时候需要将功率分成 N 份,这就需要 N 路功率分配器,如图 5-3-9 所示。

　　与两路功率分配器相似,N 路功率分配器要满足如下条件:输入端口要匹配无反射;各路输出功率之比已知值,$P_1:P_2:P_3\cdots:P_n=k_1:k_2:k_3\cdots k_n$;各路输出电压 $V_1,V_2,$ $\cdots,V_n$ 等幅同相。

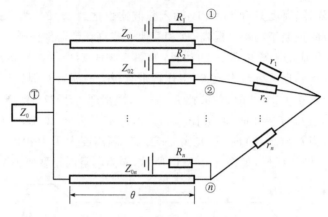

图 5-3-9 N 路功率分配器

与两路功率分配器的推导过程相似,可得 N 路功率分配器电路的相关参数。可取各路负载阻值为

$$\begin{cases} R_1 = \dfrac{Z_0}{k_1} \\ R_2 = \dfrac{Z_0}{k_2} \\ \vdots \\ R_n = \dfrac{Z_0}{k_n} \end{cases} \qquad (5\text{-}16)$$

从而,可得各路的特性阻抗为

$$\begin{cases} Z_{01} = Z_0 \sqrt{\sum_{i=1}^{n} k_i / k_1} \\ Z_{02} = Z_0 \sqrt{\sum_{i=1}^{n} k_i / k_2} \\ \vdots \\ Z_{0n} = Z_0 \sqrt{\sum_{i=1}^{n} k_i / k_n} \end{cases} \qquad (5\text{-}17)$$

通过计算后可得各路的隔离电阻值。

多路功率分配器实际中常用的方法是两路功率分配器的级联,即一分为二、二分为四、四分为八等。一分为四的结构如图 5-3-10 所示,级联的设计方法有两种,区别在于微带线段的特性阻抗和隔离电阻值,由设计任务的尺寸等因素决定用哪个方法。

如果要设计输出端口为奇数的功率分配器,也可利用这种 2^n 功率分配器方案进行设计。在级联的上一级做不等分,将少部分功率直接输出,多部分功率再做等分。合理调整分配比,总可以实现任意奇数个分配口输出。

三等分功率分配器可以用图 5-3-11 所示结构。图中给出了所有参数值,输入信号为中心点,可以用微带地板穿孔的方法实现,输入端与三个输出端的平面垂直。只要设计加工得当,各项指标都可以做得很好。

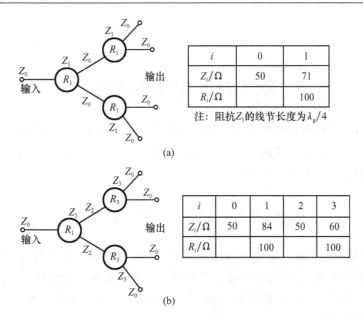

注：阻抗 Z_1 的线节长度为 $\lambda_g/4$

i	0	1
Z_i/Ω	50	71
R_i/Ω		100

(a)

i	0	1	2	3
Z_i/Ω	50	84	50	60
R_i/Ω		100		100

(b)

图 5-3-10　一分为四的两个形式

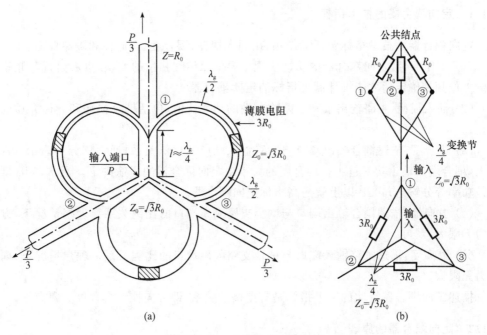

(a)　　　　　　　　　　　(b)

图 5-3-11　三等分功率分配器

当然威尔金森功率分配器还可以用其他结构来实现，如带状线、波导、同轴结构。空气带状线是大功率微波频率低端常用结构，原理与微带线威尔金森功率分配器相同。只是每段传输线特性阻抗的实现要用到带状线计算公式。承受大功率就是要加大各个结构尺寸。频率达到微波高度经常使用波导 T 形接头或魔 T 结构。同轴结构加工困难，相对使用较少。

第6章 定向耦合器

在射频/微波领域有很多需要按一定相位和功率关系分配功率的场合,如发射机、接收机工作状态监示,从而构成混频器、倍频器、衰减器、相移器、功率放大器等微波电子电路功率混合电路,这种电路就是定向耦合器。

6.1 定向耦合器的原理

定向耦合器类似于高频电路中的变压器网络,功率按比例和相位进行分配或混合。理论上,电路应为无耗元件,包括集总参数和分布参数两大类。一般意义上的定向耦合器是平行耦合线,主要适应于检示类耦合功率小的情况。在微波电路中使用最多的是分支线耦合器和环形桥耦合器。

6.1.1 定向耦合器的技术指标

定向耦合器的技术指标包括工作频带、插入损耗、耦合度、方向性和隔离度等。

(1) 工作频带:定向耦合器的功能实现主要依靠波程相位的关系,也就是说与频率有关。工作频带确定后才能设计满足指标的定向耦合器。

(2) 插入损耗:主路输出端和主路输入端的功率比值,包括耦合损耗和导体介质的热损耗。

(3) 耦合度:描述耦合输出端口与主路输入端口的比例关系,通常用分贝表示,dB 值越大,耦合端口输出功率越小。耦合度的大小由定向耦合器的用途决定。通常,3dB 耦合器是功率等分输出,40dB 以上就是高指标定向耦合器。

(4) 方向性:描述耦合输出端口与耦合支路隔离端口的比例关系。理想情况下,方向性为无限大。

(5) 隔离度:描述主路输入端口与耦合支路隔离端口的比例关系。理想情况下,耦合度为无限大。

描述定向耦合器特性的三个指标是有严格的关系,即方向性=耦合度-隔离度。

6.1.2 定向耦合器的原理

定向耦合器是个四端口网络结构,如图 6-1-1 所示。

图 6-1-1 定向耦合器框图

信号输入端 1 的功率为 P_1,信号传输端 2 功率为 P_2,信号耦合端 3 的功率为 P_3,信号隔离端 4 的功率为 P_4。若 P_1、P_2、P_3 和 P_4 皆用毫瓦(mW)来表示,定向耦合器的四大参数,则可定义为

插入损耗　　$T(\text{dB}) = -10\lg\left|\dfrac{P2}{P1}\right| = 10\lg\dfrac{1}{|s_{21}|^2}$

耦合度　　　$C(\text{dB}) = -10\lg\left|\dfrac{P3}{P1}\right| = 10\lg\dfrac{1}{|s_{31}|^2}$

隔离度　　　$I(\text{dB}) = -10\lg\left|\dfrac{P4}{P1}\right| = 10\lg\dfrac{1}{|s_{41}|^2}$

方向性　　　$D(\text{dB}) = -10\lg\left|\dfrac{P_3}{P_4}\right| = 10\lg\dfrac{1}{|s_{41}|^2} - 10\lg\dfrac{1}{|s_{31}|^2} = I(\text{dB}) - C(\text{dB})$

6.2　集总参数定向耦合器

6.2.1　集总参数定向耦合器设计方法

常用的集总参数定向耦合器是电感电容组成的分支线耦合器。其基本结构有两种：低通 LC 型和高通 LC 型，如图 6-2-1 所示。

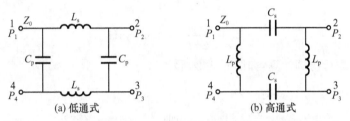

(a) 低通式　　　　　　　　(b) 高通式

图 6-2-1　LC 分支线型耦合器

集总参数定向耦合器的设计步骤如下：

步骤一　确定耦合器的指标，包括耦合系数 $C(\text{dB})$、端口的等效阻抗 $Z_0(\Omega)$、电路的工作频率 f_c。

步骤二　利用下列公式计算出 K、Z_{0s} 及 Z_{0p}。

$$k = 10^{c/10}$$

$$Z_{0s} = Z_0\sqrt{1-k}$$

$$Z_{0p} = Z_0\sqrt{\frac{1-k}{k}}$$

步骤三　利用下列公式计算出元件值。

（1）低通 LC 式

$$L_s = \frac{Z_{0s}}{2\pi f_c}$$

$$C_p = \frac{1}{2\pi f_c Z_{0p}}$$

（2）高通 LG 式

$$C_s = \frac{1}{2\pi f_c Z_{0s}}$$

$$L_p = \frac{Z_{0p}}{2\pi f_c}$$

步骤四　利用软件检验,再经过微调以满足设计要求。

6.2.2　集总参数定向耦合器设计实例

设计一个工作频率为 400MHz 的 10dB 的低通 LC 支路型耦合器。$Z_0 = 50\Omega$,要求 $S_{11} \leqslant -13\text{dB}, S_{21} \geqslant -2\text{dB}, S_{31} \leqslant -13\text{dB}, S_{41} \geqslant -10\text{dB}$。

步骤一　已知 $C = -10\text{dB}, f_c = 400\text{MHz}, Z_0 = 50\Omega$

步骤二　利用下列公式计算 K、Z_{0s}、Z_{0p}。

$$k = 10^{c/10}$$

$$Z_{0s} = Z_0 \sqrt{1-k}$$

$$Z_{0p} = Z_0 \sqrt{\frac{1-k}{k}}$$

步骤三

$$C_1 = \frac{1}{2\pi f_c Z_{0s}} = 8.59\text{pF}$$

$$L_2 = \frac{Z_{0p}}{2\pi f_c} = 56.68\text{nH}$$

步骤四　进行仿真计算,如图 6-2-2 所示。

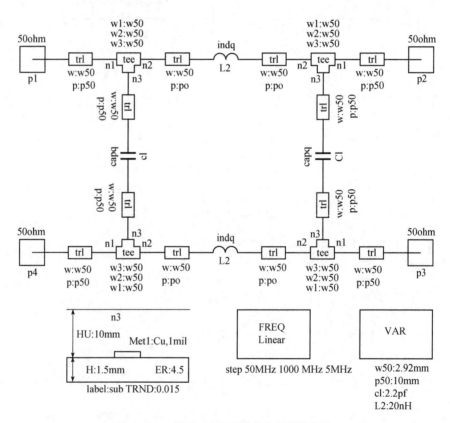

图 6-2-2　低通 LC 支路型耦合器等效电路

图 6-2-3 是仿真结果。可以通过观察 S 参数,得出电路的低通滤波特性。

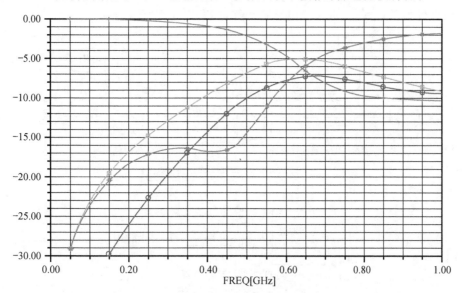

图 6-2-3　低通 LC 支路型耦合器仿真结果

6.3　微带定向耦合器

6.3.1　平行耦合线耦合器基本原理

通常,平行耦合线定向耦合器由主线和辅线构成,两条平行微带的长度为四分之一波长,如图 6-3-1(a)所示。信号由 1 端口输入时,2 端口输出,4 端口是耦合口,3 端口是隔离端口。因为在辅线上耦合输出的方向与主线上波传播的方向相反,故这种形式的定向耦合器也称为“反向定向耦合器”。当导线 1-2 中有交变电流 i_1 流过的时候,由于 4-3 线和 1-2线相互靠近,故 4-3 线中便有耦合能量,能量既通过电场(以耦合电容表示)又通过磁场(以耦合电感表示)耦合。通过耦合电容 C_m 的耦合,在传输线 4-3 中引起的电流为 i_{c2} 及 i_{c3}。

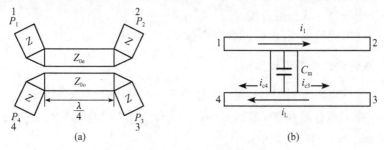

图 6-3-1　平行线型耦合器

同时由于 i_1 的交变磁场的作用,在线 4-3 上感应有电流 i_L。根据电磁感应定律,感应电流 i_L 的方向与 i_1 的方向相反,如图 6-3-1(b)所示。所以能量从 1 端口输入,则耦合端口是 4 端口。而在 3 端口因为电耦合电流的 i_{c3} 与磁耦合电流 i_L 的作用相反而能量互相抵消,故 3 端口是隔离端口。

定向耦合器常用于微波测量中的反射计,这是微波网络分析仪的基础;也可用于功率监视,天线性能的监视,构成微波电路系统等,如图 6-3-2 所示。

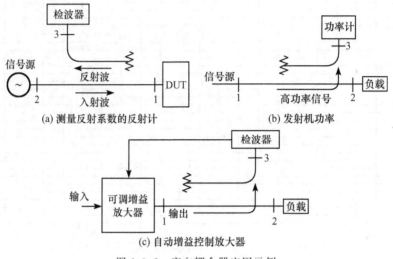

图 6-3-2 定向耦合器应用示例

6.3.2 平行耦合线耦合器设计方法

平行线耦合定向耦合器的设计步骤如下。

步骤一 确定耦合器指标。包括耦合系数 $C(\mathrm{dB})$、各端口的特性阻抗 $Z_0(\Omega)$、中心频率 f_c、基板参数(ε_r,h)。

步骤二 利用下列公式计算偶模阻抗 I_{oe} 和奇模阻抗 Z_{oo}。

$$Z_{oe} = Z_0 \sqrt{\frac{1+10^{C/20}}{|\,1-10^{C/20}\,|}}$$

$$Z_{oo} = Z_0 \sqrt{\frac{|\,1-10^{C/20}\,|}{1+10^{C/20}}}$$

步骤三 依据设计使用的基板参数(ε_r,h),计算出$(Z_{oe}、Z_{oo})$的微带耦合线的宽度及间距$(W、S)$和四分之一波长的长度(L)。

步骤四 利用软件检验,再经过微调以满足设计要求。

6.3.3 平行耦合线耦合器设计实例

设计一个工作频率为 750MHz 的 10dB 的平行线型耦合器$(Z_0=50\Omega)$。

步骤一 确定耦合器指标,包括 $C=-10\mathrm{dB}$,$f_c=750\mathrm{MHz}$,FR4 基板 $\varepsilon_r=4.5$,$h=1.6\mathrm{mm}$,$\tan\delta=0.015$、材料为铜(1mil)。

步骤二 计算奇偶模阻抗。

$$Z_{oe} = Z_0 \sqrt{\frac{1+10^{C/20}}{|\,1-10^{C/20}\,|}} = 69.37\Omega$$

$$Z_{oo} = Z_0 \sqrt{\frac{|\,1-10^{C/20}\,|}{1+10^{C/20}}} = 36.04\Omega$$

　　步骤三　电路拓扑如图 6-3-3 所示,计算得出耦合线宽度 $W=2.38$mm,间距 $S=0.31$mm,长度 $P=57.16$mm,且 50Ω 微带线宽度 $W_{50}=2.92$mm。

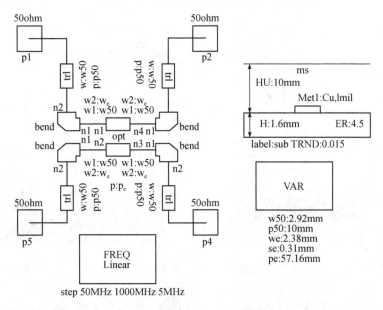

图 6-3-3　平行线型耦合器电路图

　　软件仿真结果如图 6-3-4 所示,图中自上而下分别是 S_{21}、S_{31}、S_{41}、S_{51} 的分贝值,这些值可以在实验中测量作比较。

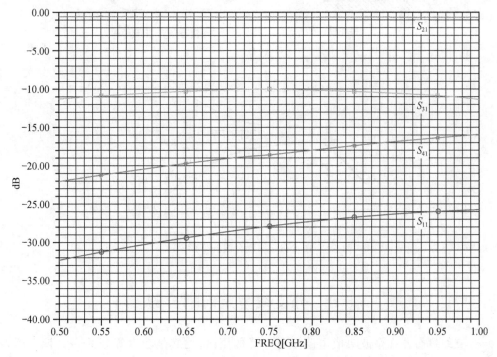

图 6-3-4　平行线型耦合器仿真结果

在上述平行耦合线定向耦合器的基础上,可以得到各种变形结构,如图 6-3-5 所示。结构越复杂,计算越困难。在正确概念指导下,实验仍然是这类电路设计的有效方法。

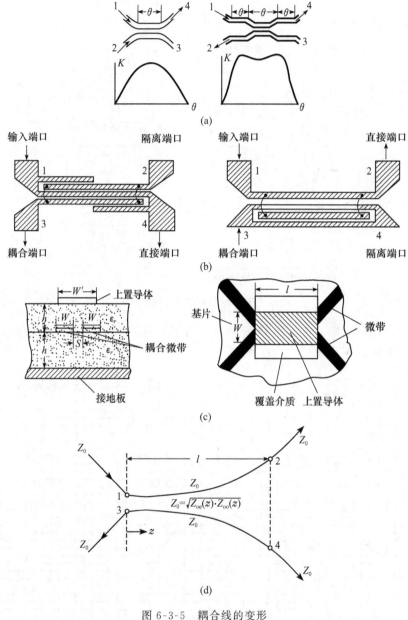

图 6-3-5　耦合线的变形

6.4　分支线型定向耦合器

分支线耦合器在微波集成电路中有广泛的用途,尤其是功率等分的 3dB 耦合器,不仅结构简单,容易制造,而且输出端口位于同一侧,方便与半导体器件结合,构成平衡混频器、倍频器、移相器、衰减器、开关等微波电子线路。不论分支线两个输出端口功率是否相等,在中心频率上两个输出信号的相位总是相差 90°。从工艺上考虑,分支线耦合器容易实现紧耦合,要实现弱耦合比较困难。

6.4.1　分支线型定向耦合器原理

如图 6-4-1 所示分支线耦合器结构,各个支线在中心频率上是四分之一波导波长,由于微带的波导波长还与阻抗有关,故图中支线与主线的长度不等,阻抗越大、尺寸越长。

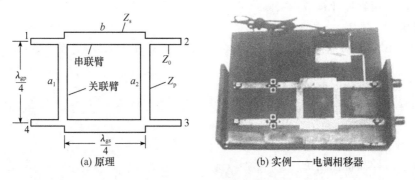

图 6-4-1　分支线耦合器

当耦合度指标给定时,可以由之算出端口 3 的反射电压,进而可由公式(6-1)算出分支线型定向耦合器各段线的归一化导纳值。

$$
\left.
\begin{aligned}
&\mid U_{r3} \mid = \sqrt{\dfrac{1}{\lg^{-1}\dfrac{C(\mathrm{dB})}{10}}} \quad b = \dfrac{1}{\sqrt{1 - \mid U_{r3} \mid^2}} \\
&a_1 = b \mid U_{r3} \mid, \qquad a_2 = \dfrac{a_1}{R}
\end{aligned}
\right\}
\tag{6-1}
$$

其中$\mid U_{r3} \mid$是端口 3 的反射电压,R 为变阻比,b,a_1,a_2 分别为主线和支线的归一化导纳值。由之可以算出主线和支线的特性阻抗

$$
Z_{a_1} = \frac{1}{Y_{a_1}} = \frac{1}{a_1 Y_0}, \quad Z_{a_2} = \frac{1}{Y_{a_2}} = \frac{1}{a_2 Y_0}
$$

$$
Z_b = \frac{1}{Y_b} = \frac{1}{b Y_0}
\tag{6-2}
$$

进一步可以算出微带线的结构参数。

理想的 3dB 分支线定向耦合器的散射参量矩阵为

$$
\boldsymbol{S} = \frac{1}{\sqrt{2}}
\begin{pmatrix}
0 & -\mathrm{j} & -1 & 0 \\
-\mathrm{j} & 0 & 0 & -1 \\
-1 & 0 & 0 & -\mathrm{j} \\
-1 & 0 & 0 & -\mathrm{j}
\end{pmatrix}
$$

即如果分支线耦合器的各个端口接匹配负载,信号从 1 端口输入,4 端口没有输出,为隔离端,2 端口和 3 端口的相差 90°,功率大小由主线和支线的阻抗决定。

6.4.2 分支线型定向耦合器设计

分支线型定向耦合器的设计步骤如下：

步骤一 确定耦合器指标。包括耦合系数 $C(\mathrm{dB})$、各端口的特性阻抗 $Z_0(\Omega)$、中心频率 f_c、基板参数(ε_r, h)。

步骤二 利用公式(6-1)计算出支线和主线的归一化导纳。

步骤三 利用公式(6-2)计算特性阻抗 Z_{a_1}、Z_{a_2}、Z_b，以及相应的波导波长。

步骤四 用软件计算微带实际尺寸。

设计实例

设计 3dB 分支线定向耦合器，负载为 50Ω，中心频率 5GHz，基板参数$(\varepsilon_r = 9.6, h = 0.8)$。

步骤一 确定耦合器指标(略)。

步骤二 计算归一化导纳

$$b = \sqrt{2}, \quad a_1 = a_2 = 1$$

步骤三 计算特性阻抗

$$Z_{a_1} = \frac{1}{Y_{a_1}} = \frac{1}{a_1 Y_0} = 50\Omega, \quad Z_{a_2} = \frac{1}{Y_{a_2}} = \frac{1}{a_2 Y_0} = 50\Omega$$

$$Z_b = \frac{1}{Y_b} = \frac{1}{b Y_0} = 35.3\Omega$$

步骤四 计算微带的实际尺寸。

两个支线 50Ω $W = 0.83\mathrm{mm}, L = 6.02\mathrm{mm}$

主线 35.3Ω $W = 1.36\mathrm{mm}, L = 5.84\mathrm{mm}$

6.4.3 分支线型定向耦合器的设计数据

常用的 3dB 分支线定向耦合器的设计数据如表 6-4-1 所示，可由式(6-1)计算得到。

表 6-4-1 3dB 分支线型定向耦合器

R	1	0.75	0.5	1/3
$|U_{r3}|$	$1/\sqrt{2}$	0.614	0.5	$1/\sqrt{6}$
b	$\sqrt{2}$	1.61	2	$\sqrt{6}$
a_1	1	1	1	1
a_2	1	1.34	2	3

为了增宽工作频带，最常用的方法是增加分支线的数目。表 6-4-2 列出可 $N = 2$、3、4 是三种结构的 3dB 分支线定向耦合器的各段归一化特性导纳值。并列出了频率分别为 f_0, $f = 1$ 及 $f = 1.13 f_0$ 时的输入驻波比 ρ、隔离度 $D(\mathrm{dB})$、耦合度 $C(\mathrm{dB})$ 的计算数据。

表 6-4-2　3dB 定向耦合器数据

各段线归一化特性导纳	$f=f_0$			$f=1.06f_0$			$f=1.13f_0$		
	ρ	D/dB	C/dB	ρ	D/dB	$\Delta C/\text{dB}$	ρ	D/dB	$\Delta C/\text{dB}$
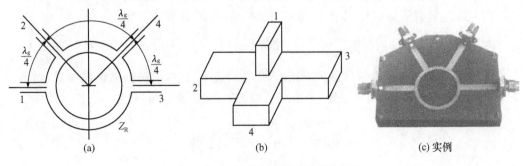	1	∞	3	1.26	19.0	0.24	1.57	13.8	0.74
	1	∞	3	1.08	27.4	0.18	1.20	20.5	0.60
	1	∞	3	1.01	45.0	0.10	1.05	32.0	0.45

表 6-4-2 中 $\Delta C(\text{dB})$ 为(2)、(3)两路输出功率的不平衡度,定义式为

$$\Delta C = \left| 10\lg \frac{P_2}{P_3} \right|$$

6.5　环行桥定向耦合器

　　环形桥又称混合环,是一种 3dB 功率分配器,结构如图 6-5-1(a)所示,是一个 1.5λTEM 线(带状线或微带线)并联连接的混合环。它的功能与分支线耦合器相似,不同的是两个输出端口的相位差为 $180°$。当信号从端口 1 输入时,端口 4 是隔离端,端口 2 和端口 3 功率按一定比例反相输出,也就是相位差 $180°$。信号从端口 4 输入时,端口 1 是隔离端,端口 3 和端口 2 功率按一定比例反相输出。同样,端口 2 和端口 3 也是隔离的,无论从哪个端口输入信号,仅在端口 1 和端口 4 比例反相输出。等功率分配的、匹配的混合环特性可以用散射参量矩阵表示为:

(a)　　　　　　　　　　　(b)　　　　　　　　　　(c)实例

图 6-5-1　微带环形桥与波导魔 T

$$S = \frac{1}{\sqrt{2}} \begin{pmatrix} 0 & -j & j & 0 \\ -j & 0 & 0 & -j \\ j & 0 & 0 & -j \\ 0 & -j & -j & 0 \end{pmatrix}$$

环形桥各支路特性阻抗为 Z_0,根据 $\lambda/4$ 变换性可知,环形线的特性阻抗为 $\sqrt{2}Z_0$。1.5λ 混合环的带宽受环形长度的限制,一般为 $20\sim30\%$。增加带宽的方法是采用对称的 1λ 混合环。

用波程相移理解这个原理比较简单:当信号从端口 1 输入时,到端口 2 为 $90°$,到端口 3 为 $270°$ 故端口 3 比端口 2 滞后 $180°$。端口 1 的信号经端口 2 到达端口 4 是 $180°$,经端口 3 到达端口 4 为 $360°$,两路信号性质相反,在端口 4 抵消形成隔离端。

理论上,环形桥的两个输出口的功率比值可以是任意的,实际中,各个环段上的阻抗不宜相差太大,阻抗过大也难于实现。工程中,常用的环行桥两个输出口是等功率的。

等功率输出环形桥与波导魔 T 如图 6-5-1(b)所示,两者有相似的性质,故环形桥又称魔 T。不同的是相位有所差别,魔 T 的散射矩阵表示为

$$S = \frac{1}{\sqrt{2}} \begin{pmatrix} 0 & 1 & -1 & 0 \\ 1 & 0 & 0 & 1 \\ -1 & 0 & 0 & 1 \\ 0 & 1 & 1 & 0 \end{pmatrix}$$

魔 T 的用途与分支线相同,频带和隔离特性比分支线更好。由于隔离口夹在两个输出口之间,输出信号要跨过隔离端,实现微波电子线路不如分支线方便。

混合环的设计关键就是按照分配比计算阻抗值和长度。对于等分环形桥,有

$$Z_1 = Z_2 = \sqrt{2}Z_0$$

每个端口之间的距离为 $\lambda_g/4$ 或 $3\lambda_g/4$。

图 6-5-1(b)所示的波导魔 T 的重要特性:

(1) 四个端口完全匹配。

(2) E 臂④和 H 臂①相互隔离,两侧臂②和③相互隔离。

(3) 进入一侧臂的信号,由 E 臂④和 H 臂①等分输出,而另一侧臂无输出。

(4) 进入 H 臂①的信号,由两侧臂等幅同相输出,而 E 臂④无输出。

(5) 进入 E 臂④的信号,由两侧臂等幅反相输出,而 H 臂①无输出。

(6) 两侧臂②和③同时输入信号,E 臂输出的信号等于两输入信号相量差的 $\dfrac{1}{\sqrt{2}}$ 倍。

魔 T 在微波技术中有着广泛的应用,可用来组成微波阻抗电桥、平衡混频器、功率分配器、和差器、相移器、天线双工器、平衡相位检波器、鉴频器、调制器等。

6.6 Lange 耦合器

Lange 耦合器是正交混合网络的一种类型,即输出线(端口 2 和端口 3)之间有 $90°$ 的

相位差。有时为了到达 3dB 或者 6dB 的耦合系数,普通的耦合线的耦合太松了。提高边缘耦合线之间耦合的一种办法是用几根彼此平行的线,使线两边的杂散场对耦合有贡献。Lange 耦合器就是基于这种思想来实现的(图 6-6-1(a))。为了达到紧耦合,此处用了相互连接的四根耦合线。这种耦合器容易达到 3dB 的耦合比,并有一个倍频程或更宽的带宽。这种设计有助于补偿偶模和奇模相速的不相等,还提高了带宽。

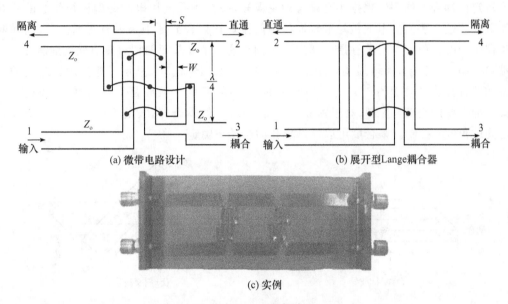

(a) 微带电路设计　　　　　　　　　　(b) 展开型Lange耦合器

(c) 实例

图 6-6-1　Lange 耦合器

Lange 耦合器的主要缺点是实用问题,因为这些线很窄,又紧靠在一起,对跨线之间的连接线的加工是困难的。这类耦合线的几何形状也称交叉指型,这种结构也能用于滤波电路。

展开型 Lange 耦合器如图 6-6-1(b)所示,其基本工作原理与原始的 Lange 耦合器一样,但是更容易用等效电路模拟。其等效电路如图 6-6-2(a)所示,它由 4 根导线耦合线结构组成。所有这些都有同样的宽度和间距。若我们做一个合理的假设,即每根线只与最靠近的邻线耦合,而忽略远距离的耦合,则可等效为如图 6-6-2(b)所示的 2 导线耦合线电路。我们可以通过计算出偶模和奇模特征阻抗 Z_{e4} 和 Z_{o4},来实现对 Lange 耦合器的分析。

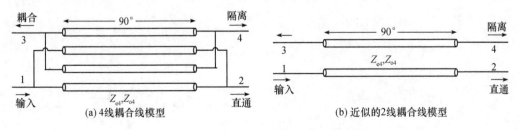

(a) 4线耦合线模型　　　　　　　　　　(b) 近似的2线耦合线模型

图 6-6-2　展开型 Lange 耦合器的等效电路

6.7　倍兹孔定向耦合器

倍兹孔定向耦合器是波导定向耦合器的一种。它的原理是通过两个紧贴的波导之间打孔进行耦合,产生两个分开的波分量,在耦合端口处相位相加,在隔离处相位相消,进而实现定向耦合的作用。根据小孔耦合理论得知,一个小孔能用电和磁偶极矩组成的等效源替代。这个法向的电偶极矩和轴向的磁偶极矩在耦合波导中辐射有对偶性质,而横向磁偶极矩的辐射有奇对称性质。所以通过调整这两个等效源的相对振幅就能抵消在隔离端口方向上的辐射,而增强耦合端口方向上的辐射。图 6-7-1 显示了能控制这些波的振幅的两种方法。对于图 6-7-1(a)中所示的耦合器,其两个波导是平行的,耦合通过小孔离波导窄壁的距离 s 控制;对于图 6-7-1(b)中所示的耦合器,波的振幅是通过两个波导之间的角度 θ 控制。耦合度可以通过小孔的半径来确定。

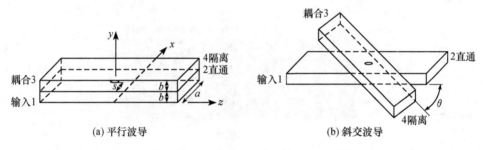

(a) 平行波导　　　　　　　　　　　(b) 斜交波导

图 6-7-1　倍兹孔定向耦合器的两种类型

斜交倍兹孔耦合器的几何形状在制作和应用都是不方便的。还有,这两种耦合器的设计,只在设计频率处工作适合,偏离这个频率,耦合度和方向性将降低。将耦合器设计成具有一系列耦合孔,如图 6-7-2 所示,可以达到提高带宽的结果,原理类似于多节匹配变换器。

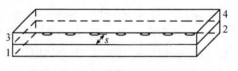

图 6-7-2　多孔倍兹定向耦合器

第 7 章　射频/微波滤波器

在射频/微波系统中需要把信号频谱进行恰当的分离,完成这一功能的元件就是滤波器。虽然滤波器的基本概念很经典,但滤波器的结构、功能日新月异。随着材料、工艺和要求的发展,滤波器是射频/微波领域内一种十分常用的元件。

7.1　滤波器的基本原理

滤波器的基础是谐振电路,只要能构成谐振的电路组合就可实现滤波器功能。滤波器有四个基本原型,即低通、带通、带阻和高通。实现滤波器就是实现相应的谐振系统。集总参数就是电感、电容,分布参数就是各种射频/微波传输线形成的谐振器。理论上,滤波器是无耗元件。

7.1.1　滤波器的指标

滤波器的指标形象的描述的滤波器的频率响应特性。

(1) 工作频率。是滤波器的通带频率范围,有两种定义方式:

① 3dB 带宽。由通带最小插损点(通带传输特性的最高点)向下移 3dB 时,所测得通带宽度。这是经典的定义,没有考虑插入损耗,易引起误解,工程中较少使用。

② 插损带宽。满足插入损耗时所测带宽。这个定义比较严谨,在工程上常用。

(2) 插入损耗。由于滤波器的介入,在系统系统内引入的损耗。滤波器通带内的最大损耗,包括构成滤波器的所有元件的电阻性损耗(如电感、电容、导体、介质的不理想)和滤波器的回波损耗(两端电压驻波比不为1)。插入损耗限定了工作频率,也限定了使用场合的两端阻抗。

(3) 带内纹波。是插入损耗的波动范围。越小越好,否则,会增加通过滤波器的不同频率信号的功率起伏。

(4) 带外抑制。规定滤波器在什么频率上会阻断信号。是滤波器特性的矩形度的描述一种方式。也可用带外滚降来描述,就是规定滤波器通带外每多少频率下降多少分贝。带外抑制还包括滤波器的寄生通带损耗越大越好,也就是谐振电路的二次、三次等高次谐振峰越低越好。

(5) 承受功率。在大功率发射机末端使用的滤波器要按大功率设计。元件体积要大,否则易产生击穿打火,使发射功率急剧下降。

(6) 插入相移和时延频率特性。插入相移是指信号通过滤波器所引入的相位滞后,即网络参量 S_{21} 的相角 Φ_{21}。它是频率 f(或角频率 ω)的函数,画成曲线就是滤波器的插入相移特性 $\Phi_{21}-\omega$,而 Φ_{21} 与角频率 ω 之比为相位时延 t_p,画成曲线 t_p-ω 即为滤波器的时延频率特性。

7.1.2　滤波器原理

考虑图 7-1-1 所示双端口网络,设从一个端口输入一具有均匀功率谱的信号,信号通过网络后,在另一端口的负载上吸收的功率谱不再是均匀的,也就是说,网络的输出具有频率选择性,这便是一个滤波器。

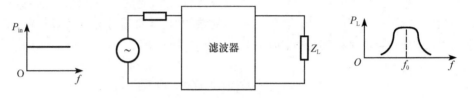

图 7-1-1　滤波器特性示意图

通常采用工作衰减来描述滤波器的衰减特性,即

$$L_{\mathrm{A}} = 10 \lg \frac{P_{\mathrm{in}}}{P_{\mathrm{L}}} \quad (\mathrm{dB}) \tag{7-1}$$

式中,P_{in} 和 P_{L} 分别为输出端接匹配负载时滤波器输入功率和负载吸收功率。随着频率的不同,式(7-1)的数值不同,即滤波器的衰减特性。根据衰减特性,滤波器分为低通(lowpass)、高通(highpass)、带通(bandpass)及带阻(bandstop)四种。

7.1.3　滤波器的低通原型

集总参数低通滤波器(简称低通原型)是设计滤波器的基础。各种低通、高通、带通、带阻微波滤波器,其传输特性大多是据原型变换而来的。低通原型的理想化要求滤波器通带内衰减为零,在阻带内,衰减为无限大。在实际的设计中,我们无法得到理想的频率响应,只能用特定的数学函数来逼近。常见的数学逼近函数一般为以下四种:最平坦型用巴特沃思(Butter worth)、等波纹型用切比雪夫(Chebyshev)、陡峭型用椭圆函数型(elliptic)、等延时用高斯多项式(Gaussian)(表 7-1-1)。

表 7-1-1　四种滤波器函数

类　型	传输函数	图　形	说　明
巴特沃思	$\|S_{21}(\mathrm{j}\Omega)\|^2 = \dfrac{1}{1+\Omega^{2a}}$		结构简单最小插损适用窄带场合
切比雪夫	$\|S_{21}(\mathrm{j}\Omega)\|^2 = \dfrac{1}{1+\varepsilon^2 T_n^2(\Omega)}$		结构简单带宽、沿陡应用范围广

续表

类　型	传输函数	图　形	说　明
椭圆函数	$\lvert S_{21}(j\Omega)\rvert^2 = \dfrac{1}{1+\varepsilon^2 F_n^2(\Omega)}$		结构复杂 边沿陡峭 特殊场合
高斯多项式	$S_{21}(p) = \dfrac{a_0}{\displaystyle\sum_{k=0}^{n} a_k p^k}$		结构简单 群延时好 特殊场合

7.1.4　滤波器的设计方法

滤波器的理论成熟,技术发展。设计方法有两种:

(1) 经典方法。即低通原型综合法,由衰减特性综合出低通原型,频率变换,微波实现。结合数学计算软件(如 MathCAD、Matlab 等),微波仿真软件(Ansoft、ADS、MW Office 等),可以得到满意的结果。

(2) 软件方法。先由软件商依各种滤波器的微波结构拓扑做成的软件,使用者依指标挑选拓扑、仿真参数、调整优化。

7.1.5　滤波器低通原型的实现方法

简要介绍表 7-1-1 四种传输函数滤波器的设计方法。滤波器低通原型为电感电容网络,其中,巴特沃思、切比雪夫、高斯多项式的梯形结构见图 7-1-2,椭圆函数见图 7-1-3。

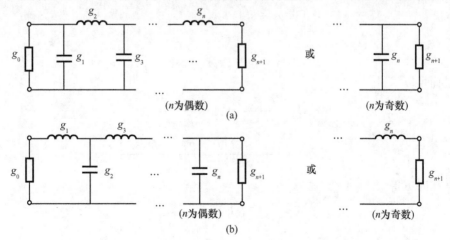

图 7-1-2　巴特沃思、切比雪夫、高斯多项式的电路结构

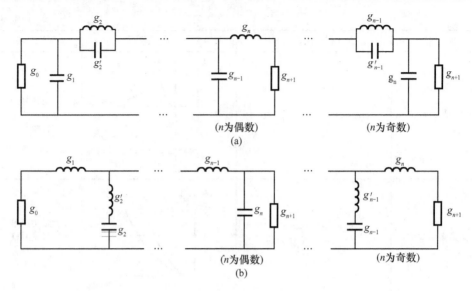

图 7-1-3   椭圆函数低通原型

元件数和元件值只与通带结束频率、衰减和阻带起始频率、衰减有关。我们以最平坦低通原型和切比雪夫低通原型为例,确定滤波器低通原型的电感电容网络。

在选定所采取的实现低通原型之后,我们可以通过对网络的综合过程来求所用的电感电容数值。现在我们以巴特沃思低通原型的综合过程来演示如何确定元件的数值。

1. 巴特沃思

试综合 $H_n = 1, n = 2$ 的巴特沃思网络。

$$| S_{21}(j\omega) |^2 = \frac{1}{1 + (-1)^2 s^{-2n}} = \frac{1}{1 + s^4} = \frac{1}{B_n(s)B_n(-s)}$$

用待定系数法可以求出 B_n

$$\left.\begin{array}{l} B_n(s) = 1 + as + s^2 \\ B_n(-s) = 1 - as + s^2 \end{array}\right\} \quad B_n(s)B_n(-s) = 1 + s^4$$

可得 $$a = 2$$

所以 $$B_n(s) = 1 - \sqrt{2}s + s^2$$

进而可以求得

$$S_{11}(s) = \frac{s^2}{B_n(s)} = \frac{s^2}{1 - \sqrt{2}s + s^2}$$

$$Z_{in}(s) = \frac{1 + S_{11}(s)}{1 - S_{11}(s)} = \frac{2s^2 + \sqrt{2}s + 1}{\sqrt{2}s + 1}$$

再辗转相除可得

$$Z_{in}(s) = \sqrt{2}s + \frac{1}{\sqrt{2}s + 1}$$

图 7-1-4 为相应的电路形式。

但在实际的求解过程中由于对频率采取归一化，再根据相应的指标确定 n 值以后，我们可以直接查表可以求得网络的元件值。

已知带边衰减为 3dB 处的归一化频率 $\Omega_c=1$、截止衰减 L_{As} 和归一化截止频率 Ω_s，则图 7-1-2 中元件数 n 由式(7-2)给出，元件值由表 7-1-2 给出。

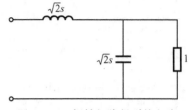

图 7-1-4 辗转相除得到的电路

$$n \geqslant \frac{\lg(10^{0.1L_{As}}-1)}{2\lg\Omega_s} \tag{7-2}$$

表 7-1-2 巴特沃恩元件值

n	g_1	g_2	g_3	g_4	g_5	g_6	g_7	g_8	g_9	g_{10}
1	2.0000	1.0								
2	1.4142	1.4142	1.0							
3	1.0000	2.0000	1.0000	1.0						
4	0.7654	1.8478	1.8478	0.7654	1.0					
5	0.6180	1.6180	2.0000	1.6180	0.6180	1.0				
6	0.5176	1.4142	1.9318	1.9318	1.4142	0.5176	1.0			
7	0.4450	1.2470	1.8019	2.0000	1.8019	1.2470	0.4450	1.0		
8	0.3902	1.1111	1.6629	1.9616	1.9616	1.6629	1.1111	0.3902	1.0	
9	0.3473	1.0000	1.5321	1.8794	2.0000	1.8794	1.5321	1.0000	0.3473	1.0

这种查表的方法同样适用于其他的原型的元件，在这里就不再赘述其数学求解过程。

2. 切比雪夫

已知带边衰减与波纹指标 L_{Ar}、归一化频率 $\Omega_c=1$、截止衰减 L_{As} 和归一化截止频率 Ω_s，则图 7-1-2 中元件数 n 由式(7-3)给出，元件值由表 7-1-3 给出。

$$n \geqslant \frac{\mathrm{arcosh}\sqrt{\dfrac{10^{0.1L_{As}}-1}{10^{0.1L_{As}}-1}}}{\mathrm{arcosh}\Omega_s} \tag{7-3}$$

表 7-1-3 切比雪夫元件值

带内波纹 $L_{Ar}=0.01$dB

n	g_1	g_2	g_3	g_4	g_5	g_6	g_7	g_8	g_9	g_{10}
1	0.0960	1.0								
2	0.4489	0.4078	1.1008							
3	0.6292	0.9703	0.6292	1.0						
4	0.7129	1.2004	1.3213	0.6476	1.1008					
5	0.7563	1.3049	1.5773	1.3049	0.7563	1.0				
6	0.7814	1.3600	1.6897	1.5350	1.4970	0.7098	1.1008			
7	0.7970	1.3924	1.7481	1.6331	1.7481	1.3924	0.7970	1.0		
8	0.8073	1.4131	1.7825	1.6833	1.8529	1.6193	1.5555	0.7334	1.1008	
9	0.8145	1.4271	1.8044	1.7125	1.9058	1.7125	1.8044	1.4271	0.8145	1.0

带内波纹 $L_{Ar}=0.04321$ dB

n	g_1	g_2	g_3	g_4	g_5	g_6	g_7	g_8	g_9	g_{10}
1	0.2000	1.0								
2	0.6648	0.5445	1.2210							
3	0.8516	1.1032	0.8516	1.0						
4	0.9314	1.2920	1.5775	0.7628	1.2210					
5	0.9714	1.3721	1.8014	1.3721	0.9714	1.0				
6	0.9940	1.4131	1.8933	1.5506	1.7253	0.8141	1.2210			
7	1.0080	1.4368	1.9398	1.6220	1.9398	1.4368	1.0080	1.0		
8	1.0171	1.4518	1.9667	1.6574	2.0237	1.6107	1.7726	0.8330	1.2210	
9	1.0235	1.4619	1.9837	1.6778	2.0649	1.6778	1.9837	1.4619	1.0235	1.0

带内波纹 $L_{Ar}=0.1$ dB

n	g_1	g_2	g_3	g_4	g_5	g_6	g_7	g_8	g_9	g_{10}
1	0.3052	1.0								
2	0.8431	0.6220	1.3554							
3	1.0316	1.1474	1.0316	1.0						
4	1.1088	1.3062	1.7704	0.8181	1.3554					
5	1.1468	1.3712	1.9750	1.3712	1.1468	1.0				
6	1.1681	1.4040	2.0562	1.5171	1.9029	0.8618	1.3554			
7	1.1812	1.4228	2.0967	1.5734	2.0967	1.4228	1.1812	1.0		
8	1.1898	1.4346	2.1199	1.6010	2.1700	1.5641	1.9445	0.8778	1.3554	
9	1.1957	1.4426	2.1346	1.6167	2.2054	1.6167	2.1346	1.4426	1.1957	1.0

3. 椭圆函数

已知带边衰减为与波纹指标、归一化频率 $\Omega_c=1$、截止衰减 L_{As} 和归一化截止频率 Ω_s，阻带波纹与通带波纹相同，则图 7-1-3 中元件数 n 和元件值由表 7-1-4 给出。

表 7-1-4　椭圆函数元件数和元件值（波纹 $=0.1$ dB）

n	Ω_s	L_{As}/dB	g_1	g_2	g_2'	g_3	g_4	g_4'	g_5	g_6	g_6'	g_7
3	1.4493	13.5698	0.7427	0.7096	0.5412	0.7427						
	1.6949	18.8571	0.8333	0.8439	0.3252	0.8333						
	2.0000	24.0012	0.8949	0.9375	0.2070	0.8949						
	2.5000	30.5161	0.9471	1.0173	0.1205	0.9471						
4	1.2000	12.0856	0.3714	0.5664	1.0929	1.1194	0.9244					
	1.2425	14.1259	0.4282	0.6437	0.8902	1.1445	0.9289					
	1.2977	16.5343	0.4877	0.7284	0.7155	1.1728	0.9322					
	1.3962	20.3012	0.5675	0.8467	0.5264	1.2138	0.9345					
	1.5000	23.7378	0.6282	0.9401	0.4073	1.2471	0.9352					
	1.7090	29.5343	0.7094	1.0688	0.2730	1.2943	0.9348					
	2.0000	36.0438	0.7755	1.1765	0.1796	1.3347	0.9352					

续表

n	Ω_s	L_{As}/dB	g_1	g_2	g_2'	g_3	g_4	g_4'	g_5	g_6	g_6'	g_7
5	1.0500	13.8785	0.7081	0.7663	0.7357	1.1276	0.2014	4.3812	0.0499			
	1.1000	20.0291	0.8130	0.9242	0.4934	1.2245	0.3719	2.1350	0.2913			
	1.1494	24.5451	0.8726	1.0084	0.3845	1.3097	0.4991	1.4450	0.4302			
	1.2000	28.3031	0.9144	1.0652	0.3163	1.3820	0.6013	1.0933	0.5297			
	1.2500	31.4911	0.9448	1.1090	0.2694	1.4445	0.6829	0.8827	0.6040			
	1.2987	34.2484	0.9681	1.1366	0.2352	1.4904	0.7489	0.7426	0.6615			
	1.4085	39.5947	1.0058	1.1862	0.1816	1.5771	0.8638	0.5436	0.7578			
	1.6129	47.5698	1.0481	1.2416	0.1244	1.6843	1.0031	0.3540	0.8692			
	1.8182	54.0215	1.0730	1.2741	0.0919	1.7522	1.0903	0.2550	0.9367			
	2.000	58.9117	1.0876	1.2932	0.0732	1.7939	1.1433	0.2004	0.9772			
6	1.0500	18.6757	0.4418	0.7165	0.9091	0.8314	0.3627	2.4468	0.8046	0.9986		
	1.1000	26.2370	0.5763	0.8880	0.6128	0.9730	0.5906	1.3567	0.9431	1.0138		
	1.1580	32.4132	0.6549	1.0036	0.4597	1.0923	0.7731	0.9284	1.0406	1.0214		
	1.2503	39.9773	0.7422	1.1189	0.3313	1.2276	0.9746	0.6260	1.1413	1.0273		
	1.3024	43.4113	0.7751	1.1631	0.2870	1.2832	1.0565	0.5315	1.1809	1.0293		
	1.3955	48.9251	0.8289	1.2243	0.2294	1.3634	1.1739	0.4148	1.2366	1.0316		
	1.5962	58.4199	0.8821	1.3085	0.1565	1.4792	1.3421	0.2757	1.3148	1.0342		
	1.7032	62.7525	0.9115	1.3383	0.1321	1.5216	1.4036	0.2310	1.3429	1.0350		
	1.7927	66.0190	0.9258	1.3583	0.1162	1.5505	1.4453	0.2022	1.3619	1.0355		
	1.8915	69.3063	0.9316	1.3765	0.1019	1.5771	1.4837	0.1767	1.3794	1.0358		
7	1.0500	30.5062	0.9194	1.0766	0.3422	1.0962	0.4052	2.2085	0.8434	0.5034	2.2085	0.4110
	1.1000	39.3517	0.9882	1.1678	0.2437	1.2774	0.5972	1.3568	1.0403	0.6788	1.3568	0.5828
	1.1494	45.6916	1.0252	1.2157	0.1940	1.5811	0.9939	0.5816	1.2382	0.5243	0.5816	0.4369
	1.2500	55.4327	1.0683	1.2724	0.1382	1.7059	1.1340	0.4093	1.4104	0.7127	0.4093	0.6164
	1.2987	59.2932	1.0818	1.2902	0.1211	1.7478	1.1805	0.3578	1.4738	0.7804	0.3578	0.6759
	1.4085	66.7795	1.1034	1.3189	0.0940	1.8177	1.2583	0.2770	1.5856	0.8983	0.2770	0.7755
	1.5000	72.1183	1.1159	1.3355	0.0786	1.7569	1.1517	0.3716	1.6383	1.1250	0.3716	0.9559
	1.6129	77.9449	1.1272	1.3506	0.0647	1.8985	1.3485	0.1903	1.7235	1.0417	0.1903	0.8913
	1.6949	81.7567	1.1336	1.3590	0.0570	1.9206	1.3734	0.1675	1.7628	1.0823	0.1675	0.9231
	1.8182	86.9778	1.1411	1.3690	0.0479	1.9472	1.4033	0.1408	1.8107	1.1316	0.1408	0.9616

4. 高斯多项式

在现代无线系统中,会遇到保持频带内群延时平坦的场合。可用图 7-1-2 低通原型梯形结构实现这样的功能,但电路元件不对称。表 7-1-5 是这类滤波器低通原型的元件值。

表 7-1-5　等延时低通原型元件值

n	$\Omega_{1\%}$	$L_{\Omega1\%}/dB$	g_1	g_2	g_3	g_4	g_5	g_6	g_7	g_8	g_9	g_{10}
2	0.5627	0.4794	1.5774	0.4226								
3	1.2052	1.3365	1.2550	0.5528	0.1922							
4	1.9314	2.4746	1.0598	0.5116	0.3181	0.1104						
5	2.7090	3.8156	0.9303	0.4577	0.3312	0.2090	0.0718					

续表

n	$\Omega_{1\%}$	$L_{\Omega1\%}/\mathrm{dB}$	g_1	g_2	g_3	g_4	g_5	g_6	g_7	g_8	g_9	g_{10}
6	3.5245	5.3197	0.8377	0.4116	0.3158	0.2364	0.1480	0.0505				
7	4.3575	6.9168	0.7677	0.3744	0.2944	0.2378	0.1778	0.1104	0.0375			
8	5.2175	8.6391	0.7125	0.3446	0.2735	0.2297	0.1867	0.1387	0.0855	0.0289		
9	6.0685	10.3490	0.6678	0.3203	0.2547	0.2184	0.1859	0.1506	0.1111	0.0682	0.0230	
10	6.9495	12.188	0.6305	0.3002	0.2384	0.2066	0.1808	0.1539	0.1240	0.0911	0.0557	0.0187

　　保证频带内群延时平坦的代价是牺牲衰减指标。随频率的提高衰减明显增加,延时不变,如图 7-1-5 所示,元件数多比元件少时指标要好些。

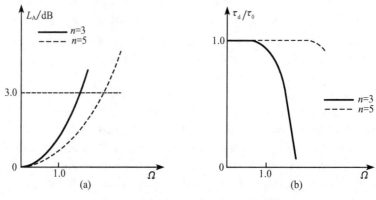

图 7-1-5　最平坦延时型低通原型特性

7.1.6　滤波器的四种频率变换

　　由低通原型滤波器经过频率变换,就可得到低通、高通、带通、带阻四种实用滤波器。定义阻抗因子

$$\gamma_0 = \begin{cases} Z_0/g_0, & g_0 \text{ 为电阻} \\ g_0/Y_0, & g_0 \text{ 为电导} \end{cases}$$

1. 低通变换

　　低通原型向低通滤波器的变换关系图 7-1-6(a)所示,变换实例见图 7-1-6(b),三阶巴特沃思原型,$\Omega_c=1$,$Z_0=50\Omega$,边频 $f_c=2\mathrm{GHz}$。

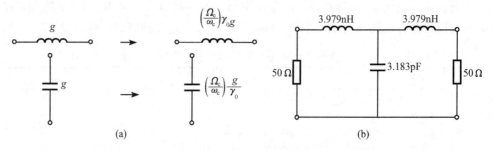

图 7-1-6　低通原型向低通滤波器的变换关系

变换过程为：选择图 7-1-2(b)原型，查表 7-1-2 可得，$g_0 = g_4 = 1.0\Omega$，$g_1 = g_3 = 1.0\text{H}$，$g_2 = 1.0\text{F}$，已知 $\gamma_0 = 50$，$\omega_c = 2\pi f_c$，计算图 7-1-6(a)中变换关系计算得 $L_1 = L_3 = 3.979\text{nH}$，$C_2 = 3.183\text{pF}$。

2. 高通变换

低通原型向高通滤波器的频率变换式

$$\omega' = \frac{-\omega' \omega_1}{\omega}$$

具体元件的变换关系如图 7-1-7 所示，变换实例见图 7-1-7(b)。三阶巴特沃思原型的 $\Omega_c = 1$，$Z_0 = 50\Omega$，边频 $f_c = 2\text{GHz}$。

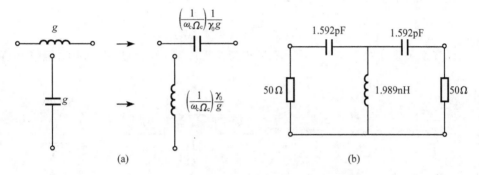

图 7-1-7　低通原型向高通滤波器的变换关系

3. 带通变换

低通原型向带通滤波器的频率变换式为

$$\omega' = \frac{\omega'_1}{W}\left(\frac{\omega}{\omega_0} - \frac{\omega_0}{\omega}\right)$$

具体元件变换关系图 7-1-8 所示。三阶巴特沃思原型的 $\Omega_c = 1$，$Z_0 = 50\Omega$，通带 FBW= $1 \sim 2\text{GHz}$。

$$L_s = \left(\frac{\Omega_c}{FBW\omega_0}\right)\gamma_0 g$$

$$C_s = \frac{1}{\omega_0^2 L_s}$$

$$C_p = \left(\frac{\Omega_c}{FBW\omega_0}\right)\frac{g}{\gamma_0}$$

$$L_p = \frac{1}{\omega_0^2 C_p}$$

(a)

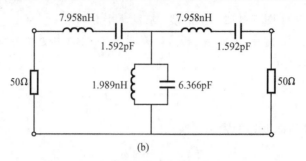

图 7-1-8　低通原型向带通滤波器的变换关系

4. 带阻变换

低通原型向带阻滤波器的频率变换关系为

$$\frac{1}{\omega'} = -\frac{1}{\omega_1' W}\left(\frac{\omega}{\omega_0} - \frac{\omega_0}{\omega}\right)$$

元件变换关系如图 7-1-9 所示。三阶巴特沃思原型的 $\Omega_c = 1$，$Z_0 = 50\Omega$，阻带 FBW＝$1\sim2\mathrm{GHz}$。

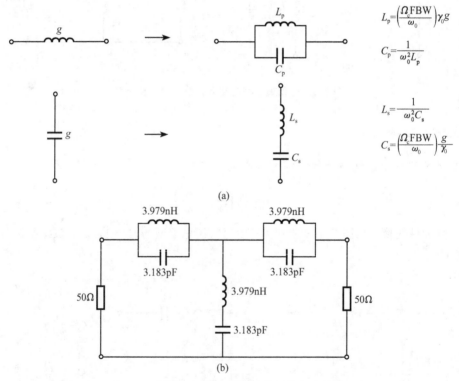

图 7-1-9　低通原型向带阻滤波器的变换关系

7.1.7　对偶定理在滤波器设计中的应用

根据前面的知识我们得到 LC 梯形网络低通原型，并可以由之变换为高通和带阻滤波器。但有时这样的滤波器在微波波段是难以实现的，然而通过如图 7-1-10 所示的对偶定理我们可以将其变换为只有一种电抗元件的低通原型来实现。

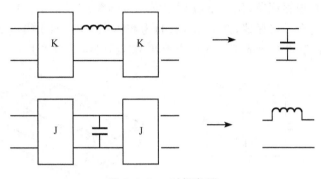

图 7-1-10　对偶定理

对偶定理通过 J 变换器或 K 变换器使元件实现对偶结构,实现元件的作用。

这样我们就可以对低通原型电路进行变换,如图 7-1-11 所示。

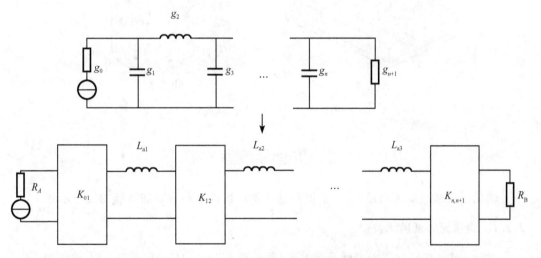

图 7-1-11　利用对偶原理实现的低通滤波器

图 7-1-11 中

$$K_{01} = \sqrt{\frac{R_A L_{a1}}{g_0 g_1}}, \quad K_{k,k+1} \mid_{k=1,2,\cdots,n} = \sqrt{\frac{L_{ak} L_{ak+1}}{g_k g_{k+1}}}, \quad K_{n,n+1} = \sqrt{\frac{R_b L_{an}}{g_n g_{n+1}}}$$

同样我们也可以将之变换为只有电容的低通原型。不仅如此,在设计带通滤波器时,我们也可以应用对偶定理变换电路结构。

7.1.8　滤波器的微波实现

四种射频/微波滤波器的实现方式有集总元件 LC 型和传输线型。所用微波传输线基本结构有波导、同轴线、带状线和微带等。用这些传输线的电抗元件实现前面变换所得电感电容值。这种实现,只能是近似的。加工误差,表面处理,材料损耗等因素迫使射频/微波滤波器的研发必须有实验调整。

实现滤波器的基本单元是谐振器。图 7-1-12 给出了几种常用谐振器。图 7-1-12
(a)是集总元件 LC 谐振回路,用于微波频率低端或 MMIC 中,图 7-1-12(b)为微带谐振
器,图 7-1-12(c)是介质谐振器,图 7-1-12(d)为腔体谐振器,用于微波频率高端,根据系
统要求或其他电路形式灵活选用。集总参数和微带线结构是重点要介绍的内容。

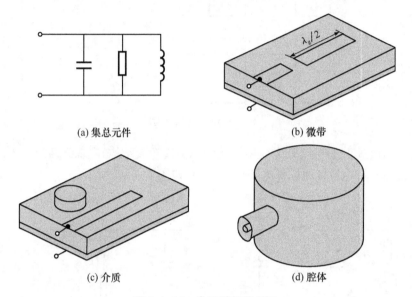

(a) 集总元件   (b) 微带

(c) 介质   (d) 腔体

图 7-1-12 常用谐振器(腔)

7.2 集总参数滤波器

切比雪夫滤波器使用最广泛,下面结合实例给出低通和带通滤波器的设计步骤。

7.2.1 集总元件低通滤波器

设计一个 LC 切比雪夫型低通滤波器,截止频率为 75MHz,衰减为 3dB,波纹为 1dB,
频率大于 100MHz,衰减大于 20dB,$Z_0 = 50\Omega$。

步骤一 确定指标特性阻抗 $Z_0 = \Omega$,截止频率 $f_c = 75$MHz,阻带边频 $f_s = 100$MHz,
通带最大衰减 $L_{Ar} = 3$dB,阻带最小衰减为 $L_{As} = 20$dB。

步骤二 计算元件级数 n,令 $\varepsilon = \sqrt{10^{0.1As} - 1}$,则

$$n \geqslant \left[\frac{\operatorname{arcosh} \sqrt{(10^{L_{As}/10} - 1)/\varepsilon}}{\operatorname{arcosh} \omega_s} \right]$$

n 取最接近的整数,则 $n = 5$。

步骤三 查表求原型元件值 g_i,如表 7-2-1 所示。

表 7-2-1 原型元件值

g_1	g_2	g_3	g_4	g_5
2.2072	1.1279	3.1025	1.1279	2.2072

步骤四 计算变换后元件值,实际元件值要取整数(表 7-2-2)。

表 7-2-2 实际元件值

C_1	L_2	C_3	L_4	C_5
93.658pF	119.67nH	131.65pF	119.67nH	93.658pF
94pF	120nF	132pF	120nH	94pF

步骤五 画出电路,如图 7-2-1 所示,进行仿真。仿真特性如图 7-2-2 所示。

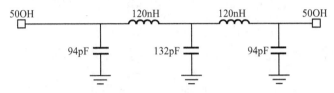

图 7-2-1 低通电路

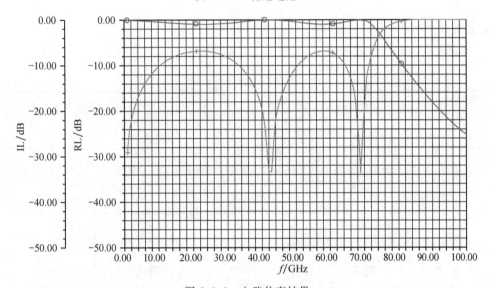

图 7-2-2 电路仿真结果

7.2.2 集总元件带通滤波器

设计一个 LC 切比雪夫型带通滤波器,中心频率为 75MHz,3dB 带宽为 10MHz,波纹为 1dB,工作频带外 (75 ± 15)MHz 的衰减大于 30dB,$Z_0=50\Omega$。

步骤一 确定指标。

特性阻抗 $Z_0=50\Omega$

上通带边频 $f_1=75+5=80$(MHz)

下通带边频 $f_2=75-5=70$(MHz)

上阻带边频 $f=75+15=90$(MHz)

下阻带边频 $f=75-15=60$(MHz)

通带内最大衰减 $L_{Ar}=0.1$dB

阻带最小衰减 $L_{As}=30$dB

步骤二　计算相关参数。

$$f_0 = \sqrt{f_{PL} \cdot f_{PU}} = 74.83\text{MHz}$$

$$\text{FBW} = f_{PU} - f_{PL} = 10\text{MHz}$$

$$\Omega_{X1} = \left| \left(\frac{f_0^2}{f_{XL}} - f_{XL} \right) \cdot \frac{1}{\text{FBW}} \right| = 3.333$$

$$\Omega_{X2} = \left| \left(f_{XU} - \frac{f_0^2}{f_{XU}} \right) \cdot \frac{1}{\text{FBW}} \right| = 2.778$$

$$\Omega_s = \text{Min}(\omega_{X1}, \omega_{X2}) = 2.778$$

步骤三　计算元件节数 n。令 $\varepsilon = \sqrt{10^{L_{As}/10} - 1}$，$\text{Mag} = \sqrt{10^{-L_{Ar}/10}}$，则

$$n \geqslant \frac{\text{arcosh}\left[\sqrt{\dfrac{1 - \text{Mag}^2}{\text{Mag}^2 \cdot \varepsilon^2}} \right]}{\text{arcosh}\,\Omega_s}$$

n 取整数 3。

步骤四　计算原型元件值 g_i，如表 7-2-3 所示。

表 7-2-3　原型元件值

低通原型值	g_1	1.14329	g_2	1.5937	g_3	1.4329
低通原型元件值	C_{p1}	456pF	L_s	1268nH	C_{p3}	456pF
带通变换元件值	L_{p1}	10nH	C_s	3.6pF	L_{p3}	10nH

步骤五　画出电路，如图 7-2-3 所示。仿真结果如图 7-2-4 所示。

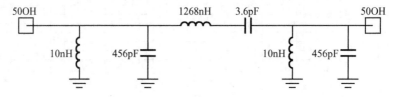

图 7-2-3　等效电路图

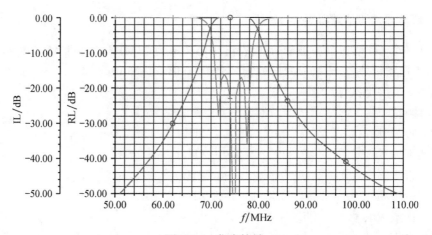

图 7-2-4　仿真结果

7.3　各种微带线滤波器

下面详细介绍几种简单微带滤波器的设计过程,简单介绍其他滤波器结构。

7.3.1　低通滤波器

1. 切比雪夫低通及相关讨论

设计一个三阶微带低通滤波器。截止频率 $f_1 = 1\text{GHz}$,通带波纹为 0.1dB,阻抗 $Z_0 = 50\Omega$。

步骤一　三阶低通原型元件值为 $g_0 = g_4 = 1$,$g_1 = g_3 = 1.0316$,$g_2 = 1.1474$。

步骤二　进行低通变换,得到

$$L_1 = L_3 = \frac{g_1 Z_0}{2\pi f_1} = 8.2098 \times 10^{-9}\,\text{H}$$

$$C_2 = \frac{g_2}{2\pi f_1 Z_0} = 3.652 \times 10^{-12}\,\text{F}$$

步骤三　微带实现。

(1) 微带高低阻抗线。高阻抗线近似电感,低阻抗线近似电容。

微带基板相对介电常数 10.8,厚度 1.27mm,波导波长对应截止频率 1.0GHz,取高低阻抗线的特性阻抗分别为 $Z_{0L} = 93\Omega$,$Z_{0C} = 24\Omega$。

微带线的设计参数如表 7-3-1 所示。

表 7-3-1　微带线参数

特性阻抗/Ω	$Z_{0C} = 24$	$Z_0 = 50$	$Z_{0L} = 93$
波导波长/mm	$\lambda_{gC} = 105$	$\lambda_{g0} = 112$	$\lambda_{gL} = 118$
微带线宽度/mm	$W_C = 4.0$	$W_0 = 1.1$	$W_L = 0.2$

高低阻抗线的物理长度可以由以下公式得到:

$$\begin{cases} l_L = \dfrac{\lambda_{gL}}{2\pi}\arcsin\left(\dfrac{\omega_c L}{Z_{0L}}\right) = 11.04\text{mm} \\[2mm] L_C = \dfrac{\lambda_{gC}}{2\pi}\arcsin(\omega_c C Z_{0C}) = 9.75\text{mm} \end{cases}$$

上式中没有考虑低阻抗线的串联电抗和高阻抗线的并联电纳。考虑这些因素的影响高低阻抗线的长度可调整为

$$\begin{cases} \omega_c L_1 = Z_{0L}\sin\left(\dfrac{2\pi l_L}{\lambda_{gL}}\right) + Z_{0C}\tan\left(\dfrac{2\pi l_C}{\lambda_{gC}}\right) \\[2mm] \omega_c C_2 = \dfrac{1}{Z_{0C}}\sin\left(\dfrac{2\pi l_C}{\lambda_{gC}}\right) + 2 \cdot \dfrac{1}{Z_{0L}}\tan\left(\dfrac{2\pi l_C}{\lambda_{gC}}\right) \end{cases}$$

解上面的方程,得到 $l_L = 9.81\text{mm}$,$l_C = 7.11\text{mm}$。

图 7-3-1(a)给出了微带结构尺寸,图 7-3-1(b)是计算得到的滤波器特性曲线。

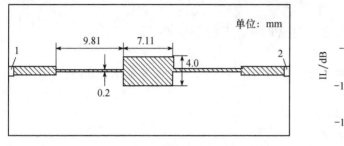
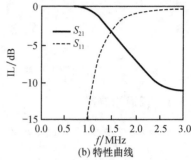

(a) 滤波器微带结构　　　　　　　(b) 特性曲线

图 7-3-1　高低阻抗线低通滤波器

（2）微带枝节线。用高阻线实现电感，开路枝节实现电容。

$$l_L = \frac{\lambda_{gL}}{2\pi}\arcsin\left(\frac{\omega_c L}{Z_{0L}}\right) = 11.04\text{mm}$$

$$L_C = \frac{\lambda_{gC}}{2\pi}\arctan(\omega_c C Z_{0C}) = 8.41\text{mm}$$

考虑不连续性，应满足

$$\omega_c C = \frac{1}{Z_{0C}}\tan\left(\frac{2\pi l_C}{\lambda_{gC}}\right) + 2 \times \frac{1}{Z_{0L}}\tan\left(\frac{\pi l_L}{\lambda_{gL}}\right)$$

解得 $l_C = 6.28\text{mm}$，考虑开路终端缩短效应 0.5mm，故 $l_C = 6.28 - 0.5 = 5.78(\text{mm})$。

图 7-3-2(a)是枝节线型滤波器微带结构尺寸，图 7-3-2(b)是仿真特性曲线。

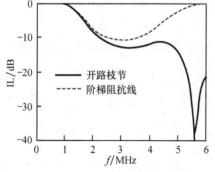
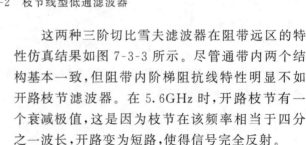
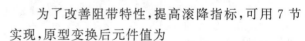

(a) 滤波器微带结构　　　　　　　(b) 特性曲线

图 7-3-2　枝节线型低通滤波器

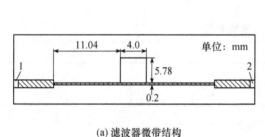

图 7-3-3　两种结构的阻带仿真

这两种三阶切比雪夫滤波器在阻带远区的特性仿真结果如图 7-3-3 所示。尽管通带内两个结构基本一致，但阻带内阶梯阻抗线特性明显不如开路枝节滤波器。在 5.6GHz 时，开路枝节有一个衰减极值，这是因为枝节在该频率相当于四分之一波长，开路变为短路，使得信号完全反射。

为了改善阻带特性，提高滚降指标，可用 7 节实现，原型变换后元件值为

$$Z_0 = 50\Omega, \quad C_1 = C_7 = 3.7596\text{pF}$$

$$L_2 = L6 = 11.322\text{nH}, \quad C_3 = C_5 = 6.6737\text{pF}$$
$$L_4 = 12.52\text{nH}$$

图 7-3-4(a)、(b)是七阶集总元件电路图和微带枝节电路图,图 7-3-4(c)是仿真结果。

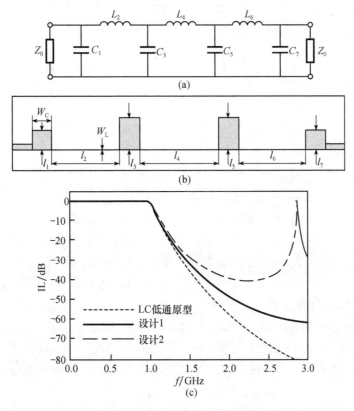

图 7-3-4　七阶切比雪夫滤波器

表 7-3-2 给出两种微带结构的具体尺寸。图中,集总元件性能最好,阶梯阻抗线次之,枝节线最差。可以理解为,阶梯阻抗线尺寸基本接近集总元件,枝节线内长高阻线长度在 2.86GHz 时有二分之一波导长,发生谐振。微带滤波器的结构没有绝对的优劣。使用时要多方面充分比较各种参数,才能得到一个良好的方案。

表 7-3-2　微带枝节设计的两组取值

基板($\varepsilon_r = 10.8, h = 1.27\text{mm}$) $W_C = 5\text{mm}$	$l_1 = l_7$	$l_2 = l_6$	$l_3 = l_5$	l_4
设计 1($W_L = 0.1\text{mm}$)	5.86mm	13.32mm	9.54mm	15.00mm
设计 2($W_L = 0.2\text{mm}$)	5.39mm	16.36mm	8.67mm	18.93mm

2. 椭圆函数滤波器实例

图 7-3-5 为椭圆函数滤波器的原型。从概念上理解,仍然是高阻抗线近似为电感,低阻抗线近似为电容。

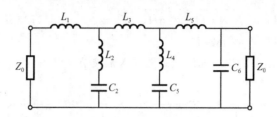

图 7-3-5　椭圆函数原型

该原型的元件值和实际值为

$$g_0 = g_7 = 1.000, \qquad g_{L1} = g_1 = 0.8214$$
$$g_{L2} = g_2' = 0.3892, \qquad g_{L3} = g_3 = 1.1880$$
$$g_{L4} = g_4' = 0.7413, \qquad g_{L5} = g_5 = 1.1170$$
$$g_{C2} = g_2 = 1.0840, \qquad g_{C4} = g_4 = 0.9077$$
$$g_{C6} = g_6 = 1.1360$$
$$L_1 = 6.53649\text{nH}, \qquad L_2 = 3.09716\text{nH}$$
$$L_3 = 9.45380\text{nH}, \qquad L_4 = 5.89908\text{nH}$$
$$L_5 = 8.88880\text{nH}, \qquad C_2 = 3.45048\text{pF}$$
$$C_4 = 2.88930\text{pF}, \qquad C_6 = 3.61600\text{pF}$$

用微带实现,元件参数值为

$$Z_{0C} = 14\Omega, \qquad Z_0 = 50\Omega, \qquad Z_{0L} = 93\Omega$$
$$W_C = 8.0\text{mm}, \qquad W_0 = 1.1\text{mm}, \qquad W_L = 0.2\text{mm}$$
$$\lambda_{gC}(f_c) = 101\text{mm}, \quad \lambda_{g0} = 112\text{mm}, \qquad \lambda_{gL}(f_c) = 118\text{mm}$$
$$\lambda_{gC}(f_{p1}) = 83\text{mm}, \quad \lambda_{gL}(f_{p1}) = 97\text{mm}$$
$$\lambda_{gC}(f_{p2}) = 66\text{mm}, \quad \lambda_{gL}(f_{p2}) = 77\text{mm}$$

图 7-3-6 是微带结构和特性曲线。

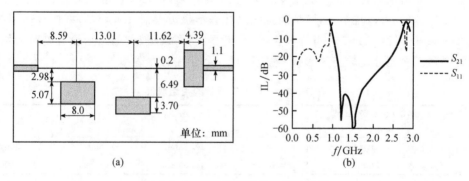

图 7-3-6　微带椭圆函数低通滤波器

7.3.2　带通滤波器

低通原型向带通的变换规则为串联电感变成串联谐振器,并联电容变成并联谐振器。可见,构成带通滤波器的元件就是许多谐振单元,实现谐振单元并合理的连接这些单元是设计带通滤波器的关键。下面实例给出几个电路结构,并不拘泥于设计中的计算细节。

1. 端耦合微带谐振器滤波器

在图 7-3-7 中,每一段线就是一个半波长谐振器(相当于滤波器元件值),间隙是耦合电容(相当于变换器)。变换器的作用使得谐振单元可以看成是串联也可看成是并联。因此,这个结构能实现带通滤波器。

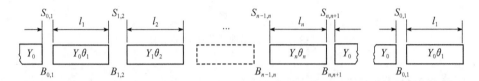

图 7-3-7 端耦合谐振单元带通滤波器

设计实例

设计三阶切比雪夫带通滤波器。设计指标为 $f_0=6\text{GHz}$,$\text{FBW}=2.8\%$,波纹 0.1dB。

步骤一 查表可得三阶原型参数值为

$$g_0 = g_4 = 1, \quad g_1 = g_3 = 1.0316, \quad g_2 = 1.1474$$

步骤二 做变换,求得谐振线长和间隙电容。

$$\theta_1 = \theta_3 = \pi - 0.5 \cdot [\arctan(2 \times 0.2157) + \arctan(2 \times 0.0405)] = 2.8976(\text{rad})$$

$$\theta_2 = \pi - 0.5 \cdot [\arctan(2 \times 0.0405) + \arctan(2 \times 0.0405)] = 3.0608(\text{rad})$$

$$C_g^{0.1} = C_g^{3.4} = 0.11443\text{pF}$$

$$C_g^{1.2} = C_g^{2.3} = 0.021483\text{pF}$$

步骤三 微带实现,介质参数同前例,考虑边沿效应修正后

$$l_1 = l_3 = \frac{18.27}{2\pi} \times 2.8976 - 0.0269 - 0.2505 = 8.148(\text{mm})$$

$$l_2 = \frac{18.27}{2\pi} \times 3.0608 - 0.2505 - 0.2505 = 8.399(\text{mm})$$

$$S_{0,1} = S_{3,4} = 0.057\text{mm}$$

$$S_{1,2} = S_{2,3} = 0.801\text{mm}$$

步骤四 用软件进行仿真,图 7-3-8 是微带结构尺寸和仿真结果。

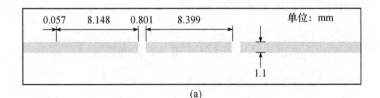

(a)

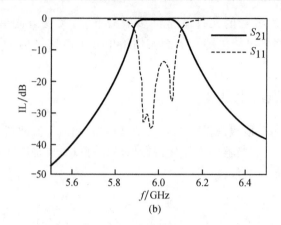

图 7-3-8 三节端耦微带带通滤波器

2. 平行耦合线器滤波器

在图 7-3-9 中,每一段线就是一个半波长谐振器(相当于滤波器元件值),平行的间隙是耦合元件(相当于变换器),耦合间隙在谐振线边缘,可以实现宽频带耦合。

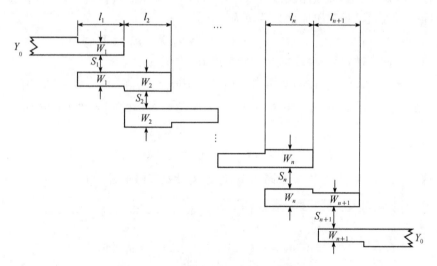

图 7-3-9 端耦合谐振单元带通滤波器

设计实例 设计五阶切比雪夫带通滤波器。设计指标为 $f_0 = 10\text{GHz}$,FBW$=15\%$,波纹 0.1dB。

步骤一 查表得五阶低通原型参数为

$$g_0 = g_6 = 1.0, \qquad g_1 = g_5 = 1.1468$$
$$g_2 = g_4 = 1.3712, \qquad g_3 = 1.9750$$

步骤二 做变换,求得谐振线元件值如表 7-3-3 所示。

表 7-3-3　元件值

j	$J_{j,j+1}/Y_0$	$(Z_{0e})_{j,j+1}$	$(Z_{0o})_{j,j+1}$
0	0.4533	82.9367	37.6092
1	0.1879	61.1600	42.3705
2	0.1432	58.1839	43.8661

步骤三　微带实现,介质参数为 10.2/0.635,考虑边沿效应修正后,结果如表 7-3-4 所示。

表 7-3-4　微带尺寸

j	W_j/mm	S_j/mm	$(\varepsilon_{re})_j$	$(\varepsilon_{ro})_j$
1,6	0.385	0.161	6.5465	5.7422
2,5	0.575	0.540	6.7605	6.0273
3,4	0.595	0.730	6.7807	6.1260

步骤四　用软件进行仿真,微带结构尺寸和仿真结果如图 7-3-10 所示,这种滤波器通的通带较宽。

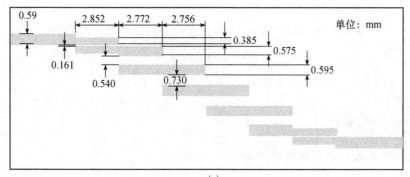

(a)

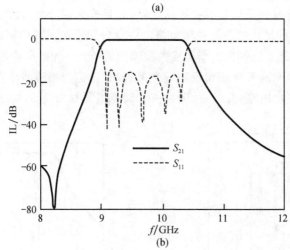

(b)

图 7-3-10　平行耦合谐振单元带通滤波器

3. 发卡式滤波器

将平行耦合线的半波长谐振线对折,可以减小体积,如图 7-3-11 所示。设计中,要考虑对谐振线折后的间隙耦合,在长度和间隙上做适当修正。发卡式滤波器结构紧凑,指标良好,在射频/微波工程中使用最多。

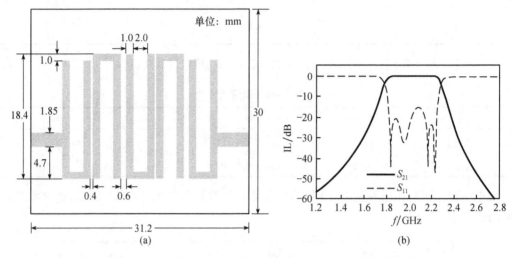

图 7-3-11　五阶切比雪夫带通滤波器微带结构尺寸及仿真结果

设计实例

设计五阶切比雪夫带通滤波器。设计指标为 $f_0 = 2\text{GHz}$,FBW $= 20\%$,波纹为 0.1dB,介质参数 10.2/1.27。用软件仿真,微带结构尺寸和仿真结果如图 7-3-11 所示。这种滤波器的通带较宽。

4. 交指线滤波器和梳状线滤波器

上述滤波器的谐振单元都是半波长谐振器,如果改为四分之一波长谐振器完全可行。四分之一波长谐振器的结构特点是一端短路,另一端开路,在同轴和带状线较易实现,微带需要通过金属化孔接地。这类谐振器构成的滤波器的最大好处是尺寸可缩短接近一半。

如果各个谐振单元的开路端和短路端交叉布局,就是交指线滤波器。如图 7-3-12 所示,如果开路端在一边,短路端在一边则为梳状线滤波器如图 7-3-13 所示。

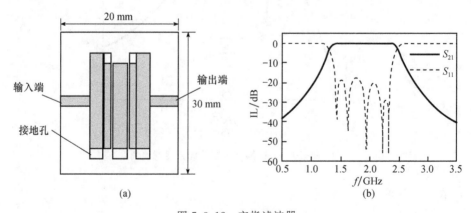

图 7-3-12　交指滤波器

这两种滤波器还有另外几种变形形式。最常用的变形形式是在开路端加集总参数电容器,进一步缩短尺寸,便于调试或构成可调谐滤波器。这个集总参数电容的实现方式也是多种多样的,如固定、空气可调,同轴可调,变容二级管等,应根据任务情况选择使用。

1) 交指滤波器实例

五阶切比雪夫带通滤波器。设计指标为 $f_0 = 2\text{GHz}$,FBW $= 50\%$,波纹为 0.1dB,介质参数为 6.15/1.27。用软件仿真,微带结构尺寸和仿真结果如图 7-3-12 所示,这种滤波器通带更宽。

2) 梳状滤波器实例

五阶切比雪夫带通滤波器。设计指标为 $f_0 = 2\text{GHz}$,FBW $= 10\%$,波纹为 0.1dB,介质参数为 10.8/1.27。用软件仿真,微带结构尺寸和仿真结果如图 7-3-13 所示。

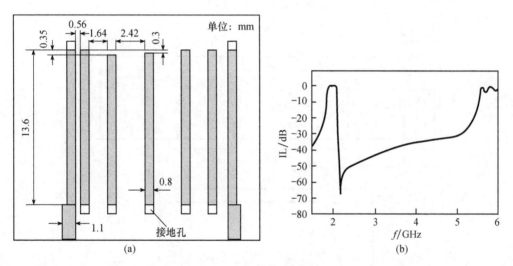

图 7-3-13 　梳状滤波器

交指线滤波器和梳状滤波器的输入/输出耦合常用抽头耦合,就是在两端的谐振线上引出微带线。引线的位置决定端耦合系数,谐振线中间耦合最强,向短路端移逐渐减弱。

7.3.3 　高通滤波器

低通原型向带通的变换规则为串联电感变成串联电容,并联电容变成并联电感。

设计实例一 　半集总参数微带

设计三阶切比雪夫高通滤波器。设计指标 $f_c = 1.5\text{GHz}$,波纹为 0.1dB,介质参数为 2.2/1.57,阻抗 50Ω。查低通原型三阶元件值,求变换后元件值,考虑微带修正。用软件仿真,微带结构尺寸和仿真结果如图 7-3-14 所示。

设计实例二 　短路枝节

六阶切比雪夫高通滤波器。设计指标为 $f_c = 1.5\text{GHz}$,波纹为 0.1dB,介质参数 2.2/1.57,阻抗为 50Ω。查低通原型六阶元件值,求变换后元件值,考虑微带修正。用软件仿真,微带结构尺寸和仿真结果如图 7-3-15 所示。

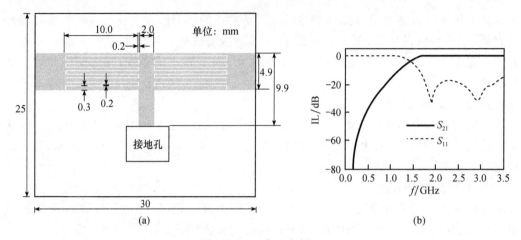

图 7-3-14 高通实例一

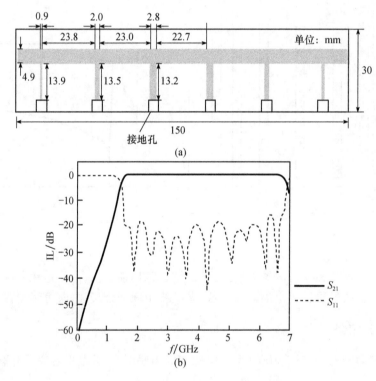

图 7-3-15 高通实例二

比较两种方法,实例二指标好,易加工。

7.3.4 带阻滤波器

低通原型向带通的变换规则为串联电感变成并联谐振器,并联电容变成串联谐振器。

与带通滤波器类似,用谐振单元实现滤波器基本元件,合理地连接这些单元是带阻滤波器的关键。下面实例给出几个电路结构,并不拘泥于设计中的计算细节。

设计实例一　半波长微带线带阻滤波器

图 7-3-16 给出了两种结构,图(a)为电耦合半波长谐振器,图(b)为磁耦合半波长谐振器。谐振时相当于信号对地短路,反射回信号源,没有信号通过。这种带阻是窄带的。

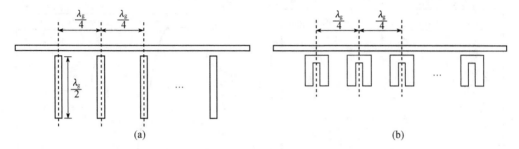

图 7-3-16　半波长谐振带阻滤波器

设计五阶切比雪夫带阻滤波器。设计指标为 $f_0 = 3.3985\text{GHz}$,FBW $= 5.88\%$(即 3~3.3GHz),波纹为 0.1dB,基板参数为 10.08/1.27,特性阻抗为 50Ω。

查低通原型五阶元件值,求变换后元件值,考虑微带修正。画图并仿真,最后得微带电路尺寸和仿真结果,见图 7-3-17。

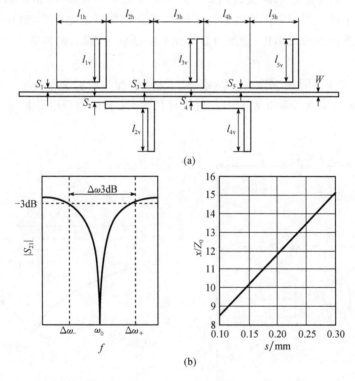

图 7-3-17　L 型带阻滤波器

设计实例二　枝节线带阻滤波器

三阶切比雪夫带阻滤波器。设计指标:$f_0 = 2.5\text{GHz}$,FBW $= 10\%$(即 1.25~

3.75GHz），波纹为 0.05dB。介质参数为 6.15/1.27，阻抗为 50Ω。

查低通原型三阶元件值，求变换后元件值，考虑微带修正。画图后仿真，最后得到微带电路尺寸和仿真结果如图 7-3-18 所示。

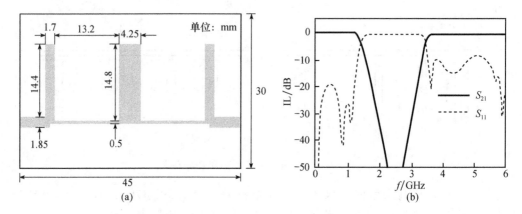

图 7-3-18   开路枝节带阻滤波器

设计实例三   直流偏置线

微波电子电路中的直流偏置引线要对微波信号通路没有影响，常用的方法是使用低通滤波器或带阻滤波器。带阻滤波器用于频率成分比较多的电路中，效果良好。用于偏置电路的带阻滤波器形式多样，使用时要考虑电路的整个布局，选择适当带阻偏置线的结构变形。

三阶切比雪夫带阻滤波器直流偏置线。设计指标为带阻频率 3.5～5.5GHz，介质基板参数为 10.8/1.27，阻抗为 50Ω。用软件仿真，最后得微带电路尺寸和仿真结果见图 7-3-19。

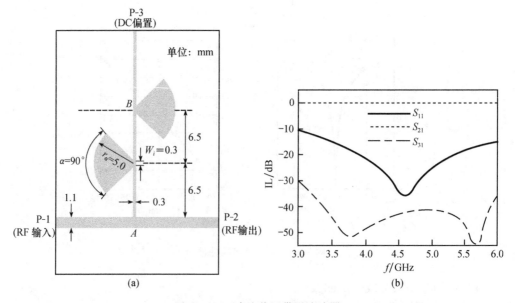

图 7-3-19   直流偏置带阻滤波器

7.4　微带线滤波器新技术

随着射频/微波系统的多样化、小型化、大功率化的快速发展,对滤波器的要求是性能指标提高,尺寸尽可能的小。在双工器、多工器等滤波器组合中,为了改善隔离度,希望滤波器特性的边沿更陡峭,用交叉耦合是近年发展成熟的好办法。前节各种微带滤波器中谐振单元的变形,新材料和新技术不断成熟和应用。滤波器小型化是微波领域的热门话题。

7.4.1　交叉耦合技术

交叉耦合是在不相邻的谐振单元间增加耦合,使滤波器特性的特殊频率出现零极点。

对称单极点交叉耦合滤波器的设计过程与前述相同。只是低通原型的的传输函数不同,可以理解为介于切比雪夫和椭圆函数之间。图 7-4-1 是这种滤波器的典型特性,并与切比雪夫带通做比较。

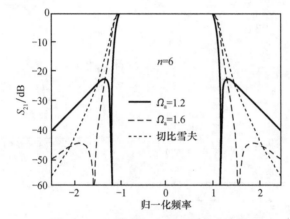

图 7-4-1　对称单极点交叉耦合滤波器

可以想象,交叉耦合只能在部分谐振器间实现,如图 7-4-2 所示。

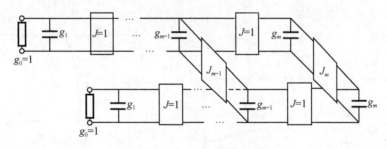

图 7-4-2　交叉耦合低通原型

下面给出几种微带交叉耦合滤波器的拓扑及特性,供设计选用,详细设计过程请查阅有关书籍。半波长开路环谐振器四个边便于耦合,使用最多。

图 7-4-3 为交叉耦合微带线滤波器实例,图 7-4-3(a)是八阶对称单极点滤波器,图 7-4-3(b)和图 7-4-3(c)是八阶对称双极点滤波器的原理和实例,图 7-4-3(d)是三阶单极点滤波器。

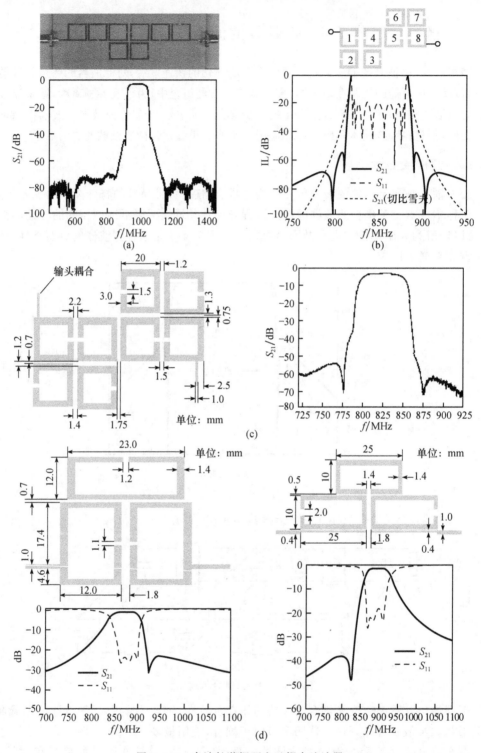

图 7-4-3　半波长谐振环交叉耦合滤波器

(a) 八阶对称极点滤波器(介质参数 10.8/1.27,环 16mm×16mm);(b) 八阶对称双极点;

(c) 八阶对称双极点实例(介质参数 10.8/1.27);(d) 三阶单极点滤波器(介质参数 10.8/1.27)

7. 4. 2　滤波器的小型化

　　小型化的方法有梯形线、交指线变形、谐振器变形、双模谐振器、多层微带板、微带慢波结构、集总参数元件、高介电常数基板等,下面给出几个实例,如图 7-4-4、图 7-4-5、图 7-4-6 和图 7-4-7 所示。

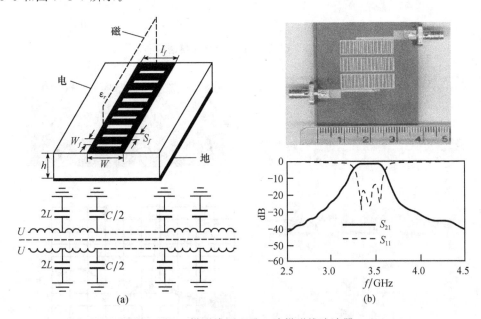

图 7-4-4　梯形线原理及三阶梯形线滤波器

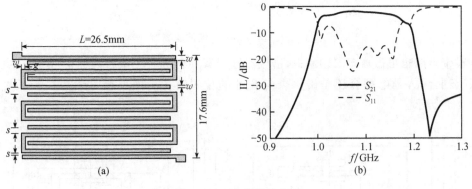

图 7-4-5　交指线的变形

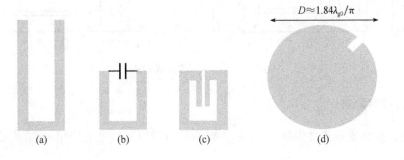

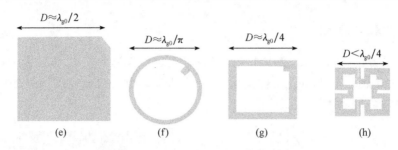

图 7-4-6 谐振器的小型化（双模谐振器）

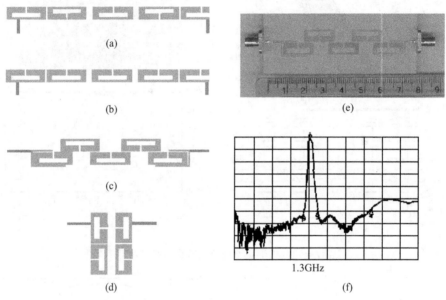

图 7-4-7 慢波结构及慢波滤波器

微带电路也可做成多层印制板，谐振器置于背靠背的两个微带表面，夹层为公共地，地板有耦合孔，是电耦合还是磁耦合与孔开的位置有关。两层板可缩短一半长度，如图 7-4-8 所示。

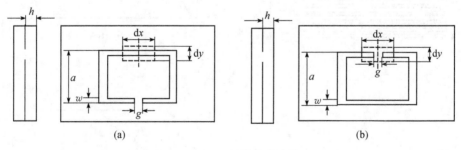

图 7-4-8 双层微带滤波器

7.4.3 新材料的应用

微波平面滤波器备受青睐，其中最主要的是新材料新技术的应用，主要发展方向有五个：一是微波集成电路(MMIC)；二是高温超导(HTS)材料及技术；三是与计算机控制技术和微加工技术相结合的微机电系统(MEMS)；四是低温共烧陶瓷(LTCC)材料的应用；五是光子晶体(PBG)材料及结构应用。

常用的新材料有高温超导、铁氧体(ferroelectics)、微电机系统、微波集成电路、光带隙(photonic bandgap PBG)材料、低温共烧陶瓷等，压电换能器(PET)可调滤波器。

高温超导滤波器常见的结构有三种：HTS 平面薄膜滤波器、介质/HTS 混合滤波器和 HTS 厚膜覆盖滤波器，如图 7-4-9 所示。图 7-4-10 和图 7-4-11 是铁氧体可调滤波器和介质滤波器实例。

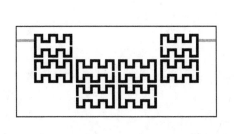
(a)

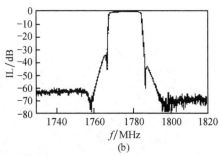
(b)

HTS滤波器(MgO，55K,39mm×22.5mm×0.3mm)

(c) 平面薄膜滤波器实例

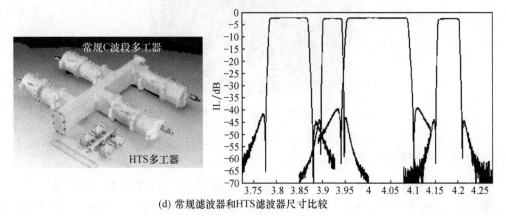
(d) 常规滤波器和HTS滤波器尺寸比较

图 7-4-9　HTS 滤波器

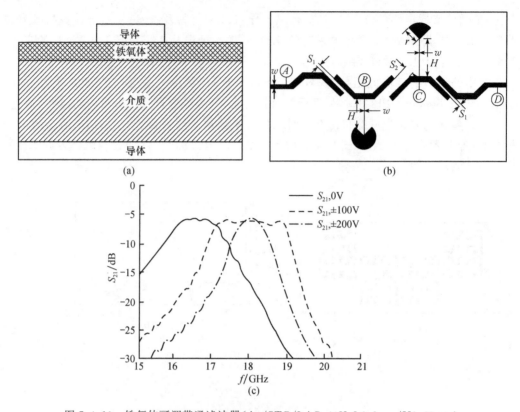

图 7-4-10　铁氧体可调带通滤波器(Au/STO/LAO,40K,L6.8mm/H1.33mm)

图 7-4-11　介质谐振器滤波器(2.8GHz 和 5.6GHz)

7.4.4　低温共烧陶瓷

低温共烧陶瓷(low temperature co-fired ceramic,LTCC)技术是近年发展起来的令人瞩目的整合组件技术,并已经成为无源集成的主流技术,成为无源元件领域的发展方向和新的元件产业的经济增长点。

LTCC 技术是于 1982 年休斯公司开发的新型材料技术,是将低温共烧陶瓷粉制成厚度精确而且致密的生瓷带,在生瓷带上利用激光打孔、微孔注浆、精密导体浆料印刷等工艺制出所需要的电路图形,并将多个被动组件(如低容值电容、电阻、滤波器、阻抗转换器、耦合器等)埋入多层陶瓷基板中,然后叠压在一起,内外电极可分别使用银、铜、金等金属,在 900℃下烧结,制成三维空间互不干扰的高密度电路,也可制成内置无源元件的三维电路基板,在其表面可以贴装 IC 和有源器件,制成无源/有源集成的功能模块,可进一步将电路小型化与高密度化,特别适合用于高频通信用组件。

利用 LTCC 制备片式无源集成器件和模块具有许多优点:首先,陶瓷材料具有优良的高频高 Q 特性;其次,使用电导率高的金属材料作为导体材料,有利于提高电路系统的品质因子;然后,可适应大电流及耐高温的特性要求,并具备比普通 PCB 电路基板优良的热传导性;最后,可将无源组件埋入多层电路基板中,有利于提高电路的组装密度。

图 7-4-12 为 LTCC 滤波器的一些实物图。图 7-4-12(a)为利用感应性耦合接地平面实现带有传输零点的梳状线滤波器;图 7-4-12(b)为 LTCC 高通滤波器;图 7-4-12(c)为 LTCC 带通滤波器;图 7-4-12(d)为微磁变压器;图 7-4-12(e)为 EMI 滤波器。通过实物图可以看出 LTCC 技术体积小,便于集成的特性。

(a) 利用感应性耦合接地平面
实现带有传输零点的梳状线滤波器

(b) LTCC 高通滤波器

(c) LTCC 带通滤波器

(d) 微磁变压器

(e) EMI 滤波器

图 7-4-12　LTCC 滤波器

设计实例

设计三阶切比雪夫带通滤波器。设计指标为 $f_0 = 1.25\text{GHz}$,通频带 1~1.5GHz。用 Designer 和 HFSS 软件协同设计仿真。电路原理图和相关参数,结构和仿真结果如图 7-4-13 所示。

由仿真结果图 7-4-13 可以看出,LTCC 带通滤波器带内平坦,带外抑制比很好,能够能很好地实现其滤波特性。

图 7-4-14 是一个 LTCC GSM 天线双工器实例。图中给出了电路原理图,仿真模型和双工器性能,整个电路尺寸为 4.5mm×3.2mm×0.5mm。

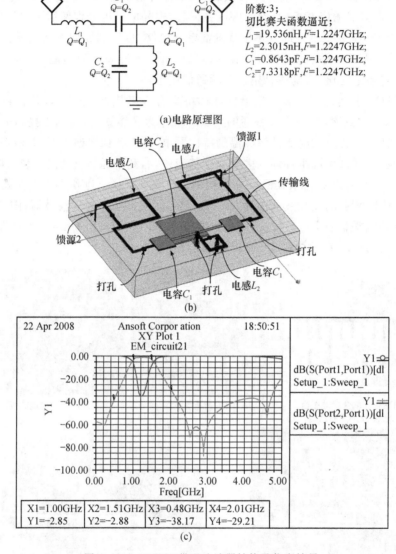

(a)电路原理图

阶数:3；
切比赛夫函数逼近；
L_1=19.536nH,F=1.2247GHz;
L_2=2.3015nH,F=1.2247GHz;
C_1=0.8643pF,F=1.2247GHz;
C_2=7.3318pF,F=1.2247GHz;

(b)

图 7-4-13　LTCC 带通滤波器结构及仿真结果

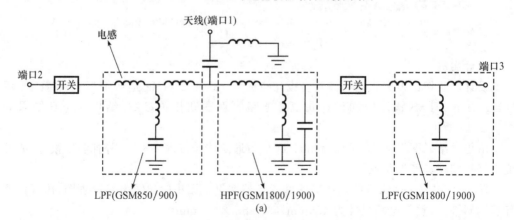

(a)

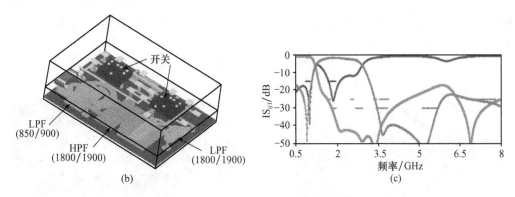

图 7-4-14　LTCC GSM 天线双工器

读者可参阅本书附录 D,了解 LTCC 的材料、工艺和基本仿真模型等相关知识。

7.4.5　压电换能器控制电路

压电换能器(PET)可以实现微波控制电路。可调带通滤波器、压控振荡器、相移器等电路中,用 PET 控制微波信号通过区域的等效介电常数,从而改变了回路的电抗大小,实现回路参数的改变。图 7-4-15PET 宽范围调谐带通滤波器,介质参数的微扰足以满足调

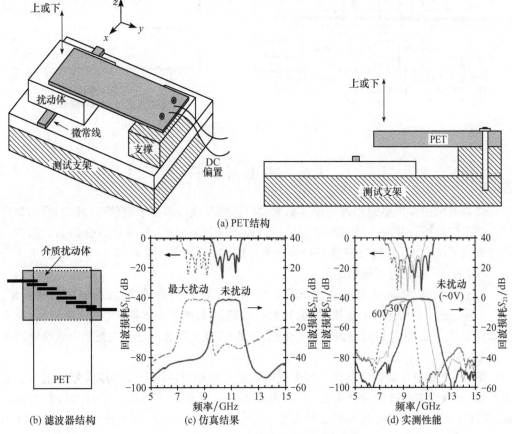

图 7-4-15　PET 宽范围调谐带通滤波器

谐范围的需要。PET 的基板参数为:介电常数 $\varepsilon_r = 10.8$,厚度 25mil,微带线宽度 22mil,扰动体介电常数 $\varepsilon_r = 10.8$。

图 7-4-16 是一个工作于 X 波段的 PET 宽调谐振荡器(VCDRO)。

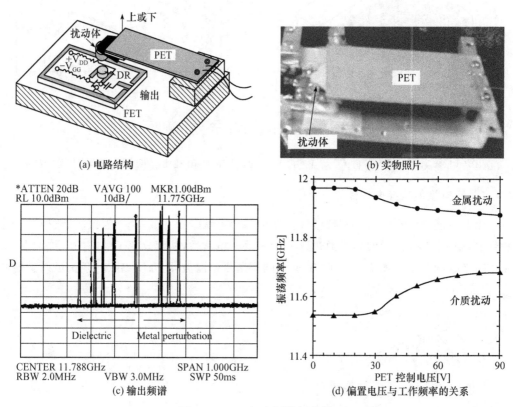

(a) 电路结构

(b) 实物照片

(c) 输出频谱

(d) 偏置电压与工作频率的关系

图 7-4-16　PET 宽调谐振荡器

7.5　多工器技术

微波系统的多工器的作用是把一路宽频带信号分成许多路窄带信号,反之也可,即把许多路窄带信号合并成一路宽频带信号。因此,多工器又称为信道器或合路器。通常一路宽带信号接天线,多路窄带信号接发射机(T)、接收机(R)或多部 T/R。广泛用于通信、雷达、卫星载荷、电子战系统。

多工器结构大部分采用滤波器组合。两路多工器称为双工器,如前面的一些实例。图 7-5-1 是通信系统前端示意图,发射机和接收机的工作频率不同,共用一个天线,两个滤波器构成双工器,分别通过发射信号和接收信号,确保发射信号不会直接进入接收通道烧毁 LNA。

图 7-5-2 是卫星载荷示意图上行天线收到地面信号后通过低噪声放大器后送入输入多工器,分成许多频道进行功率放大,再由输出多工器合成一路送入下行天线发射到地面,实现空间中继。通常输入多工器由 36 到 60 个滤波器构成,而输出多工器由 6 到 24 个滤波器构成。

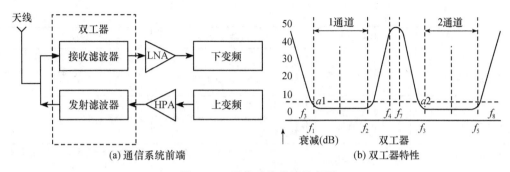

图 7-5-1   通信系统前端示意图

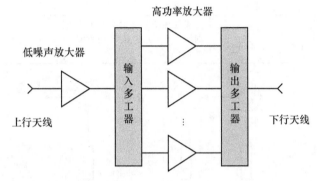

图 7-5-2   卫星载荷示意图

双工器的构成通常是两个滤波器和相应的传输线结构的 T 形接头构成,如图 7-5-3 所示。多工器中滤波器的连接形式可采用环行器,隔离器,定向耦合器等结构实现。表 7-5-1 归纳出的各种多路拓扑的特性。

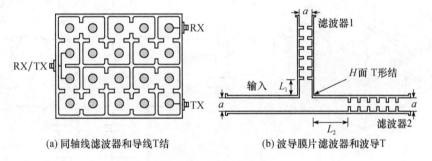

(a) 同轴线滤波器和导线T结   (b) 波导膜片滤波器和波导T

图 7-5-3   双工器实例

表 7-5-1   各种多工器结构特性

电路类型	典型应用	限制条件	评　价
环行器耦合	高功率通信	所有隔离器必须覆盖整个系统频带	即插即用,更换滤波器无需调整耦合网络,阻带电平受环行器的隔离指标限制（图 7-5-4）
结点结构,导纳抵消	电子战、电子情报收集、雷达接收机	结点设计,元件过于敏感,难度大,成本高。组合特性对结构所有元件都很敏感	结构紧凑有效地利用了滤波器的拓扑结构(图 7-5-5,图 7-5-6)

续表

电路类型	典型应用	限制条件	评　价
以结点为滤波器负载直接综合	宽带通信、电子战	组合特性对结构所有元件都敏感，但比导纳抵消法好些	滤波器可按基本的单独设计。由于双端接设计，滤波器阶数多（图 7-5-7）
独立的多节耦合和滤波器（频道分割）	电子战、电子情报收集、雷达接收机	耦合节和滤波器分离，看作独立网络设计，步骤相对简单，生产时元件灵敏度可接受	不够紧凑（图 7-5-8）
双—双工器	为通信提供多通带	用于通道之间允许存在非单阻带的系统	限制滤波器通道之间的阻带（图 7-5-9、图 7-5-10）
功率分配器耦合	电子战、电子情报收集、雷达接收机	不需要两个通道交叉频点的隔离 3dB 的场合	衰减至少为 3dB（图 7-5-11）
功率分配器结合开关混合方法	不需要同时考虑各个端口的信息系统	如果处理信息比简化信息精度时间长，这种方法可使设计简单，加工容易	需要直流供电

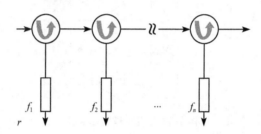

图 7-5-4　环行器耦合多工器

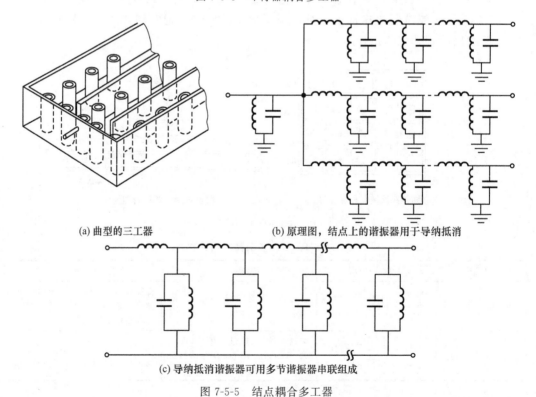

(a) 曲型的三工器　　　　(b) 原理图，结点上的谐振器用于导纳抵消

(c) 导纳抵消谐振器可用多节谐振器串联组成

图 7-5-5　结点耦合多工器

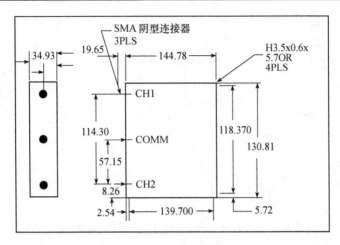

图 7-5-6 导纳抵消交叉耦合滤波器双工器

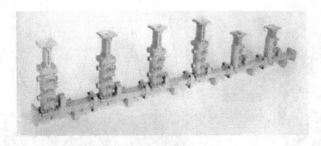

图 7-5-7 用于通信的波导通道多工器

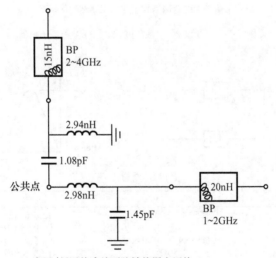

(a) 高通/低通构成的两阶补偿混合网络

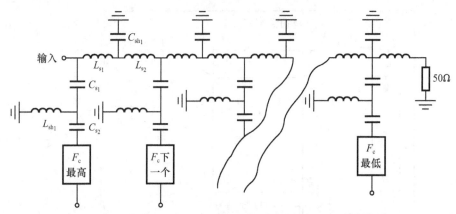

(b) 由带通滤波器，系列交叉频点和通道陷波构成的三阶补偿混合网络

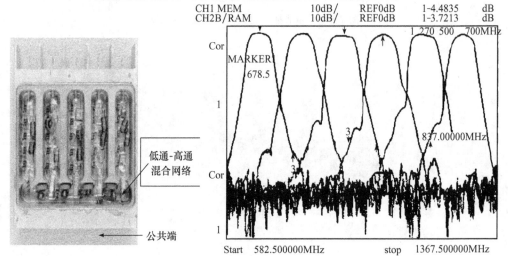

(c) 由三阶补偿混合网络构成的六工器结构与指示

图 7-5-8　滤波器与混合网络构成的频道分割器

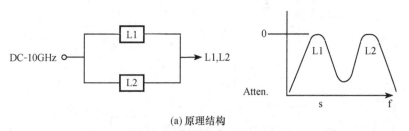

(a) 原理结构

	L1	L2
3dB带宽MHz	1550.4~1600.4	1202.6~1252.6
插入损耗	(1575.4±10)MHz／2dB	(1227.6±10)MHz／2dB
相位线性度	(1575.4±10)MHz／最大6°	(1227.6±10)MHz／最大6°
带内最大驻波比	1.5：1(50Ω)	1.5：1(50Ω)
-60dB抑制点	1775.4 MHz	1047.6MHz
-40dB抑制点	1455.4 MHz	1347.6MHz
承受功率	≥0.25W	≥0.25W

(b) 实物与指标

图 7-5-9 用于 GPS 的双—双工器

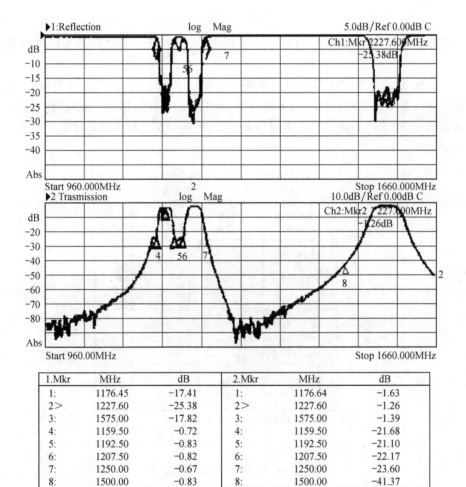

1.Mkr	MHz	dB	2.Mkr	MHz	dB
1:	1176.45	−17.41	1:	1176.64	−1.63
2>	1227.60	−25.38	2>	1227.60	−1.26
3:	1575.00	−17.82	3:	1575.00	−1.39
4:	1159.50	−0.72	4:	1159.50	−21.68
5:	1192.50	−0.83	5:	1192.50	−21.10
6:	1207.50	−0.82	6:	1207.50	−22.17
7:	1250.00	−0.67	7:	1250.00	−23.60
8:	1500.00	−0.83	8:	1500.00	−41.37

图 7-5-10 用于 GPS 的三工器指标

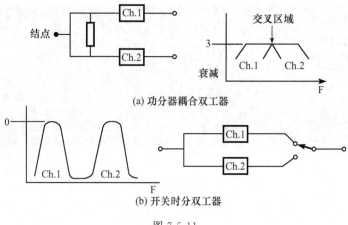

(a) 功分器耦合双工器

(b) 开关时分双工器

图 7-5-11

通道带通滤波器为双模结构,与多节线相连,用带通滤波器之间的带阻滤波器实现隔离。

图 7-5-12 给出了常用于多工器的滤波器结构形式,诸如超导,集总分布混合,交叉耦合等技术都可用于多工器设计。随着新材料、新工艺的不断发展,多工器结构也会日新月异。在设计中,交叉耦合技术结合协同仿真,在处理频带交叉处的隔离度等方面会带来意想不到的效果。

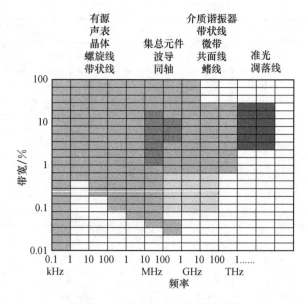

图 7-5-12 可用于多工器的滤波器

第 8 章 放大器设计

在现代微波无线电子系统中,信号放大是最基本的微波电路功能之一,微波放大器的性能在很大程度上影响着系统的性能。比如,微波功率放大器增益减小,输出功率下降,则会引起信噪比降低,或是通信距离减小;三阶互调失真大,对时分数字通信设备而言,则会产生码间串扰,增大误码率;功放的泄漏会造成自激,使工作不稳定,严重时甚至会使通信中断。性能优良的放大器,除了要进行精确合理的电路和结构设计外,还必须要有良好的生产工艺作保证。

微波放大器分为微波小信号放大器和微波功率放大器,它们虽然都是对信号进行放大,但侧重点有所不同。微波小信号放大器的输入信号幅值很小,输出功率也很小,设计目标是低噪声、线性动态;而微波功率放大器处在大信号状态,应该有较大的输出功率和较高的效率,同时也要满足带宽、增益和稳定性的要求,由于信号在放大过程中难免产生非线性失真,在设计中必须着重考虑,设计功率放大器的关键是合理地选择功放管、正确确定工作状态、精心设计匹配网络和选择合适的电路等。

放大器可分为低噪声放大器,高增益放大器,中-高功率放大器。电路组态按工作点的位置依次为 A 类、B 类、C 类,如图 8-0-1 所示。A 类放大器用于小信号、低噪声,通常用作接收机前端放大器,或功率放大器的前级放大。B 类和 C 类放大器电源效率高,输出信号谐波成分高,需要有外部混合电路或滤波电路。由 B 类和 C 类放大器还可派生出 D 类、E 类、F 类等放大器。

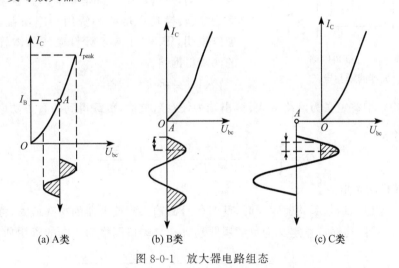

(a) A类 (b) B类 (c) C类

图 8-0-1 放大器电路组态

8.1 微波放大器基本原理

微波放大电路的核心是微波晶体管,包括微波双极晶体管、肖特基势垒栅场效应晶体管（GaAs MES FET）、高电子迁移率晶体管（HEMT）和异质结双极晶体管（HBT）。一般情况下，在 6GHz 以下的微波频段使用双极晶体管，因为在此频段低端，GaAs FET 不易实现匹配，而其噪声系数仅比双极晶体管改善 $0.2 \sim 0.3$dB；在毫米波频段主要使用 HEMT 和 HBT。放大器的设计就是选择恰当的器件，让它发挥最大的作用。

8.1.1 放大器的性能参数

下面介绍几个衡量微波晶体管的重要参数。

1）频率范围

我们知道，晶体管中载流子从发射极渡越到集电极是需要时间的，这个时间称为延迟时间。当工作频率比较高，延迟时间与信号周期性比已显得相当长，这是由于输出电流与输入电流之间出现了相位差。当工作频率进一步提高时，载流子在基区中运动而尚未到达集电极形成输出电流时，加在输入端的交流信号的大小和方向已经改变了，因此造成载流子运动的混乱现象，使电流的放大系数下降。频率越高，电流放大系数下降越厉害，通常用特征频率表征微波晶体管的放大性能。

为了提高微波双极晶体管的特征频率，应在设计和工艺上采取一些措施，如减小基区宽度和发射极面积，但受到工艺的限制，特征频率不可能很高。当要求频率更高时，微波场效应管显得更加优越些。在工程实践中，明确放大器的工作频率范围是选择器件和电路拓扑设计过程的前提。

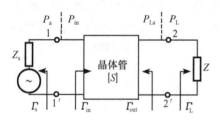

图 8-1-1　二端口网络和
放大器的增益定义

2）增益

功率增益是微波晶体管放大器的重要指标之一，在实际的微波晶体管放大器中，源阻抗和负载阻抗不同，所得功率增益是不同的。通常有实际功率增益、转换功率增益和资用功率增益，下面分别加以说明，图 8-1-1 表示计算微波晶体管功率增益的两端口网络。

（1）实际功率增益。

实际功率增益定义为网络输入、输出端为任意阻抗值，负载得到的真正功率与输入网络的实际功率之比。

$$G = \frac{P_L}{P_{in}} = \frac{|S_{21}|^2(1-|\varGamma_L|^2)}{(1-|\varGamma_{in}|^2)|1-S_{22}\varGamma_L|^2}$$

（2）转换功率增益。

当放大器输入端与源共轭匹配时，此时信号源输入到放大器的功率最大，称此功率为"资用功率"；转换功率增益定义为负载吸收功率与二端口网络输入端的资用功率之比，即

$$G_T = \frac{P_L}{P_{in}} = \frac{|S_{21}|^2(1-|\varGamma_s|^2)(1-|\varGamma_L|^2)}{|1-\varGamma_s\varGamma_{in}|^2|1-S_{22}\varGamma_L|^2}$$

（3）资用功率增益。

资用功率增益定义为：二端口网络输入资用功率与输出资用功率之比，此时源端和负载端均共轭匹配，表征了放大器功率增益的最大潜力，即

$$G_A = \frac{P_{La}}{P_a} = \frac{|S_{21}|^2(1-|\Gamma_s|^2)}{|1-S_{11}\Gamma_s|^2(1-|\Gamma_{out}|^2)}$$

其中式中

$$\Gamma_L = \frac{Z_L - Z_0}{Z_L + Z_0}, \quad \Gamma_s = \frac{Z_s - Z_0}{Z_s + Z_0}$$

$$\Gamma_{in} = \frac{Z_{in} - Z_0}{Z_{in} + Z_0} = S_{11} + \frac{S_{12}S_{21}\Gamma_L}{1 - S_{22}\Gamma_L}$$

$$\Gamma_{out} = \frac{Z_{out} - Z_0}{Z_{out} + Z_0} = S_{22} + \frac{S_{12}S_{21}\Gamma_s}{1 - S_{11}\Gamma_s}$$

若两端都匹配，$\Gamma_L = \Gamma_s = 0$ 和单向化 $S_{12} = 0$，转换功率增益变为

$$G_T = |S_{21}|^2$$

$$G_{TU} = \frac{|S_{21}|^2(1-|\Gamma_s|^2)(1-|\Gamma_L|^2)}{|1-S_{11}\Gamma_s|^2 \ |1-S_{22}\Gamma_L|^2}$$

可以把单向转换功率增益分为输入、器件、输出三部分。

3）稳定性

在放大器的设计中，另一个重要的方面是稳定性问题。放大器有内反馈，可能造成放大器不稳定，设计的不合理可能会使一个放大器变成振荡器。从反射系数的角度来分析，产生振荡的原因是 $|\Gamma_{in}| > 1$ 或 $|\Gamma_{out}| > 1$，意味着源或负载有负阻，故定义稳定条件

$$|\Gamma_{in}| = \left| S_{11} + \frac{S_{12}S_{21}\Gamma_L}{1 - S_{22}\Gamma_L} \right| < 1$$

$$|\Gamma_{out}| = \left| S_{22} + \frac{S_{12}S_{21}\Gamma_s}{1 - S_{11}\Gamma_s} \right| < 1$$

上式表明，当晶体管放大器的输入和输出端的反射系数的模都小于 1 时，不管源和负载的阻抗如何，网络都是稳定的，这称为绝对稳定，反之，当输入或输出端的反射系数的模大于 1 时，网络是不稳定的，这种情况称为潜在不稳定。

稳定性判据为

$$K = \frac{1 - |S_{11}|^2 - |S_{22}|^2 + |\Delta|^2}{2|S_{12}S_{21}|} > 1$$

$$|\Delta| < 1$$

式中，$\Delta = S_{11}S_{22} - S_{12}S_{21}$。

在实际放大器设计中，有下面几种情况：

① 晶体管为单向器件：$S_{12} = 0$，绝对稳定，$|S_{11}| < 1$，$|S_{22}| < 1$，此时对输入和输出匹配电路的设计没有限定条件，依据噪声和增益指标进行设计。

② 晶体管为双向器件，也就是 $S_{12} \neq 0$ 时，又分为两种情况：

第一种情况是满足稳定判据，是绝对稳定。对输入输出电路的设计没有限定条件，依据噪声和增益指标进行设计。

第二种情况是不满足稳定判据，是条件稳定。要用圆图找出 Γ_s 和 Γ_L 的范围，也就是稳定圆判别法，如图 8-1-2 所示。

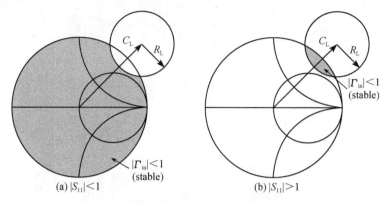

图 8-1-2　条件稳定下的输入平面上的输出稳定圆

输入平面上,使 $|\Gamma_{in}|=1$ 的 Γ_L 的值(输出稳定圆圆心和半径)为

$$C_L = \frac{(S_{22} - \Delta S_{11}^*)^*}{|S_{22}|^2 - |\Delta|^2}, \quad R_L = \left| \frac{S_{12} S_{21}}{|S_{22}|^2 - |\Delta|^2} \right|$$

输出平面上,使 $|\Gamma_{out}|=1$ 的 Γ_s 的值(输入稳定圆圆心和半径)为

$$C_s = \frac{(S_{11} - \Delta S_{22}^*)^*}{|S_{22}|^2 - |\Delta|^2}, \quad R_s = \left| \frac{S_{12} S_{21}}{|S_{11}|^2 - |\Delta|^2} \right|$$

将二端口器件在某一频率的[S]参数代入反射系数公式,可以算出半径和圆心,并在史密斯圆图上画出该圆,能使 $|\Gamma_{in}|=1$ 和 $|\Gamma_{out}|=1$ 的 Γ_s 和 Γ_L 的取值就可以很清楚地看出来。如图 8-1-2 所示,在 Γ_L 的平面上,稳定圆边界的某一边,有 $|\Gamma_{in}|<1$,而另一边 $|\Gamma_{in}|>1$。同理,在 Γ_s 的平面上,稳定圆边界的某一边,有 $|\Gamma_{out}|<1$,而另一边 $|\Gamma_{out}|>1$。

还需要在史密斯圆图上确定哪一部分代表稳定区,换句话说,就是 Γ_s 在哪些区域取值(其中 $|\Gamma_s|<1$)使得 $|\Gamma_{out}|<1$。由此,可以看出,如果 $Z_L=Z_0$,那么 $\Gamma_L=0$,所以由反射公式可得 $|\Gamma_{in}|=|S_{11}|$;如果 S_{11} 的幅值小于 1,而 $\Gamma_L=0$ 时,则 $|\Gamma_{in}|<1$。这也就是说,图 8-1-2 中的史密斯圆图的中心处代表稳定工作点,因为由 $\Gamma_L=0$ 可以得到 $|\Gamma_{in}|<1$。换句话说,如果 $|S_{11}|>1$,当 $Z_L=Z_0$ 时,有 $\Gamma_L=0$,$|\Gamma_{in}|>1$,史密斯圆图的中心处代表非稳定工作点。图 8-1-2 表示所讨论的两种情况,阴影部分表示 Γ_L 的稳定工作取值。同样,图 8-1-3 表示 Γ_s 的稳定区和非稳定区。

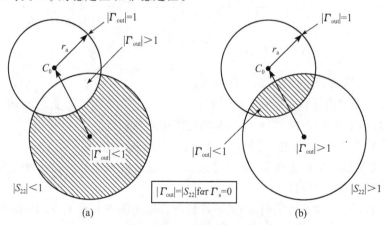

图 8-1-3　条件稳定下的输出平面上的输入稳定圆

绝对稳定判据的另一种形式为

$$\mu = \frac{1 - \mid S_{11} \mid^2}{\mid S_{22} - S_{11}^* \Delta \mid + \mid S_{21} S_{12} \mid} > 1$$

在设计放大器时,根据晶体管的 S 参数,可以判断放大器的稳定性。若满足绝对稳定条件,就可用任意源阻抗和负载阻抗设计放大器,若不满足绝对稳定条件,就要画出稳定圆,避开不稳定区,选择适当的源阻抗和负载阻抗设计放大器。

放大器电路的稳定性条件常常是与频率相关的,因为输入和输出匹配网络通常与频率有关的,所以一个放大器在它的设计频率处于稳定而在其他频率处于不稳定是可能的。

4）噪声性能

在微波放大器中,即使在无输入信号时也能测到一个小的输出功率,称之为放大器的噪声功率。总输出噪声功率包括进入放大器输入端被放大了的噪声功率加上放大器内部自身产生的噪声功率。

热电子和固态电子设备中的噪声主要分为三种类型:热噪声、散弹噪声、闪烁噪声。热噪声又称 Johnson 噪声,是导体内电子由于热激发而产生的随机运动所引起的。通常用在工作带宽 B 的电阻上噪声电压 V_n 的均方值来表征

$$V_n = \sqrt{4kTBR}$$

式中,k 为玻尔兹曼常量,$1.38 \times 10^{-23} \text{J/K}$;$T$ 为电阻绝对温度,单位 K;B 为工作带宽,单位 Hz;R 为电阻值,单位 Ω。上式说明噪声能量存在于给定带宽内,与中心频率无关,单位带宽内的噪声分布称为白噪声。因此,热噪声的功率为

$$p_n = \left(\frac{V_n}{2R}\right)^2 R = \frac{V_n^2}{4R} = kTB$$

当带宽 $B = 1 \text{MHz}$ 时,以 dBm 计的噪声功率为

$$P_n = 10\lg(kTB) = 10\lg(1.38 \times 10^{-23} \times 290 \times 10^6) = -174 \text{dBm}$$

所以放大器输入端噪声功率（1MHz 带宽时）至少大于 -174dBm。

散粒噪声是由从源发射出的电子起伏引起的,一般存在于固态器件或晶体管中。

闪烁噪声又称 $1/f$ 噪声或低频噪声,是由大量的物理因素如系统的机械运动起伏、电磁辐射和量子噪声等引起的,特点是能量与频率成反比,$1/f$ 噪声在 1Hz 到 1MHz 之间的影响很大,超过 1MHz 热噪声的影响更为明显。

噪声系数（NF）定义为输入信号的信噪比与输出信号的信噪比的比值,即

$$\text{NF} = \frac{S_i/N_i}{S_o/N_o}$$

对于单级放大器而言,其噪声系数的计算为

$$\text{NF} = \text{NF}_{\min} + 4R_n \frac{\mid \Gamma_s - \Gamma_{\text{opt}} \mid^2}{(1 - \mid \Gamma_s \mid^2) \mid 1 - \Gamma_{\text{opt}} \mid^2}$$

其中 $\text{NF}_{\min}$ 为晶体管最小噪声系数,是由放大器的管子本身决定的,Γ_{opt},R_n 和 Γ_s 分别为获得 $\text{NF}_{\min}$ 时的最佳源反射系数、晶体管等效噪声电阻以及晶体管输入端的源反射系数。

当放大器是多级放大器的情况时,其整体的噪声系数的计算表达式如下:

$$\text{NF} = \text{NF}_1 + (\text{NF}_2 - 1)/G_1 + (\text{NF}_3 - 1)/G_1 G_2 + \cdots$$

其中 NF_n 为第 n 级放大器的噪声系数, G_n 为第 n 级放大器的增益。在级联网络中,越靠前端的元件对整个噪声系数的影响越大。在接收射频前端,必须进行低噪声设计,尽量降低初级放大器的噪声,同时要保证放大器要远离不稳定区。

8.1.2 放大器的设计思路

对于小信号微波晶体管放大器,通常提出下列技术指标作为设计的依据:

(1) 工作频率和频带宽度。

(2) 增益。

(3) 噪声系数。

(4) 动态范围。

(5) 输入和输出电压驻波比。

(6) 稳定性。

图 8-1-4(a)表示一个微波晶体管放大器的电路方框图。各种类型的放大器都可以采用如图所示的形式,区别只在于管子不同,输入和输出匹配网络的具体形式不同。图 8-1-4(b)是某个实际器件的性能,由器件的 **S** 参数和噪声参量计算出输入和输出平面的稳定判别圆,确定不稳定区域,等噪声系数圆和等增益圆是放大器设计的基本设计工作。

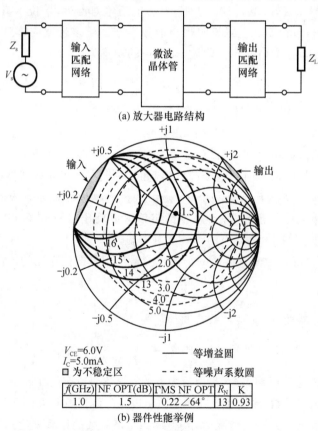

(a) 放大器电路结构

f(GHz)	NF OPT(dB)	ΓMS NF OPT	R_N	K
1.0	1.5	0.22∠64°	13	0.93

(b) 器件性能举例

图 8-1-4　微波晶体管放大器设计

在设计放大器时,一般有几个原则:一是以获得最大功率增益为目标;二是要达到某一确定的增益值(小于最大增益),因为有时常用降低增益的办法改善带宽或增加稳定性;三是以达到最小噪声系数为目标,下面对设计思路进行阐述。

1. 单向化设计 $S_{12}=0$ 或 $S_{12}\approx0$

(1) 确定反射系数 $\Gamma_{in}=S_{11}$ 及 $\Gamma_{out}=S_{22}$。

(2) 单向转换功率功率增益分为输入、器件、输出三部分:

$$G_{TU}=G_sG_0G_L$$

式中,$G_s=\dfrac{1-|\Gamma_s|^2}{|1-S_{11}\Gamma_s|^2}$,$G_0=|S_{21}|^2$,$G_L=\dfrac{1-|\Gamma_L|^2}{|1-S_{22}\Gamma_L|^2}$

(3) 最大增益设计。输入/输出端共轭匹配 $\begin{cases}\Gamma_s=\Gamma_{in}^*\\\Gamma_L=\Gamma_{out}^*\end{cases}$,给定了两端匹配网络。

$$G_{TUmax}=\frac{1}{1-|S_{11}|^2}|S_{21}|^2\frac{1}{1-|S_{22}|^2}$$

(4) 单向化因子。由于 $S_{12}=0$ 的情况设计,计算过程简单,实际设计过程中可以把 S_{12} 比较小的情况按 $S_{12}=0$ 计算,最后再估计带来的增益误差。定义 U 为下式:

$$U=\frac{|S_{12}||S_{21}||S_{11}||S_{22}|}{(1-|S_{11}|^2)(1-|S_{22}|^2)}$$

则误差满足

$$\frac{1}{(1+U)^2}<\frac{G_T}{G_{TU}}<\frac{1}{(1-U)^2}$$

2. 双向设计 $S_{12}\neq0$

(1) 满足稳定判据,绝对稳定为 $K>1$、$|S_{11}|<1$、$|S_{22}|<1$。下面确定反射系数:

$$\Gamma_{in}=S_{11}'=S_{11}+\frac{S_{12}S_{21}\Gamma_L}{1-S_{22}\Gamma_L}$$

$$\Gamma_{out}=S_{22}'=S_{22}+\frac{S_{12}S_{21}\Gamma_s}{1-S_{11}\Gamma_s}$$

$$\Gamma_c=\frac{B_1\pm\sqrt{B_1^2-4|C_1|^2}}{2C_1}$$

$$\Gamma_L=\frac{B_2\pm\sqrt{B_2^2-4|C_2|^2}}{2C_2}$$

$$B_1=1+|S_{11}|^2-|S_{22}|^2-|\Delta|^2$$

$$B_2=1+|S_{22}|^2-|S_{11}|^2-|\Delta|^2$$

$$C_1=S_{11}-\Delta S_{22}^*$$

$$C_2=S_{22}-\Delta S_{11}^*$$

(2) 最大增益设计为输入、输出两端进行共轭匹配,即 $\begin{cases}\Gamma_s=\Gamma_{in}^*\\\Gamma_L=\Gamma_{out}^*\end{cases}$,给定了两端匹配网络。

（3）低噪声时按源最佳反射系数设计输入匹配网络。放大器的噪声系数与源反射系数有关，每个器件都有一个最小噪声系数，并要求一个最佳源反射系数。任一噪声系数都对应一系列反射系数，在输入平面上是个圆，称为等噪声系数圆，圆心和半径计算公式如下。噪声系数圆结合稳定圆和等增益圆使用，也用来分析频带特性。

$$\begin{cases} R_F = \dfrac{\sqrt{N(N+1-|\Gamma_{opt}|^2)}}{N+1} \\ C_F = \dfrac{\Gamma_{opt}}{N+1} \\ N = \dfrac{F-F_{min}}{4R_N/Z_0} \, | \, 1+\Gamma_{opt}^2 \, | \end{cases}$$

（4）不满足稳定条件，利用圆图找出稳定区，确定 Γ_s 和 Γ_L 的取值范围。

8.1.3　放大器的设计步骤

放大器的设计步骤总结如下。

步骤一　在频率、增益、噪声指标条件下选器件，得到偏置条件下器件的 S 参数。

微波晶体管放大器通常采用共发极（或共源极）电路，结构选用同轴线或微带线形式。工作频率在 6GHz 以下时多选用双极晶体管，在 6GHz 以上时多选用场效应晶体管，并尽可能选用 f_T 高的管子。表 8-1-1 给出了常见微波器件的使用频段。若设计低噪声放大器，应选用低噪声微波晶体管。选好晶体管并确定电路结构和管子的工作状态后，测出工作频带内管子的 S 参数。

表 8-1-1　常见微波器件的使用频段

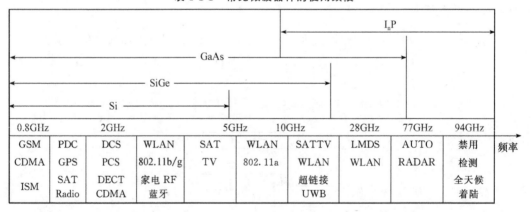

步骤二　满足稳定，按照步骤三设计；不满足判据，在圆图中画出稳定区，必要时画出等增益圆和等噪声圆。

步骤三　确定输入输出反射系数 Γ_{in} 及 Γ_{out}。

步骤四　设计输入输出匹配网络。对于高增益放大器，应根据增益和平坦度的要求设计输入网络；对于低噪声放大器，设计时应从最小噪声系数出发设计匹配网络。

不论是输入匹配网络，还是输出匹配网络，按其电路结构可分为三种基本结构，即并联型网络、串联型网络和串-并联（或并-串联）型匹配网络。基本的并联型和串联型微带匹配网络的结构形式,如图 8-1-5 所示。图中端口 1 和端口 2 分别为微带匹配网络的输入端口和输出端口。对于并联型匹配网络而言,并联支节的终端 3,根据电纳补偿(或谐振)的要求和结构上的方便,可以是开路端口,也可以是短路端口;并联支节微带线的长度由电纳补偿(或谐振)的要求来决定;主线 L、L_1 和 L_2 的长度根据匹配网络两端要求匹配的两导纳的电导匹配条件决定。对于串联型匹配网络,四分之一波长阻抗变换器及指数线阻抗变换器只能将两个纯电阻加以匹配,所以在串联型匹配网络中需用相移线段 L_1 和 L_2 将端口的复数阻抗变换为纯电阻。

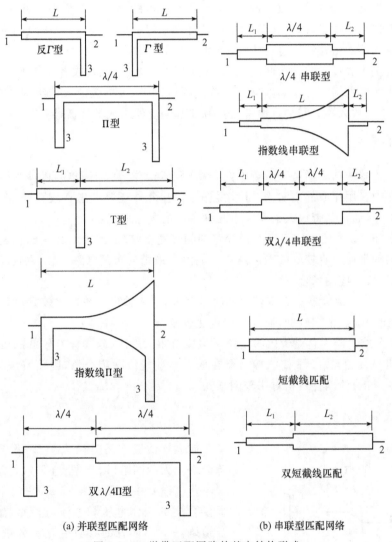

图 8-1-5　微带匹配网路的基本结构形式

8.1.4　放大器的有关问题

1. 圆图中的五个圆

放大器设计理论中会遇到下列特殊圆:稳定判别圆、等噪声系数圆、等增益圆,等 Q

值圆、等驻波比圆。在条件稳定的放大器设计中,用这五个圆来确定输入输出匹配网络的反射系数的取值,才能满足放大器的所有指标。现在所能得到的器件基本都是满足稳定条件的。掌握了稳定判别圆即可完成大量设计工作。

2. 多级放大器

单级放大器的增益无法满足指标要求时,实际的微波晶体管放大器往往是将多个单级放大器级联,构成多级放大器,以满足噪声和增益特性的要求。因此,在放大器中,不仅要采用设计性能优良的单级放大器,而且要采取适当的办法将它们级联起来。如果将多个单级放大器直接连接,即使各单级放大器具有平坦的增益特性,由于级间存在失配,级联后整个放大器的增益特性也可能变坏,甚至产生自激。

为了解决多级放大器的级联问题,可以采用平衡式放大器,或者在单级非平衡式放大器之间加入匹配网络。对于高增益放大器,可将每两三个单级放大器组成一个单元放大器,然后在单元放大器之间加入由带通滤波器和隔离器组成的滤波器。

3. 宽带放大器

由于晶体管的功率增益随着频率的升高而下降大概为 6 dB/倍频程,所以一般都要在宽带放大器中采用相应的方法来补偿增益的损失,此外还要考虑在较宽的带宽内放大器都能稳定工作,通常宽带放大器有以下几种主要的电路形式:

(1) 分布式放大器。它可以获得较宽的频带宽度,较低的带内驻波比和较高的增益,相对较宽的频带而言有较好的噪声系数。但由于采用分布式电路,成本也较高,调试较困难,不适合一般的应用场合。

(2) 有耗匹配放大器。它有较宽的频带宽度,输入输出驻波比也较好,但噪声恶化比较严重,输出的动态范围较低,而且实现也比较复杂。

(3) 平衡放大器。它对带内的增益平坦度有很大的改善,同样有较低的带内驻波比,较宽的频带宽度,但由于平衡结构需要在放大器前端级联耦合器,因而实现频带很宽(1个倍频程或以上)的耦合器相对比较困难。

4. 放大器的偏置

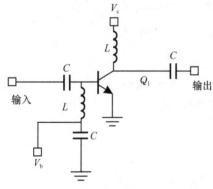

图 8-1-6　由集总元件构成的偏置电路

放大器偏置网络有两大类型:无源网络和有源网络。无源网络(即自偏置网络)是最简单的偏置电路。通常由电阻网络构成,它为射频晶体管提供合适的工作电压和电流,这种偏置网络的主要缺陷是对晶体管的参数变化十分敏感,并且温度稳定性较差。为了解决这些问题,人们常常采用所谓有源偏置网络,使用隔直电容和高频扼流圈一起将射频信号与直流电源隔离开。图 8-1-6 给出的是由集总元件构成的偏置电路。

为了给放大器的偏置去耦,使用了 RF 扼流圈和直流去耦电容。当频率增加时,这些电感既不容易制作且 Q 值又不能太低,因此需要引入分布参数的元件。图 8-1-7 所示的电路,就是用分布参数元件代替了集总元件,图中偏置线由 $\lambda/4$ 波长高阻线及扇形开路线组成,使 A 点在较宽频带内对微波呈现短路,并在 B 点对主传输线呈现开路。

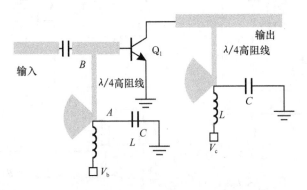

图 8-1-7　由分布参数元件构成的偏置电路

直流偏置在微波等效电路的短路点 A 点加入。双电源偏置需要正负两组电源 V_b 和 V_c 同时供电,可以分别进行调节,使放大器获得最佳性能。V_b 和 V_c 通过 $\lambda/4$ 高阻线,加到场效应管的源极和栅极提供 V_{ds} 和 V_{gs},$\lambda/4$ 波长高阻线是终端短路,始端开路且阻抗无穷大,它对高频无影响,却让直流偏置加了进来。

对微波 GaAs FET 来说,偏置保护电路的设计是很重要的。FET 相当于一个常开器件,当 FET 栅极不加偏置 V_{gs} 时,其漏极到源极是直通的,如果此时在漏极和源极之间加上正偏置 V_{ds},则会引起破坏性大电流将 FET 烧毁。因此,必须给 FET 附加偏置保护电路。

偏置保护电路应有以下功能:

(1) 开、关机时对 FET 顺序加、退电。即开机时先给栅极加负偏压,经适当延时后再给漏极加正偏压(源极接地);关机时则相反,先退掉漏极上的正偏压。

(2) 如因某种原因使电源负压断了,偏置保护电路应迅速将 FET 漏极正偏压降低到 FET 能承受的电平。

(3) 能给 FET 提供合适的工作点。

(4) 偏置保护电路本身应没有低频寄生振荡。

8.2　小信号微带放大器的设计

8.2.1　微波晶体管

微波放大器的核心器件是晶体管,常用管子有 BJT、FET、MMIC。从上面原理可知,设计放大器的基础是器件的 S 参数。无论器件的内部原理如何,在一定偏置下,就会呈现一组网络参数。设计微波放大器,应该关心器件的偏置和 S 参数。在偏置确定条件下,用网络分析仪结合专用测试夹具测量 S 参数。图 8-2-1 给出常用 BJT 和 FET 偏置电路。分压电阻值由满足 S 参数的工作点决定,表 8-2-1 给出偏置点参考值。

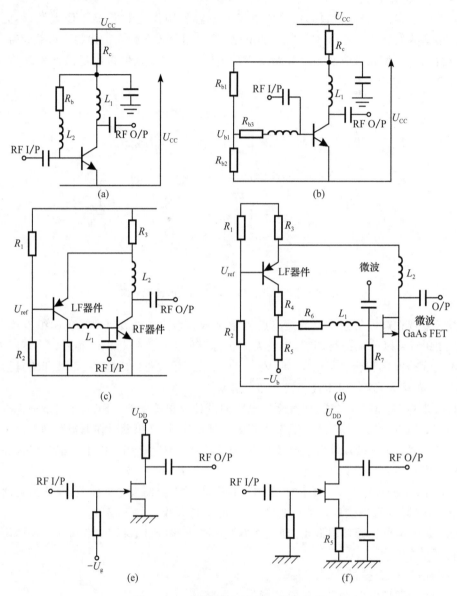

图 8-2-1　常用 BJT 和 FET 偏置电路

表 8-2-1　偏置点参考值

应　用	硅双极性晶体管	砷化镓 MESFET($I_{DSS} \approx 80$mA)
低噪声	$U_{CE}=10$V,$I_{CE}=3$mA	$U_{DS}=3.5$V,$I_{DS}=10$mA
高增益	$U_{CE}=10$V,$I_{CE}=10$mA	$U_{DS}=5$V,$I_{DS}=80$mA
高输出功率	$U_{CE} \geqslant 20$V,$I_{CE}=25$mA	$U_{DS} \geqslant 10$V,$I_{DS}=40$mA
低失真	$U_{CE} \geqslant 20$V,$I_{CE}=25$mA	$U_{DS} \geqslant 10$V,$I_{DS}=40$mA
B类	$U_{CE} \geqslant 20$V,$I_{CE}=0$mA	$U_{DS} \geqslant 8$V,$I_{DS}=0$mA
C类	$U_{CE} \geqslant 28$V,$I_{CE}=0$mA	不用

　　在微波电路中,接地对指标的影响很大,要把该接地的点就近接地,如图 8-2-2 所示。扼流电感的大小视位置尺寸而定。

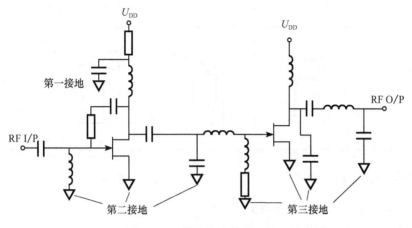

图 8-2-2　微波电路的接地处理

8.2.2　三种微波放大器设计原则

表 8-2-2 归纳出了低噪声放大器、高增益放大器和高功率放大器的设计条件和设计原则。

表 8-2-2　微波放大器的设计原则

		低噪声	高增益	高线性输出功率/低高调失真
a	最佳DC偏置 $f=1.8\text{GHz}$ $U_{CE}=2\text{V}$ $I_C=15\text{mA}$	噪声系数	资用功率增益	三阶交调 / 线性输出功率
b	特征参数	F_{min},Γ_{opt},R_n $\begin{bmatrix} S_{11} & S_{12} \\ S_{21} & S_{22} \end{bmatrix}$	$\begin{bmatrix} S_{11} & S_{12} \\ S_{21} & S_{22} \end{bmatrix}$	$\begin{bmatrix} S_{11} & S_{12} \\ S_{21} & S_{22} \end{bmatrix}$
c	最佳源反射系数	Γ_{opt}	Γ_{sm} $f<4\text{GHz}$ $K<1$	Γ_{sp}

d	电路结构	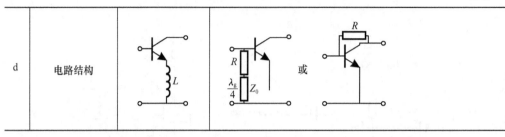

8.2.3　微带放大器设计实例

下面以实例形式给出放大器的设计步骤。

设计实例一　稳定判别圆

已知 GaAs FET 的 S 参数如下,判断晶体管的稳定性并画出稳定圆。

$$S_{11} = 0.894 \underline{/-60.6°}, \quad S_{21} = 3.122 \underline{/123.6°}$$

$$S_{12} = 0.020 \underline{/62.4°}, \quad S_{22} = 0.781 \underline{/-27.6°}$$

解　由公式计算

$$|\Delta| = |S_{11}S_{22} - S_{12}S_{21}| = |0.696 \underline{/-83°} = 0.969|$$

$$K = \frac{1 - |S_{11}|^2 - |S_{22}|^2 + |\Delta|^2}{2|S_{12}S_{21}|} = 0.607$$

因 $K = 0.607 < 1$ 和 $|\Delta| = 0.696 < 1$,K 值不满足稳定条件,故器件为条件稳定。

下面分别计算两个变换圆的圆心和半径。

输入平面的输出圆

$$C_L = \frac{(S_{22} - \Delta S_{11}^*)^*}{|S_{22}|^2 - |\Delta|^2} = 1.361 \underline{/47°}$$

$$R_L = \frac{|S_{12}S_{21}|}{|S_{22}|^2 - |\Delta|^2} = 0.5$$

输出平面的输入圆

$$C_s = \frac{(S_{11} - \Delta S_{22}^*)^*}{|S_{11}|^2 - |\Delta|^2} = 1.132 \underline{/68°}$$

$$R_s = \frac{|S_{12}S_{21}|}{|S_{11}|^2 - |\Delta|^2} = 0.199$$

利用 ADS 仿真软件提供的 Smith Chart 工具,输入管子的 S 参数后,可以得到输入和输出平面的稳定性圆,如图 8-2-3 所示。

设计实例二　最大增益

已知 GaAs FET 参数如下,按最大增益设计,设计 4.0GHz 放大器。

$$S_{11} = 0.72 \underline{/-116°}, \quad S_{21} = 2.60 \underline{/76°}$$

$$S_{12} = 0.03 \underline{/57°}, \qquad S_{22} = 0.73 \underline{/-54°}$$

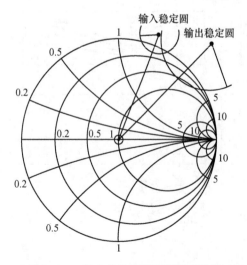

图 8-2-3　输入和输出平面的稳定性圆

解　由公式计算

$$|\Delta| = |S_{11}S_{22} - S_{12}S_{21}| = 0.488$$

$$K = \frac{1 - |S_{11}|^2 - |S_{22}|^2 + |\Delta|^2}{2|S_{12}S_{21}|} = 1.195$$

因 $K = 1.195 < 1$ 和 $|\Delta| = 0.488 < 1$，故该放大管是绝对稳定的。

为了得到最大增益，应该设计与放大管共轭匹配的输入输出电路，满足 $\Gamma_s = \Gamma_{in}^*$ 和 $\Gamma_L = \Gamma_{out}^*$，下面计算 Γ_s 和 Γ_L

$$\Gamma_s = \frac{B_1 \pm \sqrt{B_1^2 - 4|C_2|^2}}{2C_1} = 0.872\underline{/123°}$$

$$\Gamma_L = \frac{B_2 \pm \sqrt{B_2^2 - 4|C_2|^2}}{2C_2} = 0.876\underline{/61°}$$

下面由公式求增益：

$$G_s = \frac{1 - |\Gamma_s|^2}{|1 - S_{11}\Gamma_s|^2} = 6.17\text{dB}$$

$$G_0 = |S_{21}|^2 = 8.299\text{dB}$$

$$G_L = \frac{1 - |\Gamma_L|^2}{|1 - S_{22}\Gamma_L|^2} = 2.213(\text{dB})$$

$$G_{T\max} = 6.17 + 8.299 + 2.213 = 16.71(\text{dB})$$

对于输入和输出匹配网络，可以在史密斯圆图上确定。首先在圆图上标出 Γ_s，如图 8-2-4 所示，该反射系数代表的阻抗 Z_s 是向着匹配节看到的源阻抗 Z_0，所以此输入的匹配网络必须将 Z_0 转换为阻抗 Z_s。匹配过程是：首先将 Z_s 归一化得到导纳 y_s，从 y_s 出发，沿着等反射系数圆反向旋转（在史密斯圆图上向着负载方向），与电导为 1 的圆相交在 $1+j3.5$ 处，由该点求出传输线的长度为 0.120λ，所需短截线的电纳为 $+j3.5$，该电纳值可由 0.206λ 的开路短截线提供。对于输出匹配电路，可以用相似的方法求出串联传输线的长度为 0.206λ，并联短截线的长度为 0.206λ。输入输出匹配电路如图 8-2-5 所示，放大器增益如图 8-2-6 所示。

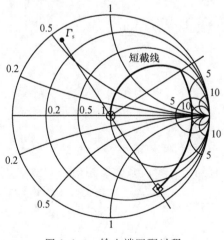

图 8-2-4　输入端匹配过程

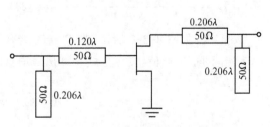

图 8-2-5　输入输出匹配电路图

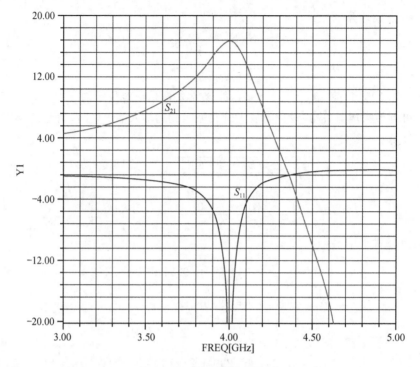

图 8-2-6　放大器的增益图

设计实例三　低噪声设计

已知 GaAs FET 参数如下,设计一个 4.0GHz 放大器,保证噪声不大于 2dB,增益最大。

$$S_{11} = 0.6\underline{/-60°}, \quad S_{21} = 1.9\underline{/81°}$$

$$S_{12} = 0.05\underline{/26°}, \quad S_{22} = 0.5\underline{/-60°}$$

$$F_{min} = 1.6dB, \quad \Gamma_{opt} = 0.62\underline{/100°}, \quad R_N = 20\Omega$$

解　计算 2dB 噪声圆的圆心和半径

$$N = \frac{F - F_{min}}{4R_N/Z_0} \mid 1 + \Gamma_{opt} \mid^2 = \frac{1.58 - 1.445}{4(20/50)} \mid 1 + 0.62\underline{/100°} \mid^2 = 0.0986$$

$$C_F = \frac{\Gamma_{opt}}{N+1} = 0.56\angle 100°$$

$$R_F = \frac{\sqrt{N(N+1-\mid \Gamma_{opt} \mid^2)}}{N+1} = 0.24$$

该噪声圆如图 8-2-7 所示,当 $\Gamma_s = \Gamma_{opt} = 0.62\underline{/100°}$ 时,噪声最小。

给出不同的 g_s 值,按照下式计算出等增益圆,直到与等噪声系数圆相切。

$$C_s = \frac{g_s S_{11}^*}{1 - (1 - g_s) \mid S_{11} \mid^2}$$

$$R_s = \frac{\sqrt{1-g_s}\,(1-\mid S_{11}\mid^2)}{1-(1-g_s)\mid S_{11}\mid^2}$$

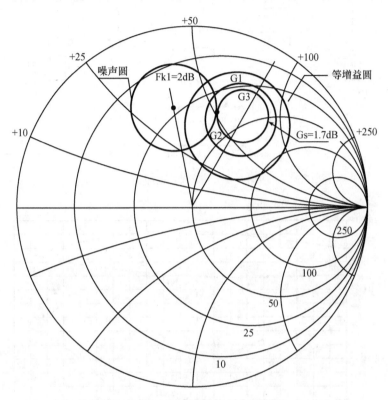

图 8-2-7　等增益圆和噪声系数圆

表 8-2-3 给出的是几组输入端的等增益圆数据。

表 8-2-3

G_s/dB	g_s	C_s	R_s
1.0	0.805	$0.52\underline{/60°}$	0.3
1.5	0.904	$0.56\underline{/60°}$	0.2
1.7	0.946	$0.58\underline{/60°}$	0.15

可以得到 $G_s=1.7\mathrm{dB}$ 的等增益圆与 $F=2\mathrm{dB}$ 噪声圆相切, 相切点为源反射系数

$$\Gamma_s = 0.141035 + j0.522189 = 0.541\underline{/74.886°}$$

下面计算增益, 输入匹配为 $G_s=1.70\mathrm{dB}$, 输出共轭匹配 $C_L=1.249\mathrm{dB}$, 器件增益 $G_0 = 5.575\mathrm{dB}$, 从而放大器增益 $G_{TU}=8.527\mathrm{dB}$。

分别用开路单枝节实现输入输出匹配网络。设计过程和仿真结果见图 8-2-7、图 8-2-8 和图 8-2-9。

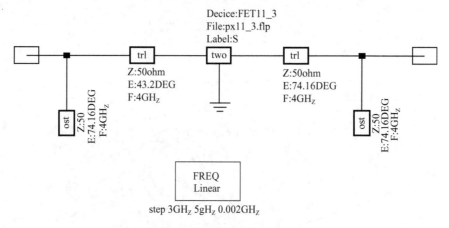

图 8-2-8   放大器电路图

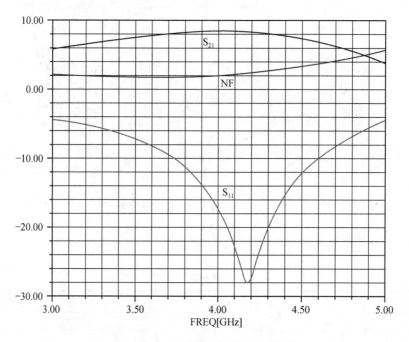

图 8-2-9   低噪声放大器设计结果

8.3   MMIC 介绍

MMIC 是单片微波集成电路的缩写,是在半绝缘半导体衬底上用一系列的半导体工艺方法制造出无源和有源元器件,并连接起来构成应用于微波(甚至毫米波)频段的功能电路,是第三代微波电路。

单片微波集成电路包括多种功能电路,如低噪声放大器(LNA)、功率放大器、混频器、上变频器、检波器、调制器、压控振荡器(VCO)、移相器、开关、MMIC 收发前端,甚至整个发射/接收(T/R)组件(收发系统)。由于 MMIC 的衬底材料(如 GaAs、InP)的电子迁移率较高、带禁宽度宽、工作温度范围大、微波传输性能好,所以 MMIC 具有电路损耗小、频带宽、附加效率高、抗电磁辐射能力强等特点。构成现代微波的基本器件和材料如图 8-3-1 所示。

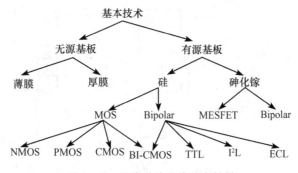

图 8-3-1　现代微波电路基本材料

MMIC 最适宜的频率范围是厘米波的高频端,现已发展到毫米波段。

随着电路集成度提高,对 MMIC 的每个元件合格率的要求也更加严格,这就需要更精密的设备和工艺方法,因而目前 MMIC 研制成本很高。它适用于对体积重量要求苛刻的军事装备及生产批量大的产品,例如相控阵雷达的收发单元或卫星电视广播接收机高频头等。从今后的发展趋势来看,由于工艺技术的改进,MMIC 的成本必将急剧降低,MMIC 也将成为微波电路的主要形式。目前对于 MMIC 的总体要求并非集成度越高越好,而是要全面衡量成品率、价格、体积与电性能。有时可采用几个单片组合成整机的方式,或称为混合单片集成电路,例如,卫星广播电视接收机可由低噪声放大、混频中放、本振三个单片组装面成,成品率可以大幅度提高,成本大大降低,因而具有工程实用性。

低噪声接收前端的 LNA 发展最为成熟。现代移动通信接收机,MMIC 不仅包含 LNA,而且包括本振、混频等,已经有整个射频前端的 MMIC,如图 8-3-2 和图 8-3-3 所示。

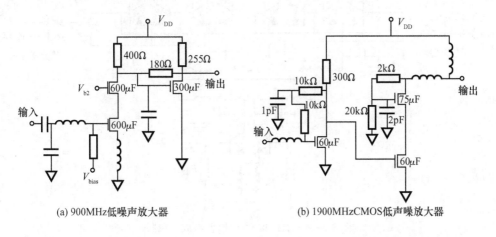

(a) 900MHz低噪声放大器　　　　　　　　　(b) 1900MHzCMOS低声噪放大器

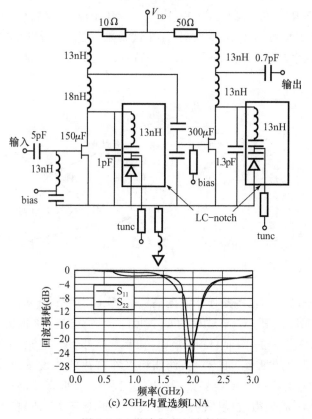

(c) 2GHz内置选频LNA

图 8-3-2　微波集成电路实例

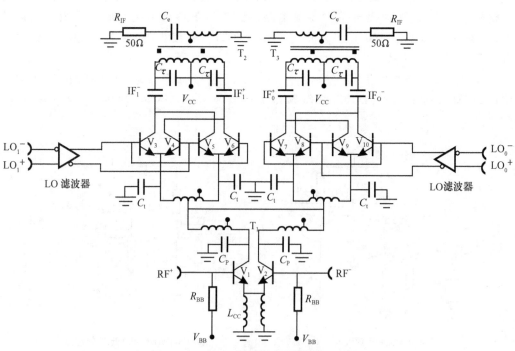

图 8-3-3　5GHz 接收前端(低噪放＋混频)

掌握世界著名半导体企业的产品资料和新产品动向,各类器件、厂家都有推荐电路,合理使用是现代微波电路设计的一个重要手段。

8.4　微波功率放大器

微波功率放大器是微波设备的重要部件,它的性能在很大程度上影响微波系统的质量。比如,微波功率放大器增益减小,输出功率下降,则会引起信噪比降低,或是通信距离减小;三阶互调失真大,对时分数字通信设备而言,会产生码间串扰,增大误码率;功放的泄漏会造成自激,使工作不稳定,严重时甚至会使通信中断。性能优良的功率放大器,除了要进行精确合理的电路和结构设计外,还必须要有良好的生产工艺作保证。

微波功率放大器可用固体器件和电真空器件构成。图 8-4-1 给出了单个器件的输出功率与频率的关系。真空器件有行波管 TWT、速调管、磁控管等;器件固体包括 BJT、MESFET、PHEMT 等。可以看出,大功率情况下,还是要用电真空器件。固体器件功率放大器的输出功率有其使用场合。除了满足专门用途发射机使用外,在大功率系统中常用作电真空器件的驱动放大器。本书重点介绍固体器件功率放大器。

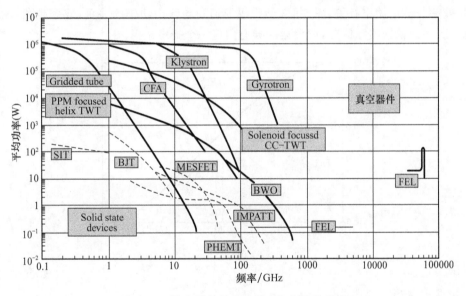

图 8-4-1　单个器件的输出功率与频率的关系

作为功率放大器,应该有较大的输出功率和较高的效率,同时也要满足带宽、增益和稳定性的要求。由于功率放大器处在大信号状态,放大过程中难免产生非线性失真,必须求得大信号参数。就半导体材料的承受功率而言,功率不可能做的太大,如 GaAs 材料的承受功率为 $0.5W/mm$ 左右。要实现大功率,应该从器件和电路两个途径想办法。电路设计上大功率放大器通常采用 AB 类、B 类、C 类工作以提高电源使用效率。在此基础上,发展的 D 类、E 类、F 类功率放大器各有特长,这些放大器都是工作于开关状态,放大器的输出波形有很大的失真,输出回路必须增加相应的滤波器,或增加高次谐波谐振网络,以改变基波信号的输出幅度。用非线性放大器组成线性放大器,结合数字技术是近年功率放大器的新进展,实质上是音视频功放向微波频段的发展。功率合成是实现大功率输出的基本方式,也是微波与微电子领域共同关心的重大课题。

8.4.1　功率放大器的工作性能

功率放大器的主要性能指标是输出功率、效率、功率增益和非线性失真,其中,效率的高低,对于中、大功率放大器尤为重要。如何降低功率放大器的非线性失真,如何改善功率放大器的效率,是设计功率放大器必须加以研究的问题。

1. 工作效率

描述供电电源的能量转化为信号功率的程度。小信号放大器是 A 类,在没有信号时,器件的集电极(漏极)一直有电流,消耗能量。功放电路中这种消耗是不能容忍的,电池的使用时间是任何一种设备的质量基础。回忆一下放大器的效率与导通角关系,如图 8-4-2 所示。A 类为线性放大器,360°全波导通,最大效率 50%;B 类为 180°半波导通,最大效率 78.5%;C 类为<180°半波导通,效率 78.5%~100%;AB 类效率 0~50%。可以想象,效率与输出功率有关,图 8-4-3 给出了导通角与输出功率的关系,效率越高,输出功率越小。因此根据实际情况,放大器的导通角有一个折中选择。

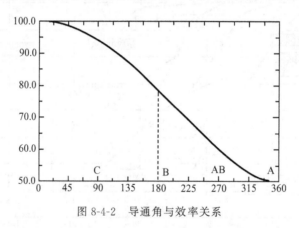

图 8-4-2　导通角与效率关系

2. 功率压缩和交调

输入功率大到一定值时,放大器就会饱和,输出功率不随输入功率线性增加,保持一个定值。定义 1dB 压缩点为描述这个特性的参数,如图 8-4-4 所示,为线性与压缩起点相差 1dB 处。

交调也是输入大信号时的一个特性。大信号时,输出端会有干扰信号输出,尤以三阶干扰突出。在双频信号中,必须考虑三阶交调。这里,三阶是功率的变换倍数,并非频率的倍数。若直角坐标中,信号是 1:1 线性,则三阶干扰是 1:3 线性,干扰信号的输出就会很快与信号的输出幅度相同并超过,由于频率靠近,输出滤波器无法抑制此干扰。如图 8-4-4(a)所示,用无失真动态范围描述这个特性,灵敏度门限与三阶信号的交点到信号的

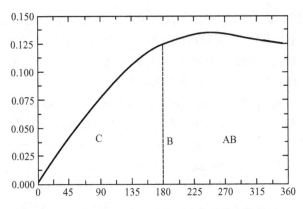

图 8-4-3　导通角与输出功率和峰值功率比的关系

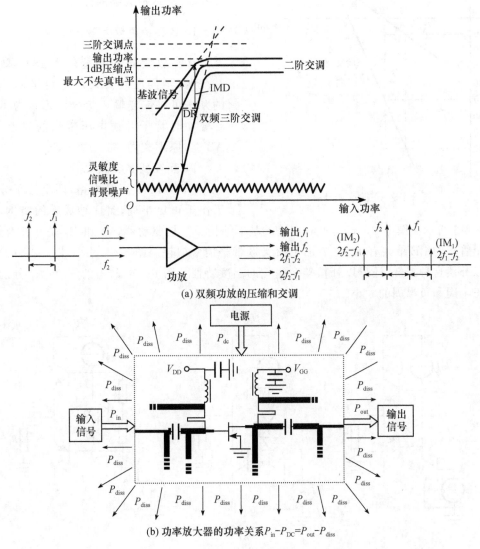

(a) 双频功放的压缩和交调

(b) **功率放大器的功率关系** $P_{in} - P_{DC} = P_{out} - P_{diss}$

图 8-4-4　功率放大器的交调和功率关系

距离动态范围。从图 8-4-4 还可看出，干扰信号由背景噪声变为输出信号的过程很短，应避免输入信号接近这一区域，否则输出信号就会有干扰。输出信号比交调干扰高的量度就是 1dB 压缩点与三阶交调线的距离，称为交调干扰 IMD。图 8-4-4(b)给出了功率放大器的功率关系，P_{diss} 是各种无用信号所占有的功率。

设计实例　双频放大器的增益 10dB，输入信号为 −10dBm 时，干扰输出 IM3＝−50dBm，计算输入信号为 −20dBm 时，干扰输出 IM3 以及信号与干扰信号的差值。

$$IM3＝−50dBm＋3×[−20dBm−(−10dBm)]＝−80dBm$$

$$输出信号＝−20dBm＋10dB＝−10dBm$$

$$信号与干扰信号的差值＝−10dBm−(−80dBm)＝70dB$$

如图 8-4-5 所示。

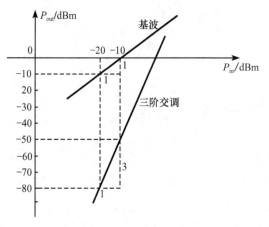

图 8-4-5　三阶交调计算

8.4.2　功率放大器的分类

1. B 类功率放大器

这类放大器的导通角为 180°，效率 78.5%，半周工作。采用正负半周叠加的办法可以恢复输入信号波形。为了弥补叠加时管子开通电压带来的误差，用 AB 类，原理类同，略。

1）互补型 B 类放大器

NPN/PNP 互补电路，两个管子分别工作于正负半周，是一种成熟的实例，如图 8-4-6 所示。图 8-4-6(a)是互补电路的基本结构，V_3 是驱动器，V_1 和 V_2 是互补对管，两个管子的 BE 结共有 1.4V 左右的交叉区带来信号损耗。图 8-4-6(b)和图 8-4-6(c)都可以补偿这种损耗，还可以补偿整个组件的温度特性。图 8-4-6(c)中的 R_1 和 R_2 分别调整正半周和负半周的大小。

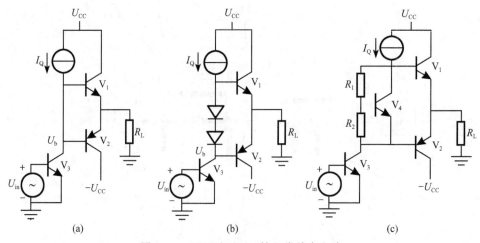

(a)　　　　　　　　　　(b)　　　　　　　　　　(c)

图 8-4-6　NPN/PNP 互补 B 类放大电路

2) 复合晶体管

互补型电路要求两个严格相同的晶体管,而且电路尺寸较大。可用图 8-4-7 复合型晶体管。V_1 是高功率管,V_2 是低 β 管。两个管子不会同时工作。实现了正负半周的叠加。

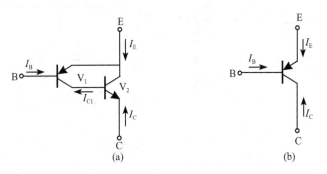

图 8-4-7 NPN/PNP 复合管 B 类放大电路

3) 全 NPN 晶体管 B 类放大器

要形成两个特性相同的 NPN 和 PNP 晶体管,工艺难度很大。两个管子都用 NPN 型(或 PNP)可以降低对管子的要求,采用变压器网络形成叠加电路,如图 8-4-8 所示。这种电路结构复杂,工作频率不太高。

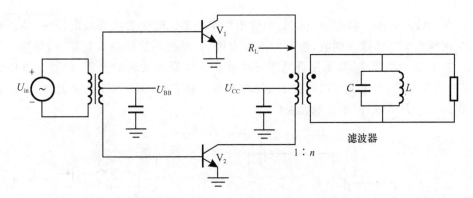

图 8-4-8 全 NPN 晶体管 B 类放大器

2. C 类功率放大器

在高功率 CW 和 FM 输出中 C 类放大器用途很广,在 AM 放大器中可以改变偏置来调整幅度的变化。由前文知,C 类功放的导通角小于 $180°$,非线性工作输出信号不是输入信号的简单倍乘,A 类放大器用一个管子,B 类用两个管子,C 类又用一个管子,只是偏置点不同。B 类放大器输出电路中可以增加滤波器改进信号质量,而 C 类输出电路中必须有谐振回路来恢复基波信号,C 类放大器的最大优势是效率高。如图 8-4-9 所示,晶体管为功率 BJT 也可用 FET,谐振回路的 Q 值影响放大器的带宽。

一般地,厂家会给出一定频率和频带上放大器的最佳源阻抗和负载阻抗。这种电路的设计有两个内容:

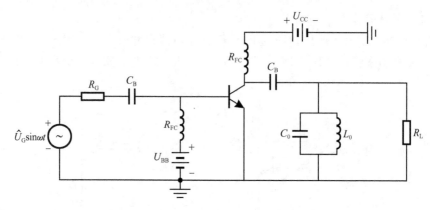

图 8-4-9　C 类功率放大器

（1）谐振回路

$$Q = \frac{f_0}{\Delta f}, \quad C_0 = \frac{Q}{\omega_0 R_L}, \quad L_0 = \frac{R_L}{\omega_0 Q}$$

（2）输入偏置

$$V_{BB} = V_{BE} - V_G \cos\varphi$$

3. D 类功率放大器

C 类功放的效率可以达到 100%，但输出功率是零。改变 B 类功放的偏置，使得输出不是半周线性而是非线性削波，输出为正负方波，再经过谐振回路恢复正弦，如图 8-4-10 所示。在 D 类放大器中，管子接近处于开关状态。如果开关时间为零，则漏源电压为零时，漏电流为最大，理论上可以得到 100% 的效率。事实上，BJT 可工作到几兆赫兹，FET 可工作到几十兆赫兹，而不可能无限快。

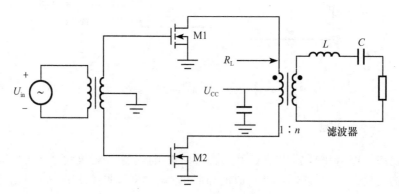

图 8-4-10　D 类功率放大器

4. E 类功率放大器

前述功放可称为开关功放。为了避免开关器件的并联电容的放电，降低开关瞬间的功率损耗。可以给放大器设计一个负载网络，决定关断后器件两端的电压。这就是 E 类功率放大器，如图 8-4-11 所示。

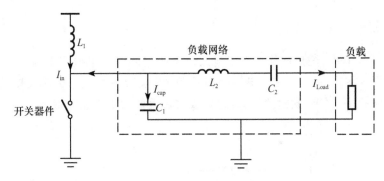

图 8-4-11 E 类功率放大器基本结构

设计 E 类功率放大器的原则是:

(1) 电压关断后缓慢上升,关断瞬间不消耗功率。

(2) 电压在后半周末降为零,保证开通瞬间器件的并联寄生电容上没有电荷,就不会有放电。

(3) 后半周末的变化率为零。当开通时,保证器件上的电压为零可以降低缓慢开通瞬间的功率损耗。

图 8-4-11 中,负载网络中 C_1 的部分或全部是器件的并联寄生电容。谐振回路的频率低于工作频率,在工作频率上可以看作一个与外部电抗负载串联的调谐回路。调谐电路保证充分的正弦波负载电流,电抗性负载导致了这个电流与电压基波分量相移,固定输入电流与正弦波负载电流的差别在器件导通时通过器件,关断时通过 C_1。这个电流差也是正弦波,但是它与负载电流有 180° 的相位差,且含有通过扼流电感的直流成分。电流的关系见图 8-4-12。开关电压是 C_1 电流的积分,相移可以用谐振回路调整,就可以保证满足上述三个原则。

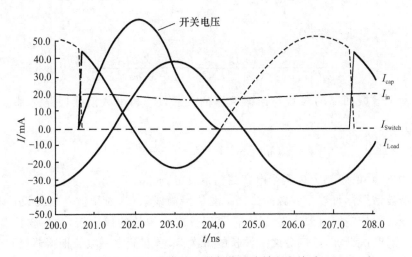

图 8-4-12 E 类放大器负载回路的电流关系

在上述基本结构是窄频带的,宽带结构的负载回路可以做成多级的。

5. F 类功率放大器

在 C 类放大器中,输出网络谐振于输入信号的基波和一个或多个高次谐波上就是 F 类放大器。图 8-4-13 为一个三次谐波峰值功放,串联谐振器为三次谐波振荡,并联谐振器谐振于基波频率。CW 激励的放大器后,放大器近似为半周通断状态。

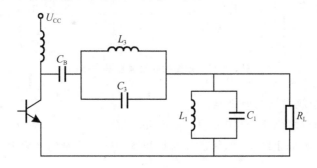

图 8-4-13　三次谐波反射的 F 类功放

串联谐振回路阻断三次谐波,使其返回放大器 C 极。如果相位和幅度合适,可以使 C 极方波电压比 V_{cc} 的平均值高两倍,增强开关效果,增大基波的幅度。三次谐波是基波幅度的 $\frac{1}{9}$,效果最好,效率可达 88%。

方波的傅里叶分析为奇次项,要想在 C 极形成好的方波,负载必须对偶次成分呈现低阻,对奇次成分呈现高阻。图中,C_B 对二次谐波起短路作用,同时有隔直流作用。

C 类放大器的设计也是从 Q 值入手。Q 由 R_L 和基波谐振回路 L_1 和 C_1 决定。

$$Q = \frac{f_0}{\Delta f} = \omega_0 C_1 R_L, \quad C_1 = \frac{1}{\Delta \omega R_L}, \quad L_1 = \frac{1}{\omega_0^2 C_1}$$

输出回路对 $2f_0$ 呈现短路,有

$$-\frac{1}{2\omega_0 C_B} + \frac{2\omega_0 L_3}{1 - (2\omega_0)^2 L_3 C_3} + \frac{2\omega_0 L_1}{1 - (2\omega_0)^2 L_1 C_1} = 0$$

考虑两个谐振回路的参数与谐振频率的关系,C_B 和串联谐振回路对基波是短路,可得

$$C_B = 8C_3, \quad C_3 = \frac{81}{160} C_1$$

而 L_3、L_1 由 $3f_0$ 和 f_0 与上述两个电容的关系决定。

串联谐波谐振器可以用基频四分之一波长传输线取代,对微波功放的设计和加工都是比较方便的。传输线对偶次谐波而言,是四分之一波长的偶次倍,是半波长谐振器,相当于短路。对奇次谐波,是四分之一波长的奇次倍,是四分之一波长谐振器,相当于开路,符合形成良好方波的要求。

仿真实例　如图 8-4-14 所示 900MHz,18MHz 带宽 F 类功放。计算后电路中 $C_B = 1\mu F$,$Z_0 = 20\Omega$,$C_1 = 936.6pF$,$L_1 = 33.39pH$,$R_L = 42.37\Omega$,$V_{cc} = 24V$,$R_1 = 5k\Omega$,$R_2 = 145k\Omega$。

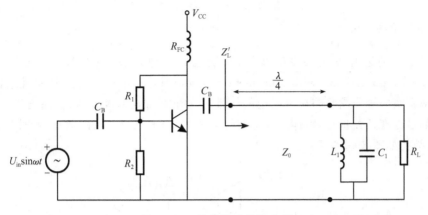

图 8-4-14　传输线 F 类放大器

集电极电流、电压和负载功率的结果见图 8-4-15。输入功率为 2.363mW，电压为 0.11V，输出功率为 5.5W，这是最好情况。这类放大器的输出功率对输入功率十分敏感，有个最佳值。

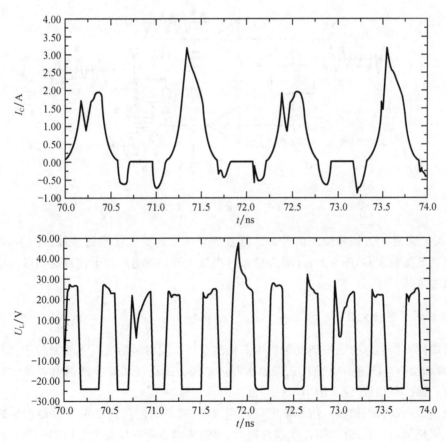

图 8-4-15　900MHz F 类放大器的输出信号

6. 线性功率放大器

为了改善前述开关类功放的线性，目前也有两种方法，即 LINC 和 S 类放大器。
LINC(linear amplification with non linear components)是用非线性元件实现线性放大，
把大功率调幅信号分成两路相位固定的信号送入开关高效率放大器，然后再组合。每个
放大器都是深度开关状态，整体放大器线性非常好，有 C 类 100% 的效率，线性比 A 类还
好，电路结构如图 8-4-16 所示。

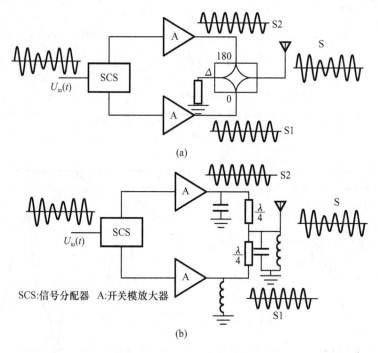

图 8-4-16　LINC 功率放大器

S 类是带通 Σ-Δ 调制输入信号。这是音视频功放向微波技术的发展。图 8-4-17(a)
为经典的 S 类放大器，图 8-4-17(b) 为微波 S 类放大器。微电子技术使得这类微波功放得
到突破性进展。

7. 前馈功率放大器

前馈放大器的思想是抵消发射机中产生的杂波。发射机的失真主要来源于功放的谐
波、交调和噪声。图 8-4-18 给出前馈放大器的结构。延迟线和衰减器调整误差放大器输
出信号的幅度和相位，使得输出端能够抵消来自主路的杂波。

到达误差放大器的输入信号幅度应该调为零，剩下的信号就是主放大器产生的误差
信号。调整第二个延迟线、第四个耦合器、误差放大增益可以使整个输出无失真。误差放
大器也会带来新的失真，但小信号放大器的线性度要好一些。对于要求更高的场合，还可
再增加一个更小信号的误差放大器来控制第一个误差放大器。

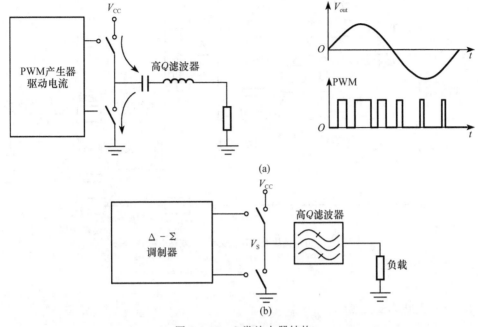

(a)

(b)

图 8-4-17 S 类放大器结构

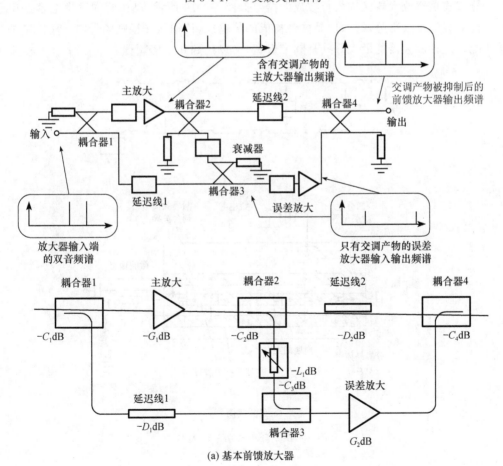

(a) 基本前馈放大器

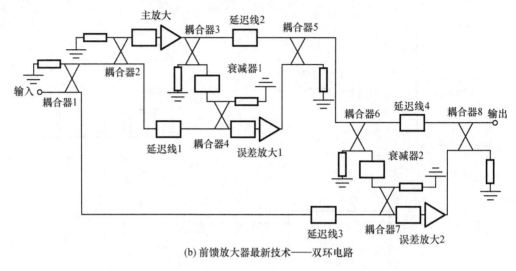

(b) 前馈放大器最新技术——双环电路

图 8-4-18　前馈式功率放大器

8. 分布式功率放大器

分布式功率放大器又称为行波放大器。如图 8-4-19 所示,晶体管的寄生电容和电感作为传输线的组成部分,好像用晶体管构成的传输线,传输线在很宽频带内与所要求的终端匹配。这种放大器的最大好处是频带极宽,可以达到几个倍频程。

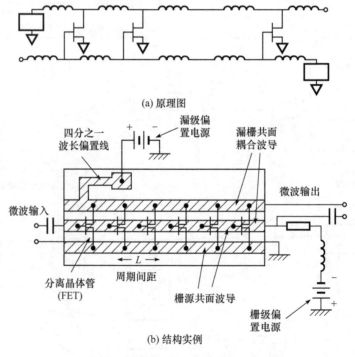

(a) 原理图

(b) 结构实例

图 8-4-19　分布式功率放大器

9. 功率合成器

更大功率的输出,用前述各种功放作为基本单元进行功率合成。功率合成的四种方案如图 8-4-20 所示。并联结构是大功率合成器的理想方式,单元功放的功率不会进入其他单元。每个单元要特性一致,叠加后线性输出。设计和调试中,要掌握每个单元的输入输出阻抗(反射系数),才能设计出分支网络。并行结构中,如果某个单元损坏,整机仍可继续工作。

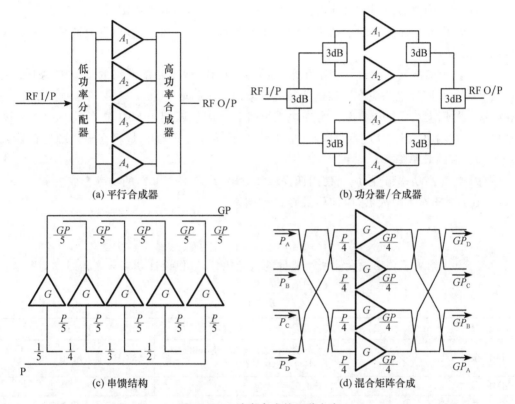

图 8-4-20　功率合成的四种方案

8.4.3　功放的设计说明

1. 功率放大器的设计考虑

针对某个特定的应用和频率范围设计功率放大器是最直接的,但是有时为了满足物理、电气和热特性,以及成本的要求就比较烦琐了。对放大器的性能有一系列要求,例如,FET 的尺寸、电路设计原理、匹配网络、增益级数、FET 级之间的状态、设计方法、制造工艺,以及为封装决定的频带、增益、输出功率、PAE、线性度和输入/输出 VSWR 。通常,主要考虑尺寸、电特性、可靠性和成本。

用功率 GaAsFET 设计窄带和宽带放大器时,需要对器件和电路作如下的考虑。

(1) 选择一种满足设计目标(功率输出和频率范围)的适当的功率器件。在 L 和 S

波段,硅双极晶体管能比 GaAs FET 输出更多的射频功率。器件本身能输出的功率应比所要求放大器的输出功率约高 20%～30%。

（2）功率晶体管需有较高的击穿电压。利用接近于工业标准的晶体管。在带有通孔的薄衬底上的晶体管应有低的串联电感和较好的散热。

（3）使放大器电路工作在最安全的工作偏置范围,绝不要超过最大击穿电压和额定电流。

（4）结与机壳之间的热阻应尽可能地低,以便有较好的性能和可靠性。

（5）为精确地表征用于最佳放大器设计的功率器件,负载牵引测量是必不可少的。

（6）内匹配晶体管有助于减小封装寄生参量的影响,它们能够提供较高的效率和较大的带宽。

（7）输入匹配网络的设计着眼于最大的功率传递,输出匹配网络的设计着眼于最大的功率输出。匹配电路应在所需的频带之外给出最小的增益。

（8）利用集总元件或集总－分布电路元件将低阻抗匹配于 50Ω,以便实现一个紧凑的电路。在输出端上也应使用低损耗电路元件,因为给定的损耗量将在输出端比在输入端引起更多的效率降低。

（9）对于高功率组件,应当使用低损耗和效率为 85%～ 90% 的功率合成技术。

（10）对于宽带放大器,应使用低 Q 匹配网络。

2. 现有器件的比较

表 8-4-1 给出了功率放大器所用器件的特性比较,以供设计功率放大器时作为参考。

表 8-4-1

器　件	成　本	特　点	用　途
MMIC 塑料封装	廉价	外围元件改善性能、使体积增大、特性与电路板有关	到 3GHz,量大用途广
MMIC 芯片	尺寸小	价高	到毫米波
MMIC 陶瓷封装	环境适应性好	多种陶瓷技术,成本高设计面广	性能稳定,易于快速仿真
MMIC 模块积压成型	非常小,环境性好	中等价格,性能不如陶瓷,分布参数元件影响大	到 3GHz,量大用途广,便于使用
分立塑料封装	廉价	外围元件,调试量大	到 3GHz,人工参与量大
分立陶瓷封装	小型	多种陶瓷技术,成本高设计面广,外围元件多	到 20GHz 后要仔细设计外围电路
分立模块积压成型	小型,易使用	没有陶瓷好	到 3GHz

3. 功放的几点说明

对功率放大器有以下几点说明:

（1）大功率放大器的效率与系统要求的发射功率的变化和效率有关,也就是与调制方式有关。

（2）调制引起的功率大幅度变化，系统最好采用功率可变的电源。

（3）开关模放大器的高效率依赖于晶体管高频特性的提高。开关瞬间必须快，与微波信号频率相适应。

（4）线性开关放大器要求信号处理功能，为了获得高性能功放，有必要与数字信号处理相结合。

（5）为了优化发射机系统，放大模块小信号并与天线结合是发展趋势。

第9章 微波振荡器

振荡器是用来产生微波信号的,是电子系统中必不可少的一个部件。频率源是雷达、通信、电子对抗等系统实现高性能指标的关键,很多现代电子设备和系统功能的实现都直接依赖于所用频率源的性能,频率源应具有工作频带、覆盖带宽、跳频时间、跳频间隔、杂波抑制、输出功率、控制方式以及检测功能等。

微波振荡器作为微波频率源的核心部分占据着相当重要的地位。20 世纪 60 年代以前,微波振荡器几乎都是由微波电真空器件如反射速调管、磁控管、返波管等构成,这类器件一般都存在工作电压高、供电种类繁多、功耗大、结构复杂、体积庞大、成本高等缺点,不能适应电子技术发展的需要。50 年代末期出现了以晶体振荡器为主振、变容管倍频的微波倍频源,但由于受倍频效率的限制,不易在高的频率下获得大的输出功率。随着体效应器件和雪崩管振荡器的问世,大大促进了微波半导体振荡器的研究和发展。微波振荡器是通过谐振电路与微波半导体器件的相互作用,把直流功率转换成射频功率的装置,其主要缺点是工作电压低、效率高、寿命长、体积小、重量轻。

虽然在许多场合已大量使用频率合成器,但频率合成器本身也是由参考源和 VCO 两个振荡器构成。振荡器的核心部分是一个有源器件和一个谐振回路。小信号振荡器用于接收机的本振和测量系统,大信号振荡器用于发射机,功率再大就需要大功率放大器。全固态化振荡器已经得到广泛的使用,在个别场合还有用到大功率电真空器件。本章重点介绍各种常用固态振荡器的结构、原理、设计方法,以及振荡器领域的新近技术。

9.1 振荡器的基本原理

无论技术如何发展,振荡器的有源器件和谐振电路都是两个基本组成单元。设法实现这两个单元及其合理搭配就能实现振荡器。技术发展集中在振荡器的指标提高和小型化方面。

9.1.1 振荡器的指标

射频微波振荡器的主要技术指标是频率和功率。

1. 工作频率

振荡器的输出信号基本是一个正弦信号。要做到振荡频率绝对准确是不可能的。频率越高,误差越大。影响频率的因素很多,如环境温度、内部噪声、元件老化、机械振动、电源纹波等。实际设计中,针对指标侧重点,采取相应的补偿措施。调试中,也要有经验和技巧才能达到一定的频率指标。关于频率经常会遇到下列概念。

(1) 频率精度。频率精度有绝对精度(Hz)和相对精度(ppm,1ppm $= 10^{-6}$)两种表示方式。相对精度是最大频偏和中心频率的比值；绝对精度是给定环境条件下的最大频偏。

（2）频率温漂。随着温度的变化，物质材料的热胀冷缩引起的尺寸变化会导致振荡器的频率偏移，这种频偏是不可避免的，只能采取恰当的方法降低。常用的方法有温度补偿（数字或模拟微调）、恒温措施等，用指标 MHz/℃ 或 ppm/℃ 描述。

（3）年老化率。随着时间的推移，振荡器的输出频率也会偏移，用 ppm/年 描述。

（4）电源牵引。电源的纹波或上电瞬间会影响振荡器的频率精度，也可看作电源的频率调谐，用 Hz/V 表示。在振荡器内部增加稳压电路和滤波电容能改善这一指标。

（5）负载牵引。振荡器与负载紧耦合的情况下，振荡频率会受到负载的影响，使负载与振荡器匹配，增加隔离器或隔离放大器，减小负载的牵引作用。

（6）振动牵引。振荡器内谐振腔或晶振等频率敏感元件随机械振动的形变，会影响振荡器的输出频率。振动敏感性与元件的安装和固定有关，用 Hz/g 表示。

（7）相位噪声。相位噪声是近代振荡器的关键指标，是输出信号的时域抖动的频域等效。相位噪声、调频噪声和抖动是同一问题的不同表达方式，因为振荡器含有饱和增益放大器和正反馈环路，故幅度噪声增益和相位噪声增益都有限。幅度和相位变化与平均振荡频率有关。用足够分辨率的频谱仪测量振荡器，噪声会使窄谱线的下端变宽，噪声按照 $1/f^3$ 或 $1/f^2$ 下降。振荡器的反馈环的环增益按 $1/f^2$ 下降，而不是按谐振频率下降。$1/f$ 因子与器件和谐振器的低频调制有关。相位噪声 $L(f_m) = P_{SSB}(f_m)/Hz/P_C$ 表示，可用频谱仪或相位噪声分析仪测量。$P_{SSB}(f_m)/Hz$ 是 1Hz 带宽内的相位噪声功率，而人们通常把频谱仪测量值称作相位噪声是因为相位噪声支配振荡器噪声靠近载波频率。无论相位噪声是接近噪声本底还是一个噪声包络，都能清晰的表征噪声功率的值。f_m 表示离开载频的边频，也是对载频的调制频率，故有时称作调频噪声。

在数字系统中，通常用时域抖动而不是相位噪声，测量零交叉时间的偏离，给出峰峰值和有效值。其单位是皮秒或 UI（unit intervals），UI 是时钟的一部分，即 UI＝抖动皮秒/时钟一周。因为相位噪声给出了每一个频率调制载频的相位偏移，我们可以累加 360° 内所有的相位偏移，即得到 UI。这与计算一个频率或时间的功率是等效的。通信系统对某个频率的抖动更敏感，所以相位噪声与边频的关系就是抖动。用抖动的频域观点看，PLL 就是一个"频率衰减器"。PLL 反馈环的滤波器频带越窄，调制频率越高，但这种频率和频带依赖关系是有限的。相位噪声的估算公式为

$$L(\omega_m) = \frac{1}{8} \frac{FKT}{P_{sav}} \frac{\omega_0^2}{\omega_m^2} \left(\frac{P_{in}}{\omega_0 W_e} + \frac{1}{Q\omega_{un1}} + \frac{P_{sig}}{\omega_0 W_e} \right)^2 \left(1 + \frac{\omega_c}{\omega_m} \right) \omega$$

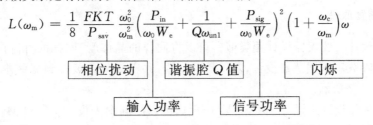

2. 输出功率

功率是振荡器的又一重要指标。如果振荡器有足够的功率输出，就会降低振荡器内谐振器的有载 Q 值，导致功率随温度变化而变化。因此，要选用稳定的晶体管或采用补

偿的办法,也可增加稳幅电路,这样会增加成本和噪声。为了降低振荡器的噪声,让振荡器输出功率小一些,以降低谐振器的负载,增加一级放大器以提高输出功率。通常,振荡器的噪声比放大器的噪声大,故功率放大器不会增加额外噪声。如果振荡器是可调谐的,还要保证频带内功率平坦度。

3. 调谐范围

对于可调谐振荡器,还有个调谐带宽指标。通常是调谐的最大频率和最小频率,而不谈中心频率。对于窄带可调振荡器(如 10%),也有用中心频率的。调谐范围对应变容管的电压范围或 YIG 的电流范围。为了维持在振荡范围的高 Q 特性,变容管的最小电压大于 0。调谐灵敏度是 MHz/V,一般地,调谐灵敏度不等于调谐范围/电压范围。近似地,调谐灵敏度在中心频率的小范围内测量。调谐灵敏度比是最大调谐灵敏度/最小调谐灵敏度。在 PLL 的压控振荡器中,由于这个参数会影响到环路增益,因此特别重要。在低电压时,变容管电容最大,随电压的增加,电容很快达到最大值。低电压时,电容的大范围变化,会引起频率的变化范围的大,意味着频率低端灵敏度高,频率高端灵敏度低。由图 9-1-1 可知,超突变结比突变结变

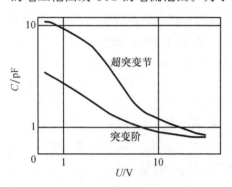

图 9-1-1　变容管的调谐特性

容管调谐线性好,设计中要选线性好的一段并使调谐电压放大到合适的范围。调谐速度是最大调谐范围所用时间,变容管的调谐速度比 YIG 的调谐速度快得多。

4. 供电电源

振荡器安全工作时所需电源及功率的电源电压和电流,功率需要有足够余量。

5. 结构尺寸

振荡器的外形结构和安装尺寸受使用场合的限制。在满足安装条件下,设计布局电路,考虑散热,使振荡器能稳定地工作。

9.1.2　振荡器原理

振荡器设计与放大器设计很类似。可以将同样的晶体管、同样的直流偏置电平和同样的一组 S 参数用于振荡器设计,对于负载来说,并不知道是被接到振荡器,还是接到放大器,如图 9-1-2 所示。

对于放大器设计来说,S'_{11} 和 S'_{22} 都小于 1,可以用圆图来设计 M_1 和 M_2;而对于振荡器设计来说,为了产生振荡,S'_{11} 和 S'_{22} 均大于 1。

振荡条件可以表示为

$$k < 1 \tag{9-1}$$

$$\Gamma_G S'_{11} = 1 \tag{9-2}$$

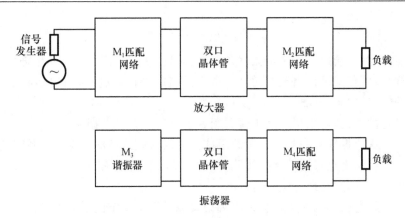

图 9-1-2 放大器和振荡器设计方框图

$$\Gamma_L S'_{22} = 1 \tag{9-3}$$

振荡条件为:首先保证稳定系数都应该小于 1,如果不满足这个条件,则应该改变公共端或加正反馈;其次,必须加无源终端 Γ_G 和 Γ_L,以便使输入端口和输出端口谐振于振荡频率。我们可以证明,如果式(9-2)得到满足,则式(9-3)亦必定满足,反之亦然。换句话说,如果振荡器在一个端口振荡,那么它必然在另一个端口同时振荡。通常,由于仅接一个负载,因此,大部分功率只供给一个端口。由于 $|\Gamma_G|$ 和 $|\Gamma_L|$ 均小于 1,式(9-2)和式(9-3)就意味着 $|S_{11}|' > 1$ 和 $|S_{22}|' > 1$。

假定端口 1 满足振荡条件:

$$\frac{1}{S'_{11}} = \Gamma_G \tag{9-4}$$

则有

$$S'_{11} = S_{11} + \frac{S_{12}S_{21}\Gamma_L}{1 - S_{22}\Gamma_L} = \frac{S_{11} - D\Gamma_L}{1 - S_{22}\Gamma_L} \tag{9-5}$$

$$D = S_{12}S_{21} - S_{11}S_{22}$$

$$\frac{1}{S'_{11}} = \frac{S_{11} - D\Gamma_L}{1 - S_{22}\Gamma_L} = \Gamma_G \tag{9-6}$$

将式(9-6)展开,可得

$$\Gamma_G S_{11} - D\Gamma_L\Gamma_G = 1 - S_{22}\Gamma_L$$

$$\Gamma_L(S_{22} - D\Gamma_G) = 1 - S_{11}\Gamma_G$$

$$\Gamma_L = \frac{1 - S_{11}\Gamma_G}{S_{22} - D\Gamma_G} \tag{9-7}$$

同理,有

$$S'_{22} = S_{22} + \frac{S_{12}S_{21}\Gamma_L}{1 - S_{11}\Gamma_L} = \frac{S_{22} - D\Gamma_G}{1 - S_{11}\Gamma_G} \tag{9-8}$$

$$\frac{1}{S'_{22}} = \frac{1 - S_{11}\Gamma_G}{S_{22} - D\Gamma_G} \tag{9-9}$$

比较式(9-7)和式(9-9),得

$$\frac{1}{S'_{22}} = \Gamma_{\mathrm{L}} \tag{9-10}$$

这就意味着,在端口 2 也满足振荡条件。如果两端口中任一端口发生振荡,则另一端口必然同样振荡,负载可以出现在两个端口中的任一端口,或同时出现在两个端口,但一般负载是在输出终端。

根据上述的理论,可以依下列步骤利用 $\boldsymbol{S}$ 参数来设计一个振荡器。

步骤一　确定振荡频率与输出负载阻抗。一般射频振荡器的输出负载阻抗为 50Ω。

步骤二　再根据电源选用半导体元件,设定三极管的偏压条件(V_{CE},I_{C}),确定振荡频率下的三极管的 $\boldsymbol{S}$ 参数(S_{11}、S_{21}、S_{12}、S_{22})。

步骤三　将所获得的 $\boldsymbol{S}$ 参数代入下列公式以计算出稳定因子 K 的值。

$$K = \frac{1 - \mid S_{11} \mid^2 - \mid S_{22} \mid^2 + \mid \Delta \mid^2}{2 \mid S_{12} S_{21} \mid} \tag{9-11}$$

其中,$\Delta = S_{11} S_{22} - S_{12} S_{21}$。

步骤四　检查 K 值是否小于 1。若 K 值不够小,可使用射极或源极增加反馈电路来降低 K 值,如图 9-1-3 所示。

$$[Z_{\mathrm{m}}] = [Z_{\mathrm{a}}] + [Z_{\mathrm{f}}] \tag{9-12}$$

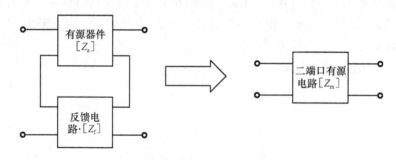

图 9-1-3　有源器件与反馈电路的串联

步骤五　利用下列公式计算出负载稳定圆的圆心 A 与半径 b,并绘出以 Γ_{L} 的史密斯圆,如图 9-1-4 所示。同理亦可计算出振源稳定圆的圆心 C 与半径 d。

负载稳定圆　$\mid \Gamma - A \mid = b$

$$\begin{cases} \text{圆心} \quad A = \dfrac{\overline{(S_{22} - \Delta S_{11}^*)}}{\mid S_{22} \mid^2 - \mid \Delta \mid^2} \\[4mm] \text{半径} \quad b = \dfrac{\mid S_{12} S_{21} \mid}{\mid \mid S_{22} \mid^2 - \mid \Delta \mid^2 \mid} \end{cases} \tag{9-13}$$

振荡稳定圆　$\mid \Gamma - C \mid = d$

$$\begin{cases} \text{圆心} \quad C = \dfrac{\overline{(S_{11} - \Delta S_{22}^*)}}{\mid S_{11} \mid^2 - \mid \Delta \mid^2} \\[4mm] \text{半径} \quad d = \dfrac{\mid S_{12} S_{21} \mid}{\mid \mid S_{11} \mid^2 - \mid \Delta \mid^2 \mid} \end{cases} \tag{9-14}$$

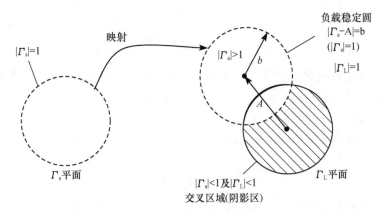

图 9-1-4　$|\Gamma_{s}|=1$ 映射至 Γ_{L} 平面的负载稳定圆

步骤六　设计一个谐振电路,一般使用并联电容 Z_s,将其反射系数 Z_s 转换成 Γ_{L1},并将其标记到 $|\Gamma_{L1}|=1$ 的圆图上。

$$\Gamma_{L1} = \frac{1}{S'_{22m}} = \frac{1}{S_{22m} + \dfrac{S_{12m}S_{21m}\Gamma_{s1}}{1-S_{11m}\Gamma_{s1}}}$$

步骤七　检查 Γ_{L1} 的值是否落在负载稳定圆外部与 $|\Gamma_{L1}|=1$ 的单位圆内部的交叉斜线区域,如图 9-1-5 所示。若没有,则重选谐振电路的电容值,并重复步骤七直到符合步骤八的要求。

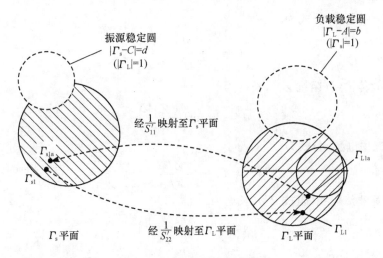

图 9-1-5　振荡器的设计图示

步骤八　根据计算得到的 Γ_{L1} 值,选择一个接近新值 Γ_{L1a},使其对应的阻抗值(Z_{L1a})的实数部分($\mathrm{Re}[Z_{L1a}]$)等于输出负载阻抗(R_L)。

步骤九　将新值 Γ_{L1a} 经 $1/S'_{11}$ 映射转换成新值 Γ_{s1a},并检查其绝对值是否小于所选定的 Γ_{s1} 的绝对值,即较接近 $|\Gamma_s|=1$ 的圆心,如果符合起振条件 $|\Gamma_{s1}|>|\Gamma_{s1a}|$,如图 9-1-5 所示,取

$$\Gamma_{s1a} = \frac{1}{S'_{11m}} = \frac{1}{S_{11m} + \dfrac{S_{12m}S_{21m}\Gamma_{L1a}}{1 - S_{22m}\Gamma_{L1a}}}$$

步骤十 振荡器电路的实现分别将 Z_f、Z_s、$\mathrm{Im}[Z_{L1a}]$ 转成实际元件值,可选用电容、电感或传输线实现这些元件值。

1) 反馈电路

(1) 若选用电容或等效传输线,公式为

$$C_f = \frac{1}{2\pi f_0 \mid Z_f \mid}$$

若选用等效传输线(阻抗 Z_0),长度为

$$\theta = \mathrm{arccot}\left(\frac{\mid Z_f \mid}{Z_0}\right)$$

(2) 若选用电感,公式为

$$L_f = \frac{\mid Z_f \mid}{2\pi f_0}$$

若选用等效传输线(阻抗 Z_0),长度为

$$\theta = \arctan\left(\frac{\mid Z_f \mid}{Z_0}\right)$$

2) 谐振电路

(1) 若选用电容,公式为

$$C_s = \frac{1}{2\pi f_0 \mid Z_s \mid}$$

选用等效传输线(阻抗 Z_0),长度为

$$\theta = \mathrm{arccot}\left(\frac{\mid Z_s \mid}{Z_0}\right)$$

(2) 若选用电感,公式为

$$L_s = \frac{\mid Z_s \mid}{2\pi f_0}$$

若选用等效传输线(阻抗 Z_0),长度为

$$\theta = \arctan\left(\frac{\mid Z_s \mid}{Z_0}\right)$$

3) 输出负载匹配电路

若 $\mathrm{Im}[Z_{L1a}] < 0$,则选用串联电容或等效匹配传输线

$$C_L = \frac{1}{2\pi f_0 \mid \mathrm{Im}[Z_{L1a}] \mid}$$

若 $\mathrm{Im}[Z_{L1a}] > 0$,则选用并联电感或等效匹配传输线

$$L_L = \frac{\mid \mathrm{Im}[Z_{L1a}] \mid}{2\pi f_0}$$

9.1.3　振荡器常用元器件

1. 有源器件

用于射频微波振荡器的有源器件及使用频段见表 9-1-1。

表 9-1-1　微波振荡器的有源器件

器件名称	英文简写	频　段	说　明
双极结晶体管	HBT	5GHz 以下	用途广泛,噪声低
场效应管	MOSFET	1GHz 以下	特殊要求时,比 HBT 噪声低
	JFET		
	MESTET HEMIT	100GHz 以下	用途广泛,噪声低
负阻二极管	GUNN IMPATT	100GHz 以下	结构简单,噪声大
倍频器		所有频率	稳定,现多用

2. 谐振器

用于射频微波振荡器的谐振器及使用频段见表 9-1-2。一般以振荡器的成本、指标来选择谐振器。

表 9-1-2　微波振荡器的谐振器

谐振器类型	频率范围	品质因数 Q	说　明
LC	1Hz～100GHz	0.5～200	Q 低,平面,成本高
变容管	1Hz～100GHz	0.5～100	Q 低,非线性,噪声大,可调
带状线 微带线	1MHz～100GHz	100～1000	尺寸大,平面,成本低,Q 高
波导	1GHz～600GHz	1K～10K	尺寸大,成本高,Q 高
YIG	1GHz～50GHz	1K	加磁场,成本高,速度慢, Q 高,调谐线性好
TL	0.5GHz～3GHz	200～1500	成本高,Q 高,温度稳定
蓝宝石	1GHz～10GHz	50K	成本高,Q 高,温度稳定
介质 DR	1GHz～30GHz	5K～30K	成本和体积大,Q 高
晶振	1kHz～0.5GHz	100K～2.5M	频率低,Q 高,温度稳定
声表 SAW	1MHz～2GHz	500K	频率低,成本高,Q 高

3. 振荡器基本电路

下面介绍一下振荡器的基本拓扑结构,图 9-1-6 给出了振荡器的四种基本连接形式。图 9-1-6(a)是微波振荡器原始等效电路,振荡器供出能量等效为负阻,负载吸收能量是正电阻,这个电路是对于各种振荡器都是有效的,只是在二极管振荡器中概念更直观。

图 9-1-6(b)和图 9-1-6(c)用途最广,技术成熟,图 9-1-6(b)是栅极反馈振荡器,常用于变容管调谐和各种传输线谐振器振荡器,工作于串联谐振器的电感部分。图 9-1-6(c)是源极反馈振荡器,常用于 YIG 调谐、介质谐振器和传输线谐振器振荡器,工作于并联谐振器的电容部分。在微波频段,反馈电容 C_1 就是器件的结等效电容。图 9-1-6(b)和图 9-1-6(c)实质上是相同的,只是调谐的位置不同。栅极起到谐振器与负载的隔离作用。图 9-1-6(d)是交叉耦合反馈电路。近代集成电路的发展使得低频电路的振荡器结构向微波领域移植。

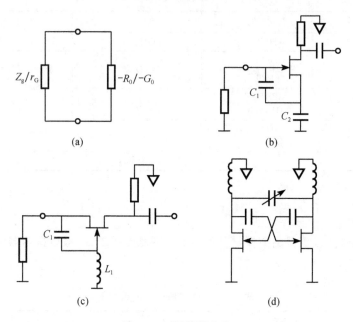

图 9-1-6　振荡器电路

　　为了保证振荡器的输出功率和频率不受负载影响,也使振荡器有足够的功率输出。通常的振荡器要加隔离放大器。如图 9-1-7 所示。

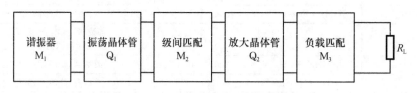

图 9-1-7　振荡器的实际结构框图

4. 振荡器的设计步骤

振荡器的设计步骤如下:

步骤一　选管子,在工作频率上有足够的增益和输出功率(以手册为基础)。

步骤二　选拓扑结构,适当反馈,保证 $K<1$。

步骤三　选择输出匹配网络,保证在 50Ω 负载时 $|S'_{11}|>1$。

步骤四　输入端谐振,使 $\Gamma_G S'_{11}=1$,保证 $|S'_{22}|>1$。

还要注意,晶体管的偏置对特性影响很大,无论什么管子(HBJT、FET、MMIC 等),电路拓扑结构一样。

9.2 集总参数振荡器

对于匹配电路和振荡电路都是集总元件的振荡器我们称为集总参数振荡器。由于元件的小型化和新材料的不断出现,在微波低端大量使用的集总参数电路的使用频率一直在向高端推移,微波微封装电路已经在厘米波段普及。

9.2.1 设计实例

设计一个 800MHz 放大器。电源 12VDC,负载阻抗 50Ω。晶体管 AT41511 的 S 参数如表 9-2-1 所示($V_{ce}=8V, I_C=25mA, Z_0=50Ω, T_A=25℃$)。

表 9-2-1 S 参数表

频率/GHz	S_{11}		S_{21}		S_{12}		S_{22}	
	Mag.	Ang.	Mag.	Ang.	Mag.	Ang.	Mag.	Ang.
0.5	0.49	−153	12.7	98	0.030	50	0.42	−35
0.6	0.48	−159	10.7	94	0.034	52	0.39	−35
0.7	0.48	−163	9.3	90	0.037	53	0.38	−35
0.8	0.47	−167	8.2	87	0.040	55	0.37	−36
0.9	0.47	−170	7.3	85	0.044	56	0.36	−37
1.0	0.47	−171	6.6	82	0.047	57	0.37	−38
1.5	0.44	177	4.9	71	0.065	59	0.40	−42
2.0	0.41	163	3.4	61	0.083	58	0.42	−45

设计过程如下:

(1) 计算可得有源器件的原始 K 值为 1.021,大于 1,需设计反馈电路。选用一个 18pF 的电容做反馈电路,经公式计算后可得修正后的 K 值为−0.84 远小于 1。

(2) 选用 11.5pF 电容做谐振电路,设其内电阻为 2.5Ω,将其反射系数 Γ_{s1} 经 $1/S'_{22}$ 映射公式转换成 Γ_{L1},并标记到 $|\Gamma_L|=1$ 的史密斯圆图上,可得确实落于 $|\Gamma_s|<1$ 及 $|\Gamma_L|<1$ 的交叉区域,即稳定振荡区内,故可用。

(3) 选定一接近值 Γ_{L1a},以使得其对应的阻抗值 $Z_{L1a}=50+j250Ω$ 的实数部分,$Re[Z_{L1a}]=50Ω$,等于输出负载阻抗 $R_L=50Ω$。

(4) 将新值 Γ_{L1a} 经 $(1/S'_{11})$ 映射转换成新值 Γ_{s1a},其绝对值(为 0.878)确实小于原先选定的 Γ_{s1} 的绝对值(为 0.914),符合起振条件 $|\Gamma_{s1}|>|\Gamma_{s1a}|$。

(5) 选用电感来设计输出负载匹配电路,经公式计算可得其值为 50nH。

(6) 代入射频模拟软件分析验证,仿真结果如图 9-2-1 所示。

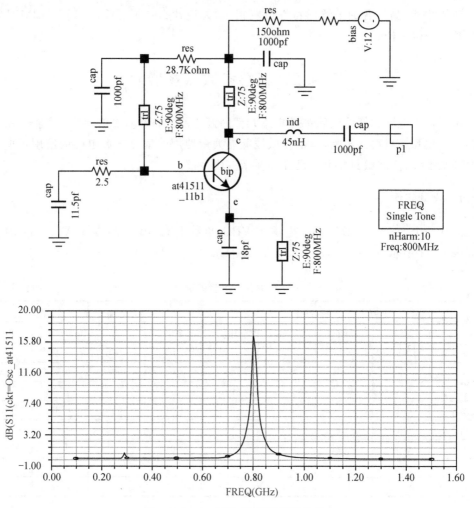

图 9-2-1　800MHz 振荡器设计结构

9.2.2　电路拓扑结构举例

从上例可以看出,振荡器的设计有许多元件是根据经验预选,代入公式验证。图 9-2-2、图 9-2-3、图 9-2-4 给出几个典型电路供参考。

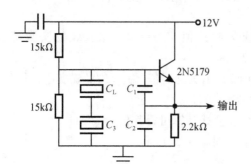

	3MHz	6MHz	10MHz	20MHz	30MHz
C_1/pF	330	270	180	82	43
C_2/pF	430	360	220	120	68
C_3/pF	39	43	43	36	32
C_L/pF	32	32	30	20	15

图 9-2-2　晶体振荡器

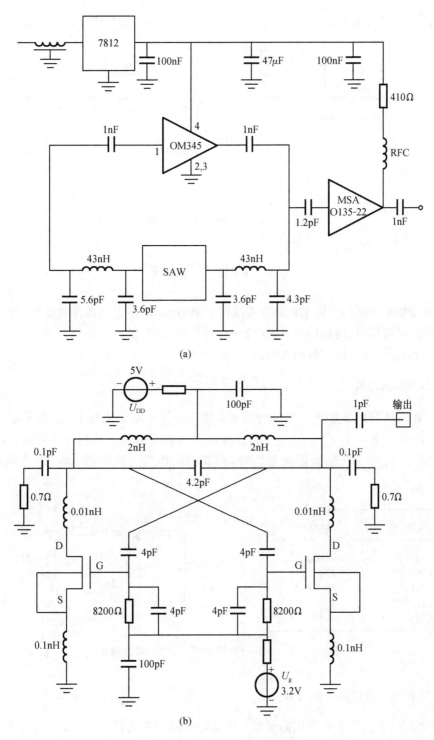

(a)

(b)

图 9-2-3 1.04GHz 集成振荡器

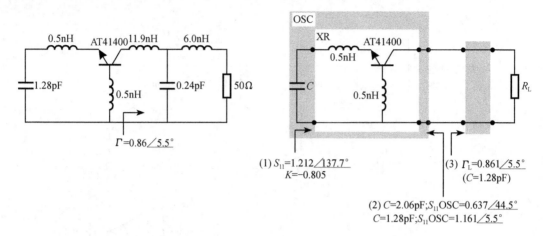

图 9-2-4　4GHz 振荡器设计结果

9.3　微带线振荡器

分布参数振荡器的常用结构是微带线型平面结构,以便于元器件的安装。常用谐振器有微带线段谐振器、同轴型介质谐振器和圆(方)柱谐振器。下面结合实例介绍电路拓扑,并给出微带与介质谐振器的布局。

1. 2GHz 振荡器

双极结晶体管的参数和电路设计结果如图 9-3-1 所示。电感 L_B 的加入,可保证振荡稳定。可以验算, $|S'_{11}|>1$, $|S'_{22}|>1$。电容 C 与管子引线电感构成谐振回路,电容 C 可以用变容管、YIG 或介质谐振器代替,构成不同功能的振荡器,微带线是阻抗变换网络。

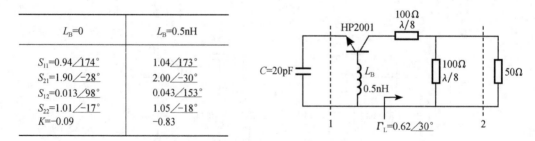

$L_B=0$	$L_B=0.5\text{nH}$
$S_{11}=0.94\angle 174°$	$1.04\angle 173°$
$S_{21}=1.90\angle -28°$	$2.00\angle -30°$
$S_{12}=0.013\angle 98°$	$0.043\angle 153°$
$S_{22}=1.01\angle -17°$	$1.05\angle -18°$
$K=-0.09$	-0.83

图 9-3-1　2GHz 振荡器的管子参数和设计结果

2. 同轴型介质谐振器振荡器

在微波低端,近年大量使用同轴型介质谐振器制作振荡器。图 9-3-1 所示振荡器中的电容 C 的位置都可以用介质谐振器代替,重新设计其他元件,能提高振荡器的频率稳定性。

如图 9-3-2 所示,四分之一波长的内圆外方同轴谐振器。圆柱套型高介电常数的陶瓷介质内外表面被有金属导体,引脚端开路,另一端短路。谐振器的边长与内径满足高 Q 条件。表 9-3-1 给出不同介电常数的使用频段,表中 f 是以 GHz 为单位的工作频率。

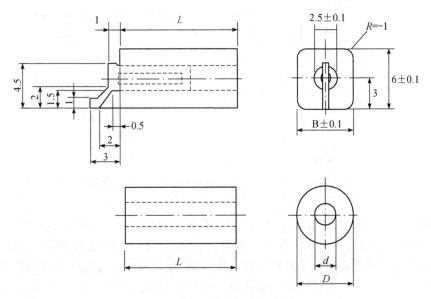

图 9-3-2　同轴型介质谐振器

表 9-3-1　常用同轴介质谐振器

相对介电常数	21	38	88
长度/mm	$16.6/f$	$12.6/f$	$8.8/f$
温度系数/(ppm/℃)	10	6.5	8.5
温度系数	$-3\sim+12$	$-3\sim+12$	$-3\sim+12$
典型 Q 值	800	500	400
适应频率	$1\sim4.5$GHz	$0.8\sim2.5$GHz	$0.4\sim1.5$GHz

同轴型介质谐振器等效为一个并联谐振回路,谐振时的等效电阻为

$$R_{\mathrm{p}} = \frac{2Z_0^2}{R^* l}$$

式中, Z_0 为谐振器的特性阻抗, R^* 为导体损耗, l 为谐振器长度。如工作频率为 450MHz、介电常数为 88,可求得 $R_{\mathrm{p}}=2.5\mathrm{k}\Omega$。

图 9-3-3 给出使用这种谐振器的振荡器典型电路。变换谐振器尺寸,可以工作在 0.5GHz~2.5GHz 频率范围。

3. 圆柱(方柱)介质谐振器 FET 振荡器

在微波频率,稳定的频率源通常用石英晶体振荡器经过 N 次倍频来实现,这种方法

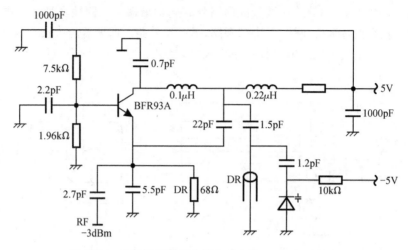

图 9-3-3　介质谐振器振荡器典型电路(0.5~2.5GHz)

将使调频噪声功率增大 N 倍,效率很低,结构复杂且造价高。介质谐振器由于其 Q 值高、尺寸小,以及可以很好地集成于微波集成电路(MIC),可以直接用作确定频率的元件,而且用作介质谐振器的温度稳定材料性能不断提高,使介质谐振器晶体管振荡器迅速被优先选择作用于各种场合的固定频率振荡器。和其他微波振荡器相比,它具有频带宽、噪声低、结构紧凑、可靠性高等优点,在微波频段得到了广泛的应用,同时在微波谐振电路和稳频技术方面也取得飞速发展。

如图 9-3-4 所示,圆柱型介质可以等效为一个并联谐振器,与晶体管结合就可构成微波振荡器。图 9-3-5 所示为 4GHz 介质振荡器。

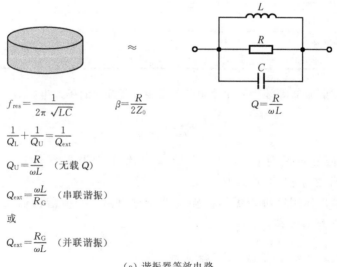

$$f_{res} = \frac{1}{2\pi\sqrt{LC}} \qquad \beta = \frac{R}{2Z_0} \qquad Q = \frac{R}{\omega L}$$

$$\frac{1}{Q_L} + \frac{1}{Q_U} = \frac{1}{Q_{ext}}$$

$$Q_U = \frac{R}{\omega L} \quad (\text{无载 } Q)$$

$$Q_{ext} = \frac{\omega L}{R_G} \quad (\text{串联谐振})$$

或

$$Q_{ext} = \frac{R_G}{\omega L} \quad (\text{并联谐振})$$

(a) 谐振器等效电路

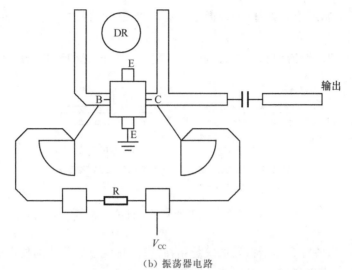

（b）振荡器电路

图 9-3-4 圆柱型介质谐振器振荡器

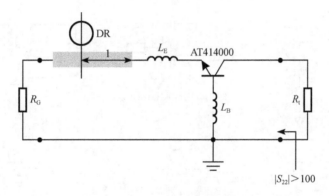

图 9-3-5 4GHz 介质振荡器

介质谐振器与微带电路的耦合参见图 9-3-6，调节谐振器的三维位置就可改变耦合量。

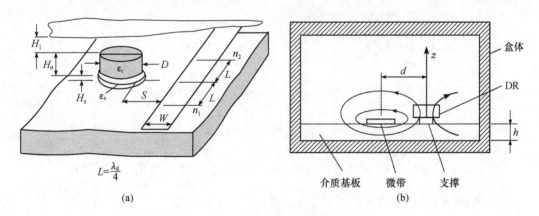

图 9-3-6 介质谐振器与微带线的耦合

介质振荡器的调谐方法有机械调谐和电调谐。机械调谐是通过机械装置改变谐振回路的等效电容、电感或边界条件,而使微波振荡器的频率获得改变的一种方法。在介质振荡器中可用金属圆盘、介质圆杆实现对介质谐振器谐振频率的机械调谐,如图 9-3-7 所示。介质振荡器的电调谐包括变容管调谐、铁氧体调谐、偏置调谐和光调谐。

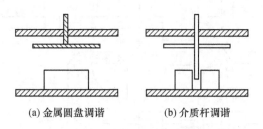

(a) 金属圆盘调谐   (b) 介质杆调谐

图 9-3-7　介质振荡器的机械调谐

图 9-3-8 给出各种介质谐振器的安装拓扑,微波场效应振荡器的技术成熟于 20 世纪 80 年代,目前已在各类微波系统中得到使用。

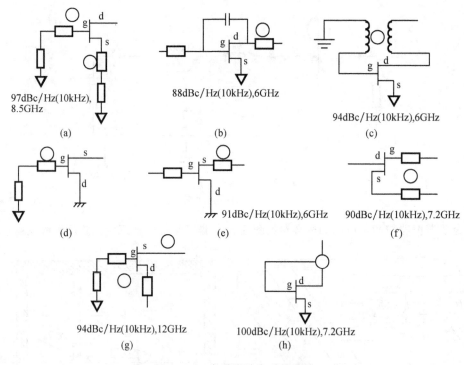

图 9-3-8　各种微波介质振荡器

图 9-3-9 是一个 14GHz 微波振荡器实例,微封装后就像普通晶振一样使用。

4. 圆柱(方柱)介质谐振器二极管振荡器

图 9-3-10 是介质谐振器与体效应二极管振荡器结合实际结构,这个电路也是成熟振荡器,用途广泛。

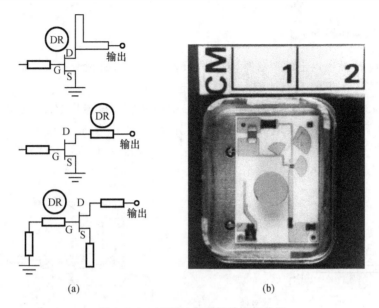

图 9-3-9 14GHz 介质场效应振荡器

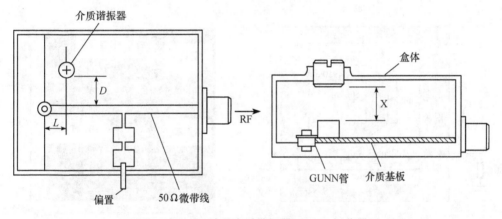

图 9-3-10 X 波段介质谐振器 GUNN 振荡器

图 9-3-11 是介质谐振器与雪崩管振荡器结合实例,这是一个频带反射式振荡器。

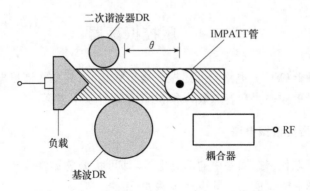

图 9-3-11 X 波段介质谐振器 IMPATT 振荡器

5. 微机械振荡器

为了实现 K 波段以上的振荡器,近年发展起来一种微机械谐振器。把微带谐振线作在一种特制材料薄膜上,具有体积小、性能稳定的特点。

图 9-3-12 微机械振荡器的结构,把图(a)中的介质谐振器换成图(b)的微机械谐振器,图(c)中下方是微机械电路的尺寸,电路外形尺寸为 6.8mm × 8mm × 1.4mm。HEMT 器件 FHR20X 的 $V_{gs} = -0.3V$,$V_{ds} = 2V$,$I_{ds} = 10mA$,$f_0 = 28.7GHz$,$P_0 = 0.6dBm$。

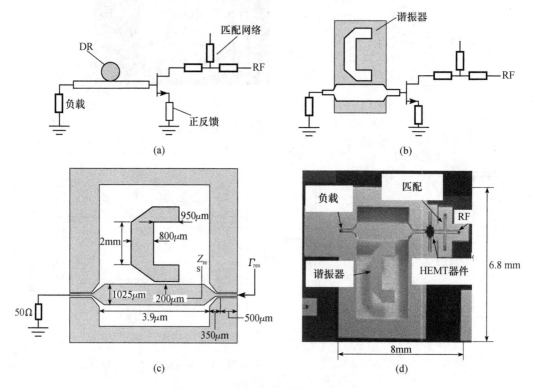

图 9-3-12　微机械振荡器结构示意图

9.4　压控振荡器

微波压控振荡器(VCO)电路与上述振荡器形式相同,只是在谐振电路中增加可变电抗以调制输出信号的频率。变容二极管和 YIG 是两种基本方案。

9.4.1　集总元件压控谐振电路

用变容二极管取代谐振回路中的部分电容,即可将振荡器修改成压控振荡器。修改后的谐振电路如图 9-4-1 所示。其设计步骤如下:

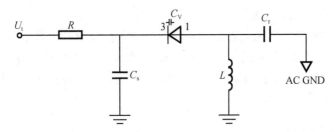

图 9-4-1 VCO 谐振电路

步骤一 选用电路结构。首先计算 $K = f_{\max}/f_{\min}$；若 $K < 1.4$，变容二极管与一个固定值电容串联；若 $K > 1.4$，两个变容二极管并联。

步骤二 确定 VCO 电路使用场合。若单独应用，则需要使用微调电容来调整 $f_{\max}$ 和固定值电容来增加温度补偿；若用于锁相环，一般情况下，可以不用微调电容与固定电容。

步骤三 估算等效谐振电容 C_r。

$$C_r = 固定电容 + 可调电容 + 有源元件等效电容 + 离散电容$$

等效谐振电容可以利用表 9-4-1 进行估算。

表 9-4-1 估算谐振电容

VCO 输出频率/MHz	有源元件与离散等效电容的估算值/pF	常用可调电容/pF
0.1~0.5	15	10
0.5~30	10	5
30~100	5	5
100~200	4	3
200~1000	1~3	1~2

步骤四 计算最大调整电容 $C_{T\max}$。

$$C_{T\max} = (K^2 - 1)C_r + K^2 C_{\min}$$

其中 K 与 C_r 的值可由步骤一与步骤三获得，而 $C_{\min}$ 可由厂商提供的变容二极管的元件资料中取得，且其对应的最大电容值 $C_{\max}$ 必须比最大调整电容 $C_{T\max}$ 稍大些。

步骤五 计算谐振电感 L。

$$L = \frac{1}{4\pi^2 f_{\max}^2 (C_r + C_{\min})}$$

也可以参考表 9-4-2 来选定谐振电感值，以避免选用的变容二极管的 $C_{\min}$ 值过小。

表 9-4-2 谐振电感估算值

VCO 输出频率/MHz	谐振电感值/μH	VCO 输出频率/MHz	谐振电感值/μH
0.2~1.0	10~1500	10~100	0.08~25
0.5~2.0	10~1000	50~200	40~400
2~15	0.1~1000	200~1000	8~40

步骤六　决定 R 与 C_s 值。

电阻 R 与旁路电容 C_s 的主要作用是阻隔调谐电路与射频电路的耦合干扰。R 值太小则不能达到去耦效果,太大则会因变容二极管的漏电流的交流成分而造成噪声调制。在特殊情况下,可以用射频轭流圈替代。一般地,R 值约是 $30\text{K}\Omega$ 左右,而 C_s 值则视振荡频段而不同,约为 $10\sim1000\text{pF}$。

9.4.2　压控振荡器电路举例

图 9-4-2、图 9-4-3、图 9-4-4、图 9-4-5 给出几个压控振荡器电路实例,可供电路设计参考。

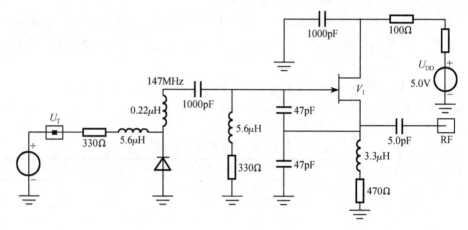

图 9-4-2　压控振荡器电路

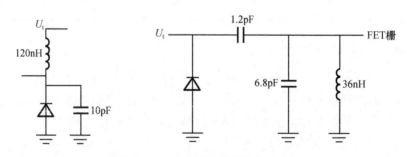

图 9-4-3　变容管的两种连接方式

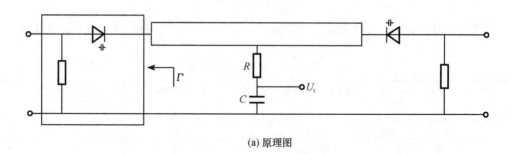

(a) 原理图

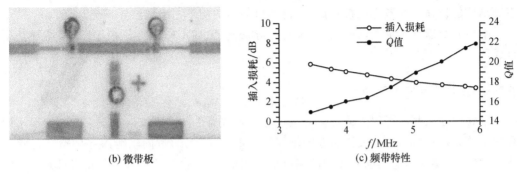

(b) 微带板　　　　　　　　　　　　　(c) 频带特性

图 9-4-4　3～6GHz 宽带微波压控谐振器

（变容管 CVE7900D，$C_{j0}=1.5\mathrm{pF}$，$Q=7000(-4\mathrm{V},50\mathrm{MHz})$，$V_{\mathrm{B}}=45\mathrm{V}$，$K=6$）

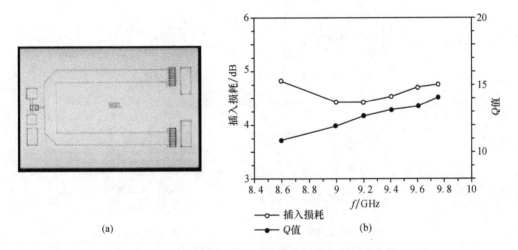

(a)　　　　　　　　　　　　　　　　　(b)

图 9-4-5　X 波段 MMIC 宽带微波压控谐振器频带特性

9.5　波导振荡器

波导振荡器是毫米波的主要结构形式。基本构成是两部分：①具有负阻特性的两极有源器件，如体效应二极管（耿氏二极管）和雪崩二极管，可把直流电源变成微波能量。②波导结构，提供有源器件的安装支架，提供维持振荡的电磁场信号的边界条件，为直流偏置提供通路，把微波能量输出到负载。这类振荡器的基本原理仍然是这个回路的阻抗之和等于零。即

$$Z_{器件}(f,P_{\mathrm{out}},V_{\mathrm{DC}},I_{\mathrm{DC}},T)+Z_{电路}(f,几何结构)=0$$

又可写成

$$R_{器件}(P_{\mathrm{out}},V_{\mathrm{DC}},I_{\mathrm{DC}},T)=-R_{电路}(f,几何结构)$$

$$X_{器件}(f,P_{\mathrm{out}},V_{\mathrm{DC}},I_{\mathrm{DC}},T)=-X_{电路}(f,几何结构)$$

通常，负阻器件的电阻值为几欧姆，而矩形波导的主模 H_{10} 模的阻抗为几百欧姆，故

波导结构的设计还要考虑阻抗变换,使得尽可能多的功率输出到波导系统。

本节介绍以下三个方面的内容:单管波导振荡器(SDO),波导压控振荡器,波导功率合成器。

9.5.1 单管波导振荡器

单管波导振荡器可用于偏置电源调谐振荡器或器件的测试支架。图 9-5-1 给出了四种常见波导振荡器结构。波导结合同轴线组成波导结构,通过同轴线内导体给器件提供直流偏置,内导体影响到电路在器件端口呈现的阻抗,同轴线的尺寸应保证 TEM 模的传输,要求内外导体直径之和必须小于 $c/(\pi f_{\max})$。

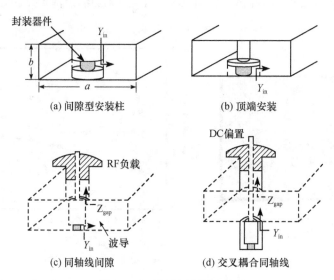

图 9-5-1 波导振荡器电路

图 9-5-1 所示的电路结构都可以等效为如图 9-5-2 所示的电路。器件所要求的电路导纳为 Y_{in}。同轴线进入波导处的参考面上的阻抗为 Z_{gap},参见图 9-5-1(c),对于图 9-5-1(a)和(b),在振荡频率上,$Z_{\mathrm{gap}}=0$。波导呈现的全部阻抗为 Z_{e}。

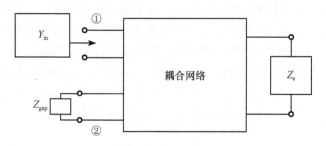

图 9-5-2 波导振荡器等效电路

由于同轴线内导体要通过器件的偏置电源,必须设计一个低通滤波器。图 9-5-3 给出了基本高低阻抗线滤波器,对于图示结构可见,级联三节四分之一波长变换器使得 Z_{gap}

非常低。低阻线内导体外沿的介质支撑是为了保证各节轴线的重合并保证直流的通路。

$$Z_{\text{gap}} = \frac{1}{Z_L}\left(\frac{Z_{\text{c,lo}}^2}{Z_{\text{c,hi}}}\right)^2$$

图 9-5-1(c)和(d)的非零 Z_{gap} 提供了振荡器的附加调谐的可能性。可以利用传统的传输线公式将负载阻抗变换到安装柱的间隙处

$$Y_{\text{in}} = Y_{11} - Z_{\text{gap}}\frac{Y_{12}Y_{21}}{1+Z_{\text{gap}}Y_{22}}$$

式中

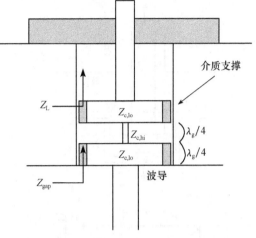

图 9-5-3　基本低高低阻抗线低通滤波器

$$Y_{ii} = Z_{\text{gap}} = \frac{1}{Z_e R_i^2} + jB_i, \quad i = 1,2$$

$$Y_{21} = Z_{\text{gap}}\frac{1}{Z_e R_1 R_2} + jB_{21}$$

图 9-5-4 是图 9-5-1(c)的计算过程,图 9-5-5 是图 9-5-1(d)计算过程。

除了设计微波结构外,振荡器中器件的偏置电源如图 9-5-6 所示。

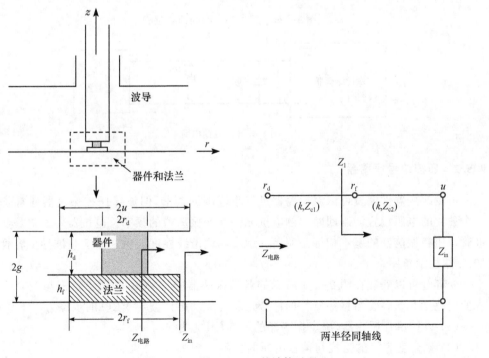

图 9-5-4　图 9-5-1(c)的计算过程

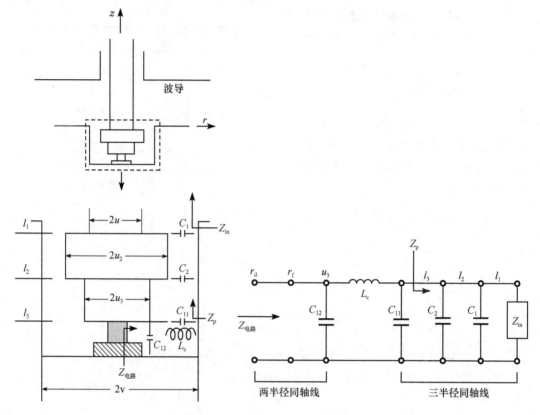

图 9-5-5 图 9-5-1(d)的计算过程

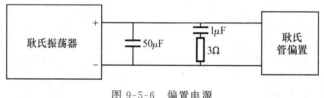

图 9-5-6 偏置电源

9.5.2 压控波导振荡器

虽然改变器件偏置可以对振荡器进行小范围的调谐,但波导压控振荡器通常是通过一个独立的电源偏置调制回路中的电抗元件改变振荡器的频率。电抗器件通常是变容二极管。压控振荡器的基本指标是调谐灵敏度和调谐线性度。图 9-5-7 是波导变容管调谐 VCO 结构示意图。

变容管可以安装在图 9-5-1 所示的各类振荡器中。VCO 的调谐范围与变容管的电容变化范围和变容管与振荡器件的耦合强弱有关。设计波导 VCO 的步骤为:

(1) 设计单管振荡器,确定振荡器的频率-阻抗曲线。

(2) 确定变容管的阻抗与偏置电源的关系。

(3) 在此基础上,设计 VCO 电路,使用双柱分析计算电路尺寸,满足调谐范围和线性。如果器件的电阻不随频率变化,则所设计的电路的电阻与偏压的关系也不必随频率变化。

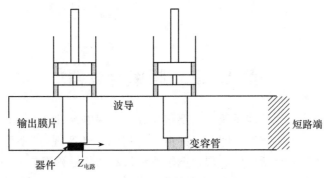

图 9-5-7　变容管调谐 VCO

9.5.3　波导功率合成器

与微带功率合成器类似,可以把多个器件的输出功率合成实现大功率输出。这种功率合成也可分成器件级,电路级和空间级。这里的功率合成显然是电路级,图 9-5-8 给出波导腔六管功率合成器示意图,每个管子处于磁场最大点,间距为二分之一波长。图 9-5-9 是波导腔对管八节功率合成器,每个对管处于磁场最大点,间距仍为二分之一波长,输出膜片和短路端与相近对管的距离为四分之一波长。

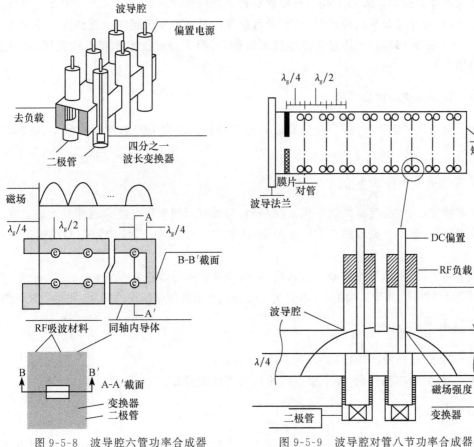

图 9-5-8　波导腔六管功率合成器　　　　　图 9-5-9　波导腔对管八节功率合成器

第10章 频率合成器

频率合成技术是近代微波系统的主要信号源。跳频电台、捷变频雷达、移动通信等无线系统核心都采用频率合成器。即使点频信号源用锁相环实现,频率稳定度和相位噪声指标也比自由振荡的信号指标好。现代电子测量仪器的信号源都是频率合成器。

广阔的市场需求推动了频率合成器技术的快速发展。各种新型频率合成器和频率合成方案不断涌现,集成化、小型化是频率合成器发展的主题,大量产品迅速达到成熟的阶段。

10.1 频率合成器基本概念

将一个高稳定度和高精度的标准频率信号经过加、减、乘、除的四则算术运算,产生有相同稳定度和精确度的大量离散频率,这就是频率合成技术。根据这个原理组成的电路单元或仪器称为频率合成器。虽然只要求对频率进行算术运算,但是,由于需要大量有源和无源器件,使频率合成系统相当复杂,导致这项技术一直发展缓慢。直到电子技术高度发达的今天,微处理器和大规模集成电路大量使用,频率合成技术才有迅速发展,并得到广泛应用。

10.1.1 频率合成器重要指标

除了振荡器基本指标,频率合成器还有其他指标。经常考察的指标有频率、功率、相位和噪声等。

1. 频率有关指标

频率稳定度:与振荡器的频率稳定度相同,包括时间频率稳定度和温度频率稳定度。
频率范围:频率合成器的工作频率范围,由整机工作频率定,输出频率与控制码一一对应。
频率间隔:输出信号的频率步进长度,可等步进或不等步进。
频率转换时间:频率变换的时间,通常关心最高和最低频率的变换时间,即是最长时间。

2. 功率有关指标

输出功率:振荡器的输出功率,通常用 dBm 表示。
功率波动:频率范围内,各个频点的输出功率最大偏差。

3. 相位噪声

相位噪声是频率合成器的一个极为重要的指标,与频率合成器内的每个元件都有关,降低相位噪声是频率合成器的主要设计任务。

4. 其他

控制码对应关系：指定控制码与输出频率的对应关系。
电源：通常需要有两组以上电源。

10.1.2　频率合成器的基本原理

频率合成器的实现方式有四种，即直接式频率合成器、锁相环频率合成器（PLL）、数字直接综合器（DDS）、PLL＋DDS 混合结构。其中第一种已很少使用，第二、三、四种都仍有广泛的使用，要根据频率综合器的使用场合、指标要求来确定使用哪种方案。下面分别简单介绍。

1. 直接频率合成器

直接频率合成器是早期的频率合成器。基准信号通过脉冲形成电路产生谐波丰富的窄脉冲。经过混频、分频、倍频、滤波等进行频率的变换和组合，产生大量离散频率，最后取出所要频率。

例如，为了从 10MHz 的晶体振荡器获得 1.6kHz 的标准信号，先将 10MHz 信号经 5 次分频后得到 2MHz 的标准信号，然后经 2 次倍频、5 次分频得到 800kHz 标准信号，再经 5 次分频和 100 次分频就可得到 1.6kHz 标准信号。同理，如果想获得标准的 59.5MHz 信号，除经倍频外，还将经两次混频、滤波。

直接频率合成方法的优点是频率转换时间短，并能产生任意小数值的频率步进。但是它也存在缺点，用这种方法合成的频率范围将受到限制，更重要的是由于采用了大量的倍频，混频，分频，滤波等电路，给频率合成器带来了庞大的体积和重量，而且输出的谐波、噪声和寄生频率均难抑制。

2. 锁相环频率合成器

锁相环频率合成器（PLL）是利用锁相环路实现频率合成的方法，将压控振荡器输出的信号与基准信号比较、调整，最后输出所要求的频率，它是一种间接频率合成器。

1）基本原理

基本原理如图 10-1-1 所示。压控振荡器的输出信号与基准信号的谐波在鉴相器里进行相位比较，当振荡频率调整到接近于

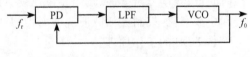

图 10-1-1　锁相环频率合成器

基准信号的某次谐波频率时，环路就能自动地把振荡频率锁到这个谐波频率上。这种频率合成器的最大优点是简单，指标也可以做得较高。由于它是利用基准信号的谐波频率作为参考频率，故要求压控振荡器的精度必须在 $\pm 0.5 f_R$ 内，如超出这个范围，就会错误地锁定在邻近的谐波上，导致选择频道困难。对调谐机构性能要求也较高，倍频次数越多，分辨力就越差，因此，这种方法提供的频道数是有限的。

2）数字式频率合成器

数字式频率合成器是锁相环频率合成器的一种改进形式，即在锁相环路中插入一个

可变分频器,如图 10-1-2 所示。这种频率合成器采用了数字控制的部件,压控振荡器的输出信号进行 N 次分频后再与基准信号相位进行比较,压控振荡器的输出频率由分频比 N 决定。当环路锁定时,压控振荡器的输出频率与基准频率的关系是 $f=Nf_R$,从这个关系式看出,数字式频率合成器是一种数字控制的锁相压控振荡器,其输出频率是基准频率的整数倍。通过控制逻辑来改变分频比 N,压控振荡器的输出频率将被控制在不同的频率上。

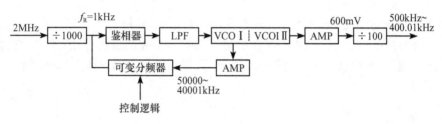

图 10-1-2 数字式频率合成器

例如,基准频率 $f_R=1\text{kHz}$,控制可变分频比 $N=50000\sim40001$,则压控振荡器的输出频率将为 $500.00\sim400.01\text{kHz}$(频率间隔为 10Hz)。因此,数字式频率合成器可以通过可变分频器的分频比 N 的设计,提供频率间隔小的大量离散频率。这种频率合成法的主要优点是锁相环路相当于一个窄带跟踪滤波器,具有良好的窄带跟踪滤波特性和抑制输入信号的寄生干扰的能力,节省了大量滤波器,有利于集成化、小型化。另外,它还有很好的长期稳定性,从而使数字式频率合成器有高质量的信号输出,因此,数字锁相合成法已获得越来越广泛的应用。

3. 直接数字频率合成器(DDS)

直接数字频率合成技术是从相位概念出发,直接合成所需要波形的一种新的频率合成技术。近年来技术和器件水平的不断提高,使 DDS 技术得到了飞速的发展,它在相对带宽、频率转换时间、相位连续性、正交输出、高分辨率以及集成化等一系列性能指标方面已远远超过了传统的频率合成技术,是目前运用最广泛的频率合成方法。

DDS 有别于其他频率合成方法的优越性能和特点,具体表现在相对带宽宽、频率转换时间短、频率分辨率高、输出相位连续、可产生宽带正交信号及其他多种调制信号、可编程和全数字化、控制灵活方便等方面,并具有极高的性价比。

1) DDS 的工作原理

实现直接数字频率合成的办法是用一通用计算机或微计算机求解一个数字递推关系式,也可以是在查问的表格上存储正弦波值。现代微电子技术的进展,已使 DDS 能够工作在高约 10MHz 的频率上。这种频率合成器的体积小、功耗低,并可以几乎是实时的、相位连续的频率变换,具有非常高的频率分辨力,能产生频率和相位可控制的正弦波。电路一般包括基准时钟、频率累加器、相位累加器、幅度/相位转换电路、D/A 转换器和低通滤波器。

DDS 的结构有很多种,其基本的电路原理可用图 10-1-3 来表示,图(a)是图(b)的简化形式。

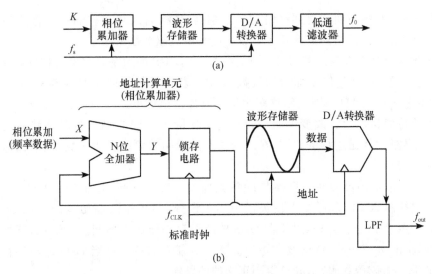

图 10-1-3　DDS 基本结构

相位累加器由 N 位加法器与 N 位累加寄存器级联构成。每来一个时钟脉冲 f_s,加法器将控制字 k 与累加寄存器输出的累加相位数据相加,把相加后的结果送到累加寄存器的数据输入端,以使加法器在下一个时钟脉冲的作用下继续与频率控制字相加。这样,相位累加器在时钟作用下,不断对频率控制字进行线性相位累加。可以看出,相位累加器在每一个时钟输入时,把频率控制字累加一次,相位累加器输出的数据就是合成信号的相位,相位累加器的输出频率就是 DDS 输出的信号频率。用相位累加器输出的数据作为波形存储器(ROM)的相位取样地址。可把存储在波形存储器内的波形抽样值(二进制编码)经查找表查出,完成相位到幅值的转换。波形存储器的输出送到 D/A 转换器,D/A转换器将数字形式的波形幅值转换成所要求合成频率的模拟量形式信号。低通滤波器用于滤除不需要的取样分量,以便输出频谱纯净的正弦波信号。改变 DDS 输出频率,实际上改变的是每一个时钟周期的相位增量,相位函数的曲线是连续的,只是在改变频率的瞬间其频率发生了突变,因而保持了信号相位的连续性。这个过程可以简化为三步:

(1) 频率累加器对输入信号进行累加运算,产生频率控制数据或相位步进量。

(2) 相位累加器由 N 位全加器和 N 位累加寄存器级联而成,对代表频率的 2 进制码进行累加运算,产生累加结果 Y。

(3) 幅度/相位转换电路实质是一个波形存储器,以供查表使用。读出的数据送入D/A 转换器和低通滤波器。

2) DDS 的优点

(1) 输出频率相对带宽较宽。输出频率带宽为 $50\% f_s$(理论值)。但考虑到低通滤波器的特性和设计难度以及对输出信号杂散的抑制,实际的输出频率带宽仍能达到$40\% f_s$。

(2) 频率转换时间短。DDS 是一个开环系统,无任何反馈环节,这种结构使得 DDS的频率转换时间极短。事实上,在 DDS 的频率控制字改变之后,需经过一个时钟周期之后按照新的相位增量累加,才能实现频率的转换。因此,频率时间等于频率控制字的传输,也就是一个时钟周期的时间。时钟频率越高,转换时间越短。DDS 的频率转换时间可达纳秒数量级,比使用其他的频率合成方法都要短数个数量级。

(3) 频率分辨率极高。若时钟 f_s 的频率不变,DDS 的频率分辨率由相位累加器的位数 N 决定。只要增加相位累加器的位数 N 即可获得任意小的频率分辨率。目前,大多数 DDS 的分辨率在 1Hz 数量级,许多小于 1mHz 甚至更小。

(4) 相位变化连续。改变 DDS 输出频率,实际上改变的每一个时钟周期的相位增量,相位函数的曲线是连续的,只是在改变频率的瞬间其频率发生了突变,因而保持了信号相位的连续性。

(5) 输出波形的灵活性。只要在 DDS 内部加上相应控制(如调频控制 FM、调相控制 PM 和调幅控制 AM),即可以方便灵活地实现调频、调相和调幅功能,产生 FSK、PSK、ASK 和 MSK 等信号。另外,只要在 DDS 的波形存储器存放不同波形数据,就可以实现各种波形输出,如三角波、锯齿波和矩形波甚至是任意的波形。当 DDS 的波形存储器分别存放正弦和余弦函数表时,既可得到正交的两路输出。

(6) 其他优点。由于 DDS 中几乎所有部件都属于数字电路,易于集成,功耗低、体积小、重量轻、可靠性高,且易于程控,使用相当灵活,因此性价比极高。

3) DDS 的局限性

(1) 最高输出频率受限。由于 DDS 内部 DAC 和波形存储器(ROM)的工作速度限制,使得 DDS 输出的最高频有限。目前市场上采用 CMOS、TTL、ECL 工艺制作的 DDS 芯片,工作频率一般在几十兆赫兹至 400MHz 左右,采用 GaAs 工艺的 DDS 芯片工作频率可达 2GHz 左右。

(2) 输出杂散大。由于 DDS 采用全数字结构,不可避免地引入了杂散。其来源主要有三个:相位累加器相位舍位误差造成的杂散、幅度量化误差(由存储器有限字长引起)造成的杂散和 DAC 非理想特性造成的杂散。

4. DDS+PLL 频率合成器

DDS 的输出频率低,杂散输出丰富,这些因素限制了它的使用。间接 PLL 频率合成虽然体积小,成本低,各项指标之间的矛盾也限制了其使用范围。可变参考源驱动的锁相频率合成器对于解决这一矛盾是一种较好的方案。可变参考源的特性对这一方案是至关重要的,作为一个频率合成器的参考源,首先应具有良好的频谱特性,即具有较低的相位噪声和较小的杂散输出。虽然 DDS 的输出频率低,杂散输出丰富,但是它具有频率转换速度快,频率分辨率高,相位噪声低等优良性能,通过采取一些措施可以减少杂散输出。用 DDS 作为 PLL 的可变参考源是理想方案。

10.2 锁相环频率合成器 PLL

由于微电子技术的快速发展,使得 PLL 锁相环频率合成器有了很高的集成化程度。图 10-2-1 所示的是数字式频率合成器电路,组成元器件有标准晶振频率源、频率合成器芯片、滤波器、压控振荡器、单片机等。

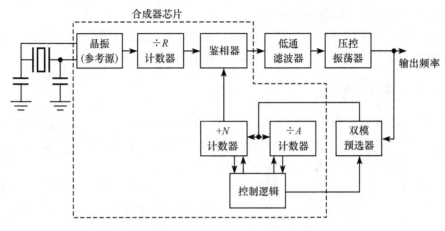

图 10-2-1　PLL 的基本结构

10.2.1　PLL 的各个部件选购和设计

图 10-2-1 中,可以直接购买专业厂家的产品有晶体振荡器、PLL 集成电路、单片计算机和 VCO 压控振荡器。需要设计的部分是低通滤波器 LPF 和单片机的程序。

1. 晶体振荡器

目前,使用最多的标准频率源是晶体振荡器。专业生产厂家的产品指标越来越高,体积越来越小。常用的有恒温晶振 OCXO、温补晶振 TCXO、数字温补 DCXO。常用标准频率有 10MHz、20MHz、40MHz 等。稳定频率稳定度可以达到 ±1ppm,各种标准封装都有。国内技术已经成熟,北京、西安、深圳等地都有厂家生产,可根据 PLL 集成电路的情况和频率合成器整机设计要求选购。

2. PLL 集成电路

PLL 集成电路以国外公司生产为主,性能稳定可靠。工作频率涵盖 VCO 频率。芯片内包括参考标准频率源的分频器、VCO 输出信号频率的分频器、鉴相器、输出电荷泵等。两个分频器可以将标准频率和输出频率进行任意分频,满足频率合成器的频率分辨率要求,不同信号经不同分频后,得到两路同频率信号,再进行比相,相位差送入电荷泵,电荷泵的输出电流与相位差成比例,进一步输出给 LPF,控制 VCO。

国外几个主要的 PLL 集成电路生产厂家分别为 AD 公司、PE 公司、HITTITE 公司、MOTOROLA 公司等。每个型号的 PLL 芯片都有相应的设计软件,选定参考标频、输出信号频率范围和步进等设计条件,可以方便的得出芯片的控制逻辑关系。

3. 单片计算机

单片机用来调整频率合成器的输出频率,也就是控制 PLL 芯片的逻辑关系。控制码对应关系可以是依据整机给定的控制码,也可以是芯片内部软件给出的控制码。总之,计算机提供一个变换输出频率的指令。

可选用的单片机,如许多公司的 51 系列,也可以用可编程控制器件 FPGA 或 CPLD,如 MICROCHIP 公司 PCI18 系列。使用时应依据编程习惯来选择。

4. 压控振荡器 VCO

压控振荡器输出所需要的微波信号。VCO 的基本电路是一个变容管调谐振荡器。为了实现宽范围调谐,通常要求较高的电压,供电电源为 12V 或更高。在频率合成器中,VCO 的压控电压来自于低通滤波器,与 PLL 芯片的输出电流有关。

VCO 也有大量产品可供选购,在微波频段,VCO 已经成为微封装电路,指标稳定可靠,使用方便。国内石家庄十三所的产品与国外产品指标基本一致。国外 MINI-CIR-CUITS、SYNERGY、HITIITE 等公司的 VCO 在国内也有许多代理商。

5. 低通滤波器 LPF

现代频率合成器的设计中,硬件的主要工作就是低通滤波器,其性能的优劣直接影响到频率合成器的相位噪声和换频速度。因为其他元件在选购时,特性指标已经确定,所能调整的只有低通滤波器。低通滤波器在频率合成环路中又被称为环路滤波器。低通滤波器通过对电阻电容进行适当的参数设置,使高频成分被滤除。由于鉴相器 PD 的输出,不但包含直流控制信号,还有一些高频谐波成分,这些谐波会影响 VCO 电路的工作。低通滤波器就是要把这些高频成分滤除,以防止对 VCO 电路造成干扰。滤波器的结构可以是无源 RC 滤波器,也可以是有源运放低通,如表 10-2-1 所示。表 10-2-2 给出了环路滤波器的元件计算公式。

表 10-2-1　低通滤波器结构

类　型	无　源		有　源	
	1	2	3	4
电路				
转换特性 $F(j\omega)=$	$\dfrac{1}{1+j\omega\tau_1}$	$\dfrac{1+j\omega\tau_1}{1+j\omega(\tau_1+\tau_2)}$	$\dfrac{1}{j\omega\tau_1}$	$\dfrac{1+j\omega\tau_2}{j\omega\tau_1}$

$\tau_1 = R_1 C, \tau_2 = R_2 C$

表 10-2-2　环路滤波器的元件计算

无源 1	无源 2	有源积分器 1	有源积分器 2
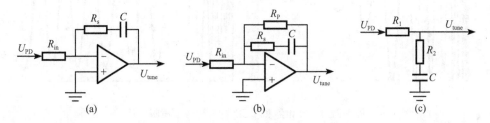			
$F(s)=\dfrac{s\tau_2+1}{[s(\tau_1+\tau_2)+1]}$ $\tau_1=R_1C_2$; $\tau_2=R_2C_2$	$F(s)=\dfrac{s\tau_2+1}{[s(\tau_1+\tau_2)+1](s\tau_3+1)}$ $\tau_1=R_1C_2$; $\tau_2=R_2C_2$; $\tau_3=(R_2\parallel R_1)C_3$	$F(s)=\dfrac{s\tau_2+1}{s\tau_1}$ $\tau_1=R_1C_2$; $\tau_2=R_2C_2$;	$F(s)=\dfrac{s\tau_2+1}{s\tau_1(s\tau_3+1)}$ $\tau_1=R_1(C_2+C_3)$ $\tau_2=R_2C_2$; $\tau_3=R_2(C_3\parallel C_2)$

图 10-2-2 给出三种低通滤波器结构,图(a)为运放积分器,有一定的直流增益,称为二类 PLL;图(b)也有增益,为一类 PLL;图(c)是无源的,输出电流而不是电压,属二类 PLL。

$$F(s)=\frac{s+a}{s^n(s+b)(s+c)} \tag{10-1}$$

（图略：三种低通滤波器电路，标注 U_{PD}、R_{in}、R_s、C、U_{tune} 等）

(a)　　　　　　　　　(b)　　　　　　　　　(c)

图 10-2-2　三种低通滤波器

尽管低通滤波器电路简单,但对环路的影响很大。设计或调试不当,引起环路不稳或者难于锁相。滤波器的转换函数是滤波器的设计的基础,设计过程是 R 和 C 的选定。以下可以看出如何考虑 R 和 C 的值,才能得到比较理想的 PLL 频率合成器。

10.2.2　PLL 的锁定过程

举个简单的锁相环例子说明上述部件的工作过程。假定最初环没有被锁定,参考频率是 100MHz,把 VCO 的电压调到 5V,输出频率为 100MHz,鉴相器能产生 1V 峰-峰值的余弦波。

使用一类环路滤波器,如图 10-2-3 所示,它在低频时增益为 100,在高频时增益为 0.1。环路没有锁定时,VCO 的工作频率可能在工作范围内的任何位置。假定工作频率为 101MHz,当参考频率工作的前提下,在鉴相器输出端有 1MHz 的差频,对环路滤波器而言,这个频率是高频,滤波器的增益只有 0.1。在 VCO 的电压上有鉴相器的输出 0.1V 峰-峰值的调制,但这个电压对 VCO 频率影响不大。

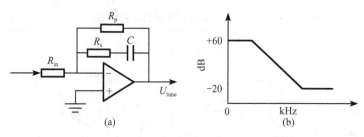

图 10-2-3　一类环路滤波器及其响应特性

如果 VCO 频率距离参考频率越来越远,环内就没有足够的增益将环锁定。如果 VCO 频率时 100.1MHz,差频就是 100kHz,使环路滤波器处在高增益频率范围是恰当的。调节 VCO 频率增大差频电压。随着 VCO 的频率接近参考频率,差频变得更低,它进入了环滤波器的高增益范围,加速了 VCO 频率的改变,直到它和参考频率相同。此时,差频是 0。锁定后,锁相环成为一个稳定的闭合环路系统,VCO 频率与参考频率相同。鉴相器输出瞬时电压与 VCO 输出瞬时电压如图 10-2-4(a)和图 10-2-4(b)所示。

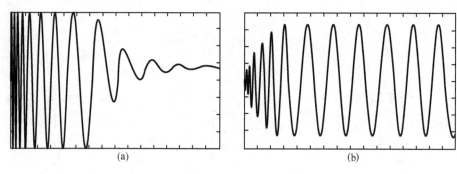

图 10-2-4　鉴相器和 VCO 输出瞬时电压瞬时值

鉴相器的输出电压与两路输入电压的关系为

$$2V_e = kV_aV_b\cos(\Delta\phi) \tag{10-2}$$

当锁相环频率锁定时,VCO 输入电压达到 5V。因为环滤波器的增益为 100,故鉴相器输出的电压为 $V_e = -50\text{mV}$,鉴相器最大电压是 1V 峰-峰值,由式(10-1)得鉴相器的输出相位为 95.7°,环路滤波器保持 VCO 输出为 100MHz,并维持鉴相器两端信号有 95.7° 的相位差。

振荡器在一个周期的相位移为 360°,在一个特定的时间,如果频率增大,会积累更多的相位移。如果 VCO 的频率改变的更多,将快速的积累更多的相位移。鉴相器输出电压上升,环路滤波器会增强这个改变量并且降低 VCO 的控制电压,VCO 输出频率会降到 100MHz,VCO 频率偏低的情况与此类似。这个控制过程是能够维持下去的。

由于温度、噪音、地心引力等外部因素引起的 VCO 频率微小改变,锁相环也能够稳定的输出。鉴相器输出一个误差电压,环滤波器将使它增强,VCO 频率和相位将回到正确值。环的矫正作用就是保持频率和相位为恒量。

10.2.3　PLL 环的分类

锁相环是一个受负反馈控制的闭环系统,闭环增益 $H(s)$ 为

$$H(s) = \frac{G(s)}{1 + G(s)/N} \tag{10-3}$$

式中,$G(s)$ 是开环增益,$G(s)/N$ 是环增益。开环增益是鉴相器增益、环路滤波器增益和 VCO 增益的产物,N 是分频比。

式(10-3)的分母多项式的整数个数(或频率极点数)决定系统的种类。可以用直流增益无限大的运放积分器来实现。显然,最大增益为 1 的无源滤波器难以实现这个功能。VCO 是一个纯相位积分器,为分类提供一个极点,所以,PLL 至少为一类。如果环路滤波器为有限直流增益,将不会改变 PLL 的类型。用无限增益积分器,就会得到二类 PLL。

锁相环的阶数是式(10-3)的分母多项式幂次数。环路滤波器的运放至少有两个重要的节点,一个在 1～100kHz,另一个在 10MHz 以上。在压控范围内,VCO 有频率滚降,在鉴相器输出端加一个低通滤波器,进一步降低不必要的高频信号。

前述例子使用了一类环,唯一的纯相位积分器是 VCO,因此只有一个极。环滤波器增益为 100。如果 VCO 增益是 1MHz/V,参考频率改变到 103MHz,VCO 调谐电压将是 8V。考虑 −100 的增益,鉴相器电压就是 $V_e = 8/(-100) = -80$(mV)。

当参考频率是 100MHz 的时候,相位差为 99.7°,比 95.7° 更超前。VCO 与参考频率的相位差是 95.7°。如果参考频率继续改变,VCO 也会改变来匹配它,鉴相器输出电压也改变。这是一个重要的特性,有时需要,有时则不需要。实际中要灵活掌握。

如果环滤波器的增益为 1000,要使 100MHz 时锁定,鉴相器的输出电压只能是 −5mV。要使 103MHz 时锁定,鉴相器输出电压是 −8mV。对应的相位差分别为 90.57° 和 90.92°。如果直流增益进一步增大,伴随频率的相位差变化将进一步减小。如果增益增加到极限直流反馈电阻,R_p 将接近开路,并且环路滤波器直流增益将是无穷大。图 10-2-2(b)的环路滤波器变成图 10-2-2(a)。

目前,大量使用的是一类环和二类环。三类环和更高的环用在解决特殊情况下频率改变问题。例如,在卫星发射的各个阶段,频率变化因素不同,要保证卫星的微波频率稳定,就应对各个阶段的情况进行控制,这时需用到三类以上的锁相环。

10.2.4　PLL 设计公式

前面了解锁相环原理,环路滤波器和其他部分的元件值必须仔细的选择,才能组成一个稳定的环路。这些元件值都可以用基本闭环等式和线性代数学来分析和综合。

如图 10-2-5 所示,锁相环系统模型由鉴相器、环路滤波器、VCO 和分频器组成。每一部分可用一个恒定的增益或者频率函数的增益值来描述。闭合回路频率响应的预期特性是最小频率为 1Hz,最大频率在 10kHz～

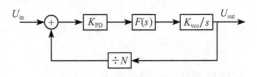

图 10-2-5　锁相环回路频域分析

10MHz。

通过计算节点 V_e 和 V_o 的电压关系,可得出负反馈系统的闭合回路增益的表达式。图中,K_{pd} 为鉴相器增益、$F(s)$ 是放大器环路滤波器表达式、K_{vco}/s 是 VCO 增益,可得误差电压和输出电压

$$V_e = \left(V_{in} - \frac{V_o}{N}\right)K_{pd} \tag{10-4}$$

$$V_o = \left(V_{in} - \frac{V_o}{N}\right)K_{pd} \cdot \left(K_{pd}F(s)\frac{K_{vco}}{s}\right) \tag{10-5}$$

所以,电压转移函数为

$$
\begin{aligned}
H(s) = \frac{V_o}{V_{in}} &= \frac{K_{pd}F(s)K_{vco}}{1 + \dfrac{K_{pd}F(s)K_{vco}}{N}} \\
&= \frac{G(s)}{1 + \dfrac{G(s)}{N}}
\end{aligned}
\tag{10-6}
$$

如果 $G(s)$ 很大,则有

$$|H(s)| \approx N$$

这些闭环增益的表达式可用来决定环路滤波器的带宽和阻尼比。首先假定使用二类环,因为频率最高,容易得出滤波器转移函数为

$$F(s) = -\frac{R_p // \left(R_s + \dfrac{1}{sC}\right)}{R_{in}} = -\frac{\left(\dfrac{R_p R_s}{R_{in}}\right)sC + \dfrac{R_p}{R_{in}}}{(R_p + R_s)sC + 1} \tag{10-7}$$

开环增益为

$$G(s) = \frac{F(s)K_{pd}K_{vco}}{s} \tag{10-8}$$

对于一类锁相环,$R_p \to \infty$ 则

$$F(s) = -\frac{R_s sC + 1}{R_{in} sC} \tag{10-9}$$

把式(10-8)和式(10-9)代到闭环锁相环的增益公式(10-6)

$$H(s) = \frac{-\dfrac{K_{pd}K_{vco}(R_p + sCR_s)R_p}{R_{in}C(R_p + R_s)}}{s^2 + s\left[\dfrac{1}{C(R_p + R_s)} + \left(\dfrac{K_{pd}K_{vco}}{NR_{in}}\right)\left(\dfrac{R_p R_s}{R_p + R_s}\right)\right] + \left[\dfrac{K_{pd}K_{vco}R_p}{NR_{in}C(R_p + R_s)}\right]} \tag{10-10}$$

分母可改成控制理论中常见的形式,$s^2 + 2\zeta\omega_n s + \omega_n^2$,其中,$\zeta$ 是阻尼因数,ω_n 是系统的特征频率

$$\omega_n = \sqrt{\frac{K_{pd} K_{vco} R_p}{N R_{in} C (R_p + R_s)}} \tag{10-11}$$

$$\zeta = \frac{\dfrac{1}{C} + \dfrac{K_{pd} K_{vco} R_p R_s}{N R_{in}}}{2\omega_n (R_p + R_s)} \tag{10-12}$$

当 $R_p \to \infty$，二类锁相环

$$\omega_n = \sqrt{\frac{K_{pd} K_{vco}}{N R_{in} C}} \tag{10-13}$$

$$\zeta = \frac{K_{pd} K_{vco} R_s}{2\omega_n N R_{in}} \tag{10-14}$$

阻尼因数 ζ 和特征频率 ω_n 确定以后，即可决定电路元件。为了简单，定义

$$K_t = \frac{K_{pd} K_{vco}}{N} \tag{10-15}$$

滤波器在直流的响应为

$$F_{dc} = -\frac{R_p}{R_{in}} \tag{10-16}$$

重新整理得出

$$R_p + R_s = -\frac{K_t F_{dc}}{C \omega_n^2} = \frac{1}{2 C \omega_n \zeta} - \frac{K_t F_{dc} R_s}{2\omega_n \zeta} \tag{10-17}$$

调整式(10-7)，得到

$$-\frac{K_t F_{dc}}{C \omega_n^2} = \frac{1}{2 C \omega_n \zeta} - \frac{K_t F_{dc}}{2\omega_n \zeta}\left(\frac{-K_t F_{dc}}{C \omega_n^2} - R_p\right) \tag{10-18}$$

有了阻尼比和特征频率，选定 C 和直流增益的值后，就可以得出阻抗值

$$R_p = \frac{1}{K_t C}\left(\frac{2\zeta K_t}{\omega_n} + \frac{K_t F_{dc}}{N \omega_n^2} - \frac{1}{F_{dc}}\right) \tag{10-19}$$

$$R_s = -\frac{K_t F_{dc}}{C \omega_n^2} - R_p \tag{10-20}$$

$$R_{in} = -\frac{R_p}{F_{dc}} \tag{10-21}$$

令 $R_p \to \infty$，可以得出二类环的计算公式。

可以推算，阻尼因子 ζ 和特征频率 ω_n 有一个最佳配合。先选定特征频率，以阻尼因子为参变量，计算出不同的衰减曲线，如图 10-2-6 所示。可以看出，特征频率为 1Hz，当 $\zeta < 1$ 时，锁相环是欠阻尼且产生最高点，衰减慢；当 $\zeta > 1$ 时，锁相环是过阻尼，衰减快。如果要求 $\zeta = 1.0$，衰减为 -3dB，则特征频率是 2.4Hz。如果要求 50kHz 有 -3dB 衰减，且 $\zeta = 1.0$，则特征频率为 20.833kHz。

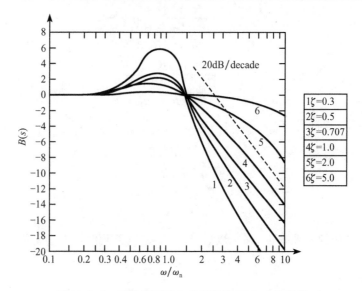

图 10-2-6　以阻尼因子为参变量的 PLL 响应曲线

10.2.5　环路设计实例

设计实例一

锁相环输出频率 1600MHz，参考频率为 100MHz。电路如图 10-2-7 所示，构成单元有分频器、鉴相器和二类环路滤波器。VCO 的调谐斜率 1MHz/V，鉴相器输出余弦波，最高点是 100mV。滤波器 100kHz，3dB 带宽时，阻尼因子是 1。

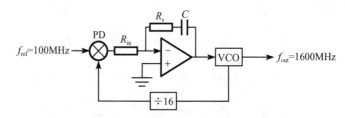

图 10-2-7　锁相环设计

（1）用 100pF 的电容器，找出环路滤波器的其他元件值。

（2）用一个 10kΩ 电阻 R_{in}，找出环路滤波器的其他元件值。

由前述公式，阻尼因子是 1，带宽 3dB 的特征频率是 2.45Hz。如果需要 3dB 时频率为 100kHz，特征频率可以用缩比法得出，$f_n = 100\text{kHz}/2.45 = 41\text{kHz}$。输出频率是输入频率的 16 倍，即 $N = 16$，K_{vco} 的值是 1MHz/V。鉴相器的输出是余弦波。如果环锁定在 90°或 270°，鉴相器的输出电压是 0V。对于正电阻 R_{in}，在 270°时，斜率 $K_{pd} = 50\text{mV/rad}$。

（1）取 C 为 100pF，则

$$K_t = \frac{1 \times 50}{16} \times 2\pi \times 1000$$

由式（10-13）得出 $R_{in} = 2.96\text{k}\Omega$，由式（10-14）得到 $R_s = 77.6\text{k}\Omega$。

（2）$R_{in} = 10\text{k}\Omega$。同样方法求得 $C = 29.6\text{pF}$，$R_s = 162.4\text{k}\Omega$。

设计结果如图 10-2-7 所示。

设计实例二

设计如图 10-2-8 所示的频率合成器,输出频率为 900～920MHz。输出频率可以通过改变阻尼因子而改变,步进为 1kHz 级。集成电路合成器的鉴相器输出为 5mA/rad,VCO 调谐斜率是 10MHz/V。

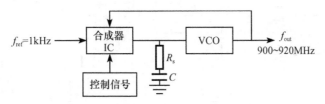

图 10-2-8　合成器设计

输出频率必须是参考频率的整数倍,因此参考频率是 1kHz。分频比从 900MHz/1kHz 到 920MHz/1kHz。用中点值是 910MHz/1kHz 进行设计。当分频比改变时,选择阻尼因子为 1。环路滤波器必须衰减工作在 1kHz 的鉴相器输出脉冲。由图 10-2-8 可以看出,10 倍特征频率上有 14dB 的衰减。100 倍特征频率上衰减是 34dB。参考频率为 1kHz,选择 $f_n=10$Hz,K_t 的值用 V/A 表示如下:

$$K_t = \frac{K_{vco} K_{pd}}{N} \cdot \frac{MHz}{V} \cdot \frac{mV}{Hz} \cdot \frac{2\pi rad}{Hz}$$

得出 $K_t=0.345$V/A,为了解出 R_s 和 C,K_t 必须是 R_{in} 的整数倍。从前述设计公式可得 $R_s=364\Omega$ 和 $C=87.45\mu$F。

设计实例三

观察出一个频率合成器的环路滤波器是一类放大器结构,鉴相器指标为 100mV/rad。VCO 输出频率是 3GHz,调谐斜率是 100MHz/V,参考源是 100MHz。如果 $R_{in}=620\Omega$,$R_s=150\Omega$,$R_p=56$kΩ 且 $C=1$nF,那么锁相环的 3dB 带宽和阻尼因子是多少?

输出频率为 3GHz 和参考频率为 100MHz,分频比 N 是 30,所以 $K_t=2.094\times10^6$,代入到分析公式得出 $f_n=293.1$kHz,且阻尼比 $\zeta=0.709$。$\zeta=0.709$ 的曲线没在画出,但 $\zeta=0.5$ 的 3dB 的频率是 1.8Hz,$\zeta=1$ 的 3dB 频率是 2.45Hz,故 $\zeta=0.709$ 的线性近似值是 2.07Hz,3dB 频率约等于 2.07Hz,$f_n=608$kHz。

10.2.6　PLL 集成电路介绍

PLL 集成电路是现代频率合成器的核心部件,世界许多著名半导体公司都有此类产品。下面给出 SB3236(PE3236、Q3236)芯片的例子供参考,以了解其内部结构和使用方法。

SB3236 是一种高性能 PLL 频率综合器集成电路,内含 10/11 双模前置分频器、模数选择电路、M 计数器、R 计数器、数据控制逻辑、鉴相器和锁相检测电路。R 计数器和 M 计数器的控制字可串行或并行接口在数据控制逻辑中编程,也可直接接口输入。该产品具有工作频率宽(前置分频器有源时为 200MHz～2.2GHz;前置分频器旁无源时为 20～220MHz)、工作电压低 3(1±5％)V、功耗小(75mW)、工作温度范围宽(−55～+125℃)、非常好的相位噪声特性和体积小(44 线方形扁平外壳封装)等特点。它主要应用于通信、电子、航空航天、蜂窝/PCS 基站、LMDS/MMDS/WLL 基站和地面系统等。

图 10-2-9 是 SB3236 的原理框图,图 10-2-10 是其外形引脚。

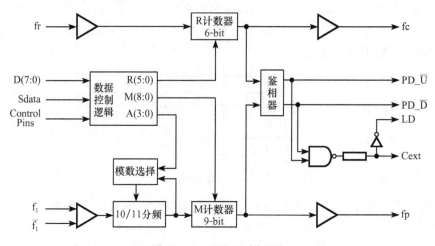

图 10-2-9 SB3236 原理图

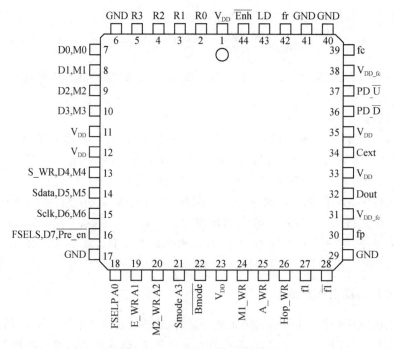

图 10-2-10 SB3236 外形引脚图

SB3236 对外接口是参考频率输入与信号输入、鉴相器输出、控制口和电源。下面简要介绍内部的主要器件和工作原理。

1. 主分频器通道

主分频器通道由 10/11 双模前置分频器、模数选择电路、9-bit M 计数器组成,按照用户所定义的"M"和"A"计数器的整数值除以输入频率 f_i。Pre_en 设置为"0"时 10/11 前置分频器有源，Pre_en 设置为"1"时前置分频器无源。主分频器的输出频率 f_p 与 VCO 频率 f_i 的关系

$$f_p = \frac{f_i}{10(M+1)+A} \tag{10-22}$$

式中，$A \leqslant M+1$，$M \neq 0$。

环路被锁定时，f_i 与参考频率 f_r 的关系

$$f_i = [10(M+1)+A] \times \frac{f_r}{R+1} \tag{10-23}$$

由上面 A 的限制可知，若要获得连续信道，f_i 必须大于或等于 $90 \times [f_r/(R+1)]$。M 计数器的数据输入为最小值"1"时，M 计数器的分频比为 2。直接接口时 M 计数器的输入 M7 和 M8 置为"0"。

2. 参考分频器通道

参考分频器通道对参考频率 f_r 分频获得鉴相器的比较频率 f_c，f_c 是 6-bitR 计数器的输出。

$$f_c = \frac{f_r}{R+1} \tag{10-24}$$

式中，$R \geqslant 0$。

R 计数器的数据输入等于"0"时将使参考频率 f_r 直通到鉴相器。直接接口时 R 计数器的输入 R4 和 R5 置为"0"。

3. 鉴相器

鉴相器由主分频器输出 f_p 和参考分频器输出 f_c 的上升沿触发，它有 PD_U 和 PD_D 两个输出。如果 f_p 的频率或相位超前 f_c 则 PD_D 输出负脉冲，如果 f_c 的频率或相位超前 f_p 则 PD_U 输出负脉冲，脉宽与 f_p 和 f_c 两信号之间的相差成正比。PD_U 和 PD_D 脉冲信号驱动有源低通滤波器，且产生控制 VCO 频率的调谐电压。PD_U 脉冲导致 VCO 频率增高，PD_D 脉冲导致 VCO 频率降低。通过 Cext 可获得锁相检测输出 LD。PD_U 和 PD_D 两输出进行逻辑"与非"且串接 2KΩ 电阻得到 Cext，Cext 外接旁路积分电容。在器件内部，Cext 还驱动一个带有开路漏极输出的倒相器，因而 LD 是 PD_U 和 PD_D 的逻辑"与"。

4. 寄存器编程

Enh=1 时电路处于工作模式，Enh=0 时电路处于测试工作状态。数据输入有三种模式：并行接口、串行接口和直接接口。

（1）在工作模式下，Enh=1。

① 并行接口。当 B mode=0 和 S mode=0 时采用并行接口模式。在并行接口模式下，并行输入数据 D[7：0]，在 M1_WR、M2_WR、A_WR 上升沿分别将八位并行输入数

据 D[7：0]锁入主寄存器(primary register)中。在 Hop_WR 上升沿,将主寄存器的值锁入从寄存器(slave register)。选用主或者从寄存器的值可迅速改变 VCO 的频率。FSELP 选择程控分频器使用主寄存器或是从寄存器的值,FSELP＝1 时使用主寄存器,FSELP＝0 时使用从寄存器。

② 串行接口。B mode＝0 和 S mode＝1 时为串行接口模式。当 E_WR＝0 和 S_WR＝0 时,串行数据输入端 S data 输入的数据在时钟输入 Sclk 的上升沿逐次移入主寄存器,MSB(B0)最先输入,LSB(B19)最后输入。在 S_WR 上升沿(Hop_WR＝0)或者 Hop_WR 上升沿(S_WR＝0)将主寄存器的值锁入从寄存器。选用主或者从寄存器的值可迅速改变 VCO 的频率。FSELS 选择程控分频器使用主寄存器还是从寄存器的值,FSELS＝1 时使用主寄存器,FSELS＝0 时使用从寄存器。

③ 直接接口。B mode＝1 时采用直接接口模式。这时,计数器控制直接通过引脚输入。在直接接口模式下,M 计数器的 M7 与 M8 和 R 计数器的 R_4 与 R_5 在器件内部设置为 0。

(2) 在测试模式下,Enh＝0。

① 并行接口。并行输入数据 D[7：0]在 E_WR 的上升沿锁入测试寄存器(enhance register)。

② 串行接口。当 E_WR＝1 和 S_WR＝0 时,串行数据输入端 Sdata 输入的数据在时钟输入 Sclk 的上升沿逐次移入测试寄存器,MSB(B0)最先输入,LSB(B7)最后输入。测试寄存器也采用主从寄存器,可防止在串行输入时改变电路状态。在 E_WR 的下降沿将测试寄存器中主寄存器的值锁入从寄存器,所有控制字只有在 Enh＝0 时才有效。

5. 参考电路图

(1) 控制信号的三种形式:并行、串行和直接连接,如图 10-2-11 所示。

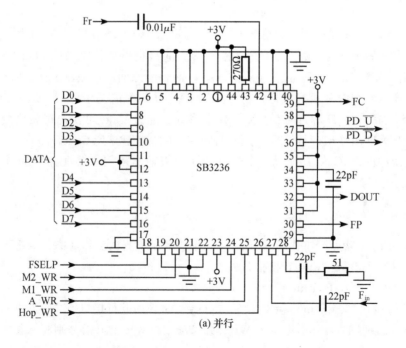

(a) 并行

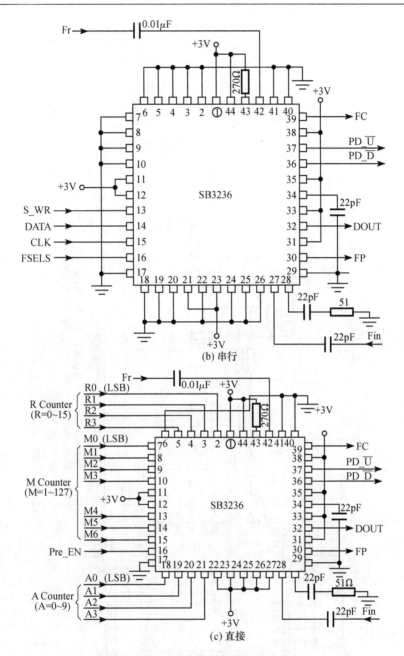

图 10-2-11　三种控制信号的连接形式

（2）频率合成器电路如图 10-2-12 所示。

6. 设计工具

Peregrine 公司给出了系列芯片设计频率合成器的计算软件。界面直观、使用方便，主要是三个计数器 M、A、R 的设置与 VCO 输出频率的关系。界面如图 10-2-13 所示。

软件使用方法介绍如下：

步骤一　运行程序，选择 PE3236。

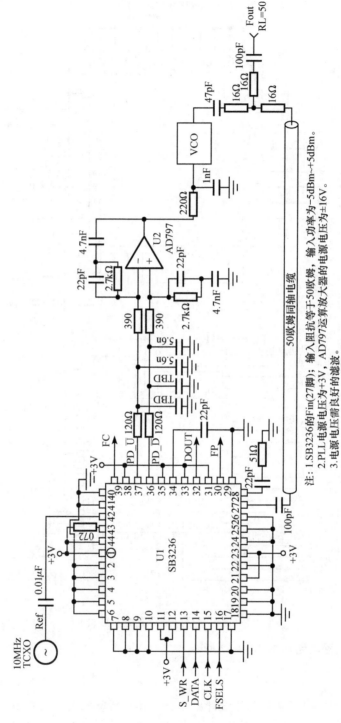

注: 1.SB3236的Fin(27脚); 输入阻抗等于50欧姆, 输入功率为−5dBm~+5dBm。
2.PLL电源电压为+3V, AD797运算放大器的电源电压为±16V。
3.电源电压需良好的滤波。

图10-2-12 用3236PLL芯片的频率合成器

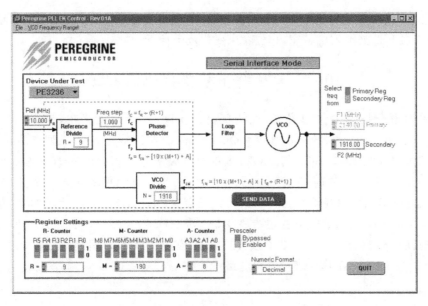

图 10-2-13　设计工具界面

步骤二　设置参考频率,如 10MHz 或 20MHz 等。

步骤三　设置 R 计数器数值,输入十进制数即可。

步骤四　设置频率步长。

步骤五　设置 VCO 输出频率。

步骤六　检查频谱仪输出频率是否锁定在步骤五的频率上。

7. 相位噪声

描述频率合成器输出信号质量的基本指标是相位噪声,如图 10-2-14 所示,在选定锁

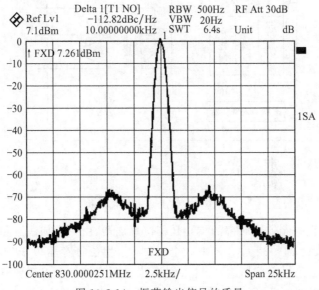

图 10-2-14　振荡输出信号的质量

相环芯片、压控振荡器和参考晶振等元件之后,工作频率的左右"肩膀"的形状受环路滤波器影响,调整环路滤波器的带宽,相位噪声变化范围接近 10dB。

10.3　直接数字频率合成器 DDS

随着微电子技术的飞速发展,性能优良的 DDS 产品不断推出,生产厂家主要有 Qualcomm、AD、Sciteg 和 Stanford 等。Qualcomm 公司推出的 DDS 系列产品为 Q2220、Q2230、Q2334、Q2240、Q2368,其中 Q2368 的时钟频率为 130MHz,分辨率为 0.03Hz,杂散控制为 −76dBc,变频时间为 0.1μs。AD 公司推出的 DDS 系列产品为 AD9850、AD9851、可以实现线性调频的 AD9852、两路正交输出的 AD9854 以及以 DDS 为核心的 QPSK 调制器 AD9853、数字上变频器 AD9856 和 AD9857,AD 公司的 DDS 系列产品以其较高的性能价格比,目前取得了较为广泛的应用。以下介绍高集成度频率合成器 AD9850 的主要特性、工作原理和应用电路。

1. 概述

图 10-3-1 是 AD9850 内部结构。正弦查询表是一个可编程只读存储器(PROM),储存有一个或多个完整周期的正弦波数据,在时钟 f_c 驱动下,地址计数器逐步经过 PROM 存储器的地址,地址中相应的数字信号输出到 N 位数/模转换器(DAC)的输入端,DAC 输出的模拟信号,经过低通滤波器(LPF),可得到一个频谱纯净的正弦波。

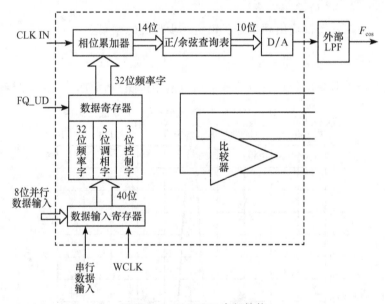

图 10-3-1　AD9850 内部结构

DDS 系统编程控制输出频率的核心是相位累加器,由一个加法器和一个 N 位相位寄存器组成,N 一般为 24~32 位。每来一个时钟 f_c,相位寄存器以步长 M 增加。相位寄存器的输出与相位控制字相加,然后输入到正弦查询表地址上。正弦查询表包含一个周期正弦波的数字幅度信息,每个地址对应正弦波 0°~360°范围内的一个相位点。查询表把输入的地址相位信息映射成正弦波幅度信号,驱动 DAC,输出模拟量。相位寄存器,每经过 $2N/M$ 个 f_c 时钟后回到初始状态,相应地,正弦查询表经过一个循环回到初始位置,整个 DDS 系统输出一个正弦波。输出的正弦波周期 $T_0=T_c 2N/M$,频率 $f_{OUT}=Mf_c/2N$。相位累加器输出 N 位并不全部加到查询表,而要截断,仅留高端 $13\sim15$ 位。相位截断减小了查询表的长度,但并不影响频率分辨率,对最终输出仅增加一个很小的相位噪声。DAC 分辨率一般比查询表长度小 $2\sim4$ 位。AD9850 输出频率分辨率接口控制简单,可以用 8 位并行口或串行口直接输入频率、相位等控制数据。

　　先进的 CMOS 工艺使 AD9850 不仅性能指标优良,而且功耗少,在 3.3V 供电时,功耗仅为 155mW。扩展工业级温度范围为 $-40\sim+85℃$,其封装是 28 引脚的 SSOP 表面封装,引脚排列见图 10-3-2。

　　AD9850 内部有高速比较器,接到 DAC 滤波输出端,就可直接输出一个抖动很小的脉冲序列,此脉冲输出可用作 ADC 器件的采样时钟。AD9850 用 5 位数据字节控制相位,允许相位按增量 $180°,90°,45°,22.5°$,$11.25°$ 移动或这些值进行组合后的移动。

　　AD9850 有 40 位寄存器,32 位用于频率控制,5 位相位控制,1 位电源休眠(powerdown)功能,2 位厂家保留测试控制。这 40 位控制字可通过并行方式或串行方式装

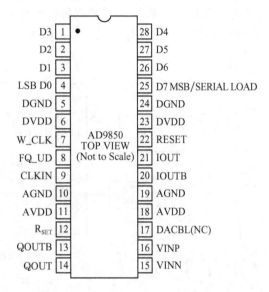

图 10-3-2　AD9850 引脚

入到 AD9850。在并行装入方式中,通过 8 位总线 D7,D6,…,D0 将数据装入寄存器,全部 40 位需重复 5 次。在 FQ_UD 上升沿把 40 位数据从输入寄存器装入到频率和相位及控制数据寄存器,从而更新 DDS 输入频率和相位,同时把地址指针复位到第一个输入寄存器。接着在 W_CLK 上升沿装入 8 位数据,并把指针指向下一个输入寄存器,连续 5 个 W_CLK 上升沿后,W_CLK 的边沿就不再起作用,直到复位信号或 FQ_UD 上升沿把地址指针复位到第一个寄存器。在串行装入方式中,W_CLK 上升沿把 25 引脚(D7)的一位数据串行移入,移动 40 位后,用一个 FR_UD 脉冲就可以更新输出频率和相位。图 10-3-3 是 AD9850 高速 DDS 内部细化及其各部分波形。

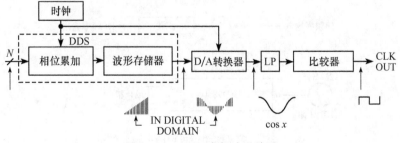

图 10-3-3　DDS 内部波形关系

2. 应用电路

1）时钟发生器

图 10-3-4 是用 AD9850 构成的基本时钟发生器电路。图中 DAC 输出 IOUT 驱动 200Ω、42MHz 低通滤波器，而滤波器后面又接了一个 200Ω 负载，使等效负载为 100Ω。滤波器除去了高于 42MHz 的频率，滤波器输出接到内部比较器输入端。DAC 互补输出电流驱动 100Ω 负载，DAC 两个输出间的 100kΩ 分压输出被电容去耦后，用作内部比较器的参考电压。在 ADC 采样时钟频率须由软件控制锁定到系统时钟时，AD9850 构成的时钟发生器可以方便地提供这样的时钟。

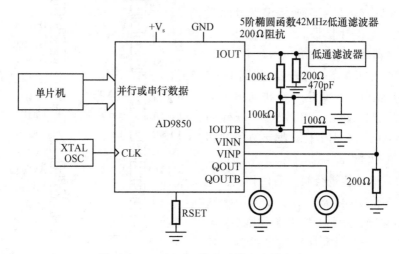

图 10-3-4　AD9850 构成时钟发生器电路

2）频率和相位可调的本地振荡器

图 10-3-5 电路是利用 AD9850 产生一个频率和相位可调的正弦信号。DDS 与一个输入频率信号 f_{in} 进行混频，选择适当的带通滤波器，就可以得到频率和相位可调的射频输出。利用 DDS 系统频率分辨率高的特点，在输入频率 f_{in} 一定时，射频输出可达到 DDS 系统一样的频率分辨率，且频率和相位调节方便。其输出频率为

$$f_{out} = f_{in} + f_{DDS} = f_{in} + M \times f_{REF}/2^{32} = f_{in} + 0.0291 \times M$$

频率分辨率为

$$\Delta f = f_{REF}/2^{32} = 0.0291 \text{Hz}$$

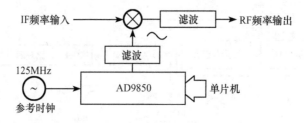

图 10-3-5　频率和相位可调的本地振荡器

3）扩频通信

将基本时钟发生器电路的时钟信号用于扩频通信接收机，如图 10-3-6 所示。

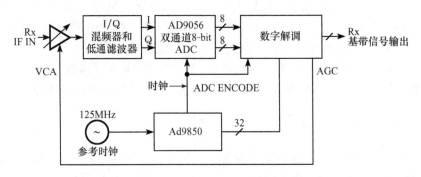

图 10-3-6　扩频通信接收机示意图

3. 应用说明

（1）AD9850 作为时钟发生器使用时，输出频率要小于参考时钟频率的 33％，以避免谐波信号落入有用输出频带内，减少对外部滤波器的要求。

（2）AD9850 参考时钟频率最低为 1MHz，如果低于此频率，系统自动进入电源休眠方式。如果高于此频率，系统恢复正常。

（3）含有 AD9850 的印制线路板应是多层板，要有专门的电源层和接地层。且电源层和接地层中没有引起层面不连续的导线条。在多层板的顶层应留有带一定间隙的接地面，为表面安装器件提供方便。为得到最佳效果，在 AD9850 处将模拟接地面和数字接地连接在一起。

（4）避免在 AD9850 器件下面走数字线，以免把噪声耦合进芯片。避免数字线和模拟线交叉。印制板相对面的走线应该相互正交。在可能的条件下，采用微带技术。

（5）像时钟这样的高速开关信号应该用地线屏蔽，避免把噪声辐射到线路板上其他部分。

（6）要考虑用良好的去耦电路。AD9850 电源线应尽可能宽，使阻抗低，减少尖峰影响。模拟电源和数字电源要独立，分别把高质量的陶瓷去耦电容接到各自的接地引脚。去耦电容应尽可能靠近器件。

（7）AD9850 有两种评估板，可作为 PCB 布局布线参考用。AD9850/FSPCB 评估板主要用于频率合成器场合，AD9850/CGPCB 评估板主要用于时钟发生器应用。这两种评估板都可与 PC 机并行打印口相连，软件在 Windows 界面下进行。

10.4　PLL＋DDS 频率合成器

由前述分析，数字直接综合 DDS 和锁相环频率综合器可以结合起来使用，有众多优良特性，但是 DDS 与 PLL 的结合也存在一个主要的缺点，就是频率转换的时间长。DDS

本身频率转换很快,但是 DDS 的输出频率低、杂散多,所以要依靠 PLL 实现倍频和跟踪滤波。而 PLL 在频率转换时需要一定的捕获时间,这个捕获时间与环路的类型、参数和跳频步长等有关。一般来说当步长为 10MHz 左右,捕获大概需要 $10\sim20\mu s$。当步长很大时,会达到毫秒级。所以 DDS+PLL 频率合成器的频率转换时间取决于 PLL,而不是 DDS,这等于牺牲了 DDS 频率转换快速的优点来换取高输出频率。

DDS+PLL 频率合成器的电路一般有两种形式:用 DDS 直接数字频率合成器作为 PLL 环路的参考源和用 DDS 直接数字频率合成器作为 PLL 环路的分频器。

10.4.1　DDS 作 PLL 参考源

图 10-4-1 电路用 AD9850 DDS 系统输出作为 PLL 的激励信号,而 PLL 设计成 N 倍频 PLL,利用 DDS 的高分辨率来保证 PLL 输出有较高的频率分辨率。

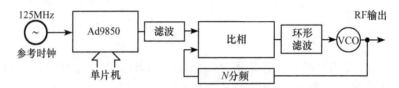

图 10-4-1　用 AD9850 系统输出作为 PLL 的信号

直接数字频率合成芯片 DDS 作为 SB3236 锁相环频率合成芯片,构成了一个 DDS+PLL 频率合成器的设计。这种结构适用于各种型号的 DDS 和 PLL 芯片。PLL 采用单环频率合成技术,以使 DDS+PLL 频率合成器的结构简单,性能稳定。在这种方案中,DDS 的作用是为锁相环提供一个高精度参考源,整个系统换频精度受到 DDS 特性、滤波器的带宽和锁相环参数的影响,频率切换时间主要由锁相环决定。频率的调节受 DDS 和 PLL 两个芯片的逻辑关系决定,单片机或 FPGA 可编程逻辑器件工量大,可参阅相关技术资料。

输出频率为

$$f_{\text{out}} = NM\frac{f_{\text{REF}}}{2^{32}} = 0.0291NM$$

频率分辨率为

$$\Delta f = N\frac{f_{\text{REF}}}{2^{32}} = 0.0291N$$

10.4.2　DDS 作 PLL 的可编程分频器

这种方案又称为 PLL 内插 DDS 频率合成器,基本电路如图 10-4-2 所示。

AD9850 DDS 输出经过滤波后的频率为 $f_{\text{DDS}} = M \cdot f_{\text{out}}/2^{32}$,$M$ 为 AD9850 频率控制字,PLL 环路分频器的分频值 $N = 2^{32}/M$,由于 $M = 1\sim2^{31}$,所以 $N = 2\sim2^{32}$。在 VCO 输出允许情况下,该 PLL 输出频率 $f_{\text{out}} = Nf_{\text{REF}} = (2\sim2^{32}) \cdot f_{\text{REF}}$。

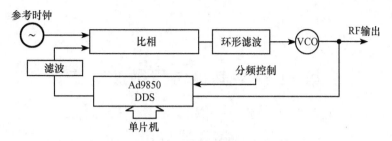

图 10-4-2　PLL 内插 DDS 频率合成器原理

第 11 章　其他常用微波电路

11.1　隔离器与环形器

隔离器又称单向器,它是一种允许电磁波单向传输的两端口器件,其示意图为图 11-1-1。从端口①向端口②传输的正向电磁波衰减很小,而从端口②向端口①传输的反向

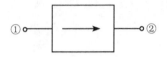

图 11-1-1　隔离器

波则有很大的衰减。在微波系统中,经常把隔离器接在信号发生器与负载网络之间,改善源与负载的匹配。这样可以使得来自负载的反射功率不能返回发生器输入端,从而避免负载阻抗改变引起的发生器输出功率和工作频率的改变。

常用的环行器是三端口元件,信号传输可以是顺时针方向也可是逆时针方向。环行器可以用作隔离器,更多场合是与其他电子器件一起构成微波电路。

一般地,隔离器和环行器是在微波结构中放入铁氧体材料,外加恒定磁场,在这个区域构成各向异性介质。电磁波在这种媒体中三个方向的传输常数是不同的,从而实现单向传输。铁氧体材料是一种电子陶瓷,材料配方和工艺多种多样,具体方案随铁氧体的使用场合而定。

11.1.1　技术指标

隔离器和环行器的技术指标是工作频带、最大正向衰减量 α_+、最小反向衰减量 α_-、正反向驻波比、功率容量等。这些指标的定义在前述各种电路中都遇到过,不再赘述。

好的指标是正向衰减尽可能小(0.5dB 以下),反向衰减尽可能大(25dB 以上),驻波比尽可能小(1.2 左右),频带和功率容量满足整机要求。

11.1.2　隔离器原理

从原理上讲,不论是纵向磁化铁氧体还是横向磁化铁氧体都有可能实现单方向的隔离作用。因此,将它填充于各种传输线段中,就可以做成形式不同的隔离器。下面我们讨论谐振式隔离器、场移式隔离器、法拉第旋转式隔离器的工作原理。

1. 谐振式隔离器

1) 波导结构

波导型谐振式隔离器的基本原理是铁磁谐振效应。在铁磁谐振频率附近($\omega=\omega_0$),横向磁化的铁氧体强烈地吸收右旋圆极化波的能量,而使右旋波大幅衰减,左旋波损耗很小。如图 11-1-2 所示,铁氧体片在矩形被导内的位置应该是电磁波磁场为圆极化的地方,矩形波导中 TE_{10} 模的磁场分布,向正 z 方向为图 11-1-2(b),负 z 方向为图 11-1-2(c)。理想情况下,正向无衰减,反向无传输。适当选取铁氧体膜片的位置就可以实现单向传输

特性。谐振式隔离器的优点是制造简单、结构紧凑,相对功率容量比较大。缺点是需要较大的偏置磁场,即图 11-1-2(a)中的 H_0,在低功率系统中,一般采用工作磁场较低的场移式隔离器。

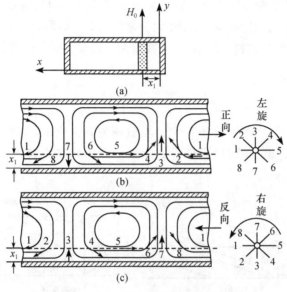

图 11-1-2　波导型谐振式隔离器

2) 微带型

微带结构在微波电路中用途很广。图 11-1-3(a)是微带型铁氧体谐振式隔离器。由于是谐振原理,因此这种隔离器的频带比较窄,一般不超过中心频率的 10%。

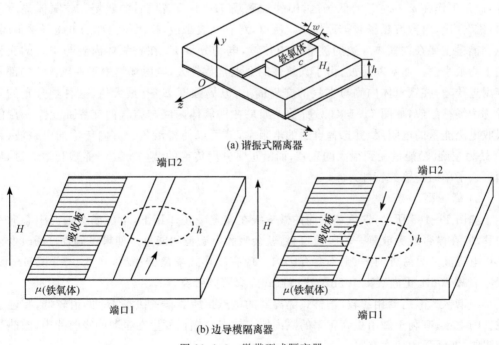

(a) 谐振式隔离器

(b) 边导模隔离器

图 11-1-3　微带型式隔离器

横向偏置的铁氧体条置于微带线旁,电磁波磁场圆极化方向与铁氧体内感应电流引起的磁场一致,电磁波交给铁氧体能量,铁氧体发热。如果改变偏置磁场方向,电磁波就不损耗能量。在 6.0GHz 上,反向衰减大于 30dB,正向衰减小于 1dB。

图 11-1-3(b)是微带边导模隔离器。由图可以看出在偏置磁场作用下,铁氧体基板上的微带线的磁力线向侧边偏移,对于正向传输信号,远离吸收材料,没有衰减;对于反向传输信号,磁力线向吸收材料一边偏移,衰减很大。从而实现了隔离特性。

2. 场移式隔离器

1) 波导结构

如图 11-1-4 所示,在矩形被导中 TE_{10} 模磁场为圆极化的 x_1 处放置一块铁氧体片,并加有垂直于波导宽壁的横向恒定磁场 H_0(负 y 方向),在铁氧体片面向宽壁中线的一侧再附加一片薄的吸收片。

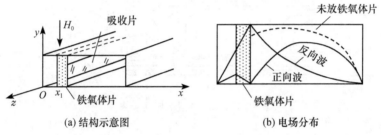

(a) 结构示意图　　　　　　　　　　(b) 电场分布

图 11-1-4　波导场移式隔离器

场移式隔离器的工作原理与谐振式的不同,区别在于它不是工作在$(\omega = \omega_0)$的谐振区,而是工作在 $\omega_0/\omega < 1$ 的低场区,即外加磁场 H_0 小于谐振时的磁场。铁氧体显示出"抗磁"性质,对微波磁场起排斥作用。所以,对右旋波来说,铁氧体内部的电磁场强很弱,电磁能量主要在铁氧体外边的波导管内传输,电场分量 E_y 在铁氧体内侧与空气的交界面上为最小值。而对左旋波,由于铁氧体的介电常数较大,电磁场集中于铁氧体片内部及其附近传输,在铁氧体内侧与空气的交界面上,电场强度 E_y 有最大值,这种场分布的差异称为场移效应,如图 11-1-4(b)所示。如果在铁氧体内侧与空气的交界面上涂一层能吸收电磁能量的电阻层,并选择合适的电阻率,就可以使得沿负 z 方向传输的电磁波(在 x_1 处为左旋波)能量受到很大的衰减,而沿正 z 方向传输的波(右旋波)能顺利地通过,从而形成了单向传输的特性。

2) 微带型

如图 11-1-5 所示,铁氧体表面的微带线在偏置磁场作用下,电磁场会偏离中心向一边移动,在微带线旁放置一块吸波材料,就会吸收电磁波的能量。如果将偏置磁场改变方向或电磁波从另一方向来,则不会有影响。现有场移式隔离器指标,在 6.0~12GHz 上,反向衰减 20dB,正向衰减 1.5dB,比谐振式隔离器频带宽。

与谐振式隔离器相比较,场移式隔离器的优点是所需偏置磁场 H_0 的值较低,减轻了磁铁的重量,有利于做出更高频率的隔离器。缺点是损耗发生在很薄的吸收片中,散热受到限制,能承受的功率有限。

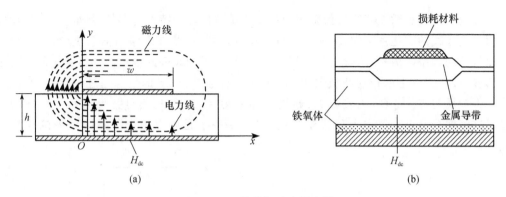

图 11-1-5　微带场移式隔离器

3. 法拉第旋转式隔离器

波导结构的法拉第旋转式隔离器如图 11-1-6 所示。图中 1 和 6 是矩形波导,它们的横截面互成 45°的角。7 和 8 是吸收薄片,也互成 45°的夹角。2 和 5 是矩形波导 TE_{10} 模到圆波导 TE_{11} 模的转换器。4 是产生纵向磁场的螺线线圈。3 是两端做成锥形的铁氧体圆杆。选择铁氧体的长度 l 和纵向恒磁场 H_0 的大小,使得经过圆波导后电磁波的极化面有 45°的旋转。

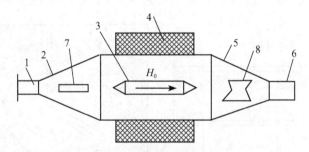

图 11-1-6　法拉第旋转式隔离器

若电磁波由矩形波导 1 输入,经过 45°旋转之后,电场极化方向正好与矩形波导 6 中的 TE_{10} 模电场方向一致,电力线垂直于吸收片 7 和 8,电磁波无衰减地通过,即正向传输的电磁波衰减很小;而反向传输的电磁波经铁氧体 3 后,极化方向又旋转 45°,且旋转方向与正向电磁波的相同,于是电力线与吸收片 7 平行,因此电磁波将受到很大的衰减,此时电场的极化方向与波导 1 中 TE_{10} 模的电场极化方向垂直,不能由矩形波导 1 输出,经反射再通过铁氧体 3 后,其电场平行于吸收片 8,又被吸收,其残存的能量再被反射,则可由波导 1 输出,这就是经过强烈衰减后的反射波。一般其正向衰减小于 1dB,而反向衰减较大,可做到 20～30dB。

11.1.3　环行器

环行器是一个多端口器件,其中电磁波的传输只能沿单方向环行,例如在图 11-1-7 中,信号只能沿①→②→③→④→①方向传输,反方向是隔离的。

在近代雷达和微波多路通信系统中都要用单方向环行特性的器件,例如,在收发设备共用一副天线的雷达系统中,常采用环行器作双工器;在微波多路通信系统中,用环行器可以把不同频率的信号分隔开。如图 11-1-8 所示,不同频率的信号由环行器 I 的①臂进入②臂,接在②臂上的带通滤波器 F_1 只允许频率为 $f_1 \pm \Delta f$ 的信号通过,其余频率的信号全部被反射进入③臂,滤波器 F_2 通过了频率为 $f_2 \pm \Delta f$ 的信号并反射其余频率的信号。这些信号通过④臂进入环行器 II 的①臂,……于是可以依次将不同频率的信号分隔开。

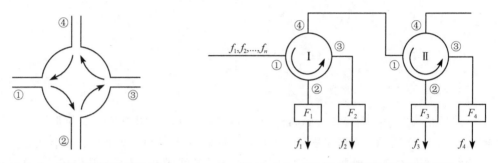

图 11-1-7　四端口环行器示意图　　　图 11-1-8　用环行器分隔出不同频率信号

环行器的原理依然是磁场偏置铁氧体材料各向异性特性。微波结构有微带式、波导式、带状线和同轴式,其中以微带三端环行器用的最多,微带环行器结构如图 11-1-9(a)、

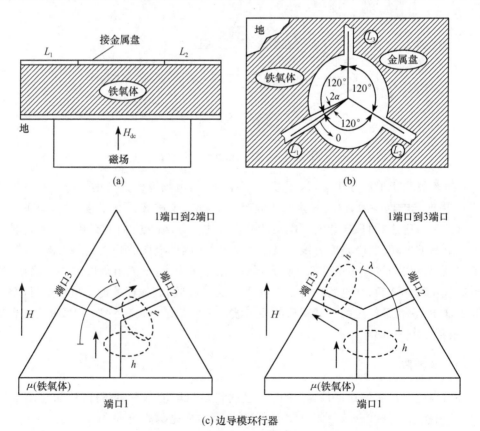

(c) 边导模环行器

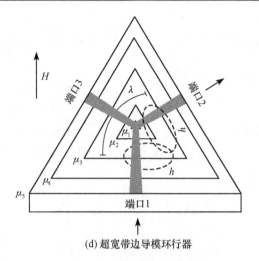

(d) 超宽带边导模环行器

图 11-1-9　微带环行器结构

图 11-1-9(b)所示,铁氧体材料作介质,上置导带结构,加恒定磁场 H_{dc},就具有环行特性。如果改变偏置磁场的方向,环行方向就会改变。

图 11-1-9(c)是微带线边导模环行器,端口 1 输入信号,端口 2 输出,端口 3 隔离。使用恒定磁场偏置后的铁氧体基板上的微带线后,对于输出端口 2,两个微带线的磁力线偏移后有交连,微波信号通过。对于隔离端口 3,两个微带线的磁力线偏移后背离,微波信号无法通过。这样即可实现环行器。图 11-1-9(d)是超宽带边导模环行器,使用多种磁导率的铁氧体材料构成基板。

下面给出常用结构和用途示例,如图 11-1-10 和图 11-1-11 所示。

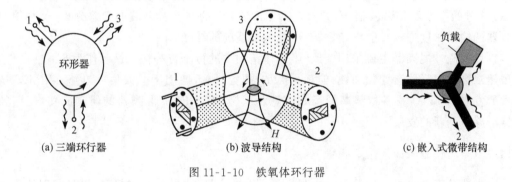

(a) 三端环行器　　　　　(b) 波导结构　　　　　(c) 嵌入式微带结构

图 11-1-10　铁氧体环行器

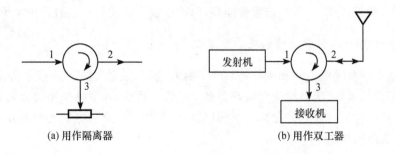

(a) 用作隔离器　　　　　　　　　(b) 用作双工器

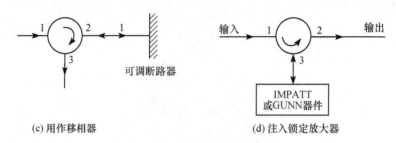

(c) 用作移相器　　　　　　　　(d) 注入锁定放大器

图 11-1-11　铁氧体环行器应用

11.2　微波混频器

为了用电磁波将信息传输到目的地,需要把含有信息的基带信号搬移到适合电磁波传输的频率上。在目的地再将这个过程逆转,把接收到的射频(RF)信号搬移回基带,以恢复信号中所含的信息,这种频率的转换称之为"混频",完成混频的器件称为混频器。任何具有非线性特性的器件都能作为混频器。

微波混频器广泛用于微波接收机与发射机、雷达、射电天文、控制系统等多种设备中,微波混频器作为低噪声前置放大器的后续级,它的性能如噪声特性、变频损耗(或变频增益)等对整个微波系统有十分重要的影响。

对于一个给定的射频信号,具有理想本振(即没有谐波和噪声边带的本振)的理想混频器只产生两个中频输出,一个是射频与本振的频率之和,另一个是射频与本振的频率之差。通过滤波器可以选取希望得到的中频信号,而抑制不需要的其他频率信号。实际的混频器,其输出包括了大量附加的、不希望的得到信号,其中包括噪声、混频器的 RF 和 LO 信号的基波及其谐波信号,并且包括 RF 和 LO 的基波及谐波的和差分量,这些使混频器的输出频度进一步的复杂,并有可能危害系统的性能。

目前微波混频器主要采用金属-半导体结构成的肖基特势垒二极管作为非线性器件。虽然二极管混频器有变频损耗,但其噪声小、结构简单,使用于微波集成电路。MMIC 技术的发展和 GaAs 肖基特势垒栅场效应管及双栅 MES FET 混频器的研制成功,使混频器电路得到新的发展。

11.2.1　肖特基表面势垒二极管

肖特基表面势垒二极管是一种阻性平面型的金属-半导体结二极管,以其实现的混频器结构简单,便于集成,工作稳定且性能良好,因此被广泛使用于接收机中实现混频。

1. 肖特基势垒二极管的结构及工作原理

肖特基最早发现当金属和半导体相互接触时,在其接触处便产生接触势垒的现象并利用它来制成二极管,所以称为肖特基势垒二极管。目前,该器件采用的金属材料大多是金和铝,半导体材料为硅和砷化镓。下面以铝-硅肖特基势垒二极管为例来分析它的工作原理,其管芯结构如图 11-2-1 所示。

在一块 N⁺ 型硅材料上,外延一层 N 型薄层,将金属铝置于外延层上,使其有良好接触,然后在半导体衬底和铝上镀金形成低阻接触,构成电极或电极引出端,便制成一个肖特基势垒二极管管芯。

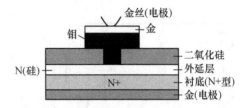

图 11-2-1　肖特基势垒二极管管芯结构图

为什么金属铝与 N 型半导体接触会形成势垒呢？这完全是由两种材料的电子逸出功不同所引起的。我们知道,金属和半导体都是由原子组成的,原子又是由带正电的原子核和带负电的电子组成。通常,由于原子核正电对电子的引力作用,若要使电子成为导电的自由电子,就必须对它做功,这种使电子逸出而所需做的功称为逸出功。

显然,不同的金属和半导体,其逸出功是不同的。对于铝-硅肖特基势垒二极管来说,铝的逸出功比 N 型半导体的逸出功大。当它们互相接触时,铝原子核对电子的吸引力大于 N 型半导体中原子核对电子的吸引力,致使 N 型半导体原子核周围的电子离开半导体而跑向铝。结果是在两者交界面的金属一侧因获得电子而带负电,半导体一侧因失去电子而带正电。随着跑向铝一侧的电子增多,铝上的电子就逐渐对从半导体跑过来的电子施加越来越大的排斥力。而半导体上的正电荷也同时拖住电子使它不易跑过去,到某一时刻就达到平衡。这样,在交界面上由于电荷的堆积而形成一个势垒,称为接触势垒。

正是由于这个势垒的出现,才使得金属-半导体接触具有整流作用,即加正向电压时通流,加反向电压时截止。

加正电时,由于金属接正,N 型半导体接负,使得铝界面一侧堆积的电子被正电极吸引而减少,与此同时,半导体界面一侧堆积的正电荷,则被从电池负极来的电子中和而减少,这样,原来阻碍电子继续从半导体向铝作逸出运动的接触势垒减弱了。因此,只要电池存在,N 型半导体内的电子就会像刚接触时那样源源不断地跑向铝,这就是肖特基势垒二极管的导通状态。

相反地,当外加一个反向电压时由于铝接电池负极 N 型半导体接电池正极使得铝界面的一侧聚集了更多的负电荷,而半导体一侧的边界上聚集了更多的正电荷,接触势垒变得更高了。半导体中的电子将无法跑向铝,以致形成了肖特基势垒二极管的截止状态。

综上所述,肖特基势垒二极管具有类似于一般 PN 结的伏安特性,如图 11-2-2 所示。根据热电子发射理论分析,该器件的直流伏安特性可表示为

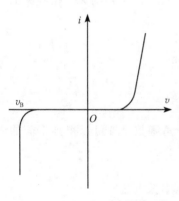

图 11-2-2　肖特基势垒二极管伏安特性

$$i = i_0 \left[\exp\left(\frac{qv}{nkT}\right) - 1 \right] = i_0 (e^{av} - 1)$$

式中,i_0 为反向饱和电流,一般应小于 $1\mu A$；q 为电子电荷 $1.6027 \times 10^{-19} C$；k 为波耳兹曼常量 $1.38 \times 10^{-23} J/℃$；T 为绝对温度；n 为斜率参数,对于理想的肖特基二极管 $n \approx 1$，v 是二极管上所加的电压。

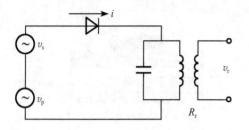

图 11-2-3 二极管的混频电路

2. 二极管混频原理

肖特基势垒二极管如何产生变频作用？我们可以从混频器的电流频谱加以分析。设加在二极管两端的电压是信号电压 v_s 与本振电压 v_p 之和，如图 11-2-3 所示。

根据公式可以知道二极管的电流和电压有函数关系 $i = f(v)$，因此二极管电流为

$$i = f(v) = f(v_p + v_s)$$

通常 $v_p \gg v_s$，因此可以认为二极管的工作点随本振电压而变化。将上式在各工作点展开为泰勒级数，得

$$i = f(v_p) + f^{(1)}(v_p)v_s + \frac{1}{2!}f^{(2)}(v_p)v_s^2 + \cdots + \frac{1}{m!}f^{(m)}(v_p)v_s^m + \cdots$$

由于正常情况下，v_s 很小，可将 v_s 的平方项和以后的各高次项忽略，因而上式可以简化为

$$i \approx f(v_p) + f^{(1)}(v_p)v_s = f(v_p) + g(t)v_s$$

式中，$f(v_p)$ 是只加本振电压时的二极管电流。

$$g(t) = f^{(1)}(v_p) = \frac{\partial i}{\partial v}\bigg| v = v_p$$

$g(t)$ 是随本振电压而变的二极管瞬时电导。

当本振电压是周期余弦信号时，即 $v_p = V_p\cos(\omega_p t + \phi)$，$f(v_p)$ 和 $g(t)$ 均为本振频率的周期函数，可将它们展开成傅里叶级数如下：

$$f(v_p) = I_{dc} + 2\sum_{n=1}^{\infty} I_n\cos(n\omega_p t + n\phi)$$

$$g(t) = g_0 + 2\sum_{n=1}^{\infty} g_n\cos(n\omega_p t + n\phi)$$

由上面公式，并假设信号电压为 $v_s = V_s\cos(\omega_s t)$，通过三角函数分解可以得到下面的电流表达式。

$$
\begin{aligned}
i = & \left[I_{dc} + 2\sum_{n=1}^{\infty} I_n\cos(n\omega_p t + n\phi) \right] && \text{(本振电流)} \\
& + g_0 V_s\cos\omega_s t && \text{(信号基波电流)} \\
& + g_1 V_s\cos|(\omega_s - \omega_p)t - \phi| && \text{(中频信号电流)} \\
& + \sum_{n=2}^{\infty} g_n V_s\cos[(\omega_s - n\omega_p)t - n\phi] && \text{(高次差频电流)} \\
& + \sum_{n=1}^{\infty} g_n V_s\cos[(\omega_s + n\omega_p)t + n\phi] && \text{(各次和频电流)}
\end{aligned}
$$

上式给出了二极管混频电流中所包含的各个频率分量，根据此式可绘出混频电流的

主要谱线图(只绘出其中一部分),如图 11-2-4 所示。

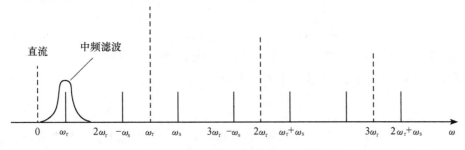

图 11-2-4　混频二极管的电流频谱

从上面的分析可见,在非线性电阻混频过程中产生了无数的组合频率分量,若负载采用中频带通滤波器,可取出所需的中频分量而将其他组合频率滤掉。

11.2.2　微波混频器的主要指标

混频器是微波接收机的前端电路,其以下性能指标直接关系到接收机的特性。

1) 变频损耗

混频器的变频损耗定义是:混频器输入端的微波信号功率与输出端中频功率之比。以分贝为单位时,表示式是

$$\alpha_m(\mathrm{dB}) = 10\lg \frac{微波输入信号功率}{中频输出信号功率}$$

$$= \alpha_\beta(\mathrm{dB}) + \alpha_r(\mathrm{dB}) + \alpha_g(\mathrm{dB})$$

混频器的变频损耗由三部分组成,包括电路失配损耗 α_β、混频二极管芯的结损耗 α_r 和非线性电导净变频损耗 α_g。

(1) 失配损耗。失配损耗 α_ρ 取决于混频器微波输入和中频输出两个端口的匹配程度。如果微波输入端口的电压驻波比为 ρ_s,中频输出端口的电压驻波比为 ρ_i,则电路失配损耗是

$$\alpha_\rho(\mathrm{dB}) = 10\lg \frac{(\rho_s+1)^2}{4\rho_s} + 10\lg \frac{(\rho_i+1)^2}{4\rho_i}$$

混频器微波输入口驻波比 ρ_s 一般为 2 以下。α_p 的典型值为 0.5～1dB。

(2) 混频二极管的管芯结损耗。管芯的结损耗主要由电阻 R_s 和电容 C_j 引起,参见图 11-2-5。在混频过程中,只有加在非线性结电阻 R_j 上的信号功率才参与频率变换,而 R_s 和 C_j 对 R_j 的分压和旁路作用将使信号功率被消耗一部分。

结损耗可表示为

$$\alpha_r(\mathrm{dB}) = 10\lg\left(1 + \frac{R_s}{R_j} + \omega_s^2 C_j^2 R_s R_j\right)(\mathrm{dB})$$

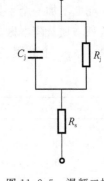

图 11-2-5　混频二极管的等效电路

混频器工作时,C_j 和 R_j 值都随本振激励功率 P_P 大小而变化。P_P 很小时,R_j 很大,C_j 的分流损耗大;随着 P_P 加强,R_j 减小,C_j 的分流减小,但 R_s 的分压损耗要增长。因

此,将存在一个最佳激励功率。当调整本振功率,使 $R_j = 1/\omega_s C_j$ 时,可以获得最低结损耗,即

$$\alpha_{rmin}(dB) = 10\lg(1 + 2\omega_s C_j R_s)(dB)$$

可以看出,管芯结损耗随工作频率而增加,也随 R_s 和 C_j 而增加。

表示二极管损耗的另一个参数是截止频率 f_c 为

$$f_c = \frac{1}{2\pi R_s C_j}$$

通常,混频管的截止频率 f_c 要足够高,希望达到 $f_c \approx (10 \sim 20) f_s$。根据实际经验,硅混频二极管的结损耗最低点相应的本振功率为 $1 \sim 2mW$,砷化镓混频二极管最小结损耗相应的本振功率为 $3 \sim 5mW$。

(3)混频器的非线性电导净变频损耗。净变频损耗取决于非线性器件中各谐波能量的分配关系,严格的计算要用计算机按多频多端口网络进行数值分析;但从宏观来看,净变频损耗将受混频二极管非线性特性、混频管电路对各谐波端接情况以及本振功率强度等影响。当混频管参数及电路结构固定时,净变频损耗将随本振功率增加而降低。本振功率过大时,由于混频管电流散弹噪声加大,从而引起混频管噪声系数变坏。对于一般的肖特基势垒二极管,正向电流为 $1 \sim 3mA$ 时,噪声性能较好,变频损耗也不大。

尽管混频器的器件工作方式是幅度非线性,但我们希望它是一个线性移频器。变频后的输出信号的幅度变化就是变频损耗或增益。一般地,无源混频器都是变频损耗。二极管混频器的变频损耗包括混合网络损耗(1.5dB 左右)、边带损耗(3dB 左右)、谐波损耗(1dB 左右)和二极管电阻损耗(1.5dB 左右),典型值为 7dB 左右。现代肖特基二极管,增加中频匹配电路,处理谐波,可以实现 4dB 变频损耗的混频器。

2)噪声系数

描述信号经过混频器后质量变坏地程度,定义为输入信号的信噪比与输出信号的信噪比的比值。这个值的大小主要取决于变频损耗,还与电路的结构有关。肖特基二极管的导通电流直接影响混频器的白噪声,这个白噪声随电流的不同而不同,在混频器的变频损耗上增加一个小量。如变频损耗为 6dB,白噪声为 0.413dB,则噪声系数为 6.413dB。这种增加量随本振功率的变化不是线性的。表 11-2-1 给出双平衡混频器的本振功率与噪声系数、变频损耗之间的典型关系,可以看出,混频器性能与本振功率有最佳值。

表 11-2-1 双平衡混频器本振与特性关系

本振功率/dBm	噪声系数/dB	变频损耗/dB
-10.0	45.3486	-45.1993
-8.0	32.7714	-32.5264
-6.0	19.8529	-19.2862
-4.0	12.1154	-11.3228
-2.0	8.85188	-8.05585
0.0	7.26969	-6.51561
2.0	6.42344	-5.69211
4.0	5.85357	-5.15404

本振功率/dBm	噪声系数/dB	变频损耗/dB
6.0	5.50914	−4.84439
8.0	5.31796	−4.66871
10.0	5.19081	−4.54960
12.0	5.08660	−4.45887
14.0	4.99530	−4.38806
16.0	4.91716	−4.33322
18.0	4.85920	−4.29407
20.0	4.82031	−4.26763

双边带(DSB)与单边带(SSB)混频器的噪声问题是,本振与信号或本振与信号镜频都会输出中频信号,通常的微波系统都是用单边中频信号输出,镜频的存在必然带来损耗。在噪声测量中采用冷热噪声源,这种源的输出信号宽带包括了镜频,而微波滤波器又不可能滤除它,这样就会在中频系统中有镜频的贡献,而使信号增加一倍。讨论单边带接收机的特性,噪声测量值要加 3dB。

3) 线性特性

(1) 1dB 压缩点。在输入射频信号的某个值上,输出中频信号不再线性增加,而是快速趋于饱和。拐点与线性增加相差 1dB 的信号电平。混频器的 1dB 压缩点与本振功率有关,因为混频器是本振功率驱动的非线性电阻变频电路。对于双平衡混频器,1dB 压缩点比本振功率低 6dB。

(2) 1dB 减敏点。描述混频器的灵敏度迟钝的特性,与 1dB 压缩点有关,也是雷达近距离盲区的机理。对于双平衡混频器,1dB 减敏点比 1dB 压缩点低 2~3dB。

(3) 动态范围。最小灵敏度与 1dB 压缩点的距离,用 dB 表示。通常的动态范围要大于 60dB。动态范围的提高,意味着系统的成本大幅度提高。

(4) 谐波交调。与本振和信号有关的交调杂波输出。

(5) 三阶交调。输入两个信号时的 IP3,定义为 1dB 压缩点与三阶输出功率线的距离。

4) 本振功率

本振功率是指最佳工作状态时所需的本振功率,本振功率的变化将影响混频器的许多项指标。本振功率不同时,混频二极管工作电流不同,阻抗也不同,这就会影响本振、信号、中频三个端口的匹配状态,此外也将改变动态范围和交调系数。

不同混频器工作状态所需本振功率不同,原则上本振功率愈大,混频器动态范围愈大,线性度改善,1dB 压缩点上升,三阶交调系数改善。但本振功率过大时,混频管电流加大,噪声性能要变坏,此外混频管性能不同时所需本振功率也不一样。截止频率高的混频管(即 Q 值高)所需功率小,砷化镓混频管比硅混频管需要较大功率激励。

本振功率在厘米波低端需 2~5mW,在厘米波高端为 5~10mW,毫米波段则需 10~20mW。双平衡混频器和镜频抑制混频器用 4 只混频管,所用功率自然要比单平衡混频管大一倍。在某些线性度要求很高、动态范围很大的混频器中,本振功率要求高达近百毫瓦。

5）端口隔离

混频器隔离度是指各频率端口之间的隔离度，该指标包括三项，信号与本振之间的隔离度，信号与中频之间的隔离度，本振与中频之间的隔离度。隔离度定义是本振或信号泄漏到其他端口的功率与原有功率之比，单位为 dB。例如，信号至本振的隔离度定义是

$$L_{sp} = 10\lg \frac{\text{信号输入到混频器的功率}}{\text{在本振端口测得的信号功率}}$$

信号至本振隔离度是个重要指标，尤其是在共用本振的多通道接收系统中，当一个通道的信号泄漏到另一通道时，就会产生交叉干扰。例如，单脉冲雷达接收机中的和信号漏入到差信号支路时将使跟踪精度变坏。在单通道系统中信号泄漏就要损失信号能量，对接收灵敏度也是不利的。

本振至微波信号的隔离度不好时，本振功率可能从接收机信号端反向辐射或从天线反发射，造成对其他电设备的干扰，使电磁兼容指标达不到要求，而电磁兼容是当今工业产品的一项重要指标。此外，在发送设备中，变频电路是上变频器，它把中频信号混频成微波信号，这时本振至微波信号的隔离度有时要求高达 80～100dB。这是因为，通常上变频器中本振功率要比中频功率高 10dB 以上才能得到较好的线性变频。变频损耗可认为 10dB，如果隔离度不到 20dB，泄漏的本振将和有用微波信号相等甚至淹没了有用信号，所以还得外加一个滤波器来提高隔离度。

信号至中频的隔离度指标，在低中频系统中影响不大，但是在宽频带系统中就是个重要指标了。有时微波信号和中频信号都是很宽的频带，两个频带可能边沿靠近，甚至频带交叠，这时，如果隔离度不好，就造成直接泄漏干扰。

单管混频器隔离度依靠定向耦合器，很难保证高指标，一般只有 10dB 量级。

平衡混频器则是依靠平衡电桥。微带式的集成电桥本身隔离度在窄频带内不难做到 30dB 量级，但由于混频管寄生参数、特性不对称、或匹配不良等因素的影响，不可能做到理想平衡，所以实际混频器总隔离度一般为 15～20dB，较好者可达到 30dB。

6）端口 VSWR

在处理混频器端口匹配问题时，希望三个端口的驻波比越小越好，尤其是 RF 口。在宽频带混频器中很难达到高指标，不仅要求电路和混频管高度平衡，还要有很好的端口隔离，比如中频端口失配，其反射波再混成信号，可能使信号口驻波比变坏，而且本振功率漂动就会同时使三个端口驻波变化。例如本振功率变化 4～5dB 时，混频管阻抗可能由 500变到 1000，从而引起三个端口驻波比同时出现明显变化。

7）直流极性

一般地，射频和本振同相时，混频器的直流成分为负极性。

8）功率消耗

功耗是所有电池供电设备的首要设计因素。无源混频器消耗 LO 功率，而 LO 消耗直流功率，LO 功率越大，消耗直流功率越多。混频器的输出阻抗对中放的要求也会影响中放的直流功耗。

11.2.3　微波混频器的分析设计

1. 混频器的原理

理想的混频器是一个开关或乘法器,如图 11-2-6 所示,本振激励信号(LO,f_L)和载有调制信息的接收信号(RF,f_s)经过乘法器后得到许多频率成分的组合,经过一个滤波器后得到中频信(IF,f_{IF})。

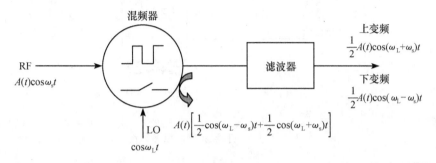

图 11-2-6　理想混频器

通常,RF 的功率比 LO 小得多,不考虑调制信号的影响,乘法器的输出频率为

$$f_d = nf_L \pm f_s \tag{11-1}$$

微波工程中,可能的输出信号为三个频率之一:

差频或超外差　　　　　　$f_{if} = f_L - f_s$

谐波混频　　　　　　　　$f_{if} = nf_L - f_s$

和频或上变频　　　　　　$f_{if} = f_L + f_s$

我们最关心的是超外差频率,因为目前绝大部分接收机都是超外差式结构的,采用中频滤波器取出差频,反射和频,使和频信号回到混频器再次混频。外差混频器的频谱如图 11-2-7 所示,RF 的频率关于 LO 的频率对称点为 RF 的镜频。镜频的功率和信号的功率相同,由于镜频与信号的频率很近,可以进入信号通道而消耗在信号源内阻。恰当处理镜频,能够改善混频器的指标。

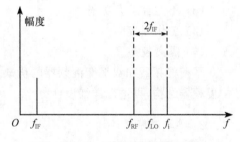

图 11-2-7　超外差混频器的频谱

LO 控制的开关特性可以用几种电子器件构成,肖特基二极管在 LO 的正半周低阻,负半周高阻近似为开关。在 FET 中,改变栅源电压的极性,漏源之间的电阻可以从几欧变到几千欧。在射频或微波低端,FET 可以不要 DC 偏置,而工作于无源状态。BJT 混频器与 FET 类似。

根据开关器件的数量和连接方式,混频器可以分为三种,即单端、单平衡和双平衡。图 11-2-8 是三种混频器的原理结构。微波实现方式就是要用微波传输线结构完成各耦合电路和输出滤波器,耦合电路和输出滤波器具有各端口的隔离作用。

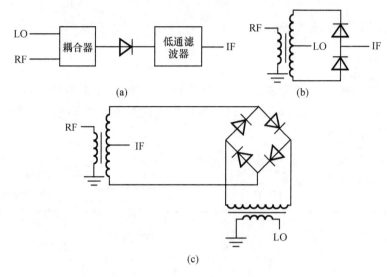

图 11-2-8 三种混频器的原理结构

单端混频器的优点：

(1) 结构简单、成本低，在微波频率高端，混合电路难于实现的情况下更有优势。

(2) 变频损耗小，只有一个管子消耗功率。

(3) 本振功率小，只需驱动一个开关管。

(4) 容易 DC 偏置，进一步降低本振功率。

单端混频器的缺点：

(1) 对输入阻抗敏感。

(2) 不能抑制杂波和部分谐波。

(3) 不能容忍大功率。

(4) 工作频带窄。

(5) 隔离较差。

平衡混频器和双平衡混频器的优缺点与单端混频器相反。根据整机要求，选择合适的混频器结构，再进行详细设计。

2. 单端混频器设计

单端混频器是简单的一种混频器，它结构简单、经济，但因其性能较差，仅在一些要求不高的场合使用。单端混频器又分为波导、同轴、微带几种，频率高于 4GHz 时常用波导结构，4GHz 以下多采用同轴结构，微带混频器常用于集成化的小型接收机中。

经典的单端混频器在宽频带、大动态的现代微波系统中极少使用，但在毫米波段和应用微波系统中还有不少使用场合。设计的主要内容就是为三个信号提供通道，如图 11-2-9 所示。

微带构成的单端混频器通常由功率混合电路、阻抗匹配电路、混频二极管及低通滤波器等部分组成。射频信号从左端输入，经定向耦合器和阻抗匹配段加到二极管上，本振功率由定向耦合器的另一端输入也加到二极管上。定耦合器完成功率混合功能，在这里采

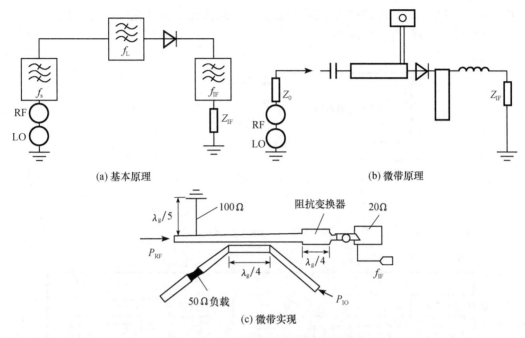

(a) 基本原理　　　　　　　　　　　(b) 微带原理

(c) 微带实现

图 11-2-9　单端混频器原理和微带结构

用了平行耦合线定向耦合器。由于输入信号电平很低,经直通臂加到二极管上,本振由隔离臂加入,其功率一部分加到二极管,另一部分损耗在匹配负载上。定向耦合器的设计应同时兼顾耦合度和隔离度的要求,耦合过紧,隔离度差,信号功率被匹配负载吸收的就多;耦合过松,虽然减少了信号损失,但本振功率就需要加大,因此一般耦合度取 10dB 左右为宜。$\lambda_g/4$ 阻抗变换器和相移段组成的阻抗变换段完成信号和本振输入电路与二极管的匹配。通常二极管输入阻抗是复数,相移段将其变换成纯电阻,再经 $\lambda_g/4$ 阻抗变换器变换成信号,本振输入传输线特性阻抗 50Ω。为了保证信号功率畅通,设计阻抗匹配段时应以信号频率为中心频率,在二极管后接 $\lambda_g/4$ 低阻抗开路线形成高频短路线与谐振器一起组成低通滤波器,只允许中频输出。为了防止中频信号泄漏到高频输入电路中,可在二极管输入端接 $\lambda_g/4$ 高阻线,提供中频接地通路,而它对高频呈现开路,高频能量不会因此而损耗。本电路是未加偏置的,工作于零偏压状态。关于混频二极管的选择,应注意选择管子的截止频率远高于工作频率,通常要求高出 10 倍以上。

单端混频器的设计困难是输入端的匹配,二极管的非线性特性使得混频器的输入阻抗是时变的,无法用网络分析仪测出静态阻抗,只能得到折中得估计值。

3. 单平衡混频器设计

单平衡混频器使用两只二极管,利用平衡混合网络将大小相等,满足一定相位关系的信号和本振功率加到两只性能完全相同的二极管上。充分地利用信号和本振功率,使两管混频后的中频叠加输出。同时,由于有两只混频管,无疑增加了混频器的动态范围,更重要的是平衡混频器能抑制本振噪声,改善噪声性能,因此,得到了广泛的应用。

常用的平衡混合网络为 90°和 180°两种。微波结构在 5GHz 以上用分支线或环行桥,

5GHz 以下用变压器网络,微封装结构指标好。毫米波段用波导正交场或 MMIC。单平衡混频器的原理如图 11-2-10 所示。

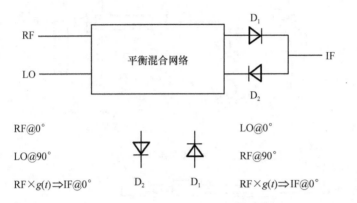

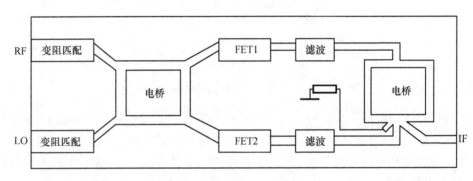

图 11-2-10　单平衡混频器原理

1) 90°相移平衡混频器

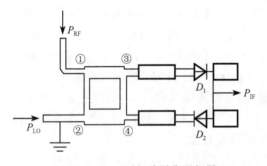

图 11-2-11　90°相移平衡混频器

图 11-2-11 所示的是一种实际中被广泛采用的分支线定向耦合器 90°移相型微带平衡混频器,其中功率耦合电路是采用 3dB 分支线耦合器,在各端口匹配条件下①与②端口是隔离的。由①端传输到③、④端口的功率相等,且相位相差 90°;并考虑到二极管的接向,可以计算 D_1 和 D_2 管上的信号电压和本振电压。

设二极管 D_1 所在支路的信号和本振电压分别为

$$V_{s1}(t) = V_s\cos(\omega_s t)$$

$$V_{L1}(t) = V_L\cos\left(\omega_L t - \frac{\pi}{2}\right)$$

通过 D_1 的电流和中频电流为

$$i_1 = V_{s1}(t)\left[g_0 + 2\sum_{n=1}^{\infty} g_n\cos n\left(\omega_L t - \frac{\pi}{2}\right)\right]$$

$$= V_s \cos(\omega_s t) \left[g_0 + 2g_1 \cos\left(\omega_L t - \frac{\pi}{2}\right) + \cdots \right]$$

$$I_{if1} = V_s g_1 \cos\left[(\omega_s - \omega_L)t + \frac{\pi}{2} \right] = V_s g_1 \cos\left(\omega_{if} t + \frac{\pi}{2}\right)$$

其中，$\omega_{if} = \omega_s - \omega_L$。

对于二极管 D_2，其所在支路的信号和本振电压分别为

$$V_{s2}(t) = V_s \cos\left(\omega_s t + \frac{\pi}{2}\right)$$

$$V_{L2}(t) = V_L \cos(\omega_L t - \pi)$$

通过 D_2 电流和中频电流为

$$i_2 = V_{s2}(t)\left[g_0 + 2\sum_{n=1}^{\infty} g_n \cos n(\omega_L t - \pi) \right]$$

$$= V_s \cos\left(\omega_s t + \frac{\pi}{2}\right)\left[g_0 + 2g_1 \cos(\omega_L t - \pi) + \cdots \right]$$

$$I_{if2} = V_s g_1 \cos\left[\left(\omega_s t + \frac{\pi}{2}\right) - (\omega_L t - \pi) \right] = V_s g_1 \cos\left(\omega_{if} t - \frac{\pi}{2}\right)$$

由于 D_1 和 D_2 是反向接的，故输出中频电流

$$I_{if} = I_{if1} - I_{if2} = 2V_s g_1 \cos\left(\omega_{if} t + \frac{\pi}{2}\right)$$

实际上本振源输出信号的频谱不会是纯净的，一般都伴有噪声输出。某些噪声和本振差拍后产生中频，形成中频噪声。由于本振功率电平远高于输入信号电平，所以本振噪声的存在对混频器的噪声性能影响是很大的，这是单端混频器所无法解决的问题，而平衡混频器中由于本振信号和本振噪声是由同一端加到两只二极管上的，若两二极管接法相反，则输出到负载上的中频噪声电流会自然抵消。设 D_1 支路的用本振信号和本振噪声电压分别为

$$V_{L1}(t) = V_L \cos\left(\omega_L t - \frac{\pi}{2}\right)$$

$$V_{n1}(t) = V_n \cos\left(\omega_n t - \frac{\pi}{2}\right)$$

则中频噪声电流为

$$i_{n1}(t) = V_n g_1 \cos(\omega_n - \omega_L)t$$

又 D_2 支路有用本振信号和本振噪声电压

$$V_{L2}(t) = V_L \cos(\omega_L t - \pi)$$

$$V_{n2}(t) = V_n \cos(\omega_L t - \pi)$$

则流过 D_2 的中频噪声电流为

$$i_{n2}(t) = V_n g_1 \cos(\omega_n - \omega_L)t$$

由于 D_1 和 D_2 接法相反，故流入负载的中频噪声电流

$$i_n(t) = i_{n1}(t) - i_{n2}(t) = 0$$

从而表明平衡混频器可以抑制本振噪声。

2）180°相移（反相）平衡混频器

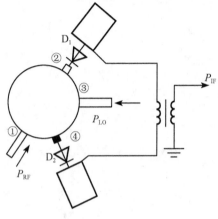

图 11-2-12 180°相移平衡混频器

该平衡混频器有三段臂长为 $\frac{1}{4}\lambda$，一段臂长为 $\frac{3}{4}\lambda$，各臂特性阻抗均为 $\sqrt{2}Z_0$。在各端匹配的条件下，①、③为隔离端口，信号由①端口输入时，由②④端口等分，反相输出，考虑到以二极管导通方向为正方向时，两管的信号电压同相；本振由③端口输入时，从②、④端口等分，同相输出，因 D_1、D_2 接向相反而使两管上本振电压反相。这种电桥保证本振和信号端口之间具有良好的隔离度，如图 11-2-12 所示。

设二极管 D_1、D_2 上的信号电压为

$$v_{s1}(t) = v_{s2}(t) = V_s\cos\omega_s t$$

本振电压分别为

$$v_{L1}(t) = V_L\cos(\omega_L t - \pi)$$
$$v_{L2}(t) = V_L\cos\omega_L t$$

则两管产生的中频电流为

$$I_{if1} = -V_s g_1\cos\omega_{if} t$$
$$I_{if2} = V_s g_1\cos\omega_{if} t$$

可见，负载上的中频电流为

$$I_{if} = -I_{if1} + I_{if2} = 2V_s g_1\cos\omega_{if} t$$

以上是对应 D_1 和 D_2 两管上信号同相、本振反相的情况，称之为本振反相型混频器。若将本振和信号输入端口互换，则称为信号反相型混频器。由于信号电平本来就很小，对信号谐波抑制意义不大，故本振反相型混频器应用较广。

4. 双平衡混频器设计

在微波低端使用最多的是微封装双平衡混频器。这种混频器隔离度好、杂波抑制好、动态范围大、尺寸小、性能稳定，便于大批量生产。缺点是本振功率大，变频损耗比较大。

典型的双平衡混频器如图 11-2-13 所示，四只二极管为集成芯片，变压器耦合网络尺寸很小，结构紧凑，匹配良好。对于 LO 信号，端口 RF＋和 RF－为虚地点，不会有 LO 进入 RF 回路。同样，RF 信号不会进入 LO 回路，隔离可达到 40dB。

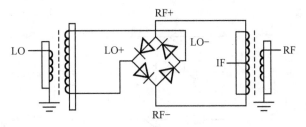

图 11-2-13　环形双平衡混频器

双平衡混频器的开关输出波形为图 11-2-14,图 11-2-14(a)是 IF 抽头处波形,图 11-2-14(b)是中频滤波器后波形,包络始终没变化。

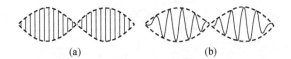

图 11-2-14　双平衡混频器的输出波形

四个二极管也可以星形连接,如图 11-2-15 所示。

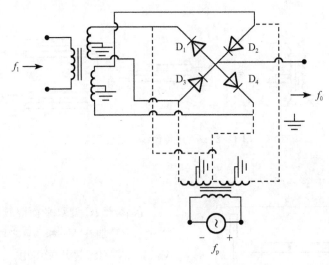

图 11-2-15　星形双平衡混频器

为了提高动态范围,增加承受功率,加大隔离,每个臂上的二极管可以用一个元件组取代,带来的缺点是本振功率的增加。图 11-2-16 给出不同结构及其所要求的本振功率。

微波频率提高后,变压器网络可以用传输线来实现。图 11-2-17 为用传输线实现变压器的原理。槽线、鳍线等具有对称性的传输线都可以做混合网络。但是有中间抽头不好找,中频输出滤波不好等困难,使得传输线结构的双平衡混频器的指标比不上变压器结构。由此,5GHz 以上频率,大量使用前述单平衡混频器。

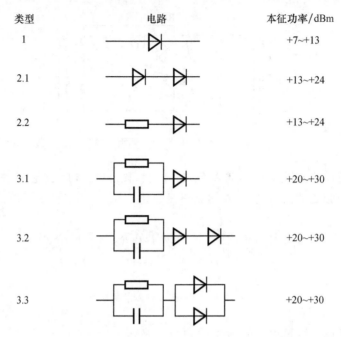

类型	电路	本征功率/dBm
1		+7~+13
2.1		+13~+24
2.2		+13~+24
3.1		+20~+30
3.2		+20~+30
3.3		+20~+30

图 11-2-16 几种臂元件组合所需本振功率

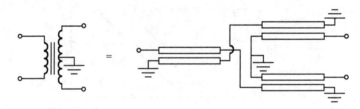

图 11-2-17 用传输线实现变压器

5. 晶体管双平衡混频器

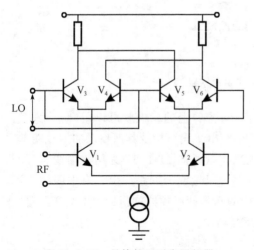

图 11-2-18 晶体管双平衡混频器

晶体管 IC 型双平衡混频器如图 11-2-18 所示。RF 加在 V_1 和 V_2 之间，LO 加在 V_3、V_4、V_5、V_6 上，起开关作用。这种混频器在射频段有 10dB 以上的增益，灵敏度高，噪声为 5dB 左右，到了微波频段噪声较大。随着微电子技术的发展，将会在大量商品中有广泛应用。

6. 场效应管混频器

场效应管(FET)混频器是把本振功率和信号同时加在 FET 的栅极，利用漏极电流和栅极电压之间的非线性关系来实现混频。微波 FET 三极管混频器相对于二极管混频器的主要优点有：

（1）有变频增益。根据工作状态不同，可设计成高增益和高线性两种不同工作状态。通常为了获得较好线性度，用增益较低状态，此时增益约为几分贝。即使低增益状态，也相对二极管混频的衰减状态改善了许多。

（2）输出饱和点高。典型的 FET 混频器 1dB 输出功率压缩点可能做到 20dBm，它比一般的二极管混频器高了许多，所以不仅动态范围上限提高了，而且三阶交调性能也很好。

基于 FET 的 MMIC 有源混频器已经有广泛的使用。前述的二极管有两个特点，可用一阶近似进行线性分析，以及实际中二极管混频器与电路设计关系不大。FET 有源混频器不满足两个条件，分析时除了小信号条件外，还要用其他非线性设计工具，噪声分析更加复杂。因为二极管的电导是指数函数，而 FET 是平方函数，后者的频率成分更多。

图 11-2-19 是 FET 混频器的两个基本结构。

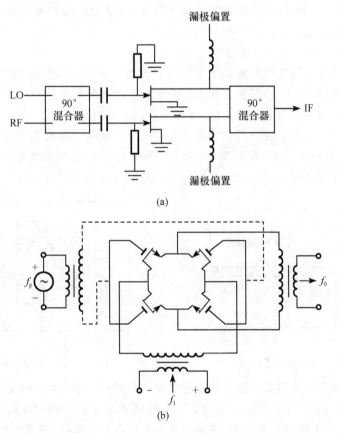

图 11-2-19　FET 混频器

7. 正交场平衡混频器

在波导中，几乎都采用正交场结构混频器。图 11-2-20 所示的是单平衡混频器，利用波导内 TE_{10} 模的电力线方向垂直实现隔离，靠边界条件的扰动把本振功率加到二极管上。

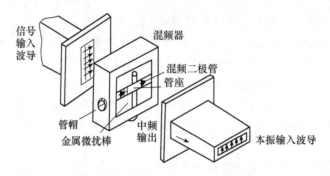

图 11-2-20　波导正交场平衡混频器

8. 镜频抑制混频器

在任何外差式微波系统中,由于镜像干扰信号与本振混频后与有用信号同时出现在中频端口而成为影响系统接收性能的主要干扰噪声,因此镜像抑制是系统的一个重要性能指标。镜像抑制混频器由于具有自动识别和抑制镜像噪声的功能而成为宽频带高速度微波接收系统中一个不可缺少的关键部件。

图 11-2-21 是一种镜频短路的微带单端混频器。其中,镜频带阻滤波器采用略小于 $\lambda_g/2$(对于镜频而言)的终端开路线构成,其顶端通过缝隙与主线耦合,缝隙电容和 $\lambda_g/2$ 开路线的输入电感构成串联谐振电路,使镜频在这里被短路。

图 11-2-22 是一种镜频开路的微带平衡混频器。在两二极管左边分别接入一个镜频带阻滤波器,它是由 $\lambda_g/2$ 终端开路线构成,其中有 $\lambda_g/4$ 长度与主线平行耦合,在耦合器入口处滤波器将镜频开路,同时允许信号和本振功率以极小的损耗通过。

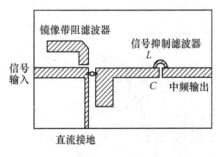

图 11-2-21　镜频短路混频器

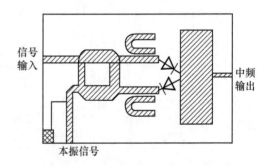

图 11-2-22　镜频开路混频器

这种利用前置滤波器实现镜频抑制的思想,仅适用于高中频的情况。因为信号频率必须处于通带内,而镜频必须处于阻带内。信号频率与镜频频率恰好相差 2 倍中频。而当信号频率很高,中频频率极低时,将导致滤波器的中心频率高,带宽极窄,这给实际制作带来极大的困难。微带线是一种不均匀介质的敞开式传输线,有效传导导体截面尺寸又比较小,故它的传播衰减比波导、同轴线大很多,本身的品质因数很低,用微带线节制作的带通、带阻滤波器频带很难做得很窄。一种比较实际的解决方案就是利用多次变频将中频逐渐提高,多次变频必然带来接收机体积的庞大,为了减小接收机的体积,一种新的解决方案就是根据相位关系,采用相位平衡式镜频抑制混频器。它能根据输入信号频率比本振频率高或低来识别是有用信号还是镜频噪声,输出有用的中频,而将镜频干扰抑制,并能在较宽的频带内快速选择有用信号,特别适用于宽带快速扫频系统和测试接收机。对于具有宽带低噪声放大器的接收机,它还可接于该放大器之后,抑制镜频通道的噪声,保证整机噪声性能。

图 11-2-23 为镜像抑制混频器的工作原理图。它包括两个单平衡混频器、一个功率分配器、一个 3dB 分支电桥、两个低通滤波器、一个 90°移相电路和一个合路器。

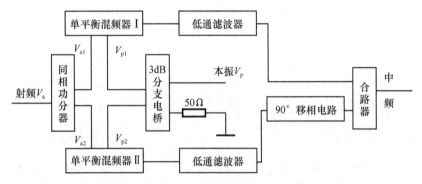

图 11-2-23　镜像抑制混频器

当本振电压 V_p 由本振输入端口馈入 3dB 分支电桥后,将分别在混频器 Ⅰ、Ⅱ 的输入端口产生两个大小相等、相位相差 90°的本振电压 V_{p1} 和 V_{p2},该电压与来自于信号端口,经同相功率分配器平分而得的信号电压 V_{s1} 和 V_{s2} 分别作用于混频器 Ⅰ 和 Ⅱ,在两混频器的中频输出端上产生大小相近,相互正交的两个中频电压,低通滤波后将信号 Ⅱ 移相 90°再与信号 Ⅰ 通过合路器形成有用的中频输出信号。

设信号电压为 $v_s = \sqrt{2}V_{sm}\cos\omega_s t$,本振电压为 $v_p = \sqrt{2}V_{pm}\cos\omega_p t$,镜频电压为 $v_i = V_{im}\cos\omega_i t$,同时 $V_p > V_s$,$\omega_s > \omega_p$,$\omega_p > \omega_i$,频率之间的关系式为

$$\omega_s - \omega_p = \omega_p - \omega_i = \omega_{IF}$$

所以加到混频器 Ⅰ 和 Ⅱ 上的信号电压和本振电压分别为

$$v_{s1} = V_{sm}\cos\omega_s t, \quad v_{p1} = V_{pm}\cos\omega_p t$$

$$v_{s1} = V_{sm}\cos\omega_s t, \quad v_{p1} = V_{pm}\cos\left(\omega_p t - \frac{\pi}{2}\right)$$

由于混频管分别在两个相位差 90°的本振电压激励下的非线性电导为

$$g_1 = g_0 + 2g_1\cos\omega_p t + 2g_2\cos2\omega_p t + \cdots$$

$$g_2 = g_0 + 2g_1\cos\left(\omega_p t - \frac{\pi}{2}\right) + 2g_2\cos2\left(\omega_p t - \frac{\pi}{2}\right) + \cdots$$

则当仅考虑基波混频时,混频器 Ⅰ 和 Ⅱ 上的电流分别为

$$I_1 = 2g_1\cos\omega_p t \cdot V_{sm}\cos\omega_s t = g_1 V_{sm}\cos(\omega_s - \omega_p)t + g_1 V_{sm}\cos(\omega_s + \omega_p)t$$

$$I_2 = 2g_1\cos\left(\omega_p t - \frac{\pi}{2}\right) \cdot V_{sm}\cos\omega_s t$$

$$= g_1 V_{\mathrm{sm}} \cos \left[\left(\omega_{\mathrm{s}} - \omega_{\mathrm{p}} \right) t + \frac{\pi}{2} \right] + g_1 V_{\mathrm{sm}} \cos \left[\left(\omega_{\mathrm{s}} + \omega_{\mathrm{p}} \right) t - \frac{\pi}{2} \right]$$

由此看出,混频器 Ⅱ 的输出中频电流相位超前于混频器 Ⅰ,将其经过 90°移相器后,可与的 I_1 的中频电流通过合路器同相相加输出。

当信号输入端馈入镜像干扰信号 v_{i} 时,同理有

$$I_1 = 2g_1 \cos\omega_{\mathrm{p}} t \cdot V_{\mathrm{im}} \cos\omega_{\mathrm{i}} t = g_1 V_{\mathrm{sm}} \cos(\omega_{\mathrm{p}} - \omega_{\mathrm{i}}) t + g_1 V_{\mathrm{im}} \cos(\omega_{\mathrm{p}} + \omega_{\mathrm{i}}) t$$

$$I_2 = 2g_1 \cos\left(\omega_{\mathrm{p}} t - \frac{\pi}{2} \right) \cdot V_{\mathrm{im}} \cos\omega_{\mathrm{i}} t$$

$$= g_1 V_{\mathrm{im}} \cos \left[\left(\omega_{\mathrm{p}} - \omega_{\mathrm{i}} \right) t - \frac{\pi}{2} \right] + g_1 V_{\mathrm{im}} \cos \left[\left(\omega_{\mathrm{p}} + \omega_{\mathrm{i}} \right) t - \frac{\pi}{2} \right]$$

因此可以看出,混频器 Ⅱ 的镜像中频电流相位滞后于混频器 Ⅰ,将其经过 90°移相器后,可与的 I_1 的中频电流通过合路器反相抵消,从而实现了镜像制止。

9. 混频器的其他知识

图 11-2-24 给出肖特基二极管特性和不同半导体的肖特基二极管的交直流参数,以便设计和估算混频器的工作情况。

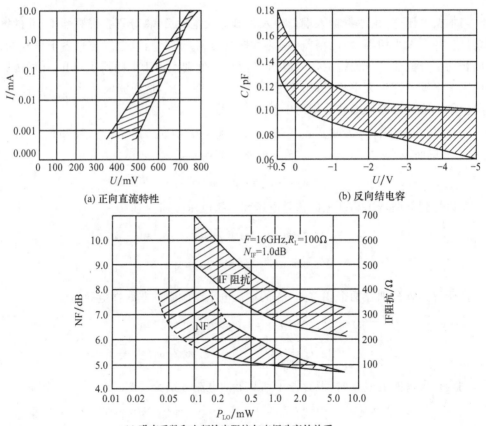

(a) 正向直流特性　　　　　　　　　(b) 反向结电容

(c) 噪声系数和中频输出阻抗与本振功率的关系

材　料	势　垒	U_F/mA	F_{C0}/GHz	R_L/Ω	C_{j0}/pF	NF/dB
nGaAs	高	0.70	1000	—	0.15	5.0[a]
nGaAs(堆)	高	0.70	500	—	0.15	6.0[a]
nGaAs(芯)	高	0.70	1000	—	0.15	5.3[a]
nSi	低	0.28	150	6	0.20	6.5
nSi	低	0.28	150	6	0.20	6.5
pSi	低	0.28	150	12	0.20	6.5
nSi	高	0.60	100	8	0.20	6.5
nSi	高	0.60	100	8	0.20	6.5
nSi	低	0.28	200	6	0.15	5.5
pSi	低	0.28	200	18	0.14	6.0
pSi	中	0.40	150	150	0.12	6.5
nSi	低	0.28	150	8	0.18	6.5
pSi	低	0.28	150	12	0.18	6.5

(d) 不同半导体材料的二极管特性(9GHz)

图 11-2-24　肖特基势垒二极管的直流和微波特性

11.3　微波检波器

微波检波器是微波技术中常规部件之一,对调幅的微波信号进行解调,能实现微波的频率变换,输出包络信号。它在微波信号检测、自动增益控制、功率探测、稳幅的应用中是关键器件。

11.3.1　微波检波器的特性

一般地,检波器是实现峰值包络检波的电路,输出信号与输入信号的包络相同。如图11-3-1 所示,图 11-3-1(a)连续波输出为直流,图 11-3-1(b)数字调幅输出数字信号,图11-3-1(c)模拟调幅输出模拟信号。作检波时,肖特基势垒二极管伏安特性近似为平方关系,即检波输出电流与输入信号电压幅度的平方成正比。因此,常用检波电流的大小检视输入信号功率的大小。

作为接收机前置级时,所接收的信号通常是微弱的,对检波器的要求是高检波灵敏度、小输入 VSWR、宽动态范围、宽频带、高效率,而检波器内部不可避免地存在噪声,因此衡量检波器性能的重要指标就是它从噪声中检测微弱信号的能力,这种能力常用灵敏度来表示。

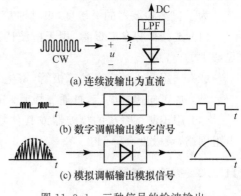

(a) 连续波输出为直流

(b) 数字调幅输出数字信号

(c) 模拟调幅输出模拟信号

图 11-3-1　三种信号的检波输出

1. 灵敏度

灵敏度定义为输出电流与输入功率之比。一般地,检波输出信号的频率小于 1MHz,闪烁噪声对检波灵敏度的影响较大。闪烁噪声又称为 $1/f$ 噪声,由半导体工艺或表面处理引起,噪声功率与频率成反比。为了避免这个影响,采用混频器构成超外差接收机,30MHz 或 70MHz 中频放大后再检波,这并不影响微波检波器的使用,大部分情况下,检波器是用于功率检视,灵敏度已经足够。

2. 标称可检功率(NDS)

输出信噪比为 1 时的输入信号功率。不仅与检波器的灵敏度有关,还与后续视频放大器的噪声和频带有关。NDS 越小,表示检波器灵敏度越高。测量方法为,不加微波功率,测出放大器输出功率(噪声功率),然后输入微波功率,使输出功率增加 1 倍时,这时的输入功率为 NDS。

3. 正切灵敏度(TSS)

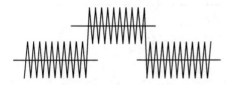

图 11-3-2   TSS 测量

正切灵敏度定义如下:当不加微波信号时,在放大器的输出端观察输出的噪声波形;然后输入脉冲调幅的微波信号,检波后为分方波。调整输入信号的幅值,输出信号在示波器上为图 11-3-2 形状时,图中曲线为没有脉冲时的最高噪声峰值和有脉冲时的最低噪声峰值在同一水平时,这时候的输入微波脉冲峰值功率就是正切灵敏度。

显然,这个测试随测量者不同,存在主观上的偏差,是个难于严格定量的值。但 TSS 概念清晰,使用方便,在工程中得到了普遍使用。TSS 也常用于接收机的灵敏度描述。

正切灵敏度不等于标称可检功率。在正常情况下,TSS 比 NDS 高 4dB,如 NDS=−90dBm,则 TTS=−86dBm。

正切灵敏度、标称可检功率都和放大器带宽有关,因此,在给出这些指标时应说明测量的带宽。通常规定视频带宽为 1MHz。

为了提高检波器的灵敏度,设计时应注意:

(1) 选择低势垒二极管,用于检波比混频的肖特基二极管势垒要低,小信号下能产生足够大的电流。

(2) 选用截止频率高的二极管,寄生参数的影响小。

(3) 加正向偏置电流,打通二极管,节省微波功率,提高灵敏度。

(4) 用于测试系统的检波器或其他场合的宽频带检波器,增加匹配元件或频带均衡电阻网络,灵敏度会降低。

11.3.2   微波检波器的电路

一般来说,微波检波器电路由三部分组成,分别是阻抗匹配网络、检波二极管和低通滤波器。为了设计阻抗匹配网络,应该首先测量检波二极管在工作频带内的频带范围,然后用网络综合的方法求网络参数,但是当工作频带较宽时,这样的设计方式往往比较困难。

1. 同轴检波器

当检波器应用于稳幅系统时,常常要求在一个或几个倍频程的频带范围内灵敏度的波动不超过 1dB,但不要求很高的灵敏度。在这种情况下,可以采用牺牲灵敏度的方法保证宽频带内较好的平坦度。图 11-3-3 所示的是同轴检波器的结构图。在同轴线的外导体的内壁加吸收环,在同轴线的内外导体只见并联一个锥形的吸收电阻,二极管串联在内导体上,在管座和外导体之间夹一层介质薄膜,形成高频旁路电容。当二极管不加偏置时,阻抗比较高,因此检波器的输入阻抗主要决定于所加的匹配电阻,其阻抗与同轴线阻抗匹配,这个检波器工作在 7.2~11GHz 频带内,驻波比小于 2。

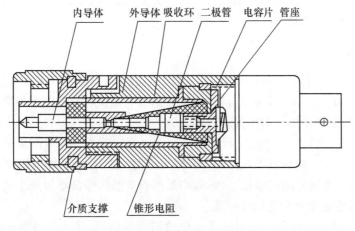

图 11-3-3 宽频带同轴检波器

检波器的工作频带受到以下两个因素限制:

(1) 二极管的管壳电容形成与频率有关的电抗。

(2) 匹配电阻与旁路电容接入的位置与二极管两端点之间有一定的距离,相当于插入一个短传输线。

图 11-3-4 所示的是宽频带微带线检波器,如果是窄带的,也可用集总参数电阻和电容,配合平行耦合线用于微带电路模块。

2. 同轴检波器

固定频率工作的微波系统可以采用调谐式检波器,如图 11-3-5 所示。图中,采用三个调谐螺钉和一个短路活塞进行调谐,使二极管阻抗和波导阻抗匹配。有时也可以利用

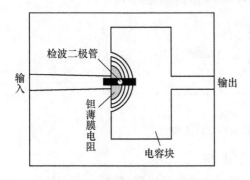

图 11-3-4 宽频带微带线检波器

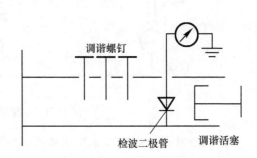

图 11-3-5 调谐式波导检波器

短路活塞调谐二极管的电纳部分,然后通过一段高度渐变的波导将标准的波阻抗变换成低阻抗,以便和二极管的阻抗匹配。这类检波器一般用在固定频率工作的系统中作为功率指示器。

11.4 微波倍频器和分频器

微波倍频器和分频器是一种微波信号产生方式,配合频率合成器使用,已经广泛用于各类微波系统和测试仪器中。

11.4.1 倍频器

随着微波技术的发展,微波倍频器广泛用于通信、雷达、频率合成和测量等技术中,它在小功率高稳定的振荡器、频率综合器、锁相振荡器和毫微秒脉冲产生器等技术中也得到了广泛应用。其主要作用可归纳为:

(1)获得高稳定度的高频振荡源。由于微波电真空管器件和微波半导体振荡的共同缺点是频率稳定度不高,而目前电路中多采用的高稳定度石英晶体振荡器振荡频率一般都低于 150MHz,所以采用倍频技术,将频率低的石英晶体振荡器所产生的稳定振荡进行倍频,可以得到稳定度较高的微波振荡源。

(2)扩展设备的工作频段。如扫频仪中的扫频振荡源,从一个振荡器得到两个或多个成整数比的频率。

最近十多年来,固态微波倍频器的发展十分迅速,由早期的非线性变阻二极管倍频器发展到变容二极管、阶跃管和雪崩管倍频器,又由双极晶器体管倍频器发展到单栅和双栅微波场效应管倍频。当倍频次数较小时,可以用变容管、晶体三极管、FET 及宽带放大器等方法来实现倍频。其中,变容管倍频效率比较低,但电路简单、成本低,容易调整实现;FET 倍频电路较复杂,但电路稳定,倍频效率高且有增益。当倍频次数较高时,应优先采用阶跃恢复二极管来倍频,但电路复杂、稳定性不高。

下面图 11-4-1 给出倍频器基本电路结构,倍频器输入信号 f_0,输出信号 nf_0。使用的器件是变容二极管,微波电路包括输入端低通滤波器和匹配电路,输出端带通滤波器和匹配电路。

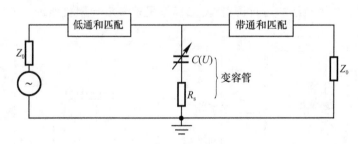

图 11-4-1 倍频器基本电路结构

微波倍频器分成两类,低次倍频器和高次倍频器。

低次倍频器的单级倍数 N 不超过 5。使用器件为变容二极管,倍频次数增加后,倍频效率和输出功率将迅速降低(二倍频效率在 50% 以上,三倍频 40%)。如需高次倍频,则必须做成多级倍频链,使其中每一单级仍为低次倍频。

高次倍频器的单级倍频次数可达 10~20 以上,倍频使用的器件是阶跃恢复二极管(电荷储存二极管)。在高次倍频时,倍频效率约为 $1/N$。因为倍频次数高,可将几十兆赫的石英晶体振荡器一次倍频至微波,得到很稳定的频率输出。这种倍频器输出功率比较小,通常在几瓦以下,但利用阶跃管进行低次倍频时,输出功率在 L 波段也可达 15 瓦以上。

1. 变容二极管介绍

变容二极管是非线性电抗元件,损耗小、噪声低,可用于谐波倍频、压控调谐、参量放大、混频或检波。目前使用最多的只是倍频和调谐。

图 11-4-2 为肖特基势垒二极管的反向结电容随电压的变化就是变容管特性,变容管的电容与反向电压的关系为

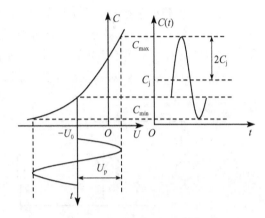

$$C = C_{j0}\left(1 - \frac{V}{\phi}\right)^{-m} \qquad (11\text{-}2)$$

图 11-4-2　泵源作用下的结电容

式中,C_{j0} 是零偏压时结电容,ϕ 为结势垒电势,m 为等级因子。不同用途的变容管,m 值不同。$m = \frac{1}{3}$ 为线性变容管,低次倍频或调谐。$m = \frac{1}{2}$ 为阶跃回复二极管,高次倍频或低次倍频。大多数情况下,变容管的 $m = \frac{1}{2} \sim \frac{1}{3}$,变容管的等效电路为一个电阻与可变电容的串联。

2. 门-罗关系

在输入信号激励下,变容管上存在许多频率成分,除输入和输出有用信号外,其余频率称为空闲频率。这些空闲频率对于器件的工作是必不可少的。为了保证倍频器工作,必须为使一些空闲频率谐波有电流。这个回路通常是短路谐振器,在所关心的频率上电流最大。

门-罗(Manley-Rowe)关系描述理想电抗元件上的谐波成分及其占有的功率。这种关系便于直观理解倍频器、变频器、分频器和参放的工作原理。用两个信号 f_p 和 f_s 来激励变容管。则有

$$\left.\begin{aligned}
\sum_{m=1}^{\infty}\sum_{n=-\infty}^{\infty}\frac{mP_{m,n}}{nf_p + mf_s} &= 0 \\
\sum_{m=-\infty}^{\infty}\sum_{n=1}^{\infty}\frac{nP_{m,n}}{nf_p + mf_s} &= 0
\end{aligned}\right\}$$

倍频器 $m = 0$,输入 f_p,输出 nf_p,$P_1 + P_n = 0$,理论效率 100%。

参量放大器放和变频器 $m=1$,泵源 f_p 的功率比信号 f_s 的功率大的多,忽略信号功率,且只取和频 f_p+f_s,则转换增益为

$$\frac{P_o}{P_s} = \frac{P_{1.1}}{P_{1.0}} = -\left(1+\frac{f_p}{f_s}\right)$$

门-罗关系在实际应用中,公式比较简单。

3. 倍频器设计

变容二极管倍频器的常用电路如图 11-4-3 所示,图 11-4-3(a)为电流激励,图 11-4-3(b)为电压激励。在电流激励形式中,滤波器 F_1 对输入频率为短路,对其他频率为开路,滤波器 F_N 则对输出频率为短路,对其他频率为开路;在电压激励中,F_1 谐振在输入频率、F_N 对输出频率为开路,对其他频率为短路。

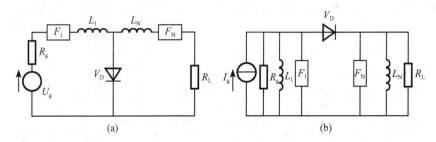

图 11-4-3　变容二极管倍频器的电路原理图

电流激励的倍频器电路,变容管一端可接地而利于散热,故进行功率容量较大的低次倍频时,宜采用电流激励。用阶跃管作高次倍频时,因其处理的功率较小,一般能多地采用电压激励形式。

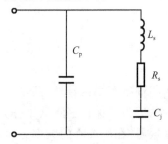

图 11-4-4　变容二极管等效电路

变容二极管微波倍频器的基本原理为:将稳态的正弦波电压加到变容二极管上,产生波形畸变的电流,这一畸变就意味着电路中产生了高次谐波,选用合适的滤波器滤出所需的谐波频率,即实现了倍频目的。图 11-4-4 为变容二极管等效电路。

其中,C_p 为管壳电容,L_s 为引线电感,R_s 为串联电阻,C_j 为结电容。通常,变容二极管微波倍频器由输入输出匹配电路、输入输出滤波电路、空闲回路和偏置电路等组成。各部分电路具体作用如下:输入输出匹配电路是为了在输入和输出频率上得到较大的功率和传输效率,要求变容二极管在基波上的等效阻抗与输入回路阻抗匹配,而在输出谐波上的等效阻抗与输出回路阻抗匹配,同时为了提取输出功率,滤除无用频率和去耦,须在微波倍频器的输入端和输出端接入输入输出滤波电路;空闲回路的设置是为了将变容二极管产生的空闲谐波能量回送到二极管中,再通过非线性变频作用,将低次谐波能量转换为高次谐波能量,以利于提高倍频效率和输出功率;偏置电路的合理设计对倍频效率和输出功率也有直接的影响,若设计不当会在某个频率上形成空闲回路,就有可能产生负阻效应,从而带来不稳定性。

构成倍频器时,应注意以下几个问题。

(1) 变容管的工作状态要合理选择,以得到较高的倍频效率和输出较大的功率。由于变容管倍频是利用其电容的非线性变化来得到输入信号的谐波,如果使微波信号在一个周期的部分时间中进入正向状态,甚至超过 PN 结的接触电位,则倍频效率可大大提高,因为由反向状态较小的结电容至正向状态较大的扩散电容,电容量有一个较陡峭的变化,有利于提高变容管的倍频能力。但是,过激励太过分时,PN 结的结电阻产生的损耗也会降低倍频效率,故对一定的微波输入功率,需调节变容管的偏压使其工作于最佳状态。

(2) 变容管两侧的输入输出回路,分别和基波信号源和谐波输出负载连接。为了提高倍频效率,减少不必要的损耗,尽量消除不同频率之间的相互干扰,要求输入输出电路之间的相互影响尽量小。特别是倍频器的输入信号不允许漏泄到输出负载,而其倍频输出信号也不允许反过来向输入信号源漏泄。为此,在输入信号源之后及输出负载之前分别接有滤波器 F_1、F_N。此外,在滤波器 F_1、F_N 和变容管之间,还应加接调谐电抗 L_1、L_N。因为输入电路和输出电路接在一起,彼此总有影响,为使输出电路对输入电路呈现的输入电抗符合输入电路的需要,故在输入电路中加接调节电抗 L_1 加以控制。同理,在输出电路中加接 L_N 是为了调节输入回路影响到输出电路的等效电抗。

(3) 为了在输入频率和输出频率上得到最大功率传输,以实现较大的倍频功率输出,要求对两个不同频率都分别做到匹配。即输入电路在输入频率上匹配,输出电路在输出频率上匹配。

(4) 当倍频次数 $N > 2$ 时,为了进一步提高倍频效率,除调谐于输入频率和输出频率的电路以外,最好附加一个到几个调谐于其他谐波效率的电路,但这些频率皆低于输出频率,称为空闲电路。由于空闲电路的作用,把一个或几个谐波信号的能量利用起来,再加到变容管这个非线性元件上,经过倍频或混频的作用,使输出频率的信号的能量加大,这样就把空闲频率的能量加以利用而增大了输出。

(5) 变容管的封装参量 L_s、C_b 对电路的影响也不小,在进行电路设计时,应将它们包含进去。

4. 阶跃管高次倍频器

阶跃恢复二极管(简称阶跃管,又称电荷储存二极管)是利用电荷储存作用而产生高效率倍频的特殊变容管。$m = 1/9 \sim 1/16$,$C \approx C_{j0}$,在大功率激励下,相当于一个电抗开关。工作频率范围可从几十兆赫兹至几十吉赫兹。这种倍频器结构简单,效率高,性能稳定,作为小功率微波信号源是比较合适的,可以一次直接从几十兆赫兹的石英晶体振荡器倍频到微波频率,得到很高的频率稳定度。阶跃管还可用于梳状频谱发生器或作为频率标记。因为由阶跃管倍频产生的一系列谱线相隔均匀(均等于基波频率),可用来校正接收机的频率,或作为锁相系统中的参考信号。阶跃二极管也可用来产生宽度极窄的脉冲(脉冲宽度可窄到几十皮秒),在纳秒脉冲示波器、取样示波器等脉冲技术领域得到应用。

最简单的阶跃恢复二极管是一个 PN 结,但与检波管或高速开关管不同。正弦波电压对它们进行激励时,得到的电流波形不同,如图 11-4-5(b)、(c)所示。其中图 11-4-5(b)

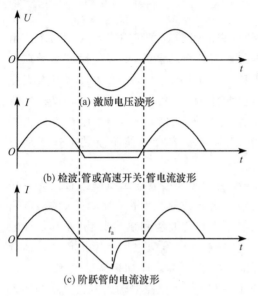

(a) 激励电压波形

(b) 检波管或高速开关管电流波形

(c) 阶跃管的电流波形

图 11-4-5　阶跃恢复管的电流波形

为一般 PN 结二极管的电流波形,依循正向导通、反向截止的规律;而图 11-4-5(c)为阶跃管的电流波形,其特点是电压进入反向时,电流并不立即截止,而是有很大的反向电流继续流通,直到时刻 t_a,才以很陡峭的速度趋于截止状态。这种特性的产生,是和阶跃管本身特点有关的。

阶跃恢复二极管倍频器构成框图及其各级产生的波形如图 11-4-6 所示。

频率为 f_0 的输入信号把能量送到阶跃管的脉冲发生器电路。该电路将每一输入周期的能量变换为一个狭窄的大幅度的脉冲,此脉冲能量激发线性谐振电路,该电路再把脉冲变换为输出频率 $f_N = N f_0$ 的衰减振荡波形,最后,此衰减振荡经带通滤波器滤去不必要的谐波,即可在负载上得到基本上纯的输出频率等幅波。

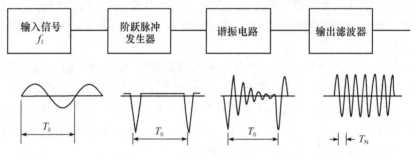

图 11-4-6　阶跃恢复二极管倍频器构成框图及其各级产生的波形

5. 三极管微波倍频器

三极管微波倍频器是利用 PN 结的非线性电阻产生谐波,即 C 类放大器输出调谐到 N 倍的输入频率上。这种微波倍频器单向性、隔离性好,并有增益。三极管微波倍频器一般由双极晶体管和场效应三极管构成,倍频次数一般小于 20,图 11-4-7 为三极管微波

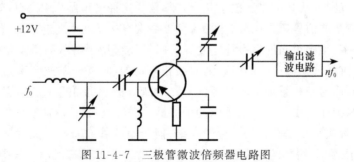

图 11-4-7　三极管微波倍频器电路图

倍频器电路图。

目前由于晶体三极管性能的提高,2GHz 以下的电路均可用集总参数来实现。用双极结晶体管微波倍频器产生 C 波段以下的输出频率是非常简单的,成本也较低,是频率源中常用的电路。用场效应三极管微波倍频器可产生几十吉赫兹的输出频率,同时提供较高的倍频效率和较宽的工作频带,且不需要空闲电路,对输入功率要求较低。

6. 宽带微波倍频器

宽带微波倍频器的主要机理是非线性电阻产生谐波,使输出调谐到谐波上,由于输入输出电路都是宽带的,可实现宽带倍频。现代频率源中,常常要求宽频带倍频,变电阻微波倍频器往往受输入输出匹配电路的带宽限制,带宽一般不太宽,参量微波倍频器也很难实现宽带倍频,而单片宽带微波倍频器则可以满足这个要求。

用单片宽带放大器做微波倍频器,只要调整输出匹配电路,并匹配至输出频率,则可实现 2～5 次倍频,输出频率可到达 X 波段。输出端加入窄带滤波器可实现窄带倍频,加入宽带滤波器则可实现宽带倍频。

7. 倍频器电路实例

低次倍频 $N=2\sim4$,已有商业化集成产品选择,尺寸很小,使用方便。图 11-4-8 是微带线六倍频器,4 为变容管,1、2、3 输入端匹配和低通,5、6、7、8 输出端匹配带通,9、10 为直流偏置。倍频次数和电路拓扑关系不大,只是图中输出带通滤波器 7 的中心频率不同。工作频率的变化,电路拓扑也不变,调整输入和输出回路即可。

现代通信系统与电子工程对电子部件提出了越来越高的要求,设计性能优良、体

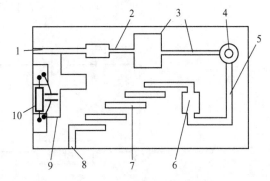

图 11-4-8　微带线六倍频器

积小、可靠性高的微波倍频器具有很高的实用价值。在微波倍频器设计过程中,具有以下设计要点。

(1) 要减小微波倍频器引起的相位噪声。有关资料显示,微波倍频器中相位噪声和附加噪声均按 $20\lg N$ 变坏。当输入相噪很低,即输入信噪比很高时,对输入信号处理不当会使相噪变坏。另外在高次倍频中,输入信号功率太小,会使倍频后输出信号也太小,直接影响输出信噪比,使相噪变坏。因此应合理设计输入频率的射频功率,保证微波倍频器的输出信号信噪比不变坏,不影响输出相位噪声。

(2) 要合理设计输出频带宽度。对一个单级的 N 次高微波倍频器,带宽不能大于 $1/N$。若带宽较大,则 $N-1$ 次和 $N+1$ 次的倍频信号将落于通带范围内。对于频带相对较宽的高次微波倍频器,若采用阶跃管直接倍频到所需频率,则将使频率低端的 $N-1$ 次谐波和频率高端的 $N+1$ 次谐波落在所需频段内,使谐波抑制度受到很大的限制。

(3) 要合理设计滤波器。滤波器是微波倍频器设计中一个十分重要的因素,它直接

影响微波倍频器的谐波抑制度与功率起伏。一般选用结构简单、体积较小、加工方便的微带滤波器作为滤波器的主要形式。

（4）要进行精确细致的调试。微波倍频器调试是微波倍频器设计中既是十分重要，又是相当麻烦的过程，不经过很好的调试，功率起伏和谐波抑制度往往与设计的指标相差很远。

11.4.2 分频器

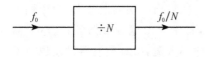

图 11-4-9　分频器功能

分频器主要用于锁相环和频率合成器中。图 11-4-9 是基本频率变换关系，输入 f_0 输出 f_0/N，设法实现图中的频率变换关系是设计分频器的基本思路。完成这个功能的常用方法是反馈混频法，或再生分频器。

在图 11-4-10 所示的电路中，分频器的分频比取决于两个带通滤波器的选择性。混频器 RF 端功率大，LO 端功率小，相当于接收机的本振与信号对调，输出频率与分频比的关系为

$$f_0 - f_0\left(\frac{N-1}{N}\right) = \frac{f_0}{N}$$

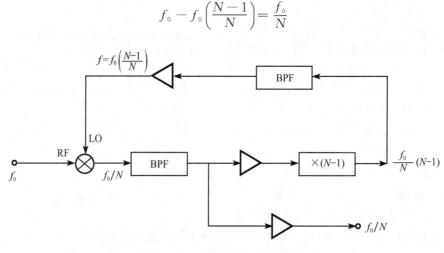

图 11-4-10　频率再生式分频器

放大器的作用是提高驱动功率。这种电路可以实现高次分频。低次分频器已有商品化集成电路可用。

11.5　开关与相移器

近几年来，随着相控阵雷达、微波数字通信、卫星通信以及微波测量等技术的发展，出现了大量的微波控制电路，例如，微波开关、移相器、衰减器、微波调制器以及限幅器等。

微波开关、移相器和衰减统均为微波控制电路，更确切地应称为控制微波的电路。目前采用的控制元件，主要是微波半导体和微波铁氧体器件。由于半导体器件具有控制功

率小、控制速度快以及体积小、重量轻等特点,因此它在控制电路中的应用要比铁氧体器件广泛得多。作为微波半导体控制器件主要有 PIN 管、变容管和肖特基二极管等,但由于 PIN 管具有可控功率大、损耗小以及在正反偏置下能得到近似短路和开路的特性,所以几乎在绝大多数的控制电路中都采用 PIN 管。

11.5.1 微波开关

构成微波开关的器件有铁氧体、PIN 管、FET 或 BJT。铁氧体和 PIN 是经典的开关器件,表 11-5-1 给出这几种器件的性能比较,铁氧体的特点是功率大、插损小,PIN 的特点是快速、成本低。FET 或 BJT 有增益,已经成为中、小功率开关的主要器件。各种器件的开关都有各自的适用场合。

表 11-5-1 开关器件的性能比较

指 标	铁氧体	PIN	FET/BJT
开关速度	慢(ms)	快(μs)	快(μs)
插入损耗	低(0.2dB)	低(0.5dB)	增益
承受功率	高	低	低
驱动器	复杂	简单	简单
体积重量	大、重	小、轻	小、轻
成本	高	低	低

微波开关在微波系统中有着广泛的用途,如时分多工器、时分通道选择、脉冲调制、收发开关、波束调整等。微波开关的指标比较简单,接通损耗尽可能小,关断损耗尽可能大,频带和功率满足系统要求即可。

1. 微波开关的原理

1) 开关器件原理

铁氧体开关原理是改变偏置磁场方向,实现磁导率的改变,改变了信号的传输常数,达到开关目的。

PIN 管在正反向低频信号作用下,对微波信号开关作用。正向偏置时,对微波信号的衰减很小(0.5dB),反向偏置时,对微波信号的衰减很大(25dB)。

BJT 和 FET 开关原理与低频三极管开关的原理相同,基极(栅极)的控制信号决定集电极(漏极)和发射极(源极)的通断。放大器有增益,反向隔离大,特别适合于 MMIC 开关。

MEMS 微机械电路是近年发展一种新型器件,在滤波器中有简单介绍,也可以用作开关器件。

2) 微波开关电路

开关器件与微波传输线的结合就构成了微波开关组件。各种开关器件与微波电路的连接形式的等效电路相同。下面以 PIN 管为例介绍常用开关电路。开关按照接口数量定义,代号为♯P♯T,如单刀单掷(SPST)、单刀双掷(SPDT)、双刀双掷(DPDT)和单刀六掷(SP6T)等。

图 11-5-1 是 SPDT 的两种形式。每个电路中的两个 PIN 管的偏置始终是相反的。图(a)中,若 D_1 通 D_2 断,D_1 经过四分之一波长,在输入节点等效为开路,D_2 无影响,输入信号进入 B,反之,开关拨向 A。图(b)中若 D_1 通 D_2 断,输入信号进入 A,反之,开关拨向 B。

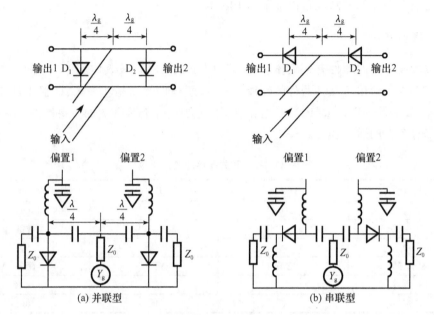

图 11-5-1　单刀双掷开关

图 11-5-2、图 11-5-3、图 11-5-4 是几种常用开关的拓扑结构。这些电路的微波设计要考虑开关的寄生参数设计匹配网络,还要考虑器件的安装尺寸。

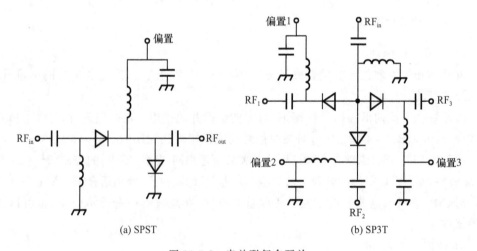

图 11-5-2　串并联复合开关

2. 开关驱动

任何一种开关都有相应的驱动电路。驱动电路实际上是一个脉冲放大器,把控制信

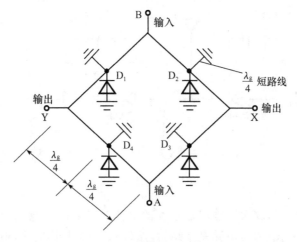

(a) 双刀双掷(DPDT)开关

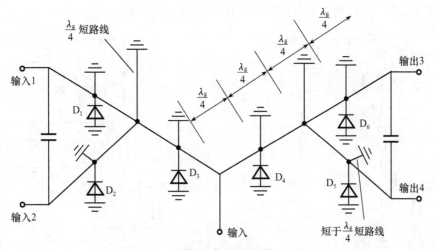

(b) 单刀四掷(SP4T)开关

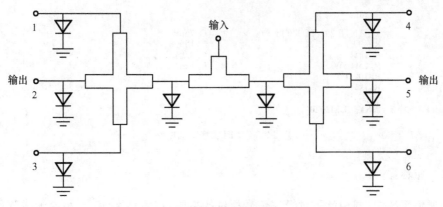

(c) 单刀六掷(SP6T)开关

图 11-5-3　多掷开关

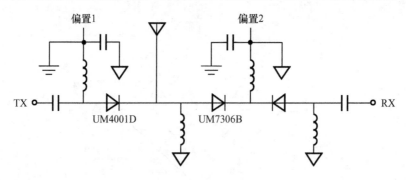

图 11-5-4　大功率宽带开关

号(通常为 TTL 电平),放大后输出足够大的电流或足够高的电压。图 11-5-5 是一种典型的 PIN 驱动电路,图(a)是电路基本结构,图(b)是一个具体电路,增加了加速元件,PIN 管正向＋5V,反向越大越好(如－25V 变为－80V),改善速度和通断比。实际中可以将 PIN 管反向加入电路,利用正高压－5V 以降低对电源的要求。

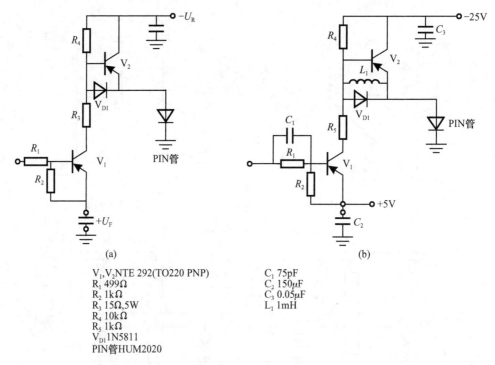

V_1, V_2 NTE 292(TO220 PNP)
R_1 499Ω
R_2 1kΩ
R_3 15Ω,5W
R_4 10kΩ
R_5 1kΩ
V_{D1} 1N5811
PIN管 HUM2020

C_1 75pF
C_2 150μF
C_3 0.05μF
L_1 1mH

图 11-5-5　PIN 管驱动电路

11.5.2　相移器

在通信系统中,调相就是对微波信号相位的控制,在雷达系统中,相控天线阵就是要控制送入天线阵每个单元信号的相位,实现天线波束的调整。这些相位控制电路就是移相器。铁氧体、PIN 管、BJT 或 FET 都可以构成移相器。图 11-5-6 给出了相移器的分类。

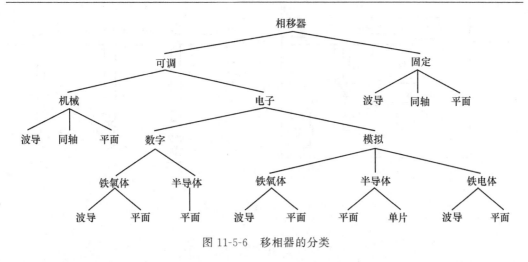

图 11-5-6　移相器的分类

基本原理是在传输线上改变传播常数或形成信号的波程相位差。下面仅以 PIN 管为例,介绍相移器的常见结构。

1. 数字移相器

图 11-5-7 是一位移相器,两个 SPDT 开关同时工作,选择不同路径时相位差位为

$$\Delta\varphi = \frac{2\pi}{\lambda_g}(l_1 - l_2) \tag{11-3}$$

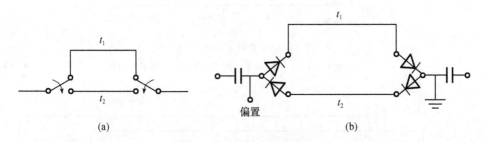

图 11-5-7　开关线移相器

图 11-5-7(a)是原理图、图 11-5-5(b)是 PIN 管的连接方式。这种相移单元称作开关线移相器,适用于小移相单元。小相移单元的另一种形式是加载线,图 11-5-7(a)相移量为

$$\theta' = \arctan\left[\frac{(B_- X_{D-} + 1)/Y_{02}}{X_{D-} - B_- /Y_{02}^2}\right] \tag{11-4}$$

中等移相单元可以用三节加载线,如图 11-5-8(b)所示。大移相单元可以用分支线耦合器或环形桥。如图 11-5-9 为常用的 3dB 定向耦合器型移相器,可实现 180°移相。

图 11-5-10 是四位移相器的实际电路,该电路的指标为 0°～360°数字相移,相移步进为 22.5°,每位都有独立的驱动电路。应注意开关通断的逻辑关系和四个相移单元的实现方式,开关接通的是传输线或电抗,寄生参数、匹配问题也是要仔细考虑的。大功率或低反偏下,会有相位失真。要选择 I 区厚、载流子寿命长的 PIN 管。图 11-5-11 为微带线结构的步进移相器,四个相移单元分别是 22.5°,45°,90°,180°。

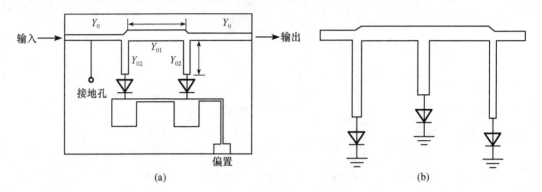

(a)　　　　　　　　　　　　　　　　(b)

图 11-5-8　加载线移相器

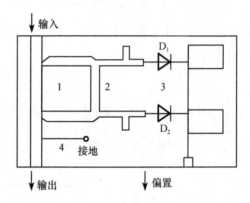

图 11-5-9　定向耦合器型移相器

1-定向耦合器;2-变换网络;3-偏置电路;4-1/4 波长高阻线

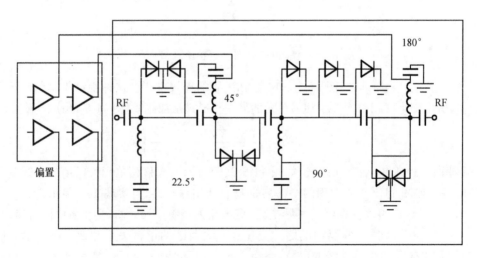

图 11-5-10　四位移相器

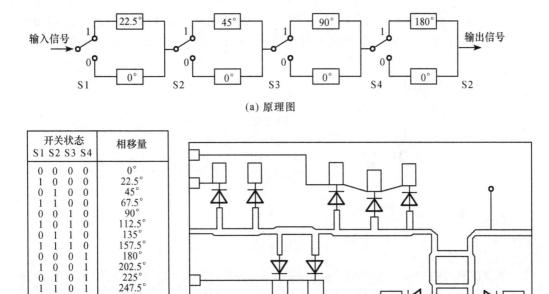

(a) 原理图

开关状态 S1 S2 S3 S4				相移量
0	0	0	0	0°
1	0	0	0	22.5°
0	1	0	0	45°
1	1	0	0	67.5°
0	0	1	0	90°
1	0	1	0	112.5°
0	1	1	0	135°
1	1	1	0	157.5°
0	0	0	1	180°
1	0	0	1	202.5°
0	1	0	1	225°
1	1	0	1	247.5°
0	0	1	1	270°
1	0	1	1	292.5°
0	1	1	1	315°
1	1	1	1	337.5°

(b) 控制逻辑

微带电路

图 11-5-11　微带线四位数字移相器

2. 实时移相器(非色散相移器)与等时移相器(色散相移器)

在相控阵雷达中,每个单元的辐射控制与频率无关,要用实时移相器或非色散相移器。这种相移器实际上是开关传输线段,电路的时延与相移状态无关。由于相移随频率的增加不成比例,故称为非色散相移器。图 11-5-12 是对色散和非色散的解释。

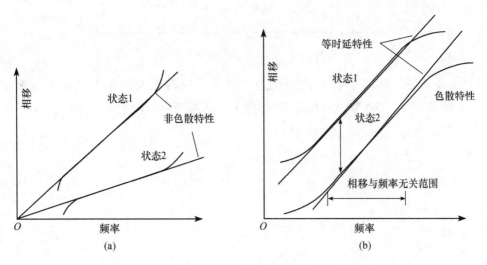

图 11-5-12　非色散和色散

图 11-5-13 是两种非色散移相器电路,SPST 在窄带内呈现短路和开路状态,即使环形器或耦合器理想且开关一致,依赖传输线节,相移器工作频带有限,适宜于窄带系统。

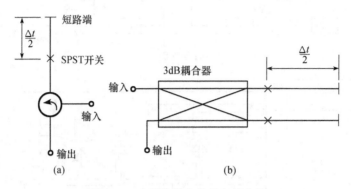

图 11-5-13 两种非色散移相器电路

色散相移器的相移量与频率无关。图 11-5-14 是 3dB 耦合器相移单元,PIN 管用作传输线的并联电纳。一个完整的相移器包括许多这种单元,每个单元的相移量不同。PIN 管正反向偏置时,与传输线连接的电容不同,电容值的大小与单元相移量有关。

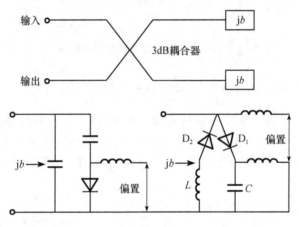

图 11-5-14 3dB 耦合器相移单元

单元相移量就是两个状态的相位差。要求与频率无关的就是色散相移器。在图 11-5-14 中,单个 PIN 管可以做到 120°,两个 PIN 管可以做到 180°。

第 12 章　射频/微波天线

天线是无线电系统中不可缺少的设备,其主要功能是发射电磁波或接收电磁波。天线按其结构可分为线天线和口径天线。线天线基本是由金属到导线构成,这类天线包括各种偶极天线和单级天线、螺旋天线、对数周期天线等。口径天线通常是由一个平面或曲面上的口径构成,通常也称为面天线,这类天线包括喇叭天线、反射面天线、微带天线。线天线的辐射场通常由导线上的电流分布来计算,而口径天线的辐射场一般由口径上的电场和磁场的切向分量来计算。

12.1　天线基础知识

天线的基本作用是能量转换,可通过设计天线结构形式实现所需要的方向性。描述天线能量转换和方向特性的电参数有许多个,诸如天线的输入阻抗、辐射电阻、方向图、方向系数、增益、效率、频带特性、极化特性等。

天线的电参数决定于天线的形式和工作频率,根据一定的天线结构和工作频率计算其电参数称为天线分析。根据用途和工作频率对天线电参数提出的要求,设计天线形式称为天线设计或天线综合。

12.1.1　天线的特性参数

天线性能的基本参数介绍如下。

1) 天线增益 G

$$G = \frac{P_r}{P_i}$$

式中,P_r 被测天线距离 R 处所接收到的功率密度,单位为 W/m^2;P_i 全向性天线距离 R 处所接收到的功率密度,单位为 W/m^2。

增益为 G 的天线距离 R 处的功率密度应为接收功率密度

$$P_r = \frac{GP_t}{4\pi R^2}$$

2) 天线输入阻抗 Z_{in} 和输入驻波比 VSWR

$$Z_{in} = \frac{V}{I}$$

式中,V 在馈入点上的射频电压;I 在馈入点上的射频电流。

天线是个单口网络,输入驻波比或反射系数是一个基本指标,为了使天线辐射尽可能多的功率,输入驻波比尽可能小。下面给出阻抗、驻波比与反射系数的关系

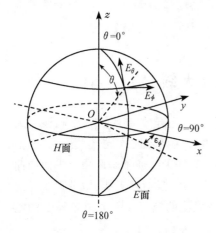

图 12-1-1 方向图坐标

$$\text{VSWR} = \frac{1+|\Gamma|}{1-|\Gamma|}, \quad Z_{\text{in}} = Z_0 \frac{1+\Gamma}{1-\Gamma}$$

3）辐射效率 η_r

$$\eta_\text{r} = \frac{P_\text{r}}{P_\text{i}}$$

式中，P_r 是天线辐射出的功率，单位为 W；P_i 是馈入天线的功率，单位为 W。

4）辐射方向图

图 12-1-1 用一极坐标图来表示天线的辐射场强度与辐射功率的分布。

5）半功率波束宽度

如图 12-1-2 所示。

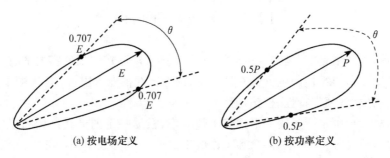

(a) 按电场定义   (b) 按功率定义

图 12-1-2 半功率波束宽度

6）主瓣与旁瓣

在主辐射波瓣旁，还有许多副瓣，沿角度方向展开如图 12-1-3 所示。

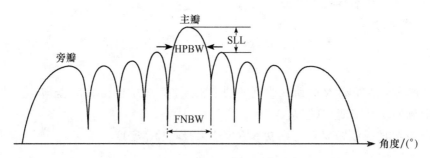

图 12-1-3 主瓣和旁瓣

其中，HPBW 为半功率波束宽度，辐射最大功率向下降 3dB 时的角度；FNBW 为第一零点波束宽度；SLL 为旁瓣高度，辐射最大功率与最大旁瓣的差值。

7）方向系数 D

$$D = \frac{P_{\max}}{P_{\text{av}}}$$

式中，$P_{\max}$ 最大功率密度，单位为 W/m²；P_{av} 平均辐射功率密度，单位为 W/m²。

常见天线的方向系数如下：

偶极天线	$D=1.5$ 或 $1.76dB$
单极天线	$D=1.5$ 或 $1.76dB$

抛物面天线　　　　　　　　　$D \approx \dfrac{(\pi d)^2}{\lambda^2}$

喇叭天线　　　　　　　　　　$D \approx \dfrac{10A}{\lambda^2}$

式中,d 抛物面半径,λ 信号波长,A 喇叭口面面积。

12.1.2　天线的远区场

通常,天线看成是辐射点源,近区是球面波,远区为平面波,如图 12-1-4 所示。辐射方向图是在远区测量。下面给出远近场的分界点。

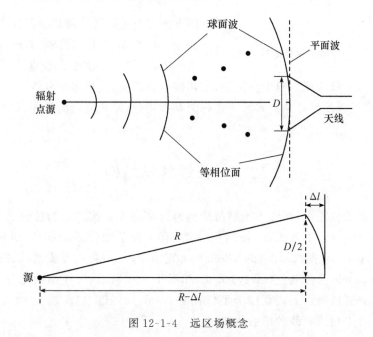

图 12-1-4　远区场概念

图 12-1-4 中,有以下几何关系:

$$R^2 = (R - \Delta l)^2 + \left(\frac{D}{2} \right)^2$$

当 $R \gg \Delta l$ 时,有

$$R \approx \frac{D^2}{8\Delta l}$$

如果 $\Delta l = \dfrac{1}{16}\lambda_0$,相位误差为 $22.5°$,则远区场为

$$R \geqslant \frac{2D^2}{\lambda_0}$$

如果 $\Delta l = \dfrac{1}{32}\lambda_0$,相位误差为 $11.25°$,则远区场为

$$R \geqslant \frac{4D^2}{\lambda_0}$$

12.1.3　天线的分析

一般地,天线的分析是解球坐标内的 Helmholtz 方程,得到矢量位函数。如图 12-1-5 所示,天线体积为 V,电流 J,在观测点的矢量位函数为

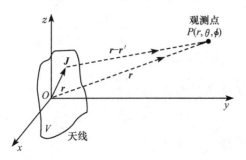

图 12-1-5　求解矢量位函数

$$A(r) = \frac{\mu}{4\pi} \int_V J(r') \frac{\mathrm{e}^{-\mathrm{j}k_0 \lvert r-r' \rvert}}{\lvert r-r' \rvert} \mathrm{d}V'$$

式中 $\dfrac{\mathrm{e}^{-\mathrm{j}k_0 \lvert r-r' \rvert}}{\lvert r-r' \rvert}$ 为自由空间的格林函数。天线上的电流与观测点格林函数乘积在天线体积上的积分。有了 $A(r)$,即可得到 $H(r)$,再求出 $E(r)$。实际天线工程中,由于天线电流的分布很难确定,由积分计算矢量位函数也十分困难,常用的数值解法,过程也很麻烦。

本书以介绍天线拓扑结构和尺寸选择为基本思想,避免复杂的过程,尽量使天线的概念简单化。

12.2　天线常见结构

在射频/微波应用上,天线的类型与结构有许多种类。按波长特性分类,有八分之一波长、四分之一波长、半波天线;按结构分类,有单极子型(monopole)、对称振子型(dipole)、喇叭型(horn)、抛物面型(parabolic disc)、角型(corrner)、螺旋型(helix)、介质平板型(dielectric patch)及阵列型(array)天线,如图 12-2-1 所示;按使用频宽分类,有窄频带型(narrow-band,10% 以下)、宽频带型(broad-band,10% 以上)。表 12-2-1 归纳了天线类型。图 12-2-2 给出天线的增益比较。

表 12-2-1　天线分类

分类方法	分类名称	天线结构
结构	线天线	单极、对称、环、螺旋
	孔径天线	喇叭、缝隙
	微带天线	贴片、对称、螺旋
增益	高增益	反射面
	中增益	喇叭
	低增益	单极、对称、环、缝隙贴片
波束	全向	对称、单极
	笔形	反射面
	扇形	阵列

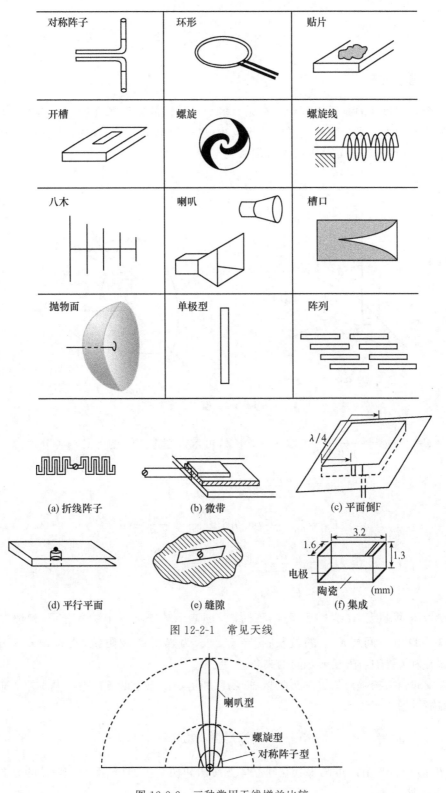

图 12-2-1 常见天线

图 12-2-2 三种常用天线增益比较

12.3 线 天 线

12.3.1 基本振子

一个有限尺寸的线天线可看作是无穷多个元天线的辐射场在空间某点的叠加,因此首先讨论元天线。受交变电流激励的元天线,也称为基本振子。在如图 12-3-1 所示的坐标系中,由电磁场理论可求得其矢量位 A 为

$$A = e_z \frac{\mu_0}{4\pi} I \mathrm{d}z \frac{\mathrm{e}^{-\mathrm{j}\beta r}}{r} = e_z A_z$$

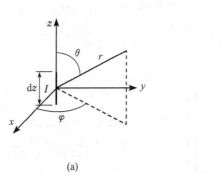
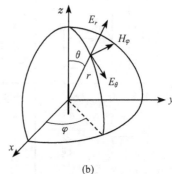

图 12-3-1　基本振子

由 $E = -\mathrm{j}\omega A + \dfrac{\nabla \nabla \cdot A}{\mathrm{j}\omega \mu_0 \varepsilon_0}$ 和 $H = \dfrac{1}{\mu_0} \nabla \times A$,可求得基本阵子的电磁场各分量为

$$H_\varphi = \mathrm{j} \frac{\beta I \mathrm{d}z}{4\pi r} \sin\theta \left(1 + \frac{1}{\mathrm{j}\beta r}\right) \mathrm{e}^{-\mathrm{j}\beta r}$$

$$E_\theta = \mathrm{j}\eta_0 \frac{\beta I \mathrm{d}z}{4\pi r} \sin\theta \left(1 + \frac{1}{\mathrm{j}\beta r} + \frac{1}{(\mathrm{j}\beta r)^2}\right) \mathrm{e}^{-\mathrm{j}\beta r}$$

$$E_r = \eta_0 \frac{I \mathrm{d}z}{2\pi r^2} \cos\theta \left(1 + \frac{1}{\mathrm{j}\beta r}\right) \mathrm{e}^{-\mathrm{j}\beta r}$$

$$E_\varphi = H_r = H_\theta = 0$$

式中,E 为电场强度;H 为磁场强度;下标 r、θ、φ 表示球坐标系中的各分量;相位常数 $\beta = 2\pi/\lambda$;λ 为自由空间媒质中的波长;$\eta_0 = \sqrt{\mu_0/\varepsilon_0}$ 为媒质中波阻抗,在自由空间中 $\eta_0 = 120\pi\Omega$;θ 为天线轴与矢量 r 之间的夹角。

天线的辐射场都可划分为近场区、中场区和远场区三个区域。对于基本振子来说,其远场的辐射场的表达式为

$$E_\theta = \mathrm{j}\eta_0 \frac{I \mathrm{d}z}{2\lambda r} \mathrm{e}^{-\mathrm{j}\beta r} F(\theta)$$

式中,$F(\theta) = \sin\theta$,由此可画出其空间立体方向图和两个主面(E 面和 H 面)的方向图,如图 12-3-2 所示。

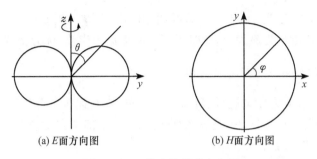

(a) E面方向图   (b) H面方向图

图 12-3-2 基本阵子的方向图

说明：

(1) 在振子轴的两端方向（$\theta=0$、π）上，辐射场为零，在侧射方向（$\theta=\pi/2$）辐射场为最大。

(2) 基本振子的方向图函数与 φ 无关，则在垂直于天线轴的平面内辐射方向图为一个圆。

12.3.2 对称阵子

一个在中点馈电，两臂对称的直线、曲线和贴片天线等均可叫做对称振子天线。这里主要涉及直线对称振子天线，并假设其截面半径远小于工作波长和其长度。对于细线天线来说，只要知道天线上的电流分布，就可求得其辐射场，从而可确定天线的各参数。但是，要严格求解线天线上的电流分布是一个较复杂的问题。工程上可采用近似方法来确定其电流分布。

1. 对称振子上的电流分布

对于中点馈电的对称振子天线，其结构可看作是一段开路传输线张开而成的。终端开路的平行双线传输线，其上电流呈驻波分布，如图 12-3-3(a)所示。在两根相互平行的导线上电流方向相反，两线间距 d 远远小于波长，它们所激发的电磁场在两线外的周围空间因两线上电流相位相反而相互抵消，辐射很弱。如果两线末端逐渐张开，如图 12-3-3(b)所示，辐射将逐渐增强。当两线完全展开时，如图 12-3-3(c)所示，张开的两臂上电流方向相同，辐射明显增强。对称振子后面未张开的部分作为天线的馈电传输线。

(a) 开路双线传输线   (b) 半张开情况   (c) 张开形成对称振子

图 12-3-3 传输线形成对称振子的示意图

在图 12-3-3(c)坐标系下，单臂长为 l 的对称振子上的电流分布可近似为

$$I(z) = \begin{cases} I_m \sin[\beta(l+z)], & -l \leqslant z \leqslant 0 \\ I_m \sin[\beta(l-z)], & 0 \leqslant z \leqslant l \end{cases}$$

由此电流分布可见,当 $z=\pm l$ 时,天线两端的电流为零;当 $z=0, l=\lambda/4$ 时,$\beta l=\pi/2$,$I(0)=I_m$,即馈电点电流为最大值,此时天线上的电流为半波,称为半波对称振子。

2. 对称振子的远区辐射场和方向图

设对称振子的长度为 $2l$,其上电流为正弦分布,将对称振子分为许多小段,每个小段可看成是一个元天线,总场是这些元天线的辐射场在空间某点的叠加。通过积分可以求得总场模值及方向图函数。

模值为

$$| E_\theta | = \frac{60 I_m}{r} | f(\theta) |$$

方向图函数为

$$f(\theta) = \frac{\cos(\beta l \cos\theta) - \cos\beta l}{\sin\theta}$$

从而得到归一化方向图函数为

$$F(\theta) = \frac{\cos(\beta l \cos\theta) - \cos\beta l}{f_{max} \cdot \sin\theta}$$

对于半波振子,$2l=\lambda/2$,$\beta l=\pi/2$,$f_{max}=1$

$$F(\theta) = \frac{\cos\left(\dfrac{\pi}{2}\cos\theta\right)}{\sin\theta}$$

对于全波振子,$2l=\lambda$,$\beta l=\pi$,$f_{max}=2$

$$F(\theta) = \frac{\cos(\pi\cos\theta) + 1}{2\sin\theta} = \frac{\cos^2\left(\dfrac{\pi}{2}\cos\theta\right)}{\sin\theta}$$

对不同长度的对称振子也可绘出其方向图,如图 12-3-4 所示。可以看出,长度不大

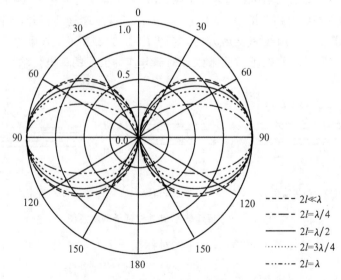

图 12-3-4 不同长度对称振子的方向图

于一个波长的对称振子的方向图,随着其长度增加,波瓣变窄,方向性增强。图 12-3-5 给出了不同长度对称振子上的电流分布,电流分布是按照半正弦规律,这是因为必须满足振子开路端的电流为零的边界条件。图 12-3-6 为半波长对称振子上不同时间的电流瞬时分布。

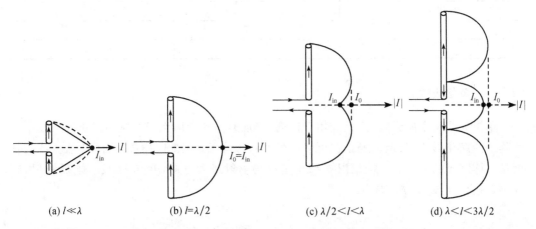

(a) $l \ll \lambda$ (b) $l = \lambda/2$ (c) $\lambda/2 < l < \lambda$ (d) $\lambda < l < 3\lambda/2$

图 12-3-5 不同长度对称振子上的电流分布

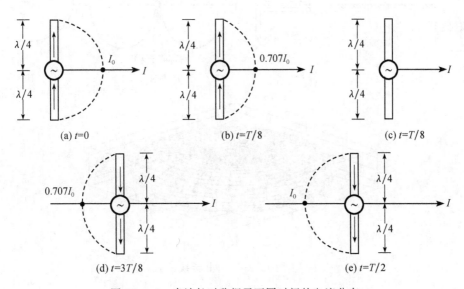

(a) $t=0$ (b) $t=T/8$ (c) $t=T/8$

(d) $t=3T/8$ (e) $t=T/2$

图 12-3-6 半波长对称振子不同时间的电流分布

下面计算半波振子天线的主瓣宽度,由半波振子的方向图函数为

$$F(\theta) = \frac{\cos\left(\dfrac{\pi}{2}\cos\theta\right)}{\sin\theta}$$

令 $F(\theta') = 0.707$,可得 $\theta' = 51°$;因最大值方向为 $\theta_m = 90°$,$\theta_{0.5} = \theta_m - \theta' = 39°$,得 $2\theta_{0.5} = 78°$。

表 12-3-1 列出几种个长度的对称振子方向图的主瓣宽度。

表 12-3-1　对称振子的最大值和主瓣宽度

长度 $2l$	最大值 $f_{\max}$	$2\theta_{0.5}$
$\lambda/4$	0.293	87°
$\lambda/2$	1	78°
$3\lambda/4$	1.707	64°
λ	2	47.8°

12.3.3　单极天线

　　单极天线是全向天线,广泛应用于广播、移动通信和专用无线系统中。单极天线是对称阵子的简化形式,与地面的镜像可以等效为对称阵子,如图 12-3-7 所示,单极天线的长度是对称阵子的一半。一般情况 $\theta = 90°$ 是电场辐射最大方向,$\theta = 0°$ 时没有电场辐射,磁场辐射是个圆环,沿 ϕ 方向相同。

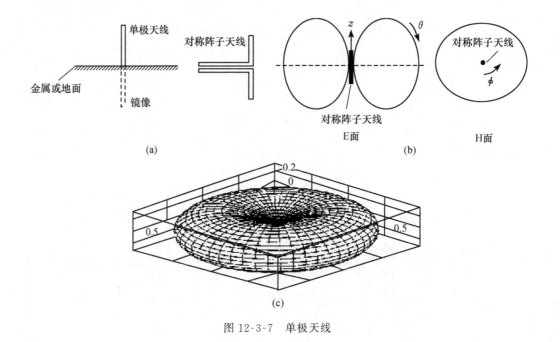

图 12-3-7　单极天线

　　一般地,单极天线长度等于四分之一波长,阻抗为 73Ω,增益为 1.64(2.15dB)。如果天线长度远小于波长,称为短阵子,输入阻抗非常小,难于实现匹配,辐射效率低,短阵子的增益近似为 1.5(1.7dB)。

　　实际中把单极阵子称作鞭状天线,长度为四分之一波长,与同轴线内导体相连,接地板与外导体相接,接地板通常是车顶或机箱,如图 12-3-8 所示,辐射方向图与对称阵子的形状相同(一半),阻抗为对称阵子的一半(37Ω)。

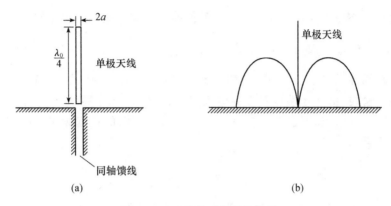

图 12-3-8　单极天线的结构图

垂直接地天线长度由于受结构的限制往往比波长小得多,因此天线的辐射能力很弱,辐射电阻很小。另一方面,损耗电阻因地面损耗而很大,以致天线效率很低,只有百分之几到百分之十几,因此提高天线效率就成为中长波波段垂直接地天线的主要问题。由天线效率公式可知,提高天线效率的途径是增加辐射电阻和减少损耗电阻。

天线加顶是增加辐射电阻的有效途径,垂直接地天线加顶,就能增加天线的有效长度从而使其辐射电阻增加。铺设地网可减少地面损耗,地网是按一定方式铺设在地表面的金属条,使地面电导率增加,减少了电流在半导电媒质中的传播,从而减少了地面损耗。

12.3.4　馈电装置

线天线的馈线一般采用平行双线或同轴线。双线传输线向对称振子馈电的结构简单,在要求不高的情况下,双线传输线可直接连接在对称振子天线的两个臂上;在要求较高的天线馈电中,双线传输线与对称振子连接要加匹配装置。采用匹配手段的原因是天线输入阻抗的计算值与实际值有一定差距和双线传输线馈电的末端效应。当频率较高时,如在短波与超短波波段,由于辐射损耗等原因,就不适宜采用双线传输线作馈线,而应采用同轴线馈电。

对于对称振子,用双线传输线馈电,使得对称振子两个臂上的电流是对称分布的,即是平衡的。但是,用同轴电缆直接给对称振子馈电(同轴线内外导体分别接上对称振子的两个臂),将使振子两个臂的电流分布不对称,即为不平衡,如图 12-3-9 所示。

电流分布不平衡将使天线的方向图发生畸变,并影响其输入阻抗,应当设法避免。因此采用同轴线向对称振子馈电时,应采取平衡转换措施。

首先讨论一下同轴线直接向对称振子馈电将使天线上电流分布不对称的问题。假如馈电能达到平衡,则同轴线内外导体上电流应等幅反相,$I_2 = -I_1$,然而,当接上对称振子后,有部分电流 I_3 将从外导体外侧流回,致使天线两臂上对称点的电流不等。

为了使对称振子两个臂上的电流分布对称(即平衡),

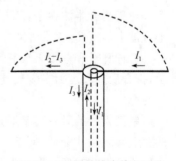

图 12-3-9　同轴线直接与对称振子连接的不平衡

在用同轴线与对称振子连接时应采用平衡变换器。下面介绍几种常用的平衡变换器。

1. 套筒式平衡变换器

在硬同轴线外做一个长为 $\lambda/4$ 的金属套筒,如图 12-3-10 所示。套筒的一端短路,形成 $\lambda/4$ 短路传输线,由 2-3 端口看去的输入阻抗为 $Z_g = \infty$,于是 $I_3 = 0$,阻止了同轴线外导体内壁的电流外溢,起到了平衡馈电的作用。由于套筒的长度为 $\lambda/4$,因此,这种平衡变换器是窄频带的。

2. U 形管平衡变换器

U 形管的内导体分别连接对称振子的两个臂,其长度为 $\lambda_g/2$($\lambda_g = \lambda_0/\sqrt{\varepsilon_r}$ 为同轴线内的波长),如图 12-3-11 所示。由传输线理论可知,在传输线上相距 $\lambda_g/2$ 的两点间的电压或电流是等幅反相的,即 $U_a = -U_b$,$I_a = -I_b$,这就使对称振子两臂的电流达到了平衡。

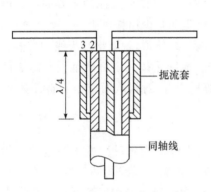

图 12-3-10　套筒式平衡变换器

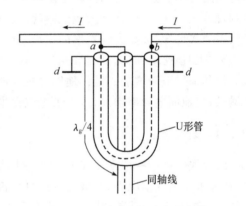

图 12-3-11　U 形管平衡变换器

另外,U 形管能起到阻抗变换作用。设天线输入阻抗为 Z_{ab},输入电压 $U_{ab} = 2U$ 则天线输入电流为 $I = 2U/Z_{ab}$,a 点和 b 点的对地阻抗为 $Z_{ag} = Z_{bg} = U/I = Z_{ab}/2$。$Z_{bg}$ 经过半波长的 U 形管变换到 a 点处的阻抗仍为 $Z_{ab}/2$,并和 Z_{ag} 并联,构成了同轴线的负载阻抗

$$Z_L = \frac{Z_{ag} Z_{bg}}{Z_{ag} + Z_{bg}} = \frac{Z_{ab}}{4}$$

对于折合半波振子,$Z_{ab} = 300\,\Omega$,则 $Z_L = 75\,\Omega$。可选特性阻抗为 $75\,\Omega$ 的同轴线加 U 形管馈电。

对称阵子和单极天线有许多变形,折合阵子是两个对称阵子的对接,如图 12-3-12 所示,折合后的长度为半波长,阻抗为 $4 \times 73 \approx 300(\Omega)$。折合阵子可以看成对称模和非对称模的叠加。

单极天线的另一种变形是倒 L 形和倒 F 形天线,如图 12-3-13 所示,四分之一波长的变形天线尺寸降低,便于安装,图(c)是一种宽带变形,用金属板代替导线。

单极天线的变化形式很多,在不同的使用场合形状不同,其原理不变。近年的介质加载封装,合金材料使得天线的尺寸缩小,结实耐用。

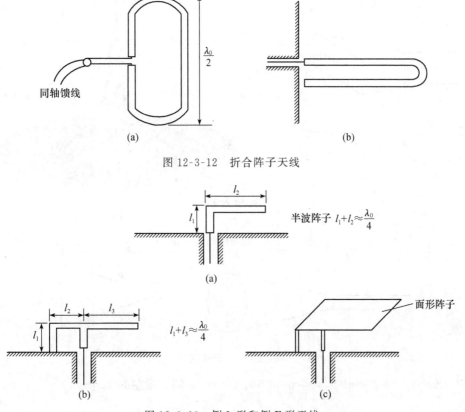

图 12-3-12 折合阵子天线

图 12-3-13 倒 L 形和倒 F 形天线

12.4 喇 叭 天 线

喇叭天线是使用最广泛的一类微波天线,它常用于大型射电望远镜的馈源,卫星地面站的反射面天线馈源,微波中继通信用的反射面天线馈源和相控阵的单元天线。在天线测量中,喇叭天线常用作对其他高增益天线进行校准和增益测试的通用标准等。

喇叭天线的基本形式是由矩形波导和圆波导的开口面逐渐扩展而形成的,由于波导开口面的逐渐扩大,改善了波导与自由空间的匹配,使得波导中的反射系数小,即波导中传输的绝大部分能量由喇叭辐射出去,反射的能量很小。

对于图 12-4-1 所示矩形波导喇叭,获得最佳增益的天线尺寸和增益为

$$A = \sqrt{3\lambda_0 l_h}, \quad B = \sqrt{2\lambda_0 l_e}$$

$$G(\text{dB}) = 8.1 + 10\lg \frac{AB}{\lambda_0^2}$$

对于图 12-4-2 所示圆锥喇叭,获得最佳增益的天线尺寸和增益为

$$D = \sqrt{3\lambda_0 l_c}$$

$$G(\text{dB}) = 20\lg \frac{\pi D}{\lambda_0} - 2.82$$

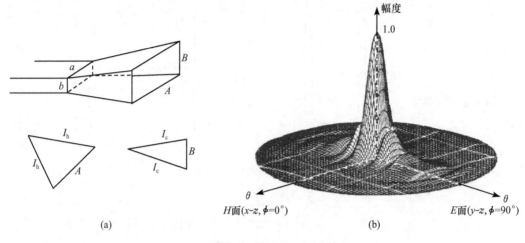

图 12-4-1　矩形喇叭及其方向图

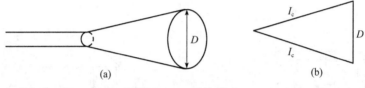

图 12-4-2　圆锥喇叭

如 $A \times B = 22.86\text{cm} \times 10.16\text{cm}$ 的 10GHz 矩形喇叭,增益为 22dB。

12.5　反射面天线

12.5.1　单反射面天线

单反射面天线是指用一个反射面来获得所需方向图的天线系统。天线的反射面可以是各种形状的导体表面,如旋转抛物面天线、柱形抛物面天线、球形反射面天线等。根据反射面的形状不同,它可以被一个或多个馈源照射。如柱形抛物面天线和圆环形抛物面天线,其反射面形状决定了应由多个单元天线组成馈源。单反射面天线中最典型的、用的较多的是抛物面天线,如图 12-5-1 所示。

金属抛物面反射器将焦点上的馈源发射的球面波变成平面波发射出去。如果照度效率为 100%,则有效面积等于实际面积

$$A_\text{e} = \pi \left(\frac{D}{2} \right)^2 = A$$

实际中,由于溢出、阻塞和损耗,照度效率只有 $55\% \sim 75\%$,取最坏情况 55%,则

$$A_\text{e} = \eta A = 0.55 \pi \left(\frac{D}{2} \right)^2$$

增益为

$$G = \frac{4\pi}{\lambda_0^2} A_\text{e} = 0.55 \pi \left(\frac{\pi D}{\lambda_0} \right)^2$$

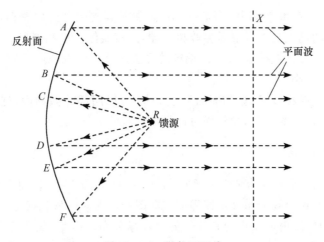

图 12-5-1　抛物面天线

半功率波束宽度为

$$\text{HPBW} = 70\frac{\lambda_0}{D}(°)$$

若抛物面口径 1m,工作频率 10GHz,照度效率 55% 的抛物面天线,可以计算出增益为 37dB,HPBW 为 2.3°,在 55m 处形成远场(平面波)。

抛物面的增益很高,波束很窄。抛物面的对焦非常重要。喇叭馈源与同轴电缆连接。根据天线安装环境和性能指标,有多种馈源方式,如图 12-5-2 所示。

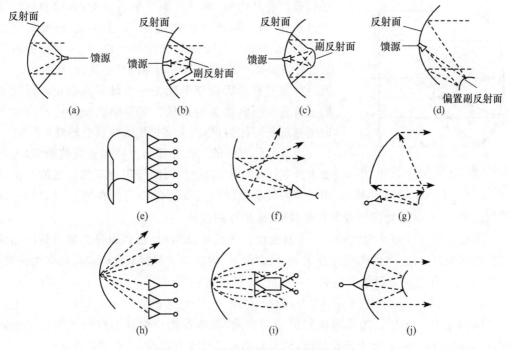

图 12-5-2　抛物面天线的几种馈源方式

前馈最简单,若照度效率为 $55\%\sim60\%$,馈源及其支架会产生遮挡,增加旁瓣和交叉极化。卡塞格伦的优点是馈源靠近接收机前端,连接线短。格利高里与卡塞格伦相似,只是用了椭圆副反射面。效率有 76%。偏馈的方法避免了馈源或副反射面的遮挡,旁瓣类似,同样增益下尺寸小。

在微波低端或射频波段,抛物面的尺寸太大,可以用部分抛物面,这种天线常用在船上。为了减轻重量,承受风压,抛物面可以做成网状的。

12.5.2 双反射面天线

通常反射面的方向图形状(波束指向、主瓣宽度、副瓣电平)决定于天线口径上的场(或电流)分布。而口径场分布又由馈源的方向图和反射面的形状确定。改变反射面的形状,即采用长焦距的反射面来得到较均匀的口径场分布。但是,焦距变长之后,天线纵向尺寸变大,这不仅造成结构上的不便,而且馈线变长会增加损耗,对远距离通信来说增加噪声,降低效率。另外,要获得低副瓣(如 -40dB),口径场振幅分布还不能是均匀的,应满足一定分布规律。这由单反射面和一个馈源来调整是困难的。

采用双反射面天线,可方便地控制口径场分布。既可以使反射面的焦距较短,又可保证得到所需的天线方向图,而且使设计增加了灵活性。双反射面天线系统的设计起源于卡塞格伦光学望远镜。这种光学望远镜以其发明人卡塞格伦命名。

1. 卡塞格伦天线的工作原理

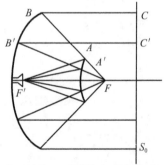

标准卡塞格伦天线由主反射面、副反射面和馈源组成。为了获得聚焦特性,主反射面必须是旋转抛物面,副反射面是旋转双曲面,馈源可以是各种形式,但一般用喇叭作馈源,安装在主、副反射面之间,其相位中心应置于旋转双曲面的焦点上,双曲面的安装应使双曲面的虚焦点与抛物面的焦点重合,如图 12-5-3 所示。卡塞格伦天线整个就是一个轴对称结构。副反射面通常置于喇叭馈源的远区。如果喇叭辐射的球面波方向图是旋转对称的,则侧卡塞格伦天线具有轴对称性能。

主反射面　副反射面　等相位面

图 12-5-3　标准卡塞格伦天线

卡塞格伦天线的工作原理与抛物面天线的相似,抛物面天线利用抛物面的反射特性,使得由其焦点处的馈源发出的球面波前经抛物面反射后转变为在抛物面口径上的平面波前,从而使抛物面天线具有锐波束、高增益的性能。

卡塞格伦天线在结构上多了一个双曲面。天线作反射时,由馈源喇叭发出的球面波首先由双曲面反射,然后再经主反射面(抛物面)反射出去。根据双曲面和抛物面的性质,由 F' 发出的任意一条射线到达某一口径面 S_0 的波程相等,即

$$F'A + AB + BC = F'A' + A'B' + B'C'$$

则相位中心在 F' 处的馈源辐射的球面波前,必将在主反射面的口径上变为平面波前,呈现同相场,即 S_0 面为等相位面,使卡塞格伦天线具有锐波束、高增益性能。

天线作接收时的过程正好相反,外来平面波前经主、副反射面反射之后,各射线都将

汇聚到馈源所在点 F'，由喇叭接收。

2. 卡塞格伦天线的增益和效率

卡塞格伦天线增益可表示为

$$G = \frac{4\pi S}{\lambda^2} g = \left(\frac{\pi D}{\lambda}\right)^2 g$$

式中，D 为主反射面直径，g 为天线总效率。显然，在 D/λ 一定的情况下，提高 g 成为增大 G 的唯一途径。由于卡塞格伦天线结构相对复杂，影响天线效率降低的因素较多，但主要来自如下三个方面。

（1）馈源照射副反射面时的漏溢影响。

（2）主反射面口径上的场不够均匀，即口径效率低。

（3）是副反射面及其支撑杆的遮挡影响。

对标准卡塞格伦天线，上述因素是彼此矛盾的。例如，减少副反射面的遮挡，就要使副反射面的漏溢损失增加；而降低副反射面漏溢损失将增加主反射面口径幅度分布的均匀性，即使口径效率会降低。设计天线时应根据性能指标权衡考虑。

为了提高卡塞格伦天线的效率，主要采取两种途径：

（1）保持反射系统不变，使馈源方向图最佳化，即采用高效馈源。高效馈源的方向图都能较均匀地照射主反射面，漏溢小。这类馈源的方向图旋转对称、低旁瓣，如有多模圆锥喇叭、波纹喇叭和介质加载喇叭等。

（2）保持馈源方向图不变，使反射系统最佳化。即采用修正型的卡塞格伦天线。它是从给定的馈源方向图出发，按波动条件修正主、副反射面的形状，使主反射面口径上得到均匀照射来提高效率。

12.6　微带天线

在航空、卫星和导弹应用中，天线的尺寸大小、重量、造价、性能、安装难易和空气动力学形态等都受到限制，这时可能需要低剖面的天线。为满足这些要求，可选用微带天线。这种天线有薄的平面结构，便于共形，制造简单，成本低。通过选择特定的贴片形状和馈电方式可以获得所需的频率与极化。

微带天线工作的主要缺点是效率低、承受功率低、高 Q 值（有时甚至超过 100）、频带很窄（典型值只有百分之零点几或至多百分之几）。我们可以通过一些方法如增加介质基片的高度以提高效率（不考虑表面波时最大可达到 90%）和带宽（提高大约 35%）。但是随着介质基片高度的增高将产生表面波辐射，从而使天线的极化和模式特性下降。

微带天线由很薄（$t \ll \lambda_0$，λ_0 是自由空间中的波长）的金属带（贴片）以远小于波长的间隔（$h \ll \lambda_0$，通常取 $0.003\lambda_0 \leqslant h \leqslant 0.05\lambda_0$）置于一接地面上而成，微带贴片这样设计是为了在贴片的侧射方向有最大的辐射，可以通过选择不同的贴片形状激励方式来实现。选择不同的贴片组形状还可以实现辐射扫描。对于矩形贴片，贴片长度 L 一般取 $\lambda_0/3 \leqslant h \leqslant \lambda_0/2$。微带贴片与接地之间有一介质薄片（称为基片）隔开。辐射单元通常刻在介质基片上,贴片可以是方形、矩形、圆形、椭圆形、三角形等,如图 12-6-1 所示。用微带天线可获得线极化和圆极化。利用单端或多端馈电的微带天线阵列,可获得更强的方向性。

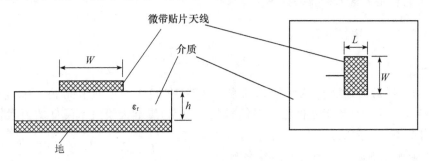

图 12-6-1　矩形贴片天线

12.6.1　微带天线形式

导体贴片一般是规则形状的面积单元,如矩形、圆形或圆环形薄片等,也可以是窄长条形的薄片振子(对称阵子)。由这两种单元形成的微带天线分别称为微带贴片天线和微带振子天线,如图 12-6-2(a)、图 12-6-2(b)所示。微带天线的另一种形式是利用微带线的某种形变(如弯曲,直角弯头等)来形成辐射,称为微带线型天线,一种形式如图 12-6-2(c)所示。因为这种天线沿线传输行波,又称为微带行波天线。微带天线的第四种形式是利用开在接地板上的缝隙,由介质基片另一侧的微带线或其他馈线(如稽线)对其馈电,称之为微带缝隙天线,如图 12-6-2(d)所示。由各种微带辐射单元可构成多种多样的阵列天线,如微带贴片阵天线、微带振子阵天线等。

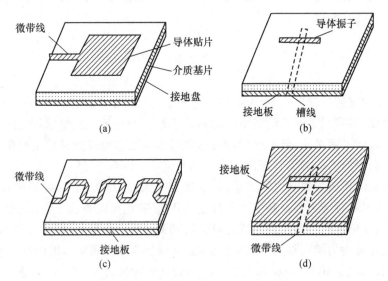

图 12-6-2　微带天线的四种基本形式

图 12-6-3 为两种馈电形式的矩形微带天线示意图,图 12-6-3(a)是背馈,同轴线的外导体与接地板连接,内导体穿过介质与贴片天线焊接,图 12-6-3(b)为侧馈,通过阻抗变换与微带线连接。

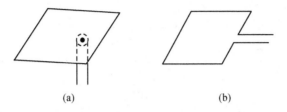

(a)　　　　　　　　　　(b)

图 12-6-3　微带天线的两种馈电方式

　　矩形微带天线作为独立天线应用时采用背馈方式,而作为单板微带天线的阵元时必须采用侧馈。在制作侧馈的矩形微带天线时,可按下述方法实现匹配:将中心馈电天线的贴片同 50Ω 馈线一起光刻制作,实测其输入阻抗并设计出匹配器,然后在天线辐射元与微带馈线间接入该变换器。

12.6.2　矩形微带天线

　　微带天线的分析设计方法常用有传输模法和谐振模法。传输模法的思路是把矩形块等效为辐射阻抗加载的一段很宽的微带线,由于设计公式近似且有实验调整,因此这种方法是不准确的。谐振模法是把微带天线看成是具有磁壁的封闭腔体,这种方法精度好,但计算成本太高。

　　工程上,微带天线用传输模式近似设计,很宽的微带线沿横向是谐振的,在贴片下面,电场沿谐振长度正弦变化,假定电场沿宽带 W 方向不变化,并且天线的辐射是宽边的边沿。

　　辐射边沿可以看作用微带传输线连接起来的辐射槽,如图 12-6-4 所示,单个辐射槽的辐射电导为

$$G = \frac{W^2}{90\lambda_0^2}, \quad W \leqslant \lambda_0$$

$$G = \frac{W^2}{120\lambda_0^2}, \quad W \geqslant \lambda_0$$

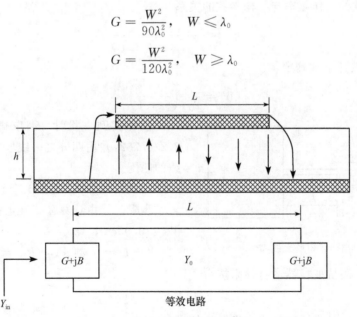

图 12-6-4　边沿辐射槽

单个辐射槽的辐射电纳为

$$B = \frac{k_0 \Delta l \sqrt{\varepsilon_e}}{Z_0}$$

式中

$$Z_0 = \frac{120\pi h}{W \sqrt{\varepsilon_e}}$$

$$\varepsilon_e = \frac{\varepsilon_r + 1}{2} + \frac{\varepsilon_r - 1}{2} \left(1 + \frac{12h}{W}\right)^{-1/2}$$

$$\Delta l = 0.412h \frac{\varepsilon_e + 0.3}{\varepsilon_e - 0.258} \frac{\frac{W}{h} + 0.264}{\frac{W}{h} + 0.8}$$

$k_0 = 2\pi/\lambda_0$ 是自由空间的波数，Z_0 是宽度 W 的微带特性阻抗，ε_e 是有效介电常数，Δl 是边沿电容引起的边沿延伸。由图 12-6-4 可看出，边沿电场盖住了微带边沿，等效为贴片的电长度增加。

为了计算天线的辐射阻抗，天线可以等效为槽阻抗和传输线级联。输入导纳

$$Y_{in} = Y_s + Y_0 \frac{Y_s + jY_0 \tan\beta(L + 2\Delta l)}{Y_0 + jY_s \tan\beta(L + 2\Delta l)}$$

式中，Y_s 为给出的辐射槽导纳，$\beta = 2\pi \sqrt{\varepsilon_e}/\lambda_0$ 微带线内传播常数。谐振时

$$L + \Delta L = \lambda_g/2 = \lambda_0/2 \sqrt{\varepsilon_e}$$

上式仅剩两个电导

$$Y_{in} = 2G$$

微带天线的工作频率与结构参数的关系

$$f_0 = \frac{c}{2 \sqrt{\varepsilon_e}(L + 2\Delta L)}$$

W 通常按照下式确定：

$$W = \frac{c}{2f_0} \left(\frac{2}{\varepsilon_r + 1}\right)^{1/2}$$

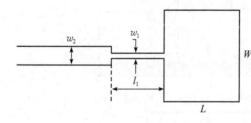

图 12-6-5 矩形天线实例

设计实例 设计 3GHz 微带天线，基板 2.2/0.762，并用四分之一线段实现与 50Ω 馈线的匹配。

天线拓扑如图 12-6-5 所示。

步骤一 由计算公式确定各项参数

$$W = 3.95\text{cm}, \quad \varepsilon_e = 2.14, \quad \Delta L = 0.04\text{cm}$$
$$L = 3.34\text{cm}, \quad R_{in} = 288\Omega$$

步骤二 阻抗变换器的特性阻抗为

$$Z_{T0} = \sqrt{288 \times 50} = 120(\Omega)$$

步骤三 由微带原理计算变换器的长度和宽度

$$l_1 = 1.9\text{cm}, \quad w_1 = 0.0442\text{cm}$$

微带天线的辐射方向图可以用电磁场理论严格计算。图 12-6-6 是典型的方向图，典

型 HPBW$=50°\sim60°$，$G=5\sim8$dB。

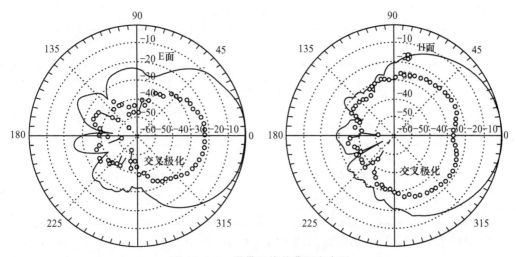

图 12-6-6　微带天线的典型方向图

在许多场合下要用圆极化天线，利用合适的馈线点实现微带天线的圆极化。如图 12-6-7 所示，90°耦合器激励两个方向的线极化构成圆极化，或者扰动微带天线的辐射场实现圆极化。

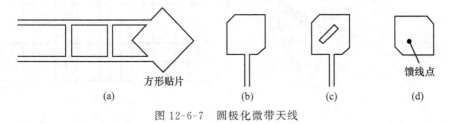

图 12-6-7　圆极化微带天线

12.6.3　圆盘微带天线

圆盘形微带天线是另一种基本形式，设计计算内容包括圆盘半径、馈电位置、输入阻抗，天线 Q 值、辐射效率、总效率、输入 VSWR 及频带、辐射方向图。计算过程复杂，已有图表和软件可使用，下面给出圆盘半径公式。

$$a=\dfrac{K}{\left[1+\dfrac{2h}{\pi\varepsilon_r K}\left(\ln\dfrac{\pi K}{2h}+1.7726\right)\right]^{1/2}}$$

$$K=\dfrac{8.794}{f_0\sqrt{\varepsilon_r}}$$

设计实例　设计 900MHz 圆盘微带天线，介质 4.5/1.6。

步骤一　确定参数。天线的拓扑结构为设计频率 $f_0=0.9$GHz、最大输入驻波比 SWR$=2.0:1$；基板参数为高度 $h=0.16$cm，介电常数 $\varepsilon_r=4.5$，损耗正切 $\tan\delta=0.015$，导体铜相对导电系数 RHO$=1.0$。

步骤二　求出圆盘圆形天线的半径为 4.580cm、接头馈入位置为 1.800cm、频率与输入阻抗的关系,频率/阻抗对应关系如表 12-6-1 所示。

表 12-6-1　频率/阻抗的关系

f/GHz	实部/Ω	虚部/Ω
0.890	23.93	36.08
0.892	29.62	35.80
0.894	36.30	33.74
0.896	43.23	28.95
0.898	48.77	20.95
0.900	50.90	10.62
0.902	48.67	0.36
0.904	43.10	−7.52
0.906	36.24	−12.22
0.908	29.66	−14.24
0.910	24.07	−14.54

频带内阻抗在圆图上的位置,如图 12-6-8 所示。

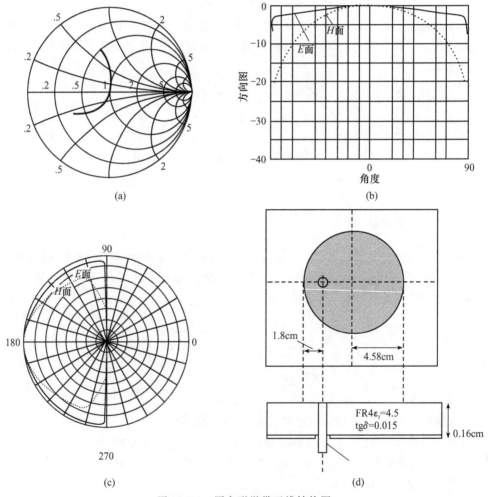

(a)

(b)

(c)

(d)

图 12-6-8　圆盘形微带天线结构图

步骤三　求出天线的总 Q 值、辐射效率、总效率、天线频带宽度。

输入数据

    SUBSTRATE HEIGHT＝0.1600cm

    SUBSTRATE RELATIVE DIELECTRIC CONSTANT＝4.50

    SUBSTRATE LOSS TANGENT＝0.0150

    CONDUCTOR RELATIVE CONDUCTIVITY＝1.000

    PATCH RADIUS＝4.580cm

    PEED LOCATION＝1.800cm

    FREQUENCY＝0.9000GHz

计算结果

    INPUT RESISTANCE＝50.90ohms

    PATCH TLTAL Q＝47.639

    RADIATION EFFICIENCY＝95.97％

    OVERALL EFFICIENCY＝21.10％

    PATCH BANDWIDTH＝1.48％　2.00:1 VSWR

步骤四　求得天线的辐射方向图，如图 12-6-8(b)、图 12-6-8(c)所示。

步骤五　圆盘天线的实际结构，如图 12-6-8(d)所示。

12.7　天线阵和相控阵

单个天线的波束宽度与增益的矛盾限制了它的使用。在有些场合，要用更高的增益和更窄的波束。由于天线的尺寸与工作波长有关，必须用多个天线形成极窄波束。天线阵把能量聚焦于同一个方向，增加了系统的作用距离。

12.7.1　天线阵

考虑图 12-7-1 所示沿 z 方向分布的一维天线阵。总辐射场为每个单元的叠加。

远区场幅度相等

$$r_1 = r_2 = r_3 \cdots = r_N = r$$

每个天线单元的家间距为 d，引起的相移为 ϕ，由距离引起的相移分别是

$$r_1 = r$$

$$r_2 = r + d\cos\theta$$

$$r_3 = r + 2d\cos\theta$$

$$\vdots$$

$$r_N = r + (N-1)d\cos\theta$$

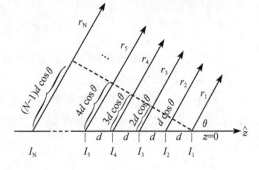

图 12-7-1　沿 z 方向分布的一维 n 元相控阵

故总场强为

$$E_t = f(\theta,\phi)\,\frac{\mathrm{e}^{-jk_0 r}}{4\pi r}\sum_{i=1}^{N}I_i\mathrm{e}^{-j(i-1)(k_0 d\cos\theta-\phi)} = 元方向图 \times 阵因子$$

称为方向图乘积原理。阵因子 AF 与单元的分布有关。

12.7.2 相控阵

考虑波束扫描情况,假定每个天线单元都相同,且 $I=1$,如图 12-7-2 所示,相位从左到右步进增加。

$$AF = \sum_{n=0}^{N-1} e^{-jn\psi}$$

$$\psi = k_0 d\cos\theta - \phi$$

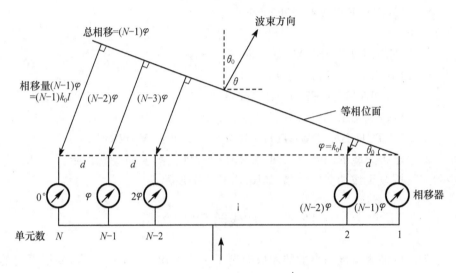

图 12-7-2 N 元天线阵的辐射方向

相邻单元的步进相移 ϕ 决定了辐射方向 $\boldsymbol{\theta}_0$,辐射最大方向发生在 $\varphi=0$ 的条件下。此时,有

$$\phi = k_0 d\cos\theta = k_0 d\sin\theta_0$$

或扫描角度为

$$\theta_0 = \arcsin\left(\frac{\phi}{k_0 d}\right)$$

ϕ 的变化必须满足所限定的扫描角(波束方向),或者说,改变 ϕ 可以调整天线的辐射方向。这就是相控阵的原理。

在相控阵中,天线的总波束宽度和增益与天线单元的数量有关。通常,为了避免旁瓣,间距为半波长,笔形波束的半功率宽度与单元数的关系为

$$\theta_{\text{HPWB}} \approx 100 N^{-1/2}$$

总增益为

$$G \approx \eta\pi N$$

在相控阵中,可以电子控制每个单元的相位,保证辐射方向上的波前面相位相同,实现波束的调整。与机械旋转天线的方式比较,相控阵速度快,天线机构简单,系统稳定。

阵因子是个周期函数,在不同方向都会出现最大值,称为栅瓣。$\varphi=2\pi$ 的整数倍为栅

瓣的发生条件。

在图 12-7-2 中，$\varphi=-2\pi$，栅瓣发生在主瓣的反方向，$\theta=180°$。由公式计算可得

$$\frac{d}{\lambda_0} = \frac{1}{1+\sin\theta_0}$$

为了避免栅瓣的出现，相邻单元的距离必须小于上式的计算值。

在两个方向上调整单元的相位和间距，就是两维相控阵，在两个相互垂直的方向上实现扫描。阵因子 AF 为

$$AF = \sum_{m=0}^{M-1} e^{-jm(k_0 d_x \cos\theta\cos\phi - \phi_x)} \sum_{n=0}^{N-1} e^{-jn(k_0 d_y \cos\theta\sin\phi - \phi_y)}$$

式中，d_x 和 d_y 分别是 x 和 y 方向的单元间距，ϕ_x 和 ϕ_y 分别是 x 和 y 方向的单元相移量。天线阵的馈电有两种基本形式，并联形式和串联形式，如图 12-7-3 所示。图 12-7-3(a) 中用的 3dB 功率分配器，每个支路都有一定的损耗，但分配均匀对称，图 12-7-3(b) 中每个天线在一定的位置与传输线耦合，图 12-7-3(c) 在每个阵元前增加了相移器，改变阵元馈电的相位就可实现波束扫描。

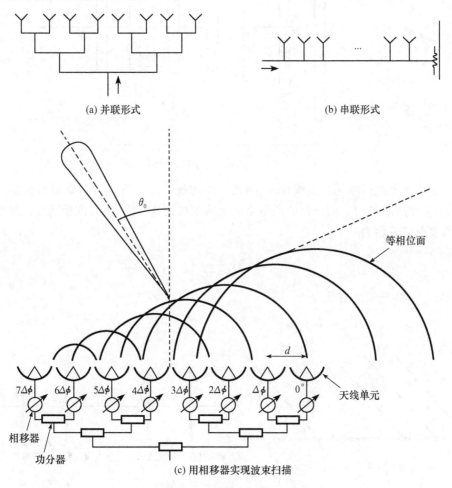

(a) 并联形式　　　　　　　　　　　　　　(b) 串联形式

(c) 用相移器实现波束扫描

图 12-7-3　天线阵的馈电形式

12.7.3　八木天线

八木天线广泛应用于微波频率低端系统,它具有低费用、安装简易、重量轻、高方向性和高增益等优点。

典型的八木天线结构如图 12-7-4 所示,它由一个有源阵子、一个反射阵子和若干引向阵子组成。设计参数有单元总数 N、第 n 个单元的长度 l_n、相邻单元的间距 s_n 和单元半径 a。不同于普通天线每个阵元单独馈电,八木天线只对有源阵子进行馈电,利用单元间近场耦合实现定向特性。

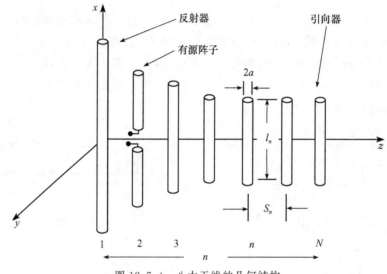

图 12-7-4　八木天线的几何结构

由于八木天线的单元沿直线排列,因此可用传统的直线阵理论对其进行分析。考虑如图 12-7-5 所示的沿 z 轴分部的理想全向天线组成的直线阵,单元间距为 d。每个单元的远场辐射可表示为

$$\text{AF} \frac{e^{-j\beta r}}{4\pi r}$$

式中,AF 为阵因子,可表示为

$$\text{AF} = I_1 + I_2 e^{j\beta d\cos\theta} + I_3 e^{j l\beta d\cos\theta} + \cdots + I_{n+1} e^{jn\beta d\cos\theta}$$

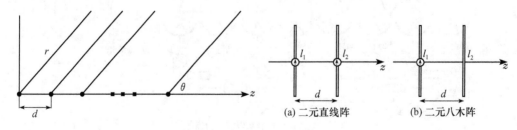

图 12-7-5　理想全向天线阵

为了理解八木阵,考虑如图 12-7-6 所示的二元阵,二元阵的阵因子为

$$\text{AF} = I_1 + I_2 \mathrm{e}^{\mathrm{j}\beta d \cos\theta} = \mid I_1 \mid + \mid I_2 \mid \mathrm{e}^{\mathrm{j}(\beta d \cos\theta + d)}$$

当电流为等幅且相位差为 α 时,且 $\psi = \beta d \cos\theta + \alpha$,则阵因子可表示为

图 12-7-6 二元八木阵

$$\text{AF} = \mid I_1 \mid (1 + \mathrm{e}^{\mathrm{j}\psi}) = 2 \mid I_1 \mid \mathrm{e}^{\mathrm{j}(\psi/2)} \cos\frac{\psi}{2}$$

因此,对振幅归一化的阵因子可以写为

$$f(\psi) = \left| \cos\frac{\psi}{2} \right|$$

可用端射阵理论分析八木天线,单元间距 d 与电流幅相之间不是独立的。如图 12-7-6 所示的二元八木阵,引向阵子在有源阵子的电磁场作用下产生感应电流,其二端口网络的等效阻抗方程为

$$V_1 = I_1 Z_{11} + I_2 Z_{12}$$
$$0 = I_1 Z_{21} + I_2 Z_{22}$$

则无源阵子和有源阵子的电流比为

$$\frac{I_2}{I_1} = -\frac{Z_{12}}{Z_{22}}$$

进一步,代入 $Z = R + \mathrm{j}X$,得

$$\frac{I_2}{I_1} = -\frac{R_{12} + \mathrm{j}X_{12}}{R_{22} + \mathrm{j}X_{22}} = m\mathrm{e}^{\mathrm{j}\alpha}$$

得

$$m = \sqrt{\frac{R_{12}^2 + X_{12}^2}{R_{22}^2 + X_{22}^2}}$$

$$\alpha = \pi + \arctan\frac{X_{12}}{R_{12}} - \arctan\frac{X_{22}}{R_{22}}$$

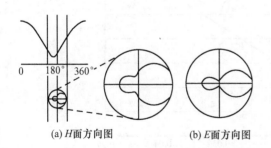

(a) H 面方向图   (b) E 面方向图

图 12-7-7

由上式可知,二元阵子的电流幅度比 m 和相位差 α,取决于无源阵子的自阻抗(与 l_2/λ 和 a_2/λ 有关)和无源阵子和有源阵子间的互阻抗(与 d/λ、l_1/λ 和 l_2/λ 有关)。根据天线阵理论,m 和 α 的改变会引起二元阵方向图变化。因此可以用改变无源阵子尺寸、两阵子间距以及在无源阵子接入可调电抗的方法,调整天线方向图。

图 12-7-7 给出了二元八木阵的典型方向图。

八木天线的另一个重要参数是输入阻抗

$$Z_{\text{in}} = \frac{V_1}{I_1} = Z_{11} - \frac{Z_{12}^2}{Z_{22}}$$

设计过程　设计八木天线,是从给定的电参数如增益、频带、波瓣宽度、副瓣电平、前后辐射比、输入阻抗等,确定天线元个数 N,各个振子长度 l_i,振子间距 d_i 以及各振子半径 a_i。由于八木天线的设计涉及众多参数的优化,因此通常根据经验公式和常用尺寸确定初始结构参数。

图 12-7-8 和图 12-7-9 以及表 12-7-1 是辅助设计工具。首先,在工作频率和预期增益已知的情况下,根据表 12-7-1 可以得到天线的电长度、阵元个数、未优化的阵元电长度,以及对应图 12-7-8 中的设计曲线。然后,根据阵元直径找出对应设计曲线下的未附加构架补偿的反射振子和引向阵子的电长度。最后根据图 12-7-9 获得所需的构架补偿。这样初始结构参数确定以后就可以进一步优化了。图 12-7-10 给出了一个 17 元八木阵方向图实例。

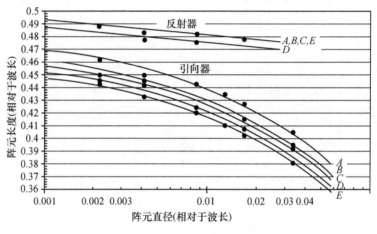

图 12-7-8　阵元尺寸

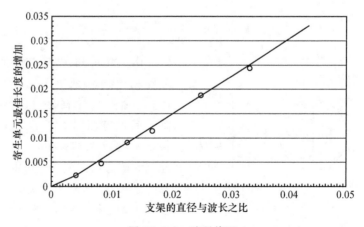

图 12-7-9　阵元修正

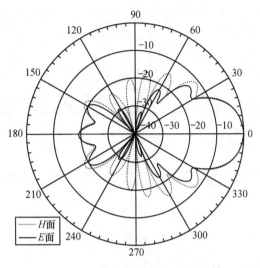

图 12-7-10　八木阵方向图

表 12-7-1　八木天线寄生单元的最佳长度

反射器长度(λ)	八木天线长度(λ)					
	0.4	0.8	1.20	2.2	3.2	4.2
	0.482	0.482	0.482	0.482	0.482	0.475
单元长度(λ)						
1st	0.424	0.428	0.428	0.432	0.428	0.424
2nd	—	0.424	0.420	0.415	0.420	0.424
3rd	—	0.424	0.420	0.407	0.407	0.420
4th	—	—	0.428	0.398	0.398	0.407
5th	—	—	—	0.390	0.394	0.403
6th	—	—	—	0.390	0.390	0.398
7th	—	—	—	0.390	0.388	0.394
8th	—	—	—	0.390	0.388	0.390
9th	—	—	—	0.398	0.388	0.390
10th	—	—	—	0.407	0.388	0.390
11th	—	—	—	—	0.386	0.390
12th	—	—	—	—	0.386	0.390
13th	—	—	—	—	0.386	0.390
14th	—	—	—	—	0.386	—
15th	—	—	—	—	0.386	—
引向器间距(λ)	0.20	0.20	0.25	0.20	0.20	0.308
相对于半波阵子的增益(dB)	7.1	9.2	10.2	12.25	13.4	14.2
设计曲线(图 12-7-8)	(A)	(C)	(C)	(B)	(C)	(D)

阵元直径＝0.0085 f＝400MHz,反射器与有源阵子间距为 0.2λ。

许多现代的应用中要求天线有更高的频率,而传统的以金属管为主要结构的八木天线显然无法满足这个要求。因此出现了许多的八木天线的变型,下面将简要介绍这些形式。

图 12-7-11 是一种微带八木天线,该形式的八木天线具有圆极化特性,其方向系数约为 15dBi。

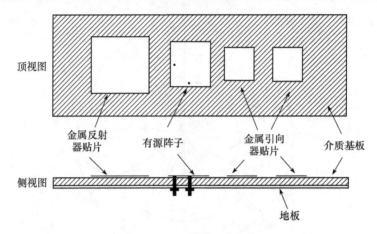

图 12-7-11   微带八木天线

图 12-7-12 是微带八木天线构成的 16 元面阵。

图 12-7-13 所示的由 6 个沿圆排列的微带八木阵组成的平面阵,每个微带阵角度间隔为 60°,通过开关控制选择激励元,可达到控制辐射方向图的效果。

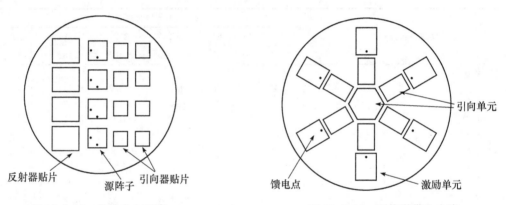

图 12-7-12   微带八木面阵   图 12-7-13   可控微带八木阵

另一种形式是如图 12-7-14 所示的开槽线结构的八木天线阵,该天线可采用多种形式的馈源,如共面波导、微带、同轴线等,因此该天线能很好的应用于毫米波波段。

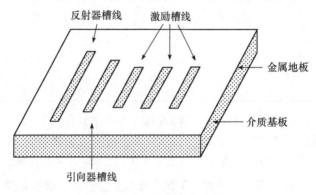

图 12-7-14   开槽线八木天线

图 12-7-15 所示的是位于高介电常数基板的印刷偶极子结构的八木天线,采用微带电路馈电。与一般微带天线不同的是,该种形式天线能更好地应用于集成度较高的电路器件中。

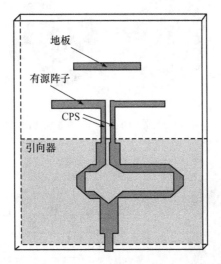

图 12-7-15 印刷偶极子八木天线

下面给出典型的八木天线方向图,如图 12-7-16 所示。

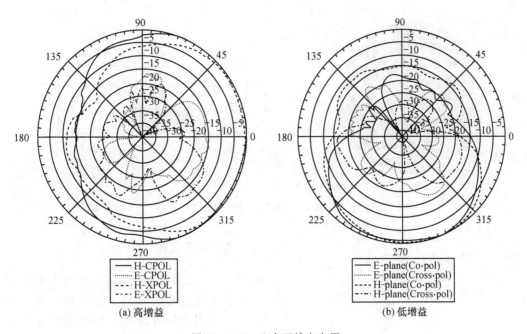

(a) 高增益

(b) 低增益

图 12-7-16 八木天线方向图

12.7.4 频率无关天线

与频率无关(FI)的天线是在很宽的频带内天线的阻抗和方向图基本不变。实际的

FI天线是一种没有频率下限或上限的天线。图 12-7-17 是四种平面 FI 天线基本结构。图 12-7-18 是四臂和两臂周期天线实例。

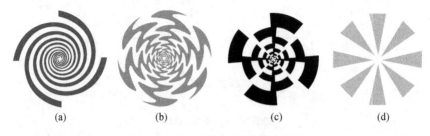

图 12-7-17　四种 FI 天线基本结构

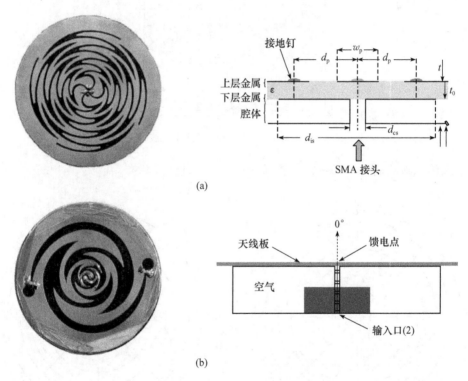

(a)

(b)

图 12-7-18　四臂和两臂周期天线实例

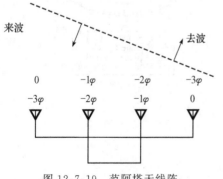

图 12-7-19　范阿塔天线阵

12.7.5　范阿塔天线阵

如图 12-7-19 所示,典型的范阿塔天线阵由成对存在的天线元等距分布于振中心两侧。单个天线元接收到的信号将从与其对称的天线元辐射出去,使相位颠倒以调整反向辐射的相位。由于连接各天线元的传输线是等长的,因此影响范阿塔阵的工作频率的唯一因素就是天线元的特性。当采用宽带天线元和非色散传输线时就能实现该阵的宽带特性。

　　图 12-7-20 是采用范阿塔结构的微带贴片反向阵。由背面的馈电电路通过缝隙耦合对微带贴片进行馈电,有效防止了馈源网络的干扰辐射,并使电路简洁。该阵列具备宽辐射角的优点,测量结果表明该阵列辐射的波束宽度超过 120°,而同尺寸的金属板只有 10°。另一种典型的范阿塔阵是如图 12-7-21 所示的缝隙天线结构的范阿塔阵。这两种天线阵广泛应用于高速智能传输系统(IVHS),在其他民用系统(如 RFID)方面也有较好应用前景。

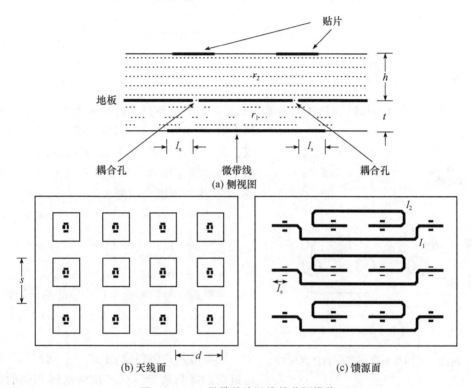

图 12-7-20　微带贴片天线的范阿塔阵

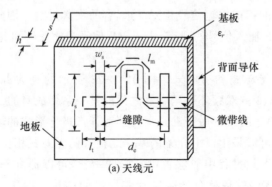

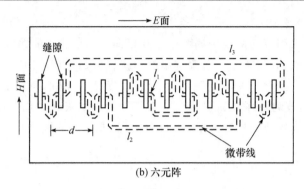

(b) 六元阵

图 12-7-21　缝隙范阿塔天线阵

12.7.6　相位共轭阵

一种更为流行的反向阵列技术是基于相位共轭的。该技术与范阿塔阵倒转相位的思路类似,不同的是相位倒转只需由单个天线元完成。基本原理如图 12-7-22 所示,在每个阵元内采用外差混合器将输入的 RF 信号与本振信号混合,产生如下混合信号

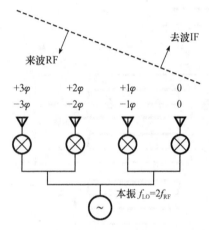

图 12-7-22　采用外差混合器的相位共轭阵

$$V_{IF} = V_{RF}\cos(\omega_{RF}t + \theta_n) \cdot V_{LO}\cos(\omega_{LO}t)$$
$$= \frac{1}{2}V_{RF}V_{LO}[\cos((\omega_{LO} - \omega_{RF})t - \theta_n)$$
$$+ \cos((\omega_{LO} + \omega_{RF})t + \theta_n)] \qquad (12\text{-}1)$$

令本振信号频率是 RF 信号的两倍,得

$$V_{IF} \propto \cos(\omega_{RF}t - \varphi) + \cos(3\omega_{RF}t + \varphi)$$
$$(12\text{-}2)$$

从而得到共轭相位,由这一系列相位共轭阵元组成的阵列就能达到与范阿塔阵相同的相位翻转的效果,因此再辐射波将朝着源的方向。

该技术的关键在于如何去除干扰信号,由式(12-6)产生的上边带干扰以及本振泄露由于其频率与所期望的相位共轭信号相差甚远,容易将其过滤。因此,主要的干扰来源于未进行相位共轭的 RF 输入信号的泄露,由于 RF 信号泄露是不可避免的,这也成为改进该技术的一大挑战。

相位共轭阵分为无源式和有源式。图 12-7-23 所示的是无源式相位共轭阵,在图 12-7-23(a)中,介于 2、4 的双频环形耦合器之间的是一系列成对的二极管,该结构具有双向特性,采用两个直角正交模的微带贴片天线能对任意极化形式的输入波进行反向。

在不采用偏置时可以采用以上介绍的基于二极管的无源式相位共轭器。由于有源器件如金属场效应管在混频过程中能够提供一定的增益,可以提高作用距离。图 12-7-24 给出了有源式相位共轭阵,是整合微带贴片和导线的结构。图 12-7-25 采用 MESFET 混频器的有源式相位共轭阵实际电路。

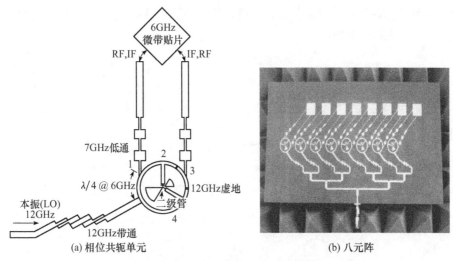

(a) 相位共轭单元　　　(b) 八元阵

图 12-7-23　被动式相位共轭阵

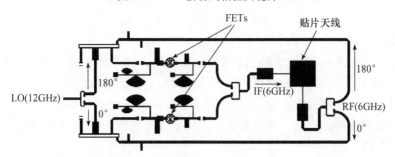

图 12-7-24　平衡有源式相位共轭天线

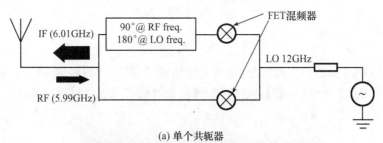

(a) 单个共轭器

(b) 四元结构原型

图 12-7-25　采用 MESFET 混频器的有源式相位共轭阵

相位共轭技术的效果是对波前进行改造,该技术同样适用于非平面波波前。图 12-7-26 是两种天线阵对波前改造的情况。

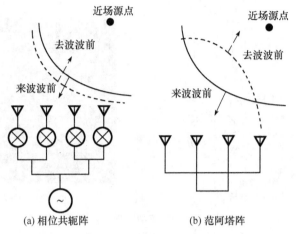

(a) 相位共轭阵   (b) 范阿塔阵

图 12-7-26   两种天线阵的波前改造特性

设计要点

首先是阵元的选择,前面我们已经讲过,阵列的方向图为单元方向图与阵因子的乘积,当采用异向介质元时,乘积结果的最大值方向与阵因子的峰值不重合。而主波束方向是根据阵因子的最大辐射方向定义的,这将导致波束指向错误。如图 12-7-27,我们可以清楚地看出这种错误的产生。解决方法是采用低方向性的天线元(例如微带贴片结构)以及增加阵元个数。

另一个需要考虑的因素是阵元间的间距,与一般相控阵类似,阵元间距影向着反向阵的扫描范围。为了避免栅瓣的产生,必须满足以下条件:

$$d < \frac{\lambda_0}{1 + |\sin\theta_{\text{inc}}|}$$

一维反向阵主要适用于地面通信,而对于地球对空间、空间对空间的通信需要采用二维反向阵。图 12-7-28 所示的是采用自振荡混频器的二维反向阵列结构图。

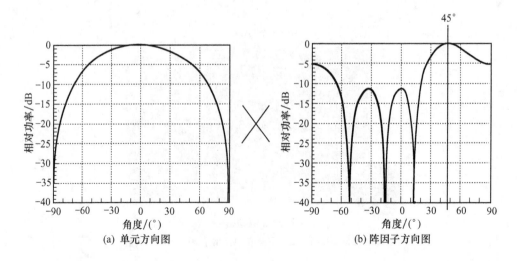

(a) 单元方向图   (b) 阵因子方向图

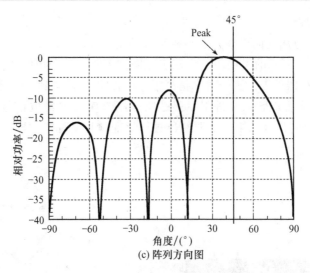

(c) 阵列方向图

图 12-7-27 反向阵列的波束偏差

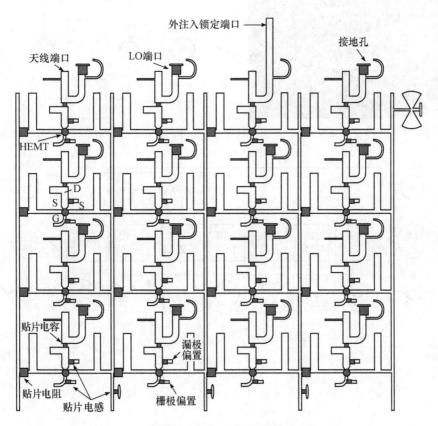

图 12-7-28 二维反向阵

另外,在高频波段,毫米波反向天线阵得到了一定的发展,主要用于卫星通信,具有宽带宽和尺寸小的优点,主要类型有毫米波范阿塔阵和毫米波相位共轭阵。

反向阵系统实例

下面介绍几个应用反向天线阵的整机系统的案例。

（1）图 12-7-29 所示的是由一个全双工反向阵系统。每个相位共轭器采用两个混频器，进入第一个混频器的 LO 信号频率稍高于 RF 信号，这样得到一个低频的相位共轭 IF 信号，将这个信号通过 BPSK（二进制相移键控）调制器转送到载波信号，如图 12-7-30 和 12-7-31 所示，输出的信号用第二个混频器进行上变频并发射。

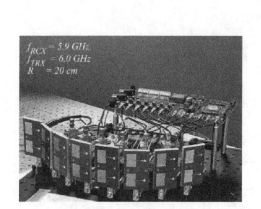

图 12-7-29 全双工反向阵

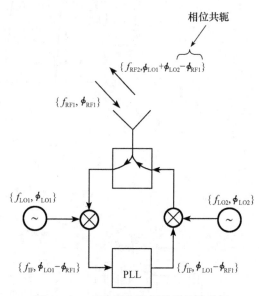

图 12-7-30 采用双混频器的相位共轭

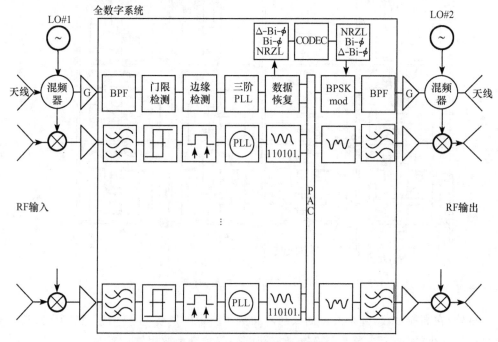

图 12-7-31 全双工阵列结构图

（2）如图 12-7-32 所示，是一个典型的无线探测系统的智能天线，图 12-7-33 是识别系统的电路原理图。

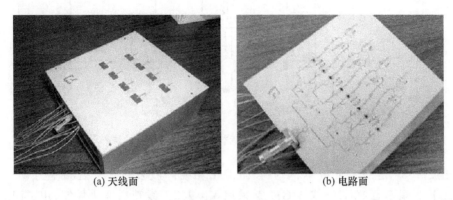

(a) 天线面　　　　　　　　　　　(b) 电路面

图 12-7-32

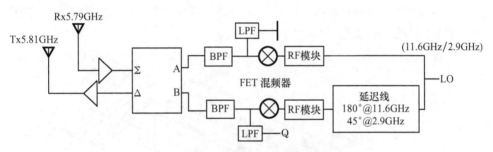

图 12-7-33　多功能识别系统示意图

12.7.7　网格振荡器和耦合振荡器阵列

如图 12-7-34 所示，网格技术就是将固体器件嵌入以介质为底板的金属栅格中。任意噪声或者瞬间的 DC 偏置都能引起振荡，而 RF 电流使电磁波从栅格中辐射出去。已经证实，网格振荡器能应用于微波、毫米波波段，最高可达 43GHz。

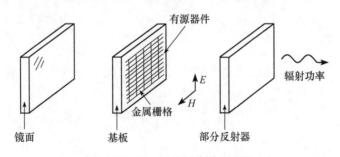

图 12-7-34　网格振荡器原理图

图 12-7-35 是一个耦合振荡器阵列，由 FET 器件和贴片天线构成，贴片天线和耦合线构成振荡器谐振回路。

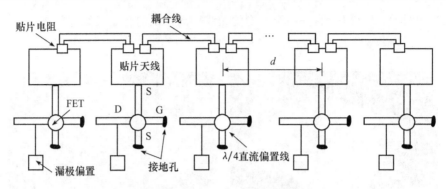

图 12-7-35　基于贴片天线和场效应管的耦合振荡阵列

图 12-7-36 是一个低成本、多频段全双工相控阵收发机。发射频率为 10GHz 或 19GHz，接收频率为 12GHz 或 21GHz。采用 Vivaldi 天线获得宽带性能，用了四通道微带多工器，使用两个压电换能器（PET）实现相移控制（见 7.4 节）。通过 PET 调节相移，在 10GHz 到 21GHz 频率范围内，可实现 40°扫描。使用 PET 移相器克服了常用的固态移相器的插入损耗大的缺点，并简化了电路结构。

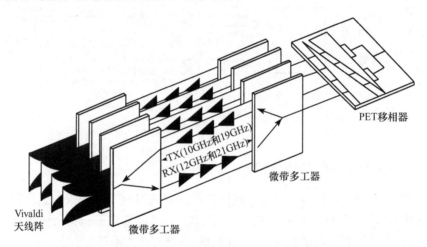

图 12-7-36　多频段全双工相控阵收发机

第 13 章　射频/微波系统

现代无线系统通常由发射机、接收机和天线系统组成。发射机的任务是将语音、图像等基带信号对载波进行调制,实现频率的转换,利用电磁波将信息传送到远端,发射机的特性与使用场合有关,如在远距离系统中,大功率低噪声是首要指标,而在空间和电池供电系统中,必须效率高。

接收机是信号的还原过程,它要在复杂的电磁环境中筛选出有用的信号,将微波信号转换为基带信号。由于传输路径上的损耗,接收机接收的信号是很微弱的,并伴随着许多干扰,因此接收机的主要指标是灵敏度和信号的选择性。

发射机通常与接收机组合成收发机,或称 T/R 组件。在收发机中,为了使用一个天线,必须采用双工器将发射信号与接收信号分离,防止发射信号直接进入接收机,使其烧毁。双工器可以是开关、环行器或滤波器组合。

13.1　射频/微波发射机

射频发射机完成的主要功能是调制、上变频、功率放大和滤波,有时前两个功能会合并在一起。与形式多样的接收机不同,发射机结构只有少数几种形式,这是因为对发射机中如噪声、干扰抑制和频带选择等的要求要比在接收机中宽松得多。

13.1.1　发射机的参数

首先介绍发射机的几个基本参数。

(1) 频率或频率范围。考察微波振荡器的频率及其相关指标、频率或频段指标、温度频率稳定度、时间频率稳定性、频率负载牵引变化、压控调谐范围等,相关单位为 MHz、GHz、ppm、MHz/V 等。

(2) 功率。与功率有关的指标有最大输出功率、频带功率波动范围、功率可调范围、功率的时间和温度稳定性等,相关单位为 mW、dBm、W、dBw 等。

(3) 效率。这里指供电电源到输出功率的转换效率。这一参数对于电池供电系统尤为重要。

(4) 噪声。噪声包括调幅、调频和调相噪声,不必要的调制噪声将会影响系统的通信质量。

(5) 谐波抑制。谐波抑制指工作频率的高次谐波输出大小。通常对二次、三次谐波抑制提出要求,基波与谐波的功率比为谐波抑制,两个功率 dBm 的差为 dBc。

(6) 杂波抑制。杂波抑制指除基波和谐波外的任何信号与基波信号的大小比较。对于直接振荡源,杂波就是本底噪声,频率合成器的杂波除本底噪声外,还有可能是参考频率及其谐波。

13.1.2 发射机的结构

要发射的低频信号(模拟、数字、图像等)与射频/微波信号的调制方式有三种可能形式。

(1) 直接产生发射机输出的微波信号频率,再调制待发射信号。在雷达系统中常用,用脉冲调制微波信号的幅度,即幅度键控。调制电路就是 PIN 开关。调制后信号经功放、滤波输出到天线。

(2) 将待发射的低频信号调制到发射中频(如 70MHz)上,再与发射本振(微波/射频)混频得到的发射机输出频率,该信号信号经功放、滤波输出到天线。在通信系统中常用此方案。图像通信中,将图像信号先做基带处理(6.5MHz),再进行调制。

(3) 将待发射的低频信号调制到发射中频(如 70MHz)上,经过多次倍频得到发射机频率,然后再经功放、滤波输出到天线。

典型电路结构如图 13-1-1 所示,可分成几个部分:中频放大器、中频滤波器、上变频混频器、射频滤波器、射频驱动放大器、射频功率放大器、载波振荡器、载波滤波器和发射天线。

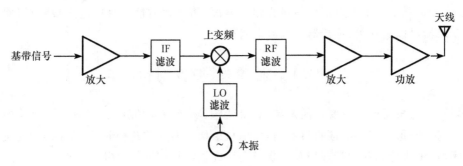

图 13-1-1 基本射频前端发射机结构

13.1.3 上变频器

1. 基本电路原理

发射混频器的基本电路结构图如图 13-1-2 所示。二极管上的电流

$$i(v) = I_O + I_{IF} \cdot \sum_{n=1}^{\infty} \frac{\left(\dfrac{e}{nkT}\right)^n}{n!}[V_{IF} \cdot \sin(2\pi f_{IF}t) + V_{LO} \cdot \sin(2\pi f_{LO}t)]^n$$

式中,I_S 为二极管的饱和电流,V_{IF} 是中频信号的振幅,f_{IF} 为中频信号的频率,V_{LO} 是载波信号的振幅,f_{LO} 是载波信号的频率。

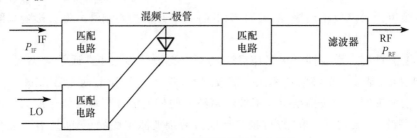

图 13-1-2 发射混频器的基本电路

混频后的输出射频频率为

$$f_{RF} = mf_{IF} + nf_{LO}$$

其中，m,n 为任意正负整数。

　　绝大多数情况下，RF 频率应是载波与 IF 频率的和或差，即是 $f_{RF} = f_{LO} \pm f_{IF}$。根据发射机指标和系统参数取和频或差频。利用射频输出端的滤波器实现端口间的隔离。

　　主要的噪声信号有：镜频信号 $f_{im} = f_{LO} + 2f_{IF}$；载波信号的谐波 nf_{LO}，$n =$ 正整数；边带谐波信号 $f_{sb} = f_{LO} \pm mf_{IF}$，这些噪声，需要特别加以抑制处理。

2. 上变频器的主要技术参数定义和测量

1）变频耗损或增益

$$L_C(dB) = 10 \cdot \log\left(\frac{P_{IF}}{P_{RF}}\right)$$

2）二阶互调 IP2

$$IP2 = P_{RF} + (P_{RF} - B - L_C)$$

其中，IP2 是混频器的输入二阶互调截止点，单位为 dBm；P_{RF} 是混波器 RF 输入端的输入信号功率，单位为 dBm；L_C 是混波器输入信号频率 $f_{RF} = f_{LO} + f_{IF}$ 时的变频损耗，单位为 dB；B 是混波器输入信号频率 $f_{RF} = f_{LO} + 0.5f_{IF}$ 时输出端频率为 $2f_{IF}$ 的信号功率，单位为 dBm。

　　混频器的 IP2 测量电路与频谱示意图，如图 13-1-3 所示。

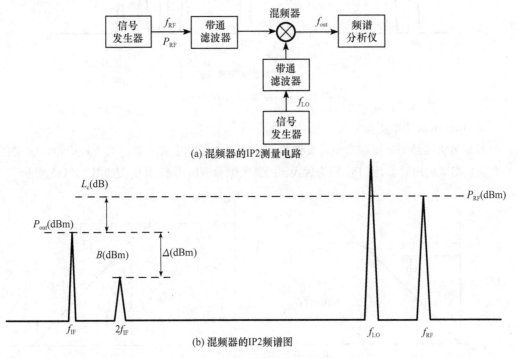

(a) 混频器的IP2测量电路

(b) 混频器的IP2频谱图

图 13-1-3　混频器的 IP2 测量

3）三阶互调 IP3

$$IP3 = P_{IN} + \Delta/2$$

其中，IP3 为混频器的输入三阶互调截止点，P_{IN} 是混频器输入端的输入信号的功率，Δ 是混频器输出信号与内调制信号的功率差(dB)。

混频器的 IP3 测量图及频谱示意图，如图 13-1-4 所示。

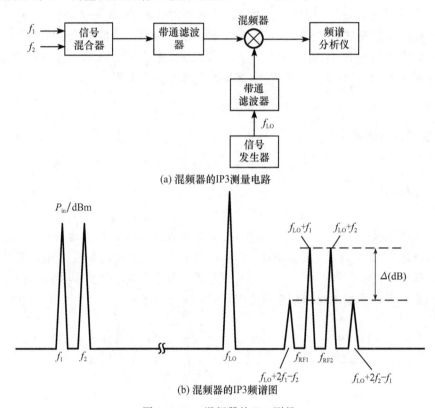

(a) 混频器的IP3测量电路

(b) 混频器的IP3频谱图

图 13-1-4　混频器的 IP3 测量

4）1dB 压缩功率 P_{1dB}

功率放大器的 1dB 压缩功率是发射机最大发射功率的主要参数。对于放大器，P_{1dB} 是线性放大的最大输出功率，而 P_{1dB} 则为放大器的最大饱和输出功率，其定义如图 13-1-5 所示。

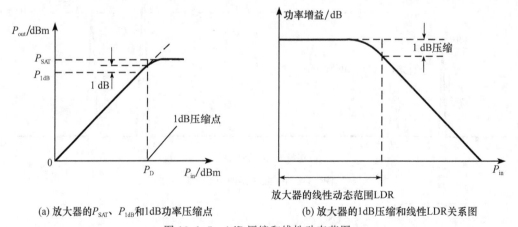

(a) 放大器的 P_{SAT}、P_{1dB} 和1dB功率压缩点　　　(b) 放大器的1dB压缩和线性LDR关系图

图 13-1-5　1dB 压缩和线性动态范围

13.2　射频/微波接收机

接收机作为通信系统的重要组成部分,正面临着高工作频率、高集成度、低电压、低功耗、低价格的挑战。目前常见的接收机前端结构有超外差、零中频、低中频和镜像抑制接收机等,数字中频接收机也逐步应用到设计中。

在通信系统中,最难设计的部分是接收机,接收机必须具备低噪声系数、小互调失真(IMD)、大的频率动态范围、稳定的自动增益控制(AGC)、适当的射频和中频增益、低相位噪声等特性。

13.2.1　接收机的结构

接收机最经典的拓扑结构有:超外差接收机、零中频接收机、低中频接收机和镜像抑制接收机,每种都有其优点和缺点,分别讨论如下。

1. 外差式接收机

外差式射频结构是目前微波系统中常用的结构,主要的概念是在收发的链路上引入中频(IF),这样做是因为窄带滤波需要信道选择滤波器具有很高的 Q 值,但如此高 Q 值的滤波器又不容易得到,或能得到但造价太高。因此,在外差式射频接收机中,信号被转换为较低频率来降低对于信道选择滤波器 Q 值的要求。

1) 外差式接收机通用结构

对于发射端的信号,先将信号转换到一个较低的中频频带内,进行提升强度与邻近通道功率抑制等处理后,再经过第二次的频率转换至射频频段以便于发射信号。接收链路上,则同样将射频信号转换到中频进行放大与抑制干扰等处理后,再转换至基带而恢复出信号。

图 13-2-1 为外差式的射频收发机结构示意图。在发射链路上,基带的正交 I/Q 信

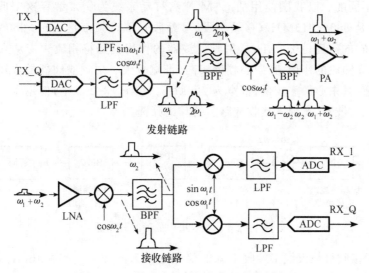

图 13-2-1　外差式的射频收发机结构示意图

号经过一个正交调制器与载波结合而完成调制后,中频端使用带通滤波器滤除调制的杂散信号并抑制邻近信道的功率泄漏,然后再经由另一组升频混频器将调制信号升频至射频的频带,经由功率放大器与天线等元件发送信号。该发射链路上只使用了一个中频频率,因此又称一次变频发射机。在接收链路上,射频的调制信号先经过频带选择与低噪声放大后,降频至中频频段,进一步滤波与放大处理以提升信噪比并抑制干扰信号,之后经过正交解调器解调至基带而恢复出传送的信息,该接收链路同样只使用一个中频频率,因此也称为一次转频接收机。

外差式射频收发机的本地振荡器(LO)的频率与射频信号的频率不一样,因此信号间的干扰较少。发射链路上,由于调制信号不断地经过带通滤波器的处理,因此该结构可以有效地抑制信一号功率泄漏至邻近信道,更可抑制由电路非线性特性所产生的干扰信号,而获得较纯净的输出调制信号。在接收链路,接收信号同样经过多个带通滤波器滤波,且其接收链路上的增益分布于一个或多个中频频段,因此其接收机具有最好的抗干扰能力与接收动态范围。虽然外差式射频收发机具有非常优异的射频特性,但由于该结构中使用了相当多的本地振荡器、带通滤波器以及外部器件,因此整合于集成电路内的可能性也较低,使得该结构的成本也较其他结构高。此外,该结构中由于中频的带通滤波器特性直接决定了收发链路的邻近通道功率抑制(ACPR)与通道选择能力,因此会常使用特殊器件如声表面滤波器(SAW),从而提高了制作上的成本。因此,在外差式收发机模块的实际制作上,中频频率的选择、带通滤波器的中心频率与频宽、外部无源元件的使用等设计考虑,都需要随着不同的系统应用而仔细的规划与调整,以能在适当的成本下达到规范的性能。

2)超外差方案的优点

采用超外差方案主要是因为超外差方案在以下两个方面具有明显的优势。

(1)中频比信号载频低很多,在中频段实现对有用信道的选择对滤波器的 Q 值要求低得多。我们知道在超外差结构中滤波器分为两种类型,即射频滤波器与中频滤波器,它们的用处是不同的。以我国使用的 GSM 蜂窝移动系统为例来解释这个问题,在 GSM 中,上行频带是 890～915MHz(移动台发、基站收),下行频带是 935～960MHz(移动台收、基站发),它的信道是 200kHz。射频滤波器的作用就是将相应频带从众多信号中提取出来,起选择频段的作用,其中心频率较高,带宽较大。中频滤波器的作用是选择频段中所需的信道,其中心频率较低,带宽为 200kHz。在图 13-2-2 中,使用了一个射频滤波器和两个中频滤波器,实现了接收链路上的频谱筛选。

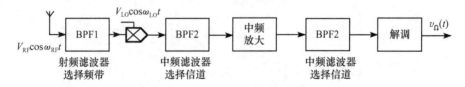

图 13-2-2　接收机中的滤波器配置

(2)一般接收机从天线上接收下来的信号电平为 $-120\sim-100\mathrm{dBm}$,这样的微弱信号不能直接送到解调器解调,要放大 $100\sim150\mathrm{dB}$ 来达到工作的电平值。由于有源器件的特性,在较低频率上实现窄带的高增益比在较高频率上实现高增益要容易和稳定的多,因此在较低频率上获得增益通常是更经济的。同时为了放大器的稳定和避免振荡,在一个频带内的放大器,其增益一般不会超过 50~60dB,因此在超外差接收机中,将接收机的总增益分散到了高频、中频和基带上,这样不仅实现容易,而且稳定度也高,干扰也少。

3) 超外差方案的缺点

虽然外差式接收机机具有相当优异的性能,但其最大缺点是组合干扰频率点多,这是由变频器的非理想乘法器引起的,它是一个非线性器件,由于非线性的存在,所以当射频信号 ω_{RF} 和本振信号 ω_{LO},以及混入的干扰信号(如频率为 ω_1 与 ω_2 的干扰信号)通过混频器时,由于混频器的非线性特性中的某一高次方项组合可以产生组合频率,比如 $|p\omega_{LO} \pm q\omega_{RF}|$ 或 $|p\omega_{LO} \pm (m\omega_1 + n\omega_2)|$,若它们落入到中频频带内,将会对有用信号产生干扰。

(1) 镜像问题。在寄生通道干扰中,"镜像(IR)干扰"的影响最为严重。镜像频率信号是指,在有用信号相对于本振信号 ω_{LO} 的另一侧且与本振频率之差也为中频 ω_{IF} 的信号,其频率为 $\omega_{im} = \omega_{LO} + \omega_{IF}$。如果镜像频率信号没有被混频器之前的滤波器滤除进入滤波器,即使混频器的线性特性非常好,镜像频率信号与本振信号混频后也为中频信号,如图 13-2-3 所示。由于中频滤波器无法将其滤除,它与有用信号混合降低了中频信号的输出信噪比 SNR,形成对有用信号的干扰。

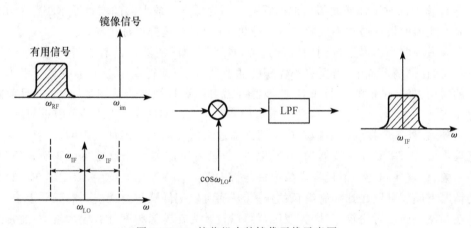

图 13-2-3 接收机中的镜像干扰示意图

由上面的叙述会产生一个问题,就是本振 LO 和中频 IF 如何选择。最根本的考虑是镜像频率问题。考虑一个简单的模拟混频器,该混频器不保持两个输入信号差值的极性,例如,对于 $x_1(t) = A_1\cos\omega_1 t$ 和 $x_2(t) = A_2\cos\omega_2 t$,$x_1(t)$ 与 $x_2(t)$ 的被低通滤波滤掉的部分为 $\cos(\omega_1 - \omega_2)t$ 的形式,与 $\cos(\omega_2 - \omega_1)t$ 没有区别,因此在一个外差式接收机结构中,对称分布于本振信号 LO 上下的两个频段均以相同的中心频率被下混频。

镜像问题是个严重问题,每一种无线标准均对自身频段用户的信号泄漏制定了约束条件,但对于其他频段的信号没有任何约束条件。因此镜频信号功率可能比有用信号功率大的多,从而需要适当的"镜频抑制"。

镜像抑制最常用方法是使用镜频抑制滤波器,加在混频器之前,如图 13-2-4 所示。

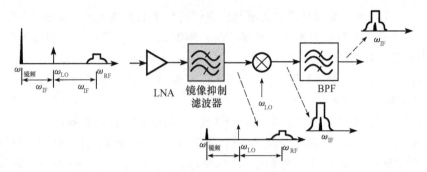

图 13-2-4　接收机中的镜像抑制

镜频抑制滤波器设计为带内损耗较小而在镜像频率处的衰减较大,如果 $2\omega_{IF}$ 足够大,那么两个条件可以同时满足。$2\omega_{IF}$ 大小的确定需要考虑到外差式接收机是将某一中心频率转频为足够低的频率,以至能用可实现的滤波器进行滤波。但是,随着 $2\omega_{IF}$ 增大,下混频的中心频率也随之增高,需要中频 IF 滤波器有较高的 Q 值。

高中频造成对于镜像的较大抑制而低中频可以对附近干扰信号形成较大衰减。因而,中频的选择需要在三个参数之间折中(镜像噪声的大小、镜像频率与有用信号之间的频率范围和镜频抑制滤波器的损耗)。为了减小镜像,可以增大中频或者在增加镜像抑制滤波器 Q 值的同时不计滤波器增加的损耗。因为低噪声放大器的增益通常小于 15dB,镜频抑制滤波器的损耗通常不能超过几个分贝,使得只能选择增加中频。

还有另外两个因素影响到中频的选择,即不同频段滤波器的存在性以及实际尺寸。进一步讲,在便携系统中,需要更小体积的滤波器,因而使得高中频方案更具吸引力。由上面的讨论可知,镜像滤波器和 IF 滤波器都需要高选择性的传输函数,然而在目前的集成电路工艺条件下,制作高 Q 值的集成高中频(10～100MHz)滤波器是很困难的。

另外,在外差式接收机中镜频抑制滤波器通常由外部无源器件实现的,这就要求前级的低噪声放大器来驱动滤波器的 50Ω 阻抗。这就不可避免的导致需要在低噪放的增益、噪声系数、稳定性和功率消耗等参数中进行折中考虑。在频分系统中,双工器在中频足够高的情况下同样可以起到抑制镜频的作用,从而可以把低噪放直接连到混频器上去,这种结构在基站上面用得比较多,因为双工器可以设计为在镜像频率处有较大衰减,通常衰减可达 60dB。

对于本振的频率 ω_{LO} 既可以高于有用信号的中心频率也可以低于其中心频率,分别成为高端注入和低端注入。两种不同的本振频率设计带来两方面不同的问题:一方面,使用低端注入可以使得本振频率最小化,从而方便振荡器的设计;另外一方面,如果相对于有用信号频段的上下两个镜像频段噪声大小不同(例如,一个镜像频段用于低信号功率通信而另一个镜像频段用于高功率无线标准),那么 ω_{LO} 的选择应该避开噪声更大的镜像频段。

(2) 半中频问题。外差式接收机中,一种有趣的现象就是半中频干扰。设想如图 13-2-5 所示,在 ω_{in} 频带处为有用信号,在 $(\omega_{in}+\omega_{LO})/2$ 处为干扰信号,即距离有用信号半中频处的干扰信号也会被接收到。如果在下混频路径上,该干扰信号经历偶阶失真同时本振 LO 包含较大的二阶谐波,那么中频输出将在 $|(\omega_{in}+\omega_{LO})-2\omega_{LO}|=\omega_{IF}$ 处产生

一个分量。另一种可能就是干扰信号变频为 $(\omega_{in}-\omega_{LO})/2=\omega_{IF}/2$，随后在基带中受到二阶失真干扰，使其二次谐波干扰进入所需下混频频段。

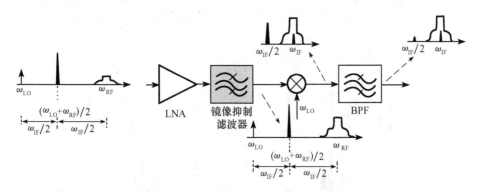

图 13-2-5　接收机中的半中频信号

　　为了抑制半中频，必须降低在射频 RF 和中频 IF 路径上的二阶失真，并严格保持 50% 的本振工作周期，同时还需要使镜像抑制滤波器在 $(\omega_{in}+\omega_{LO})/2$ 处具有足够的衰减。

　　4）双中频方案

　　在一次混频结构中，选择性与灵敏度的折中往往比较困难。如果选择高中频，镜像会得到足够抑制但完成信道选择将会具有相当的难度，反之亦然。为了解决这一问题，外差的概念可以扩展到多次下混频，每次混频都经过滤波和放大，这种变频方案以逐步降低的中心频率完成部分信道选择，同时降低了对于每个滤波器的 Q 值要求。

　　如今绝大多数射频接收机使用二次混频结构，也称为双中频方案。需要注意的是第二次混频同样涉及镜像的问题。对于窄带标准，第二中频通常取值 455kHz，而对于宽带应用，第二中频可能达到几 MHz。当然，在如今的系统中，中频选择有着很大的不同。

　　在多级级联系统中，在前端噪声系数是最重要的参数，而在后端线性度是最重要的参数，因此，最佳设计需要考虑前级的总增益，同时也考虑每一级的噪声系数。

　　对于外差式接收机的分析表明，接收链路的每一级的噪声系数、IP$_3$、增益都与该级前后级有关，因而必须反复考虑接收机结构和电路结构以期达到接收机各模块增益的合理分配。另外，混频器会产生很多杂散噪声分量，该噪声分量与射频、中频信号以及振荡器均会互相影响。其中一些分量可能落入所需频段，造成信号质量下降。因此，接收机的频率规划对于整个接收机性能有很大影响。

　　假设图 13-2-6 中，接收机从 A 点到 G 点总增益为 40dB。如果图中两个中频滤波器不提供任何信道选择性，那么中频放大器的 IP$_3$ 需要比低噪声放大器的 IP$_3$ 高 40dB，例如，需要达到 30dBm 左右，考虑到噪声、功率消耗以及增益等因素，很难达到如此的高线性度，尤其是电路通常必须在低电压供电的情况下工作。实际中，由于每个中频滤波器都会在某种程度上抑制一部分临道干扰信号，使得滤波器后级连的放大器的线性度成比例的降低，这种现象通常可以大概称为"每 dB 增益需要 1dB 预滤波"。

　　在图 13-2-6 中给出了双中频接收机中不同频点的频谱。前端滤波器进行频段选择的同时也完成部分镜像抑制的功能，信号经过放大和镜像抑制滤波后，得到 C 点频谱；线

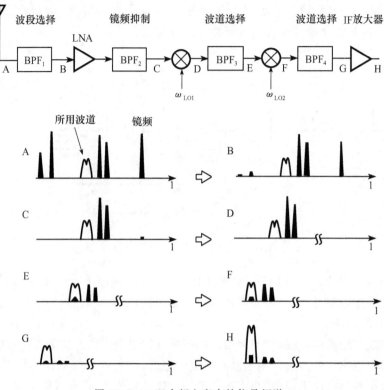

图 13-2-6　双中频方案中的信号频谱

性度足够好的混频器将有用信号和有用信号附近的干扰信号混频至第一中频；BPF$_3$ 的部分频段选择性允许对第二混频器的线性度要求有所放松；接下来，信号变频为第二中频，BPF$_4$ 将干扰信号抑制到可以接收的水平。

当完成第二中频处理后，后续电路继续进行变换。在模拟调频 FM 系统中，解调在此频率进行，从而重建模拟基带信号；在数字调制系统中，二次下混频主要是产生信号 I 路和 Q 路分量的同时将频谱搬移至零频点处。

外差式接收机的灵敏度和选择性使之在射频系统中处于统治地位。尽管结构复杂并需要大量外部元件，外差仍被认为是最可靠的接收技术。由于外差式射频接收机具有相当良好的射频特性，在实现上配合外部无源器件与线路布局的特性，可以适当的调整模块的性能。同时，经由适当的频率规划后，可以避开干扰和杂散信号，并能与发射机共享信号产生源。此外，由于该结构已普遍应用于移动通信系统上，使得各电路器件在集成电路的整合上已有相当成熟的技术和经验。对于制作程序中的特性与偏差，以及可能造成的杂散效应也都可以准确的掌握，因此使用外差式接收机结构可以大大降低射频芯片组在芯片内部设计上的困难，提升产品模块进入市场的速度。

2. 零中频射频接收机

在外差式接收机的研究中，有人提出为什么不直接将射频信号经过一次变频直接转换为基带信号的疑问。而这种与外差式接收机截然不同的接收机被称为零中频结构。零中频结构在发射链路上是直接将基带的正交 I-Q 信号,利用一正交调制器与射频载波的结合并调制到射频频段。图 13-2-7 为零中频发射机的结构图,此结构的优点就是系统简单且所需使用的集成电路芯片与外部无源器件数目较少,因此具有高度的整合性,可以容易的集成在单一芯片中。同时该结构中,没有变频混频器和中频的使用,因此并不存在邻边带问题。

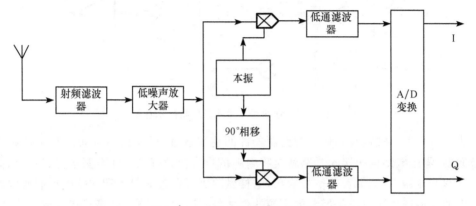

图 13-2-7 零中频接收机的结构图

　　虽然零中频接收机的结构相对于外差式接收机要简单,但在实际电路实现上,仍存在很多的问题,如直流位移、二阶失真以及闪烁噪声等。因此在设计时需要仔细评估以避免影响接收机的性能作如下讨论。

　　(1)这种直接上、下变频的收发信机结构会带来一些缺点。在发送部分,由于载部频率等于本振频率,已调制波经射频功率放大器放大后,发送的射频信号将有可能经各种途径反馈回本振,本振将受到来自射频功放及天线回馈信号的"牵引",通常称为"注入牵引",这种"牵引"将劣化本振的输出频谱和频率的偏移,造成最终的已调制谱频的劣化,如图 13-2-8 所示。一般情况下,即使干扰信号的强度比电压控制振荡器输出信号功率小 40dB,仍有可能造成此类严重影响。

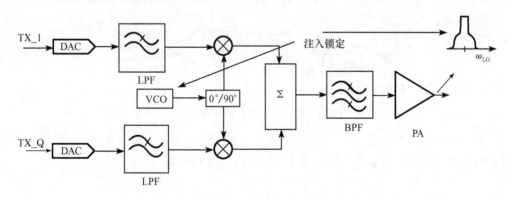

图 13-2-8 频率牵引示意图

　　为了减低本地振荡器产生电路中的电压控制振荡器收到功率放大器输出信号的影响,在零中频发射机结构的载波产生电路上,可以利用混频器将两个较低频率的本地振荡信号加以合成,提供给正交调制器一个稳定的载波,避免电压控制振荡器与输出信号之间的干扰,图 13-2-9 给出了改进的零中频发射机的示意图。

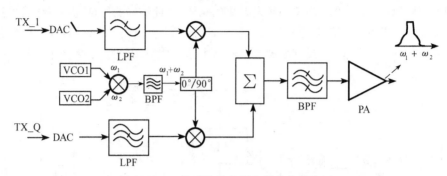

图 13-2-9　改进的零中频发射机的示意图

为了节省外差式接收结构中的无源器件的使用数量,以及该结构无法整合在芯片内部等问题,零中频结构的接收链路就是将射频信号直接做解调并降至基带,然后利用低频的可编程滤波器,将原本发射信号取出,这样做除了可以省去射频端的镜频抑制滤波器与中频端的通道选择滤波器等昂贵的无源器件之外,其射频电路部分将只包含放大器、混频器和频率合成器,整合的可行性因此大大提升。

(2)在接收部分,它带来的缺点是自混频引起的直流分量的产生。其主要原因就是,由于零中频接收机结构中使用一个与射频信号频率相同的本地振荡器,将其送入正交解调器直接进行解调并降频至基带段而恢复发射的正交 I/Q 信号。

由于混频器端口之间的隔离度是非理想的,即本振端口的本振信号会耦合到混频器的输入端口,这称为"本振泄漏",如图 13-2-10 所示。这种效应缘于集成电路内部容性及衬底介值的耦合,如果本振是外置的话,集成电路的引脚的引线耦合亦是造成这种现象的原因,降了混频器端口之间的耦合外,从本振到 LNA(低噪声放大器)的输入端之间的耦合也是不可忽略的。由于上述两种形式的耦合,本振信号将与耦合到混频器输入端口的来自自身的同频信号混频,于是将在混频器的输出端产生一个直流分量,这种现象就称为"自混频"。

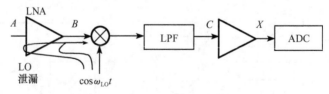

图 13-2-10　接收机的本振泄露

另一种相似的情况是,当一个强干扰从 LNA 混频器泄漏到本振端口时,强干扰信号将会与自身"自混频"从而产生直流分量,如图 13-2-11 所示。

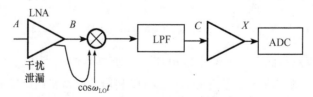

图 13-2-11　强干扰信号的自混频

　　由"自混频"引起的混频器输出端的直流分量是有害的,它将破坏基带信号本身,同时更重要的是若直流分量太大,将造成后级增益放大电路的饱和。零中频结构的基带信号中含有丰富的接近直流成分的能量,如果"自混频"产生的直流分量太大,会严重破坏基带信号,另外,由于前面提到的两种情况的耦合是时变的,因而产生的直流分量的大小也是变化,这就相当于在混频输出端产生某些低频的分量,这些低频的能量也会加入到基带信号中对有用信号造成干扰。

　　(3) 除了自混频之外,直接变频时接收结构由于器件特性非理想会带来其他的一些缺点,如由于混频器的差分对结构射中晶体管的特性的不一致及非对称性造成的偶次失真会在两个强干扰作用下产生低频差拍信号,低频差拍信号也会因其在基带的带内影响基带信噪比。另外,正交混频结构的非对称造成 I、Q 两路本振的相位的不完全正交,幅度的不完全等幅所引起的 I、Q 两路正交解调的输出信号,既 I、Q 两路信号出现增益及相位的交扰,这种现象称为"正交失配"。

　　(4) 在零中频接收机中,由于镜像信号与有用信号能量相同,所以对镜像信号抑制的要求减轻了,但是在高质量的零中频接收机中,40dB 的镜像信号抑制率还是需要的。在零中频接收机中,对镜像信号的抑制是通过正交下变频器来实现的,所以抑制率取决于正交下变频器的两条支路的匹配程度。零中频接收机对失配是很敏感的,失配会引起幅度和相位错误,导致对镜像信号的抑制率下降。

　　(5) 由于本地振荡信号的频率与射频信号的频率相同,若隔离不好,本地振荡信号会通过天线泄漏到空中,对其他同频道的接收机产生干扰,但这种现象在超外差结构中就不容易发生,因为超外差本振频率和信号频率相差很大,一般本振频率都落在前级滤波器的频带以外。

　　所有这些缺点,特别是两支路不匹配和泄漏引起的直流失调问题,使得这种形式的接收机的性能不如传统的超外差式接收机,但由于这类接收机具有很高的集成度,在对性能要求不是特别高的领域已经得到广泛的应用。

　　在无线局域网的应用中,使用者通常具有局域性和固定性,因此直流位移主要为本地振荡信号所造成的自我降频。该机制所产生的直流位移的变化较为静态,因此可利用基带的数字信号处理加以解决,而不至于造成接收机整体工作不正常。

　　同时,为了降低接收链路中各电路的非线性特性所可能造成的失真现象,在零中频的接收机电路设计上,大都使用平衡式的设计方式,以避免非线性的交互调变项造成电路不正常工作。除此之外,由于在直接降频接收机的结构中接收的信号直接被降频解调到基带附近,因此在其电路实现上,需要适当的选择使用的制程,以避免由晶体管器件所产生的低频闪烁噪声对于输出信号造成失真等影响。

　　有多种方法可以减小零中频接收机的非理想特性:

　　(1) 直流寄生失调和 $1/f$ 噪声的干扰主要集中在低频,而高调制指数的 FSK 信号,它的频谱能量主要集中在两个峰值,低频分量相对较小,在频谱上与失调信号基本分开,从而可以滤除低频分量,降低干扰,却不会对信号有太大影响。

　　(2) 一些研究将重点放在了混频器的设计上。可以采用多相混频器,其本振信号频率是射频载波频率的 $1/N$,$2N$ 个普通混频器构成一个多相混频器。它克服了直流失调问题和对锁相环设计的苛刻要求。也可以采取谐波混频器,使用本振信号的二次谐波和射频号混频。这样,当射频信号被下变频到基带时,自混频的失调产物则被变换到本振频率。

(3) 通过对接收机结构进行改进,可以减小直流失调和 $1/f$ 噪声。最简单的方法是,在混频器后使用交流耦合或高通滤波器,隔离直流分量。但这样做存在许多问题。对于大部分调制信号,中心频率附近频谱的能量较大,携带信息在基带进行交流耦合后,会损失低频分量,导致误码。高通滤波的拐点频率越高,损失的信息越多;拐点频率越低,信号的群延时越长。因此,交流耦合的方法虽然简单,但应用并不多。另一种普遍用的方法是构造反馈电路,消除直流失调。

综上所述,零中频的结构由于使用的外部无源器件数量少,结构简单,具有很高的集成度,对镜像信号的要求也不高,同时在晶体电路的设计上容易达到系统整合的目标,因此可以有效的降低射频收发机模块所需要的制作成本。但其在芯片内部的设计上则较为复杂,同时由于其输出直接为射频频段的信号,使得该结构中的信号对于电路上的杂散效应更为敏感,信号之间的相互干扰的情形也比较严重,因此在电路设计上的考虑需更加周密,该结构在应用上虽然仍存在很多需要解决的问题,但是由于具有相当高的整合度且符合低成本的考虑,因此仍然具有较高的竞争力。在无线局域网应用上,由于系统的动态范围并没有如移动电话那样系统那样苛刻,同时其直流位移的情况也较移动通信系统中容易掌握,因此零中频的结构也可以提供一种低成本的解决方案。

3. 低中频接收机

零中频接收机的直流寄生失调和 $1/f$ 噪声都存在于低频,为了避开它们的干扰,一种简单的思路就是把它们和需要的信号从频谱上分开。这时,接收的信号不再变频到基带,而是到一个较低的中频,这种接收机的结构称为低中频接收机,如图 13-2-12 所示。它与超外差式接收机相比,不需要高频的带通滤波器,集成度好,功耗更低;它与零中频接收机相比,克服了直流失调等低频干扰,因此成为集成接收机设计的选择结构之一。

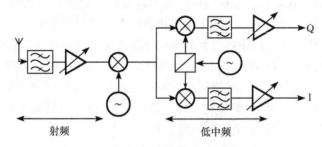

图 13-2-12 低中频接收机结构图

但是,将下变频后的频率从基带变成低中频,带来了镜像信号抑制和双路信号匹配的问题。在零中频接收机中,镜像信号就是自身,因此对镜像抑制的要求比较低。而在低中频接收机中,镜像信号可能比有用信号高很多,需要大镜像抑制和双路信号的精确匹配,这是该结构的最大缺点。一般的正交结构只能提供 26dB 左右的镜像抑制,远远不能达到要求,所以需要一定的算法加以校正。另外,低中频接收机中频的选择有一定限制:一方面,中频要尽量高一些,以减小直流失调和 $1/f$ 噪声的干扰;另一方面,为了减小接收信号的动态范围,中频频率越低越好,所以两者之间存在权衡(一般采取适当的预滤波)。对于 GSM 和 DCS 等窄带通信系统,低中频结构是一种比较好的选择。对于蓝牙标准,它使用 GFSK 调制信号,低频分量携带信息,不宜用零中频接收机,而该标准对射频部分的指标要求又不高,因此也适用于低中频结构。低中频接收机有较好的集成度,并克服了零中频接收机中存在的低频干扰问题。它适用于信号本身在中心频率携带信息,但对镜像信号的抑制要求不高的场合,有很多 2.4GHz 蓝牙接收机都采用低中频结构。

4. 镜像抑制接收机

如果接收机采用正交信号结构,就可以从原理上解决镜像信号响应问题。实际上主要有两种不同的镜像抑制技术,一种是由 Hartley 提出的,另一种是由 Weaver 提出的,如图 13-2-13 所示。

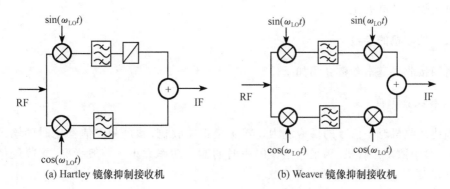

(a) Hartley 镜像抑制接收机　　　　　(b) Weaver 镜像抑制接收机

图 13-2-13 两种镜像抑制接收机结构图

下面对 Hartley 镜像抑制结构进行分析。Hartley 镜像抑制接收机结构,信号在混频前一分为二,由两路相互正交的本振信号 $\cos(\omega_{LO}t)$ 和 $\sin(\omega_{LO}t)$ 分别激励上下两路混频器,现在假设有用信号 $V_s\cos(\omega_s t)$ 与其镜像信号 $V_t\cos(\omega_t t)$ 同时进入信道,即

$$v_i(t) = V_s\cos\omega_s t + V_t\cos\omega_t t$$

混频后由低通滤波器滤除和频项,则图中上支路处与下支路处分别为

$$v_1(t) = [V_s\cos(\omega_s t) + V_t\cos(\omega_t t)]\sin(\omega_{LO}t) = V_s/2\sin(\omega_{IF}t) - V_t/2\sin(\omega_{IF}t)$$
$$v_2(t) = [V_s\cos(\omega_s t) + V_t\cos(\omega_t t)]\cos(\omega_{LO}t) = V_s/2\cos(\omega_{IF}t) + V_t/2\cos(\omega_{IF}t)$$

两路信号近过下变频后,镜像信号与有用信号均变换到同一中频,且相互正交。上支路信道中的 90°移相器将 $\sin(\omega_{LO}t)$ 本振激励的混频器输出相移 90°,则上支路输出为

$$V_1(t) = V_s/2\cos(\omega_{IF}t) - V_t/2\cos(\omega_{IF}t)$$

上下两路信号合成中频输出为

$$v_{IF} = V_s\cos(\omega_{IF}t)$$

这样就去除了镜像信号,保留了有用信号。

Hartley 和 Weaver 接收机都是镜像抑制接收机,即使不使用镜像抑制滤波器接收机结构本身也能对镜像信号进行一定的抑制。Hartley 接收机在正交下变频后,使用 RC 移相网络将两路信号分别移相 90 度。在输出端通过相加或相减消除镜像信号,得到需要的信号。由于 RC 移相网络对失配很敏感,镜像抑制的精度有限,且大的电阻和电容也无法实现片上集成,所以该结构很少被使用。Weaver 接收机的工作原理与 Hartley 接收机类似,也是通过两路信号的相移和加减,实现对镜像信号的抑制,它使用两个混频器代替了 RC 移相网络,由于混频器的匹配优于 RC 网络,且易于集成,所以 Weaver 接收机优于 Hartlye 接收机。Weaver 结构自身也存在不足之处:

(1) 两路信号的正交下变频同样对失配比较敏感。当需要高精度的匹配时,必须使用大尺寸的有源混频器或无源混频器,前者增加了电路的面积和功耗,后者则会带来增益损耗,影响接收机的噪声性能。

(2) 该结构只能抑制相对于第一本振的镜像信号,当最后的输出不在基带时,无法抑制相对于第二本振的镜像信号。通常,使用无源多相滤波器来滤除该镜像信号,但这会使接收机的噪声性能恶化。

13.2.2 接收机的参数

射频接收机基本参数介绍如下。

1. 接收灵敏度

描述接收机对小信号的反应能力。对于模拟接收机,满足一定信噪比时的输入信号功率值,对于数字接收机,满足一定误码率时的输入功率大小。一般指标,接收灵敏度在 -85dBm 以下。接收机灵敏度的定义

$$S = \sqrt{F_T \cdot k \cdot T \cdot B_w \cdot (\text{SNR}_d) \cdot Z_s} \tag{13-1}$$

式中,S 为接收机灵敏度;$k = 1.38 \times 10^{-23}(\text{J/K})$,是玻尔兹曼常量;$T$ 为绝对温度;B_w 是系统的等效噪声频宽;SNR_d 系统要求的信噪比;Z_s 是系统阻抗;F_T 是总等效输入噪声系数,由三大部分组成:接收器各级的增益与噪声系数 F_{in1}、镜频噪声 F_{in2} 和宽带的本振调幅噪声 F_{in3},即

$$F_T = F_{in1} + F_{in2} + F_{in3} \tag{13-2}$$

$$F_{in1} = 1 + \sum_{i=1}^{n} \frac{F_i - 1}{\prod_{j=0}^{i-1} G_j} = F_1 + \frac{F_2 - 1}{G_1} + \frac{F_3 - 1}{G_1 G_2} + \cdots \tag{13-3}$$

$$F_{in2} = \frac{\prod_{i=1}^{N} G'_j}{\prod_{i=1}^{N} G_j} \left[1 + \sum_{i=1}^{N} \frac{F'_i - 1}{\prod_{j=0}^{i-1} G'_j} \right] \tag{13-4}$$

$$F_{in3} = \sum_{sb=1}^{M} \frac{10^{(P_{LO} + \text{WN}_{sb} - L_{sb} - \text{MNB}_{sb})/10}}{1000 \cdot k \cdot T_0 \cdot \prod_{j=1}^{N_T} G_j} \tag{13-5}$$

公式中变量说明如下：

F_0 为第 i 级的噪声系数；G_j 为第 i 级的增益，$G_0 = 1$；F_i' 为镜像频率下的单级噪声系数；G_j' 为镜像下的单级增益，$G_0' = 1$；N 为接收机的总级数（不包含混频器），P_{LO} 为本振输出功率 dBm；WN_{sb} 为边带频率上的相位噪声 dBc/Hz；Ls_b 为带通滤波器边带频率上的衰减值 dB；MHB_{sb} 为边带频率上的混频噪声，T_0 为室温 290K，M 为边带频率的总个数，N_T 为包含混频器在内，从接收端至混频器的总级数。

射频前端接收器可分为天线、射频低噪声放大器、下变频器、中频滤波器、本地振荡器。其工作原理是将发射端所发射的射频信号由天线接收后，经 LNA 将功率放大，再送入下变频器与 LO 混频后由中频滤波器将设计所要的部分，解调出有用信号。

接收机灵敏度计算实例

某接收系统各级的增益及噪声系数列于表 13-2-1 中。

表 13-2-1 接收机指标分配实例

单级编号	单级名称	单级增益 G_n/dB		单级噪声系数 NF_n/dB		单级噪声系数 F_n/比值	
1	RF-BPF1	G1	−2.5	NF1	2.5	F1	1.778
2	RF AMP	G2	12	NF2	3.5	F2	2.239
3	RF-BPF2	G3	−2	NF3	2.0	F3	1.585
4	MIXER	G4	−8	NF4	8.3	F4	6.761
5	IF BPF	G5	−1.5	NF5	1.5	F5	1.413
6	IF AMP	G6	20	NF6	4.0	F6	2.512
7	BPU			NF7	15	F7	31.623

其他指标特性如下：RF-BPF2 镜像衰减量为 10dB；等效噪声频宽为 $B_w = 12kHz$；LO 输出功率 P_{LO} 为 23.5dBm；LO 单边带相位噪声 WN_{sb} 为 −165dBc/Hz；带通滤波器响应参数为 $0.0dB@f_{LO} \pm f_{IF}$、$10dB@2f_{LO} \pm f_{IF}$、$20.0dB@3f_{LO} \pm f_{IF}$；混频噪声均衡比（mixer noise balance）为 $30.0dB@f_{LO} \pm f_{IF}$、$25.0dB@2f_{LO} \pm f_{IF}$、$20dB@3f_{LO} \pm f_I$；系统要求经过实测后的信噪比 SNR 为 6dB(3.981)，计算过程如下。

步骤一 求 F_{in1}。由上述公式可计算出下列结果（表 13-2-2）。

表 13-2-2 F_{in1} 的计算

单级名称	前级总增益/dB $G_{Tn} = \sum_{i=0}^{n-1} G_i$ $G_0 = 0$	前级总增益（线性） $G_T = 10\log\left(\frac{G_{Tn}}{10}\right)$	各级噪声贡献（线性） $\frac{F_n - 1}{G_T}$
RF-BPF1	0.0	1	0.778
RF AMP	−2.5	0.562	2.204
RF-BPF2	9.5	8.913	0.066
MIXER	7.5	5.623	1.025
IF BPF	−0.5	0.891	0.464
IF AMP	−2.0	0.631	2.396
BPU	18	63.096	0.485

故可得

$$F_{in1} = 1 + 0.778 + 2.204 + 0.066 + 1.025 + 0.464 + 2.396 + 0.485 = 8.418$$

步骤二　求 F_{in2}（表 13-2-3 和表 13-2-4）。

表 13-2-3　F_{in2} 的计算 1

单级编号 n	单级名称	单级镜频增益 G_n/dB		单级镜频增益 G_n	单级镜频指数 NF_n/dB		单级噪声因子 F_n	
1	RF-BPF1	G1	−2.5	0.562	NF1	2.5	F1	1.778
2	RF AMP	G2	12	15.849	NF2	3.5	F2	2.239
3	RF-BPF2	G3	−10	0.1	NF3	0.0	F3	1.0

表 13-2-4　F_{in2} 的计算 2

单级名称	前级镜频总增益/dB	前级镜频总增益	各级镜频贡献
RF-BPF1	0.0	1	0.778
RF AMP	−2.5	0.562	2.204
RF-BPF2	9.5	8.913	0.0

$$F_{in2} = \frac{10^{(-10/10)}}{10^{(-2/10)}} \times (1 + 0.778 + 2.204 + 0.0) = 0.63$$

步骤三　求 F_{in3}（表 13-2-5）。

表 13-2-5　F_{in3} 的计算

频率	$f_{LO}+f_{IF}$	$f_{LO}-f_{IF}$	$2f_{LO}+f_{IF}$	$2f_{LO}-f_{IF}$	$3f_{LO}+f_{IF}$	$3f_{LO}-f_{IF}$
L_{Sb}/dB	0	0	10	10	20	20
MNB_{Sb}/dB	30	30	25	25	20	20
噪声 $\dfrac{10^{(P_{LO}+WN_{sb}-L_{sb}-MNB_{sb})/10}}{1000 \cdot k \cdot T_0 \cdot \prod\limits_{j=1}^{N_T} G_j}$	1.984	19.84	0.628	0.628	0.198	0.198

计算混频器的总增益

$$\prod_1^{N_T} G_j = 10^{(-2.5+12-2-8)/10} = 0.891$$

$$WN_{sb} = -165\text{dBc/Hz}$$

$$T_0 = 290\text{K}$$

$$k = 1.38x10^{-23}(\text{J/K})$$

可得

$$F_{in3} = 1.984 + 1.984 + 0.628 + 0.628 + 0.198 + 0.198 = 5.62$$

步骤四　求 F_T。

$$F_T = F_{in1} + F_{in2} + F_{in3} = 8.418 + 0.63 + 5.62 = 14.668$$

步骤五　求接收灵敏度。

$$S = \sqrt{14.668 \times 1.38 \times 10^{-23} \times 290 \times 12000 \times 3.981 \times 50} = 0.37\mu V$$

2. 选择性

描述接收机对邻近信道频率的抑制能力。不允许同时有两个信号进入接收机。一般地,隔离指标在 60dB 以上。接收选择性亦称为邻信道选择度 ACS,是用来量化接收机对相邻近信道的接收能力。当前频谱拥挤,波段趋向窄波道,显示了接收选择性在射频接收器设计中的重要性,这个参数经常限制系统的接收性能。接收选择度的定义为

$$ACS = -CR - 10 \cdot \log[10^{(-IFS/10)} + 10^{(-S_p/10)} + B_w \cdot 10^{(PN_{SSB}/10)}] \qquad (13-6)$$

由单边带相位噪声、本地振荡源的噪声、中频选择性、中频带宽、同波道抑制率或截获率组合而成。式中,ACS 对应于接收灵敏度的邻信道选择性,单位为 dB;CR 同信道抑制率,单位为 dB;IFS 中频滤波器在邻信信频带上的抑制衰减量,单位为 dB;B_w 中频噪声频宽 Δ 与邻信道频率差值,单位为 dB;S_p 本地振荡信号与出现在频率为(f_{LO} + Δ)的邻信道噪声的功率比,单位为 dBc;PN_{SSB} 是本地振荡信号在差频 Δ 处的相位噪声,单位为 dBc/Hz,如图 13-2-14 所示。

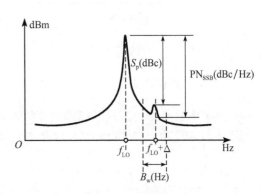

图 13-2-14　本地振荡的频谱

3. 接收杂波响应

从中频端观察,所有非设计所需的信号皆为噪声信号,而大部分的接收噪声信号来源于 RF 与 LO 的谐波混频。在实际应用中,不可能没有杂波,要看噪声功率是否在系统允许范围之内,由混频器的特性可知 RF、LO 与 IF 三端频率的相互关系为

$$f_{RF} = \frac{n \cdot f_{LO} \mp f_{IF}}{m} \qquad (13-7)$$

较常出现的接收噪声响应有下列三项:镜频 $f_{RF} \pm 2f_{IF}$、半中频 $f_{RF} \pm (f_{IF}/2)$ 和中频 f_{IF} 由图 13-2-15 所示。

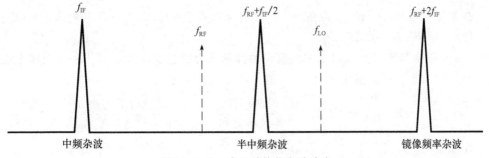

图 13-2-15　常见的接收杂波响应

双工收发机工作中发射与接收同时作用,则还会再多出现两项杂波,如图 13-2-16 所示。

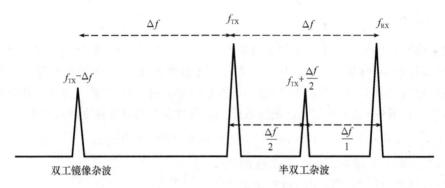

图 13-2-16 双工接收的噪声

4. 接收互调截止点

互调截止点是电路或系统线性度的评价指标,由此可推算出输入信号是否会造成失真度或互调产物。接收机的互调定义与功放或发射机机内互调定义相类似,如图 13-2-17 所示。

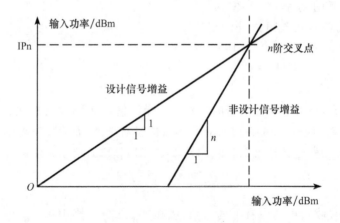

图 13-2-17 n 阶互调截止点

在实际应用上,常用的互调截止点有二阶互调截止点(IP2)与三阶互调截止点(IP3)。

1) 二阶互调截止点 IP2

IP2 是用来判断混频器对半中频噪声的抑制能力的主要参数。对于一个接收系统中混频器的输入二阶互调截止点 $IP2_{INPUT}$ 的计算方式。

$$IP2_{INPUT} = IP2_{mixer} - \frac{混频器前各级增益和}{各级增益和} + 2 \times \frac{混频器前各级}{半中频选择度和}$$

计算实例 计算图 13-2-18 所示接收系统的 IP2。已知参数见表 13-2-6。

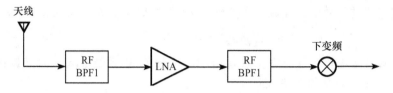

图 13-2-18　接收系统的 IP2 计算实例

表 13-2-6　已知条件

通带增益/dB	−2	10	−2	
半中频选择度/dB	10	0	15	
二阶输入互调截止点/dBm				IP2＝40dBm

由计算公式可得

$$IP2_{INPUT} = 40 - (-2 + 10 - 3) + 2(10 + 0 + 15) = 85(dBm)$$

2）半中频噪声抑制度 1/2_IFR

半中频噪声抑制度定义

$$1/2\_IFR = (IP2 - S - CR)/2 \tag{13-8}$$

假设 FM 接收机的混频器 $IP2_{INPUT} = 50dBm$，系统的接收灵敏度 $S = -115dBm$，同信道抑制率 $CR = 5dB$，由式（13-14）可计算出此接收器的半中频噪声抑制度为

$$1/2\_IFR = (IP2_{INPUT} - S - CR)/2 = (50 + 115 - 5)/2 = 80$$

3）射频放大器的接收增益

$$G_T = 10 \cdot \lg\left(1 + \frac{F_{amp} \cdot G_{amp} - 1}{F_{mixer}}\right)(dB) \tag{13-9}$$

其中，G_T 为射频放大器的接收增益，F_{amp} 为射频放大器的噪声系数，G_{amp} 为射频放大器的增益，F_{mixer} 为混频器的噪声系数，此参数会降低混频器的噪声抑制度，降低的值为

$$\frac{G_T(dB)}{n}$$

其中，n 为噪声响应的阶数（$n > 1$），对半中频而言，$n = 2$。

4）三阶互调截止点 IP3

IP3 是用来决定接收系统抵御内调制失真能力，计算步骤如下：

（1）绘出系统的电路方块图，并标明各级的增益（单位为 dB），三阶互调截止点（单位为 dB），对于滤波器衰减器，IP3＝∞。

（2）换算出各级的等效输入互调截止点，公式如下：

$$IP_n = IP3_n - \sum_{i=1}^{n-1} G_i$$

式中，IP_n 是第 n 级的等效输入三阶互调截止点，单位为 dBm，$IP3_n$ 是第 n 级的三阶互调截止点，单位为 dBm，G_i 是各级的增益，单位为 dB。

（3）将各级的等效输入互调截止点（IP_i）的单位从 dBm 换算成 mW。

$$IP_n(mW) = 10^{IP_n(dBm)/10}$$

（4）假设各级的输入互调截止点皆是独立不相关，则系统输入三阶互调截止点为各级的输入互调截止点的并联值，即

$$IP3_{INPUT} = \cfrac{1}{\sum_{i=1}^{N} \cfrac{1}{IP_i}} = \cfrac{1}{\cfrac{1}{IP_1} + \cfrac{1}{IP_2} + \cdots + \cfrac{1}{IP_N}}(mW) \tag{13-10}$$

（5）系统输入三阶互调截止点（$IP3_{INPUT}$）的单位从 mW 换算成 dBm。

$$IP3_{INPUT}(dBm) = 10lg(IP3_{INPUT}(mW))$$

计算实例　以图 13-2-19 为例，计算系统输入三阶互调截止点 $IP3_{INPUT}$。已知条件由表 13-2-7 给出。

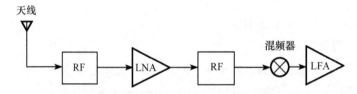

图 13-2-19　接收系统的 IP3 计算实例

表 13-2-7　已知条件

单级增益/dB	−2	12	−3	−7	22
$IP3_n$/dBm		10		20	20
IP_n/dBm		12		13	20
IPn/mW		15.48		19.95	100

依据公式，计算得到

$$IP3_{INPUT} = 8.02mW = 9.04dBm$$

5）内调制抑制率 IMR

内调制失真是描述系统的非线性特性，三阶内交调失真是最常发生的。内调制抑制率的计算公式为

$$IMR = \frac{1}{3}(2IP3 - 2S - CR) \tag{13-11}$$

式中，IMR 为内调制抑制度，单位为 dB；IP3 为等效输入三阶互调截止点，单位为 dBm；S 是接收灵敏度，单位为 dBm；CR 是同信道抑制率，单位为 dB。

计算实例　假设前例接收系统的 $S = -115dBm$，$CR = 5dB$，则其内调制抑制率为

$$IMR = \frac{1}{3}(2 \times 9.04 - 2 \times (-115) - 5) = 81(dB)$$

13.3　雷 达 系 统

利用电磁波的二次辐射、转发或目标固有辐射来探测目标,获取目标空间坐标、速度、特征等信息的一种无线电技术,相应的设备称为雷达站或雷达机,简称雷达,如图 13-3-1 所示。

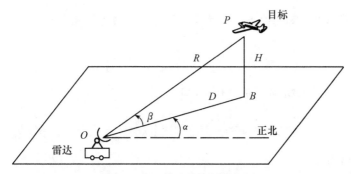

图 13-3-1　雷达目标探测框图

雷达系统基本构成可分为发射机,接收机和天线,实际的雷达系统要复杂得多。针对不同用途,设计某些特定指标和功能,通常雷达的波束窄、频带窄、功率大,大致分类如下。

(1) 按安装位置为:机载、地面、舰载、空间、导弹等。

(2) 按功能分为:搜索、跟踪、搜索和跟踪。

(3) 按应用分为:交通管理、气象、避让、防撞、导航、警戒、遥感、武器制导、速度测量等。

(4) 按波形分为:脉冲、脉冲压缩、连续波、调频连续波等。

13.3.1　雷达方程

考虑图 13-3-2 所示基本雷达结构,包括发射机、接收机、天线和目标。其中,发射功

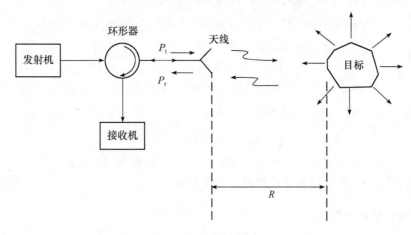

图 13-3-2　雷达基本原理

率为 G_t，回波为 G_r，天线增益 $G=G_t=G_r$，天线有效面积 $A_e=A_{et}=A_{er}$，目标散射截面 σ，则回波功率

$$P_r = \frac{P_t G_t}{4\pi R^2} \frac{\sigma}{4\pi R^2} \frac{G_r \lambda_o^2}{4\pi} = \frac{P_t G^2 \sigma \lambda_o^2}{(4\pi)^3 R^4} \tag{13-12}$$

式(13-12)为雷达方程。它给出了目标距离与雷达发射功率、天线性能和目标特性之间的关系。

如果给定最小可检测功率 $S_{i,\min}$，就可得到雷达的最大作用距离为

$$R = R_{\max} = \left[\frac{P_t G^2 \sigma \lambda_o^2}{(4\pi)^3 S_{i,\min}}\right]^{\frac{1}{4}} \tag{13-13}$$

接收灵敏度 $S_{i,\min}$ 与接收机噪声系数有关，即

$$S_{i,\min} = kTBF\left(\frac{S_0}{N_0}\right)_{\min} \tag{13-14}$$

故雷达作用距离为

$$R_{\max} = \left[\frac{P_t G^2 \sigma \lambda_o^2}{(4\pi)^3 kTBF\left(\dfrac{S_0}{N_0}\right)_{\min}}\right]^{\frac{1}{4}} \tag{13-15}$$

考虑极化失配，天线偏焦，空气损耗等系统损耗 L_{sys}，则作用距离还要缩短

$$R_{\max} = \left[\frac{P_t G^2 \sigma \lambda_o^2}{(4\pi)^3 kTBF\left(\dfrac{S_0}{N_0}\right)_{\min} L_{sys}}\right]^{\frac{1}{4}} \tag{13-16}$$

计算实例　已知 35GHz 脉冲雷达指标如下，计算最大作用距离(目标直径 1cm)。

$$P_t = 2000\text{KW}, \quad T = 290\text{K}, \quad G = 66\text{dB}, \quad (S_0/N_0)_{\min} = 10\text{dB}$$

$$B = 250\text{MHz}, \quad L_{sys} = 10\text{dB}, \quad F = 5\text{dB}, n = 10$$

下面根据已知条件，换算成雷达方程内所用形式为

$$P_t = 2\times10^6\text{W}, \quad T = 290\text{K}, \quad G = 66\text{dB} = 3.98\times10^6$$

$$(S_0/N_0)_{\min} = 10\text{dB} = 10, \quad B = 2.5\times10^8\text{Hz}$$

$$L_{sys} = 10\text{dB} = 10, \quad F = 5\text{dB} = 3.16, \quad n = 10$$

$$\sigma = 4.45\times10^{-5}\text{m}^2, \quad k = 1.38\times10^{-23}\text{J/K}$$

代入式(13-22)，可以算出

$$R_{\max} = 35.8\text{km}$$

从式(13-22)可以看出，回波功率随距离按 4 次方变化，目标越近，回波功率急剧增大。回波还与天线、系统损耗和目标散射截面有关。

13.3.2　雷达散射截面

不同目标形状对不同频率的信号的回波特性不同。考虑图 13-3-3 所示两种形状的

目标,从电磁波的几何特性就可估计到回波功率不同。

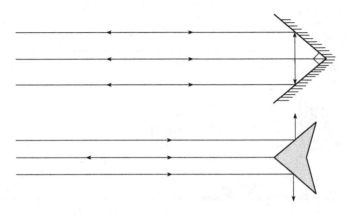

图 13-3-3　雷达散射截面

目标的雷达散射截面(RCS)与工作频率和目标结构有关。通过 Maxwell 方程在给定边界结构下的严格求解可以得到目标的 RCS。对于简单结构可以较为严格的求解,而大部分情况下,要进行数值计算,结合测量的方法才能得到近似的 RCS。表 13-3-1 给出人体在不同频率下的 RCS。

表 13-3-1　人体在不同频率下的 RCS

工作频率/GHz	RCS/m^2	工作频率/GHz	RCS/m^2
0.410	0.033～2.33	4.800	0.368～1.88
1.120	0.098～0.997	9.375	0.495～1.22
2.890	0.140～1.05		

在厘米波段,常见物体的 RCS 的近似值如表 13-3-2 所示。

表 13-3-2　厘米波段常见物体的 RCS

目　标	RCS/m^2	目　标	RCS/m^2
小型单引擎飞机	1	小型娱乐船	2
大型战斗机	5	大型集装箱运输船	200
中型轰炸机或民航机	20	飞鸟	0.01
大型轰炸机或民航机	40	自行车	1.5

雷达散射截面 RCS 还可以用 dBSm 表示,散射截面相对于 1m^2 的 dB 值,如 10m^2 就是 10dBSm。

13.3.3　脉冲雷达

脉冲雷达在测距方面用途很广。如图 13-3-4 所示,调制脉冲、发射微波脉冲和回波信号关系。设发射平均功率

$$P_{av} = \frac{P_t \tau}{T_p} \tag{13-17}$$

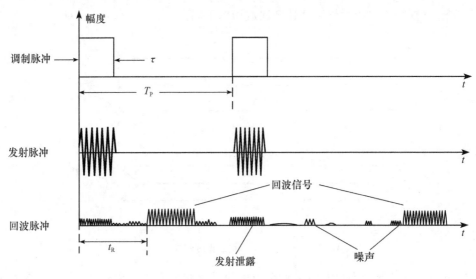

图 13-3-4 脉冲雷达原理

回波脉冲与发射脉冲之间的时间差 t_R 与距离和光速 c 的关系

$$R = \frac{1}{2}ct_R \tag{13-18}$$

可以想象,t_R 必须小于 T_p,也就是最大可测距离为

$$R_{max} = \frac{1}{2}cT_p = \frac{c}{2f_p} \tag{13-19}$$

增加脉冲周期,降低脉冲频率,可以提高自由距离。回波脉冲与杂波的比限定了灵敏度,因此,脉冲宽度与匹配滤波器的带宽的关系取为 $B\tau \approx 1$ 时,比较合适。

13.3.4 连续波雷达

连续波雷达又称为多普勒雷达。用来检测运动目标,测量目标的运动速度。

如果声波或光波的源与目标有相对的运动,振荡器的频率就会有变化,这个现象就是多普勒频移现象。

考虑雷达的频率为 f_0,目标的相对运动速度 v_r,雷达与目标的距离为 R,电磁波到达和离开目标时相位的变化为

$$\phi = 2\pi \frac{2R}{\lambda_0} \tag{13-20}$$

目标与雷达的相对运动会引起 ϕ 的连续变化,对应于一定的角频率的变化。

$$\omega_D = 2\pi f_D = \frac{\mathrm{d}\phi}{\mathrm{d}t} = \frac{4\pi}{\lambda_0}\frac{\mathrm{d}R}{\mathrm{d}t} = \frac{4\pi}{\lambda_0}v_r \tag{13-21}$$

故

$$f_D = \frac{2}{\lambda_0}v_r = \frac{2v_r}{c}f_0 \tag{13-22}$$

由于 v_r 远小于 c,当 f_0 很大时,处于微波频段,f_D 才能明显的测出来。

接收信号频率为 $f_0 \pm f_D$,"+"为目标靠近,"−"为目标远离。对于目标运动与视线有夹角的情况(图 13-3-5),计算关系式为

$$v_r = v\cos\theta \tag{13-23}$$

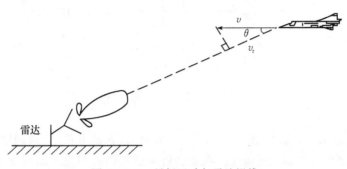

图 13-3-5 目标运动与雷达视线

计算实例 警用雷达的工作频率 10.5GHz,汽车以 100km/h 速度驶向雷达,求多普勒频率。

已知 $\theta = 0$,$f_0 = 10.5$GHz,$v_r = v = 100$km/h$= 27.78$m/s,由式(13-22),可求得

$$f_D = \frac{2v_r}{c} f_0 = 1944\text{Hz}$$

由于无需脉冲调制,连续波雷达比脉冲雷达简单一些,回波信号与发射信号混频,差频为多普勒频率,放大后测量频率即可得到目标的运动速度,如图 13-3-6 所示。频率测量方法有两种,经典的方法是用一系列滤波器区分多普勒频率,现在可用计数器直接读出多普勒频率或直接显示目标速度。

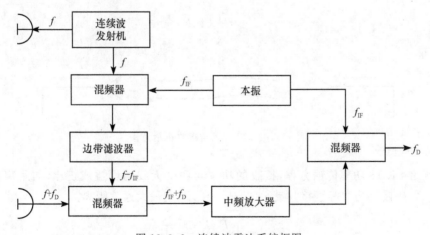

图 13-3-6 连续波雷达系统框图

发射接收之间的隔离用环行器或极化隔离(如图 13-3-7),也可分别用发射天线和接收天线。

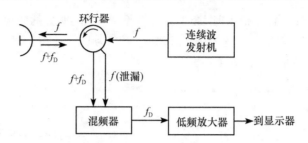

图 13-3-7　接收与发射系统的隔离

13.4　通　信　系　统

　　射频/微波通信系统数据链、散射通信、卫星通信、移动通信、无线网络等。视距通信中,地球表面大约每 50km 一个站,卫星通信只需要三颗空间卫星站就能覆盖全球,提供大量图像和声音通信波道。

13.4.1　FRIIS 传输方程

　　考虑图 13-4-1 的发射接收系统,接收到的功率为

$$P_r = \frac{P_t G_t}{4\pi R^2} A_{er}(\mathrm{W}) \tag{13-24}$$

天线的增益与有效面积的关系为

$$G_r = \frac{4\pi}{\lambda_0^2} A_{er}$$

故

$$P_r = P_t \frac{G_t G_r \lambda_0^2}{(4\pi R)^2} \tag{13-25}$$

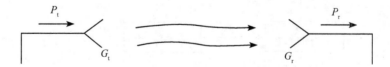

图 13-4-1　发射机与接收机示意图

　　这就是 FRIIS 功率传输方程,接收的功率与两个天线的增益成正比,与距离的平方成反比。如果接收功率等于接收灵敏度,$P_r = S_{i,\min}$,则最大通信距离

$$R_{\max} = \left[\frac{P_t G_t G_r \lambda_0^2}{(4\pi)^2 S_{i,\min}} \right]^{1/2} \tag{13-26}$$

考虑系统损耗 L_{sys} 和接收机的噪声系数

$$R_{\max} = \left[\frac{P_t G_t G_r \lambda_0^2}{(4\pi)^2 kTBF\left(\dfrac{S_0}{N_0}\right)_{\min} L_{sys}} \right]^{1/2} \tag{13-27}$$

计算实例　两路通信系统，10GHz 发射机的输出功率为 100W，发射天线增益为 36dB，接收天线增益为 30dB，系统损耗 10dB，求 40km 处的接收功率。

在式(13-25)中考虑系统损耗，则

$$P_r = P_t \frac{G_t G_r \lambda_0^2}{(4\pi R)^2} \frac{1}{L_{sys}} = 0.1425\mu W$$

13.4.2　空间损耗

电磁波在空间传播，功率与距离的平方成反比，假定两个天线相同，则由式(13-25)得

$$\mathrm{SL} = \frac{P_t}{P_r} = \left(\frac{4\pi R}{\lambda_0}\right)^2$$

$$\mathrm{SL(dB)} = 10\lg\frac{P_t}{P_r} = 20\lg\left(\frac{4\pi R}{\lambda_0}\right) \tag{13-28}$$

计算实例　计算 4GHz 信号在 35860km 处的衰减。

由式(13-28)计算得

$$\mathrm{SL} = 3.61 \times 10^{19} = 196(\mathrm{dB})$$

13.4.3　通信链与信道概算

数据链的计算可以用式(13-25)并考虑系统损耗

$$P_r = P_t \frac{G_t G_r \lambda_0^2}{(4\pi R)^2} \cdot \frac{1}{L_{sys}} \tag{13-29}$$

换算成分贝，有

$$P_r = P_t + G_t + G_r - \mathrm{SL} - L_{sys} \tag{13-30}$$

计算实例　卫星与地面站如图 13-4-2 所示，工作频率为 14.2GHz，波长为 0.0211m，地面站发射功率为 1250W，传输距离为 37134km，星载接收机噪声系数为 6.59dB，波道带宽为 27MHz。

由式(13-28)得

$$\mathrm{SL} = 207.22\mathrm{dB}$$

卫星通信系统的具体指标分配情况如表 13-4-1 所示。

表 13-4-1　卫星通信系统的指标分配

项　目	指　标	项　目	指　标
地面发射功率	30.97dBW(1250W)	大气损耗	−2.23dB
地面天馈损耗	−2dB	极化损耗	−0.25dB
地面天线增益	54.53dB	星载天馈损耗	0dB
地面天线方向误差	−0.26dB	星载天线增益	37.68dB
其他损耗余量	−3dB	地面天线方向误差	−0.31dB
空间损耗	207.22dB	卫星接收功率	−92.09dBW(−62.09dBm)

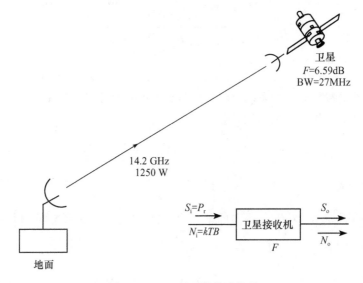

图 13-4-2   卫星通信信道概算

星载接收机输出信噪比为

$$\frac{S_o}{N_o}(\text{dB}) = 10\lg \frac{P_r}{kTBF} = -92.09\text{dBW} - (-123.1\text{dBW}) = +31.01\text{dBW}$$

信噪比高,保证了系统在恶劣天气和温差情况下能够良好的工作。

13.4.4   通信系统简介

微波的发展是与通信的发展是分不开的。1901 年马克尼使用中波信号进行了第一次横跨大西洋的无线电波的通信试验,开创了人类无线通信的新纪元。无线通信初期,人们使用长波及中波来通信。20 世纪 20 年代初人们发现了短波通信,直到 20 世纪 60 年代卫星通信的兴起,一直是国际远距离通信的主要手段。

微波通信是 20 世纪 50 年代的产物。由于其通信的容量大而投资费用省(约占电缆投资的五分之一),建设速度快,抗灾能力强等优点而取得迅速的发展。40 年代到 50 年代产生了传输频带较宽,性能较稳定的微波通信,成为长距离大容量地面干线无线传输的主要手段,模拟调频传输容量高达 2700 路,也可同时传输高质量的彩色电视,而后逐步进入中容量乃至大容量数字微波传输。80 年代中期以来,随着频率选择性色散衰落对数字微波传输中断影响的发现以及一系列自适应衰落对抗技术与高状态调制与检测技术的发展,数字微波传输产生了一个革命性的变化。特别应该指出的是 80 年代至 90 年代发展起来的一整套高速多状态的自适应编码调制解调技术与信号处理及信号检测技术的迅速发展,对现今的卫星通信、移动通信、全数字 HDTV 传输、通用高速有线/无线的接入,乃至高质量的磁性记录等诸多领域的信号设计和信号的处理应用,都起到了重要的作用。

卫星通信方面,自设想用三颗地球同步的卫星可覆盖全球至今,卫星通信真正成为现实经历了大约 20 年的时间。先是许多低轨卫星的试验,原苏联成功发射的世界上第一颗距地球高度约 1600km 的人造地球卫星,实现了对地球的通信,这是卫星通信历史上的一个重要里程碑,而 1965 年发射的静止卫星标志着卫星通信真正进入了实际商用阶段。

移动通信方面,它的发展经历了几个阶段。20 年代初到 50 年代末,主要用于船舰及军用,采用短波频段及电子管技术;50 年代到 60 年代,此时频段扩展到 UHF,器件技术已经向半导体过渡,大都为移动环境中的专用系统,并解决了移动电话与公用电话的接续问题;在 80 年代到 90 年代中期,第二代数字移动通信兴起并且大规模的发展,并逐步向个人通信发展,出现了 D-AMPS、TACS、ETACS、GSM/DCS、PHS、DECTPACS、PCS 等各类系统,频段扩至 900MHz 到 1800MHz,而且除了公众移动电话系统以外,无线寻呼系统、无绳电话系统、集群系统等各类移动通信手段适应用户与市场需求同时兴起;从 90 年代中期到现在,随着数据通信与多媒体的业务需求的发展,适应移动数据,移动计算机及移动多媒体的第三代移动通信开始兴起 CDMA2000、WCDMA 等相应的通信标准。

1. 微波中继和卫星通信系统

图 13-4-3 给出了微波中继通信系统和卫星通信示意图。图 13-4-3(a)地面中继站,由于地球的曲率,要求接力站每 50km 左右一个,保证视线能够看得见;图 13-4-3(b)依靠电离层或流星散射,将信号传得更远;图 13-4-3(c)利用地球同步人造卫星,星载接力站保证信号的传输质量,三颗卫星可以覆盖整个地球。

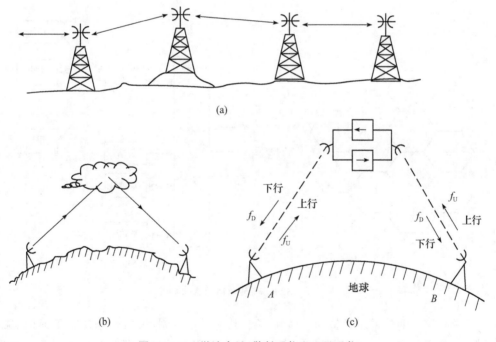

图 13-4-3　微波中继、散射通信和卫星通信

卫星通信的微波频率分配见表 13-4-2。上行是地面发射,卫星接收。下行是卫星发射,地面站接收。可见卫通系统是异频双工,用滤波器实现双工。

表 13-4-2 卫星通信的微波频率分配

频段代码	上行频率/GHz	下行频率/GHz
L	1.5	1.6
C	6	4
X	8.2	7.5
Ku	14	12
Ka	30	20
Q	44	21

2. 个人移动通信和蜂窝通信系统

在地面建立蜂窝式分布的基站,可以降低单个设备的发射功率,组网覆盖大面积区域,实现互相通信,如图 13-4-4 所示。实际中,基站不一定严格按照六边形分布。这个系统的优点是:

(1) 每个基站只管一个小区域,比较小的发射机功率即可满足通信要求。

(2) 频率可以重复使用。图中,字母相同的区域可以使用相同的频率。

(3) 如果通信拥挤时,大的蜂窝系统可以变为小的蜂窝系统。

(4) 基站间可以互通电话,不会产生干扰。

(5) 依靠开关系统使得各个用户实现通信。

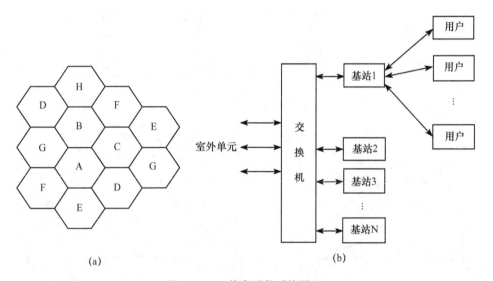

图 13-4-4 蜂窝通信系统原理

第一代移动通信采用模拟调频体制;第二代是数字调制,采用时分多址 TDMA、频分多址 FDM、码分多址 CDMA 三种形式。TDMA 采用开关按照时间顺序接通不同通道。FDMA 系统采用不同本振频率、滤波器和混频器把各个通道设定为一定的频率在混合成比较宽的频带发射。CDMA 是扩频通信的形式,用伪噪声码(PN 码)与已调制的通道信号相乘得到一个特定信号,每个通道的频率相同,PN 码不同。

　　GSM 为全球移动通信系统的简称,包括双频网络 GSM900 和 DCS1800,它在无线接口上综合了频分多路接入(FDMA)和时分多路接入(TDMA)两种技术,并且加入了跳频(frequency hopping)技术,这样的混合交融为 GSM 系统带来远远超越模拟系统的性能优势,表 13-4-3 给出常见系统的指标。

表 13-4-3　常见系统的指标

系　　统	GSM	IS-95	PDC	
接收频率/MHz 发射频率/MHz	RX 935～960 TX 890～915	RX 869～894 TX 824～849	RX 810～826　1429～1453 TX 940～956　1477～1501	
分址	TDMA/FDMA	CDMA/FDMA	TDMA/FDMA	
波道数	124	20	1600	
波道宽度	200kHz	1250kHz	25kHz	
速率	270.833kbit/s	1.288Mbit/s	42kbit/s	

　　GSM 系统由三个分系统组成,即移动台、基站子系统、网络子系统。移动台是 GSM 系统中的用户设备,可以分为车载型、便携型和手持型。移动台并非固定于一个用户,在系统中的任何一个移动台都可以利用用户识别卡(SIM 卡)来识别移动用户,保证合法用户使用移动网。移动台也有自己的识别码,称为国际移动设备识别号(IMEI),网络可以对 IMEI 进行检查,比如关断有故障的移动台或被盗的移动台,检查移动台的型号许可代码等。基站子系统包含了 GSM 数字移动通信系统的无线通信部分,它一方面通过无线接口直接与移动台连接,完成无线信道的发送和管理,另一方面连接到网络子系统的交换机。

　　移动通信科技发展飞速,加速了移动通信市场的发展,用户对移动通信系统的性能及功能需求变得越来越高。目前使用的第二代移动通信系统的无线频率资源已经趋于饱和,而且 2G 系统在高速率数据新业务上受到技术所限制,已经无法再进一步满足移动通信网络的发展需求,国际电信联盟 ITU 于 1985 年提出了第三代(3G)移动通信系统的概念。我国目前已经将 WCDMA 系统、CDMA2000 系统和 TD-SCDMA 系统确定为国内 3G 商用的三个标准,并且指出将大力扶持"国产标准"TD-SCDMA 系统。

　　1) WCDMA 系统

　　WCDMA 技术的代表厂商有瑞典的爱立信、芬兰的诺基亚、日本的 NTT 等。全球移动通信系统 UMTS 是欧洲电信标准组织 ETSl 提出的使用 WCDMA 技术作为空中接口技术的 3G 移动通信系统,因而通常也被称作 WCDMA 系统。

　　WCDMA 系统支持频分双工 FDD 和时分双工 TDD 两种双工方式。在频分双工 FDD 方式下,WCDMA 系统的上下行链路各占用 5MHz 的频带,而在时分双工 TDD 方式下,其上下行链路时分复用同一个 5MHz 的频带。目前全球移动通信系统 UMTS 标准的发展主要采用了 WCDMA 技术的频分双工 FDD 方式。

　　2) CDMA2000 系统

　　CDMA2000 技术的代表厂商有美国的高通、朗讯、摩托罗拉和北方电讯。这一技术标准基于 IS. 95 窄带 CDMA 技术,因而受到了 CDMA 发展组织 CDG(CDMA Development Group)等 IS. 95 窄带 CDMA 技术协会和标准化组织的支持。

CDMA2000 系统的特点是反向(上行)链路信道连续导频、相干接收,前向(下行)链路发送分集,电磁干扰影响小。

3) TD-SCDMA 系统

TD-SCDMA 是时分同步码分多址(time division synchronous CDMA)的缩写,由中国信息产业部电信科学技术研究院 CATT、大唐移动通信设备有限公司团队具体制订,由中国标准化协会 CAS 和中国 CWTS(现 CCSA)代表中国向国际电信联盟 lTu 和 3GPP 组织提交的 3G 系统的三大主流技术之一。

TD-SCDMA 是一种集频分多址 FDMA、码分多址 CDMA、时分多址 TDMA 和空分多址 SDMA 技术为一体的 3G 移动通信技术,采用了 1.6MHz 载波带宽。其上下行链路可以不对称,故具有频谱利用率高、发射功率低等优点,非常适合于互联网浏览、视频点播等非对称高速率的移动数据业务和在线多媒体业务。

国家信息产业部在我国 3G 系统的频率划分上给予了 TD-SCDMA 系统大力的政策支持,共为其划分了 155MHz 频谱,使得 TD-SCDMA 系统在无线频率资源方面比 WCDMA 系统及 CDMA2000 系统占有绝对的优势。

第14章 微波测量

测量对于任何科学技术的重要性不亚于人的眼睛对于观察自然世界的重要性,没有测量的科学技术是盲目的科学技术,微波技术也不例外。没有微波测量,就无法揭示微波现象的规律和本质。没有微波测量,就无法衡量微波器件性能的优劣。

自20世纪七八十年代至今,计算机技术和固态半导体技术的迅速发展,将微波测量技术推向一个新的阶段,形成近代微波测量技术。在信号源方面,以模拟式和合成式扫频信号源为特征,扫频范围极宽,在微机控制下增加了智能和自动测量功能;在微波参数测量方面,阻抗与网络参数测量以自动网络分析仪(ANA)为重点,频率与功率测量仍属于信号特性分析的主要内容。近代微波测量技术的内容概括起来可分为微波扫频信号的产生与控制、微波信号特性和微波网络特性测量技术等三类。

14.1 微波信号源

目前常用的微波信号源主要分为三种类型,即模拟式微波扫频信号源、微波合成信号源及微波合成扫频信号源。这是从实现方式和输出信号的频率特征方面归类的。微波扫频信号源既可输出快速连续的扫频信号,又可输出点频信号。其输出信号的指标较差,但价格便宜,可应用于一般的通用测试。微波合成信号源可输出频率精确、频谱优良的信号,一般还可进行步进和列表扫频,价格较高。微波合成扫频信号源将以上两种信号发生器有机结合,功能丰富,性能优良,但价格昂贵。

信号源的作用归根结底是为通信或测量提供频谱资源。要准确地评价信号源的性能特性,必须掌握其输出信号的表征方法。微波合成源的性能特性主要包括频率特性、输出特性和调制特性三个方面。

1. 频率特性

1) 频率范围

亦称频率覆盖,即信号源能提供合格信号的频率范围,通常用其上、下限频率来表征。频带较宽的微波信号源一般采用多波段拼接的方式实现。目前,微波信号源已实现从10MHz～60GHz的连续覆盖。

2) 频率准确度和稳定度

频率准确度是信号源实际输出频率与理想输出频率的差别,分为绝对准确度和相对准确度。绝对准确度是输出频率的误差的实际大小,一般以 kHz、MHz 等表示。相对准确度是输出频率的误差与理想输出频率的比值。稳定度则是准确度随时间变化的量度。合成信号发生器在正常工作时,频率准确度只取决于所采用的频率基准的准确度和稳定度,稳定度还与具体设计有关。合成器通常采用晶体振荡器作为内部频率基准,影响长期稳定性的主要因素是环境温度、湿度和电源等的缓慢变化,尤其是温度影响。因此根据需要不同,可分别采用普通、温补甚至恒温晶振,必要时可让晶振处在不断电的工作状态。

非合成类信号发生器的频率准确度取决于频率预置信号的精度及振荡器的特性,一般情况下在 0.1% 左右。

3) 频率分辨率

信号源能够精确控制的输出频率间隔。这一指标体现了窄带测量的能力。它取决于信号源的设计和控制方式。目前一般可做到 1Hz 或 0.1Hz,理论上可以更精细,但在一定的频率稳定性前提下,太细的频率分辨率并没有实用意义。

4) 频率切换时间

是指信号源从一个输出频率过渡到另一个输出频率所需要的时间。高速频率切换主要应用于捷变频雷达、跳频通信等电子对抗领域。直接式合成频率切换时间可以达到微秒级以下,射频锁相合成能达到毫秒级或者更快,宽带微波锁相合成则需要数十毫秒。

5) 频谱纯度

理想的信号发生器输出的连续波信号应是纯净的单线谱,但实际上不可避免地伴有其他多种不希望的杂波和调制输出而影响频谱纯度。首先是信号的谐波,其次是设计不周而引入的寄生调制、交调、泄漏等非谐波输出,其中倍频器的基波泄漏也称为分谐波。另外一个重要的指标是相位噪声,即随机噪声对载波信号的调相产生的连续谱边带。一般来说越靠近载频越大,因此用距载频某一偏离处单个边带中单位带宽内的噪声功率对载波功率的比表示。需要特别提出的是,非合成信号源用短稳或剩余调频指标,即一段时间内的最大载波频率变化来定义短期频率稳定度。但在合成源中消除了有源器件及振荡回路元件不稳定等因素所引起的频率随机漂移,现在倾向于采用载频两侧一定带宽内总调频能量的等效频偏定义剩余调频。事实上,短稳、剩余调频和相位噪声表征的是同一个物理现象,只是观察角度不同,因而描述的侧重点不同而已。

2. 输出特性

1) 输出电平

一般以功率来计量,规定了特性阻抗后,可以折合为电压。作为通用微波测量信号源,其最大输出电平应大于 0dBm,一般达到 +10dBm,大功率应用时要求更高。作为标准信号源,其最小输出电平应当能够连续衰减到 -100dBm 以下。

2) 电磁兼容性

微波信号发生器必须有严密的屏蔽措施,防止高频电磁场的泄漏,既保证最低电平读数有意义,又防止他干扰其他电子仪器的正常工作。同时,这也是抵抗外界电磁干扰,保障仪器自身正常工作的需要。为此各国都有明确的电磁兼容性标准。

3) 功率稳定度、平坦度和准确度

表征了信号发生器输出幅度的时间稳定性和在全部频率范围内的幅度一致性和可信度。具体指标取决于内部稳幅装置,或自动电平控制(ALC)系统的性能。软件智能补偿已经成为提高综合性能的手段。另外,实际输出功率还与源阻抗是否匹配有关,一般来说信号源电压驻波比不应大于 1.5。

3. 调制特性

调制的含义是让微波信号的某个参数随外加的控制信号而改变。调制特性主要包括调制种类、调制信号特性、调制指数、调制失真、寄生调制等。调制种类有调幅、调频及调相。调制波形则可以是正弦、方波、脉冲、三角波和锯齿波甚至噪声。天线测量中会用到对数调幅，雷达测量中还会用到脉冲调制，这是一种特殊的幅度调制。

一般微波信号源除简单的脉冲信号外本身不提供调制信号，而只提供接收各种调制信号的接口，并设置实现微波信号调制的必要驱动电路，从外部注入适当的调制信号才能实现微波信号的调制，称为外调制。功能更丰富的微波信号源不但接收外部调制信号，还能自己根据需要产生必要的调制信号。用户只需简单地设定调制方式和调制度即可获得所需的微波调制信号，称为内调制。其实后者只是内置一个函数波形发生器，属于低频或射频信号源范畴。

14.1.1　模拟式扫频信号源

扫频测量系统一般包括三个部分，即扫频信号源、测量装置和检测指示设备。它们在计算机控制管理和处理数据的情况下进行自动测试工作。如图 14-1-1 所示。其中扫频信号源是提供测试信号的必备仪器。信号源分为点频和扫频两种工作方式。点频源是指手动改变振荡频率，输出单一频率的信号源。测量频带响应时，需逐点改变频率，费时但精确度较高。利用扫频源显然可以提高测量速度。扫频源分连续扫频和逐点扫频两种工作方式。一般情况，连续扫频的精确度低些，适用于一般精确度的测量。逐点扫频的频率间隔足够小时，在阴极射线示波管或记录仪上，可显示间隔足够小的离散曲线，一般是肉眼无法区分的"连续"曲线。它能保持点频测量的高精确度，并在计算机控制下，提高工作效率。

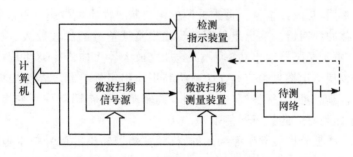

图 14-1-1　扫频测量系统框图

一个微波振荡器，配以必要的控制驱动电路，就构成了最基本的微波信号源。不同的应用，对信号源的输出有不同的性能特性要求，更复杂信号源的设计就是围绕微波振荡器施加和优化控制驱动电路，满足不同应用需求的过程。一般微波信号源的基本框图如图 14-1-2 所示。

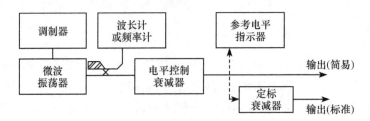

图 14-1-2　一般微波信号源基本框图

　　输出信号的频率随时间在一定范围内,按一定规律重复连续变化的信号源,如频率随时间成线性或对数扫描,称为扫频信号源。在特定的时刻,其输出波形是正弦波,因此,它具有一般正弦信号源的特性。事实上,扫源也可以设置成输出单一连续波频率的工作状态。微波扫源的基本原理如图 14-1-3 所示。

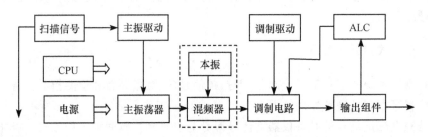

图 14-1-3　模拟扫频信号发生器基本框图

　　主振电路是扫源的核心,用以产生必要的微波频率覆盖。可选用连续调谐的宽带微波振荡器承担,如微波压控振荡器(VCO)、YIG 调谐振荡器(YTO)、返波管振荡器(BWO)等。主振驱动电路针对微波振荡器的特性进行驱动,还往往需要实现振荡器调谐特性的线性补偿、扫描起始频率和扫频宽度预置等等。扫描发生器产生标准的扫描电压斜坡信号,通过主振驱动器推动主振实现频率扫描,输出到显示器作为同步信号。扫频速度或者说扫描时间,是由扫描发生器来控制的。调制组件实现微波电平控制,主要部件是线性调制器和脉冲调制器。输出组件则实现输出微波信号的滤波放大、电平检测等。在扫频带宽之内,由于振荡器输出功率不恒定,加之放大器可能产生寄生调幅,故需加入稳幅环路(ALC)以使输出幅度恒定,ALC 系统利用输出组件检测仪器输出电平,自动调节调制组件动作,实现输出电平稳幅(或调幅)。调制驱动器将调制信号变换成相应的驱动信号,并分别施加到对应的执行器件中。

　　其中的混频器是为扩展频率而接入的,扫频振荡器输出的信号与本地振荡器信号在混频器作用下,产生基波、谐波的差频与和频信号,根据需要由滤波器选取。

14.1.2　合成扫频信号源

　　近代微波测量技术对信号源频率准确度和稳定度的要求越来越高,模拟式扫频源是利用宽带电调振荡器作为主振荡器,再加上所要求的各种功能辅助电路和计算机软、硬件构成的扫频信号源。在它们的构成中,由于没有考虑用参考频率进行稳频的措施,故频率稳定度和准确度都很难满足近代微波测量对频率准确度和稳定度的要求。虽然适当的补偿和巧妙的设计可以很大限度地降低它们的影响,但本质上是不可能完全消除的。随着电子技术的发展,已将高频率稳定度和准确度的晶体振荡器引入标准信号源。但用晶体振荡器作为频率源时,其电路多在单一频率下工作,或可在极小频率范围内微调。所以要将它用作宽带扫频信号源,还需要利用其振荡频率高度稳定和准确的特点,产生离散的、准确的、稳定的系列频谱,作为扫频测试信号,用这种方法制成的信号源称为频率合成式扫频信号源。合成扫频信号源基本框图如图 14-1-4 所示。

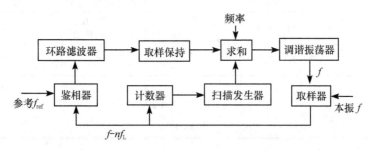

图 14-1-4 合成扫频信号源基本框图

14.1.3 微波信号源实例

下面是列出了微波信号源产品的相关信息,在选择微波信号源时可以作为参考。

1) R&S 公司(表 14-1-1)

表 14-1-1

型 号	类 型	说 明
SMF100	主机	微波信号源,100kHz~43.5GHz
SMF-B2	选件	射频输出单元,100kHz~1GHz
SMF-B144	选件	射频输出单元,1GHz~43.5GHz
SMF-B20	选件	模拟调制(调幅、调频、调相)
SMF-K3	选件	脉冲调制
SMF-K23	选件	脉冲发生器
SMF-B27	选件	射频衰减器,100kHz~43.5GHz

2) Agilent 公司(表 14-1-2)

表 14-1-2

型 号	类 型	说 明
E8257D	主机	PSG 模拟信号源
E8257D-540	频率选件	频率范围:250kHz~40GHz
E8257D-550	频率选件	频率范围:250kHz~50GHz
E8257D-1E1	性能增强选件	增加输出步进衰减器
E8257D-1EA	性能增强选件	高射频输出功率
E8257D-UNT	性能增强选件	AM、FM、相位调制和 LF 输出
E8257D-UNU	性能增强选件	脉冲调制

3) 安立公司(表 14-1-3)

表 14-1-3

型　号	名　称	说　明
MG3641A	射频模拟信号源	频率范围:125kHz～1040MHz 分辨率 0.01Hz,非谐波杂散信号:－100dBc
MG3642A	射频模拟信号源	频率范围:125 kHz～2080MHz 分辨率 0.01Hz,非谐波杂散信号:－100dBc
MG3690B	模拟信号源	频率范围:0.1Hz～70GHz 高性能,出色相位噪声,模拟调制
MG37020A	微波模拟信号源	频率范围:10MHz～20GHz 100μs 切换速度,＋23dBm 输出功率,100ns 脉冲调制

4) 中电科技 41 所(表 14-1-4)

表 14-1-4

型　号	名　称	说　明
AV1473A	微波信号发生器	频率范围:50MHz～18GHz 输出功率:－110dBm～＋10dBm
AV1486	微波信号发生器	频率范围:10MHz～20GHz; 输出功率:－20dBm～＋10dBm,有大功率、衰减器选件
AV1488	宽带合成扫频信号发生器	频率范围:10MHz～60GHz 输出功率:－20dBm～0dBm
AV1411	宽带模拟信号发生器	频率范围:10MHz～20GHz 输出功率:－100dBm～＋10dBm

14.2　矢量网络分析仪

微波矢量网络分析仪是对微波网络参数进行全面测量的一种装置,其早期产品是阻抗图示仪,随着扫频信号源和取样混频器技术上的突破,微波网络分析仪得到了迅速发展。但其出现初期一段相当长的时间内一直处于手动状态。直到 20 世纪 60 年代,将计算机应用于测量技术,才出现了全自动的网络分析仪——自动网络分析仪。

自动矢量网络分析仪是一种多功能的测量装置,它既能测量反射参数和传输参数,也能自动转换为其他需要的参数;既能测量无源网络,也能测量有源网络;既能点频测量,也能扫频测量;既能手动也能自动;既能荧光屏显示也能保存数据或打印输出。它是当前较为成熟而全面的一种微波网络参数测量仪器。

微波元器件性能的描述,一般采用散射参数,如双口网络有 S_{11}、S_{21}、S_{12} 和 S_{22} 四个参数,它们通常都是复量,而网络分析仪正是直接测量这些参数的一种仪器,又能方便地转换为其他多种形式的特性参数,因此网络分析仪大大扩展了微波测量的功能和提高了工作效率。

由于自动网络分析仪采用点频步进式"扫频"测量,因而能逐点修正误差,使扫频测量精确度达到甚至超过手动测量的水平,因此,自动网络分析仪既能实现高速、宽频带测量,又能达到一般标准计量设备的精确度。

14.2.1　矢量网络分析仪组成

幅相接收机的方案很多,有外差混频式、取样变频式、单边带式和调制副载波式等,这里介绍取样变频式幅相接收机的基本原理。

幅相接收机的方框图示于图 14-2-1。由定向耦合器取样的入射波和反射波,分别送入幅相接收机的参考通道和测试通道。经取样变频器向下变换到恒定不变的中频(20.278MHz),再经过第二混频器,变换到低频(278kHz),得到待显示信号。要求频率变换过程是线性的,即不能改变原来微波信号的相位信息和振幅信息。

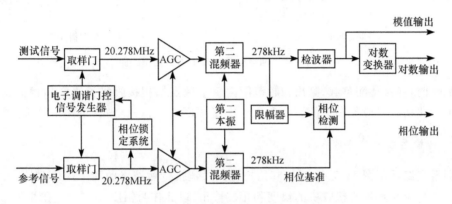

图 14-2-1　取样变频式幅相接收机方框图

为了扩展频段,用窄脉冲发生器代替常规本振,用取样门代替常规混频器(取样变频器)。窄脉冲发生器产生一系列宽度很窄的脉冲。如果每个窄脉冲的宽度窄到与所用信号的周期可以比较,则取样门就等效为谐波混频器。因此,一个单独系统就能工作在110MHz～12.4GHz 的信号带宽以上。一般谐波混频器有较低的噪声系数和较大的动态范围。

扫频工作中,锁相环路使本振频率同步地调谐到参考通道的信号频率上。当未被锁定时,它前后调谐可以跨越倍频程。锁相环维持锁定的扫描速率可高达 220GHz/s(在8～12.4GHz 的范围,每秒可扫 30 次)。

由于频率的变换过程是线性的,所以两条通道的中频(20.278MHz)保持着测试信号与参考信号之间的振幅和相位的相对关系。自动增益控制(AGC)放大器使参考通道电平稳定,并能防止两条通道电平共模变化时,所引起测试通道的改变,而使测试通道电平归一到参考通道电平上。

变换到第二中频的待测信号经过相位检波和幅度检波,分别指示出测试通道与参考通道之间的相位差和振幅比值,并显示出相位-频率和幅度-频率特性。

14.2.2　矢量网络分析仪测量原理

1. 反射参数测量原理

图 14-2-2 示出双定向耦合器式和单定向耦合器式两种测量反射参数电路。测量之前先要校准。校准方法是在端口 T_1 接短路板($\Gamma_L = 1 \cdot e^{j\pi}$),记录扫频范围内每个频点幅

相接收机的幅度和相位输出,以此作为幅度 $|\varGamma_L|=1$ 和相位 $\varphi=\pi$ 的基准。直到扫完整个频段,校准结束。

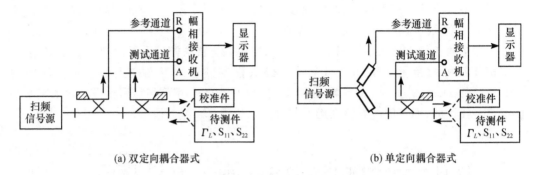

(a) 双定向耦合器式   (b) 单定向耦合器式

图 14-2-2   网络分析仪反射参数测量线路

测试时,换接待测负载,测出扫频范围内每个频点幅相接收机的幅度和相位输出,并与校准阶段所得对应频率上的幅度和相位比较,即可得 $\varGamma_L(S_{11},S_{22})$ 的测量结果。

2. 传输参数测量原理

测量电路示于图 14-2-3。校准时,把测试通道接待测网络的两个端口对接。记录扫频范围内每个频点幅相接收机的幅度和相位输出,以此作为幅度 $|S_{21}|=1$ 和相位 $\varphi_{21}=0°$ 的基准。直到扫完整个频段,校准结束。

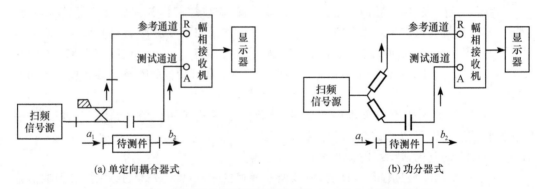

(a) 单定向耦合器式   (b) 功分器式

图 14-2-3   用网络分析仪测量传输参数 S_{21}(或 S_{12})的连接线路

测量时,在测试通道中插入待测元件,记录扫频范围内每个频点幅相接收机的幅度和相位输出,并与校准阶段所得对应频率上的幅度和相位比较,即可得 S_{21} 的测量结果。

3. 四个 S 参数的测量

图 14-2-4 示出四个 S 参数(S_{11}、S_{21}、S_{12}、和 S_{22})的测量装置,通过转换开关 SW_1 和 SW_2 来选择欲测之量。

图示的测量装置是由三个定向耦合器、两个匹配负载和两个衰减器组成的。中间的定向耦合器作为功率分配器。在测量 S_{11} 时,双口网络的端口 T_2 经过开关 SW_2 接匹配负载。微波信号经过左面定向耦合器送到待测网络,同时经过中间定向耦合器送到参考通

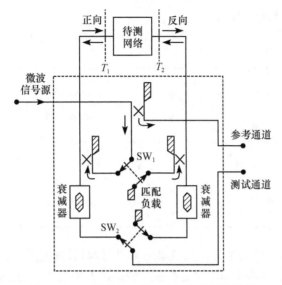

图 14-2-4　测量 S_{11}、S_{12}、S_{21}、S_{22} 的测量装置

道,待测网络的反射信号经由开关 SW_2 送入测试通道。当测量 S_{12} 时,微波信号经过开关 SW_1 和右面的定向耦合器送到待测网络的端口 T_2,通过待测网络的传输信号再经过 SW_2 送到测试通道。衰减器是用来减小系统失配误差的。依同理可测量 S_{22} 和 S_{21}。

测量四个 S 参数的另一种装置示于图 14-2-5。它是一种由三通道接收机来检测两路测试信号,并同时显示这两个参数的测量装置。即开关 SW 置于 F 时,测量正向参数 S_{11} 和 S_{21};置于 R 时,测量反向参数 S_{22} 和 S_{12}。此方案与图 14-2-4 比较,能同时显示两个参数,但会增加一个检测通道。

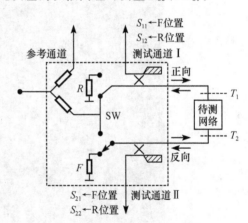

图 14-2-5　三通道 S 参数测量装置

14.2.3　网络分析仪实例

网络分析仪是微波毫米波测量的重要仪器,目前网络分析仪生产厂家提供的种类也比较齐全,针对不同的测量领域,有相应的测量方案以及与网络分析仪相配套的标准件。

1) Agilent 公司(表 14-2-1)

表 14-2-1

型　号	名　称	频率范围	系统阻抗	测量速度
E5061A	矢量网络分析仪-ENA-L	300kHz～3GHz	50Ω 或 75Ω	35ms
E5230A	矢量网络分析仪-PNA-L	300kHz～50GHz	50Ω	18ms
E8361A	矢量网络分析仪-PNA	10MHz～67GHz	50Ω	64ms
N5250A	矢量网络分析仪-PNA	10MHz～110GHz	50Ω	—

2）中电科技 41 所（表 14-2-2）

表 **14-2-2**

型　号	名　称	频率范围	动态范围/dB	最大输出功率/dB
AV3629A	一体化矢量网络分析仪	300kHz～9GHz	115	＋5
AV3629	高性能矢量网络分析仪	45MHz～40GHz	105	－5
AV3630	四通道幅相接收机	45MHz～110GHz	取决于配套测量装置	取决于配套的信号源
AV3639	超宽带同轴矢量网络分析仪	45MHz～60GHz	83	—

用网络分析仪可以方便地完成滤波器的测量与调试，精确测定滤波器的通带响应、回波损耗、通带波动等性能参数，图 14-2-6 是滤波器的 **S** 参数测量结果图。

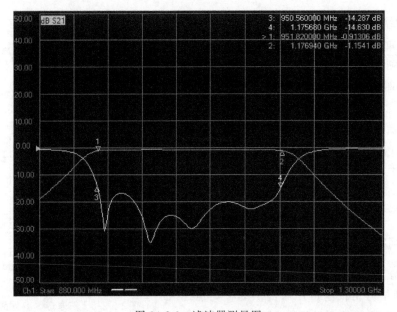

图 14-2-6　滤波器测量图

14.2.4　驻波测量线简介

由传输线理论可知，散射参数或阻抗参数的测量可退化到反射系数的测量，最终归结为驻波比和波节点的位置测量。按照这个原理，沿着传输线测量驻波波形的装置就是驻波测量线。图 14-2-7 给出了同轴开槽线的示意图。可沿传播方向移动的探针提取同轴内的电场能量，经过二极管检波后变成直流由表头指示，假定二极管的伏安特性是平方律，则电流的平方根对应于电场值。

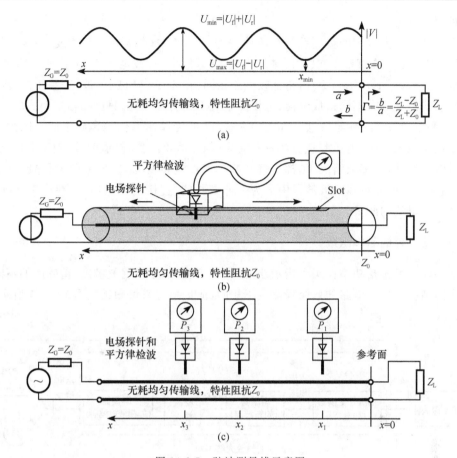

图 14-2-7　驻波测量线示意图

驻波比的测量值为

$$\text{VSWR} = \frac{\mid U_f \mid + \mid U_r \mid}{\mid U_f \mid - \mid U_r \mid} = \frac{U_{\max}}{U_{\min}}$$

$$= \begin{cases} \left| \dfrac{Z_L}{Z_0} \right|, & \mid Z_L \mid > Z_0 \\[3mm] \left| \dfrac{Z_0}{Z_L} \right|, & \mid Z_L \mid < Z_0 \end{cases}$$

相应阻抗和反射系数的值为

$$Z_i = \frac{U_f}{I_i} = Z_0 \frac{1 + \dfrac{b_i}{a_i}}{1 - \dfrac{b_i}{a_i}} = Z_0 \frac{1 + \Gamma_i}{1 - \Gamma_i}, \quad \Gamma_i = \frac{b_i}{a_i}$$

14.3　微波功率测量

微波功率是表征微波信号特性的一个重要参数,因此微波功率测量也就成了微波测量的重要内容之一。

在微波频段内常用的传输系统有两种，一为 TEM 波（包括准 TEM 波）系统，另一为非 TEM 波系统。在 TEM 波（如同轴线中主模）系统中，行波电流 I、电压 V 与功率 P 之间有确定关系，即 $P=\mathrm{Re}\{VI^*\}$，与低频电路相同，在非 TEM 波（如波导）系统中，则由于其工作模式的场分布不同造成电流、电压的定义不具有唯一性，只能用给定模式的归一化电压(u)和电流(i)（或称等效电压、电流）来表征，但传输功率仍然是确定的。因此，虽然有许多低频段的电流、电压测量方法及其装置（如晶体检波器、热偶表等）理论上也能发展成为微波功率计，但多数情况下，都是将微波功率直接转变为热，再借助某种热效应测量之，从而使功率的测量在微波波段中成为一种重要的、直接的测量项目，在许多情况下代替了电压和电流的测量。

14.3.1 功率计的基本组成

功率计一般包括功率探头和指示器两部分。这两部分根据灵敏度、精确度的不同，而使探头的结构和指示电路的繁简程度也不相同，但概括起来可归纳如图 14-3-1 所示的基本框图。

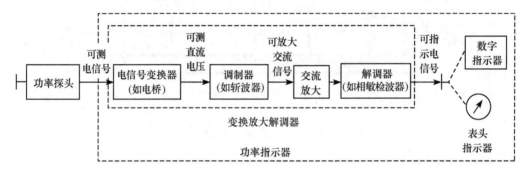

图 14-3-1 功率计基本框图

功率探头的基本功能是把待测微波功率转换为可检测的电信号，如检波器输出的直流信号、惠斯登电桥的失衡电流、热电偶的热电压等。其结构随可承受功率的大小及使用要求的不同而不同。

功率指示器的基本功能是把可测电信号变换为可指示电信号，经过定度，使其读数直接表示微波功率值。它一般包括变换-放大-解调和指示电路两部分。前者的功能是放大可测电信号，提高功率计灵敏度和指示精度；后者常用的是电工表头或数字指示电路。最简单的功率指示电路也可以不用变换-放大-解调，而直接因指示电路测电信号。如常用的晶体检波器，在连续波工作时，它输出的可测电信号是直流电压（或电流），若这个电压（或电流）足够大，就可直接由数字电压表或微安表头指示。

14.3.2 功率计原理

1. 微波晶体超小功率计

众所周知，检波器是检测载波幅度的一种装置，因此，用微波检波器检测微波功率是很自然的选择。

　　晶体检波器在微波测量与微波工程设计中有着广泛应用。其主要原因是它的检波效率高,灵敏度高,响应时间快,使用方便等。但是长期以来没有作为功率计使用,主要是因为不稳定。目前,由于宽带集成式低势垒二极管的出现,使宽带匹配检波器不但成为可能,而且稳定性大大提高,所以在此基础上进一步改进其性能就可以制成超小功率计。晶体检波器一般包括阻抗匹配网络、检波二极管和低通匹配网络,其原理电路如图 14-3-2 所示。

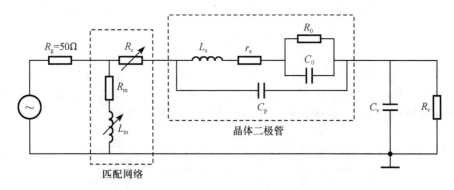

图 14-3-2　晶体检波器等效电路

2. 热敏电阻小功率计

　　热敏电阻是由负温度系数很大的固体多晶半导体制成的。它的电阻率与温度有强烈的依赖关系,一般可以察觉百万分之一度的温度变化。热敏电阻的这种特性,使得它在微波功率测量中扮演着十分重要的角色。用热敏电阻构成功率探头,通常是将其接入惠斯登电桥作为其中的一个臂,如图 14-3-3 所示。

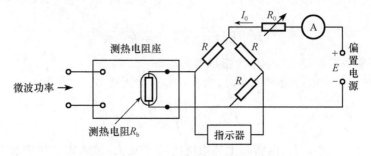

图 14-3-3　测热电阻功率计示意图

　　测量微波功率的基本原理是替代法,分为平衡电桥法和失衡电桥法两种。

　　1) 平衡电桥法

　　当未输入微波功率时,由电池 E 馈送直流功率,调整电阻 R_0 使电桥平衡(指示器指示为零);当输入微波功率时,测热电阻由于吸收微波功率而受额外加热,阻值改变,致使电桥失衡。这时,如果减少电池 E 馈送的直流功率,再使电桥恢复平衡,那么,这时减少的直流功率便等于输入的微波功率。这种通过直流功率来替代微波功率的方法称为平衡电桥法。

设微波功率输入之前电桥初平衡时的电流为 I_1，热敏电阻吸收的直流功率 $P_1 = I_1^2 R/4$，而在微波功率输入之后，电桥再平衡时的电流为 I_2，则热敏电阻吸收的功率为直流功率 $P_2 = I_2^2 R/4$ 与输入微波功率 P_{in} 之和，即 $P_1 = P_{in} + P_2$，于是有

$$P_{in} = \frac{(I_1^2 - I_2^2)R}{4} = \frac{(I_1 - I_2)(I_1 + I_2)R}{4} = \frac{\Delta I(2I_1 - \Delta I)R}{4}$$

其中，ΔI 为电桥电流的改变量。

通常，电桥初平衡电流 I_1 远大于电桥电流的改变量 ΔI，故上式可近似表示为

$$P_{in} \approx I_1 \Delta I \left(\frac{R}{2}\right)$$

通常毫安计不能准确地分辨出 ΔI，故常用精密电阻箱法、电位计法和分流法。

精密电阻箱法是利用两次平衡时，桥路中电阻的变化量来度量 ΔI 的。设电桥初平衡时桥路电阻为 R_1，再平衡时为 R_2，当 $\Delta R = R_2 - R_1 \ll R_1 + R$ 时，有

$$\frac{I_2}{I_1} = \frac{R_1 + R}{R_2 + R} = \frac{R_1 + R}{R_1 + R + \Delta R} \approx 1 - \frac{\Delta R}{R_1 + R}$$

则

$$P_{in} = \frac{(I_1^2 - I_2^2)R}{4} \approx \frac{I_1^2 R}{2} \cdot \frac{\Delta R}{R_1 + R}$$

电位计法是在电路中加入与桥路串联的固定电阻，由电位计测出桥路两次平衡时电阻两端的电压变化，计算出 ΔI。

分流法是在初平衡后，在桥路两端接入一并联支路，调整分路电阻使桥路再次平衡，则流过该支路的电流即为 ΔI。

2) 失衡电桥法

当电桥失衡时，指示器中的检流计电流 $I_g \neq 0$，设此时 $R_b = R - \delta$，则由电路理论可得

$$I_g \approx \frac{V\delta}{4R(R + R_g)} = \frac{I_1 \delta}{4(R + R_g)}$$

其中，V 为平衡桥路两端电压，R_g 为指示器内阻。

设热敏电阻的灵敏度为 $S(\Omega/W)$，则 $\delta = P_{in}S$，代入式(7.1-10)得

$$P_{in} = \frac{4(R + R_g)}{I_1 S} I_g$$

若 S 恒定，则 P_{in} 正比于 I_g，但实际上热敏电阻的 S 很大，故通常要用实验方法定标之后才能作为直读式功率计。

失衡电桥的优点是省去了再平衡的操作步骤，并能直读功率。主要缺点是，测热电阻特性易受环境温度影响，测量时，由于测热电阻的阻值不等于平衡时的阻值，将使功率探头的驻波比上升，从而使失配误差增大。

3. 微波中、大功率计原理

在微波功率测量中，常以能测功率的高低来划分功率计，主要是由测热元件所能承受

的功率决定的。前面介绍的小功率计,最大量程都在毫瓦级。通常以 10mW 为限来划分小和中大功率计。中、大功率测量一般采用两种方式,扩展小功率计量程和用液体流动式量热计作成终端型功率计。

1) 扩展小功率计量程的方法

扩展小功率计量程的方法,是把中、大功率变换到小功率计量程内,测量其微波功率(变换比已知)的方法。一般有衰减法和定向耦合器法两种。

衰减法是在待测功率源和终端式小功率计之间插入已知衰减量的衰减器,来测量中大功率。设小功率计量程上限为 P_b,待测的中大功率为 P,量程扩展倍数为 n,则有 $n = P/P_b$,所需衰减量为 $A(\mathrm{dB}) = 10\lg n$,可测功率上限为

$$P = P_b 10^{A(\mathrm{dB})/10}$$

定向耦合器法是采用定向耦合器和小功率计组合来测量微波中、大功率源的输出功率(图 14-3-4)。设定向耦合器的过渡衰减量(耦合度)为 $C(\mathrm{dB})$,方向性为无穷大,可变衰减器的衰减量为 $A(\mathrm{dB})$ 和小功率计的观测值为 P_c,终端负载的驻波比为 1,则功率源的输出功率为

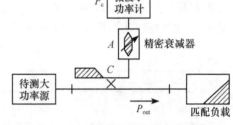

图 14-3-4　用定向耦合器与小功率计组成大功率计

$$P_{\mathrm{out}} = P_c 10^{\frac{C+A}{10}}$$

2) 量热式液体负载型中、大功率计

流动式功率探头常用的液体是水和油,用它们做成的功率吸收器称为水负载或油负载。应用较为普遍的是水负载,如图 14-3-5 所示。它有入水口和出水口以供液体的流动,入水口的水温是水负载量热计的参考零点,水负载由于吸收微波功率而使水温升高,吸收的微波功率越大,则水温升得越高,因此,由出水口温上升的高低就能度量微波功率的大小。设水温升高为 $\Delta T(\mathrm{K})$,水的流速为 $v(\mathrm{m^3/s})$,水的比热为 $c(\mathrm{J/kg})$,加热时间为 $t(\mathrm{s})$。水的密度为 $d(\mathrm{kg/m^3})$,根据热功转换关系式,水负载吸收的微波功率为

$$P_L = cdv\Delta T(\mathrm{W})$$

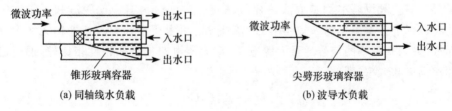

(a) 同轴线水负载　　　　　　　　　　(b) 波导水负载

图 14-3-5　水负载结构示意图

水负载的结构主要考虑阻抗匹配、水流平稳和热量分布均匀等三方面的问题。玻璃水管放在波导中电场强度最大的位置上,沿着管长均匀地吸收输入的微波功率。确定微波功率的方法,有直接法和替代法两种。

直接法是直接测出水的温升 ΔT 和流量 v,来计算待测微波功率。

替代法是采用水负载吸收的微波功率与直流(或交流)功率进行比较的办法来确定微波功率的。在水负载的管内装了一根加热电阻丝,在出水口附近装了一个热电偶。当微波功率输入时,"指示电表"将偏转到一定刻度。去掉微波功率,再加入 50Hz 交流功率使"指示电表"仍偏转到原来的刻度,读出的交流功率值,即等于待测的微波功率。用量热式水负载制成的功率计可以测量平均功率高达 2000W 的微波。

14.3.3　功率计实例

微波功率计应用范围较广,在通信、雷达、航空航天、元器件、大功率电子发射/干扰机等测试领域均有应用。目前该类仪器正朝着拓宽频段、提高测量动态范围、提高测量速度以及小型化的方向发展。例如,Agilent 公司的 E4416A 和 E4417A 高性能、单通道和双通道功率计以及 E932x 峰值和平均值功率传感器,可以进行峰值、峰值均值比和平均功率测量以及定时选通测量。如表 14-3-1 所示。

表 14-3-1

型　号	类　型	说　明
E4416A	主机	频率范围:9kHz～110GHz,取决于传感器 功率范围:$-70\sim+44$dBm,取决于传感器
E9321A	传感器选件	频率范围:50MHz～6GHz 功率范围:$-65\sim+20$dBm
E9322A	传感器选件	频率范围:50MHz～6GHz 功率范围:$-60\sim+20$dBm
E9325A	传感器选件	频率范围:50MHz～18GHz 功率范围:$-65\sim+20$dBm
E9327A	传感器选件	频率范围:50MHz～18GHz 功率范围:$-60\sim+20$dBm

14.4　微波频率测量

频率是表征微波信号特性的最重要的参数,因此微波频率的测量也是微波信号分析的最重要内容。频率基本测量方法是比较法比较方法分为有源比较法和无源比较法两类。前者以标准频率源作为未知频率的比较标准,后者用已知频率特性的无源电路作为比较标准,使未知频率的信号通过无源电路,与无源电路的已知特性相比较,通过已知频率特性求出未知频率,即

$$f_x = F(A, B, C\cdots)$$

式中,A、B、C、$\cdots$是无源电路的已知常数。如利用波导的传输特性 $f = c\dfrac{\sqrt{\lambda_c^2 + \lambda_g^2}}{\lambda_c \lambda_g}$ 就属于此种测频方法,其中 λ_g 具有已知的频率特性。当然,无源电路的已知特性,需要用更高一级的频率标准来校准,所以归根到底还是以标准频率源作为比较法的基准。无源比较法在微波测量中常称为波长测量。

采用有源比较法需要解决两个问题。一是比较的基准,二是比较的方法。前者提供标准频率源,后者提供未知频率与标准频率比较的技术。

常用的频率标准有晶体频标和原子频标两种。晶体频标的稳定度和准确度一般为 10^{-6} 量级。但长期工作会产生不可逆的缓慢变化,即老化。因此要定期与天文时间进行对比、校正和调整,以保持可作为标准的足够高的准确度。原子频标的准确度可达 5×10^{-13},稳定度 $2 \times 10^{-13} / \mathrm{h}$。

14.4.1　有源比较法测频原理

有源比较法有零拍法、测差法和内插法三种,现分别介绍其原理。

1. 零拍法

如图 14-4-1(a)所示,把未知频率 f 和标准频率 f_s 一起加到混频-检波器,调节 f_s 出现零拍,得 $f_x = f_s$。若待测频率是一段频谱(或单一频率但频谱不纯),欲测其中的某一频率分量,则由于频谱中各频率成分相互组合,可能会产生很多低频组合频率,因而使听取未知频率和标准频率之间的零拍音调发生严重困难。这时可采用图 14-4-1(b)所示的方法,在混频器的输出电路中接一固定频率 f_φ 的窄带带通滤波器,再接到检波指示器上。连续调整 f_s 时,可以得到两次最大指示,相应频率为 $f_x - f_{s1} = f_\varphi$ 和 $f_{s2} - f_x = f_\varphi$,由此得出

$$f_x = \frac{f_{s1} + f_{s2}}{2}$$

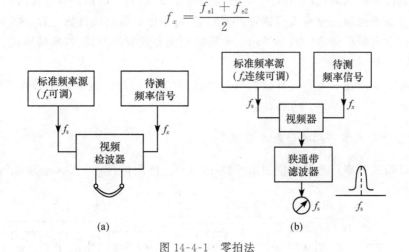

图 14-4-1　零拍法

2. 测差法

把未知频率 f_x 和与它靠得最近的标准频率 f_s 一起加到混频器,得出它们的差频 $F = |f_x - f_s|$,再用较低频率计或一般数字频率计测出差频 F,则 $f_x = f_s + F$ 或 $f_x = f_s - F$。这种测量微波频率的方法,对 F 的测频准确度不必要求很高,而能使微波频率具有很高的测量准确度。例如,需要把 3000MHz 左右的频率测准到 10^{-6},即要求把差频 F 测准到 3kHz。这时如果选用足够靠近的标准频率,使 $F = 3$MHz 左右,那么只要把 F 测准到 10^{-3} 就够了,这一般是不困难的。

3. 内插法

所谓内插法就是利用一个辅助振荡器,其频率在一定范围内连续可调,且具有直线频率刻度。这个辅助振荡器常称为内插振荡器。把内插振荡器的频率按零拍法调到与未知频率相等,读出内插度盘刻度 A_x。然后在内插振荡器的度盘上找出两点,这两点是最接近于未知频率 f_x 两侧的两个标准频率 f_{s1} 和 f_{s2}(图 14-4-2)。由于内插振荡器的频率连续可调且具有直线刻度,因此有

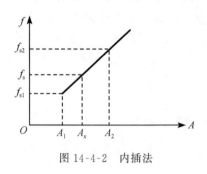

图 14-4-2　内插法

$$(f_x - f_{s1})/(f_{s2} - f_{s1}) = (A_x - A)/(A_2 - A_1)$$

由此得出

$$f_x = f_{s1} + \frac{A_x - A_1}{A_2 - A_1}(f_{s2} - f_{s1})$$

14.4.2　微波数字频率计

数字频率计具有精度高、速度快、操作简便等优点。由于其一般是以计算在一定时间间隔内的脉冲数目为测量原理,因此也常称为计数器。

由于微波频率较高,若采用电子计数器直接计数,则会受电路翻转速度的限制而不能实现。所以需要把微波频率变换到较低射频上,再由计数器直接计数,然后乘以变换比或加上差值来实现微波频率的数字显示。常用的变换方式有外差式、频率转换式、同步分频式(取样式)三种。

下面先简要阐述一下直接计数法原理,然后介绍微波外差式和频率转换式数字频率计基本原理。

1. 直接计数式数字频率计基本原理

直接计数式频率计的简化框图示于图 14-4-3。待测信号 f_x 从 A 通道输入,经过放

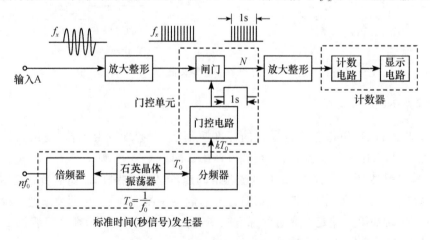

图 14-4-3　数字频率计的简化框图

大整形使每个周期形成一个脉冲,即把输入的周期信号转变成频率为 f_x 的脉冲信号。把它们送入闸门电路。闸门开启时,信号通过闸门进入计数电路,闸门关闭时,终止计数。

闸门的启闭时刻是受一个脉冲宽度非常标准(比如准确地等于 1s)的秒方波信号严格控制的。当秒方波信号到来时(对应于方波前沿瞬间)闸门立即开放,在方波后沿瞬间,闸门瞬间关闭。这样,计数电路在 1 秒钟内所累计的脉冲个数就有了频率意义。如果闸门开闭时间为 T_s,计数器累计数目为 N,则未知频率 $f_x = N/T$。可见秒方波信号是数字频率计中的本机标准,它通常是由恒温控制的高稳定度的石英晶体振荡器产生的标准信号,再经过分频而获得的。若振荡周期为 T_0,分频次数为 k,则秒信号周期为 $T = kT_0$。

2. 微波外差式数字频率计基本原理

外差式频率计的测频原理是将未知频率 f_x 与仪器内部标准频率 f_s 的谐波混频之后能得到差频 $f_D = |f_x - nf_s|$,$f_x = nf_s + f_D$。将差频 f_D 由计数器直接计数,谐波次数 n 由模拟电路求出,并能判断 f_D 的符号,就可构成外差式数字频率计。可见,外差式数字频率计至少要包括向下变频的变频器插件和计数、求 n 电路两部分。

图 14-4-4 示出的是外差式数字频率计的原理方框图。机内标准频率取自直接计数器中的恒温石英晶体振荡器输出的基频 5MHz 信号(频率稳定度一般可达 10^{-8} 量级),经 20 次倍频得到 100MHz 的标准频率 f_s,经梳状波发生器获得间隔为 f_s 的梳状频谱。当待测信号 f_x 输入之后,分为两路,一路送入混频器,一路送入宽带放大器和检波器。后者用来驱动起始电路发出指令,使谐波选择控制电路自动地从梳状谱线的低端开始扫描,让梳状谱线经过 YIG 滤波器从低到高依次通过,送入混频器与 f_x 混频,若 f_x 与第 k 次谐波 $n_k f_s$ 混频输出 f_D 落在差频放大器带宽(设 $0 \sim 100$MHz)之内,则差频信号 f_D 也分为两路输出。一路经检波器驱动终止电路发出指令,使谐波选择控制电路停止扫描,并把这时的扫描电压,由 A/D 变换器变换成表征 $n_k f_s$ 的电信号并送入运算电路。另一路送入直接计数器测出差值 f_D,并与 $n_k f_s$ 一起送入运算器相加,其结果由数字显示出来为 $f_x + n_k f_s + f_D$。

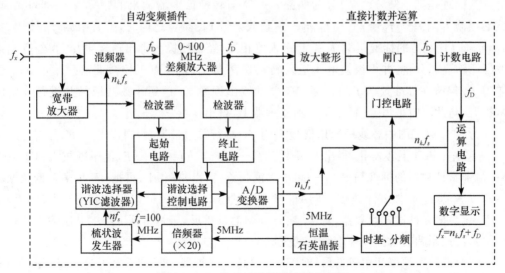

图 14-4-4　外差式数字频率计原理图

外差式数字频率计的特点是工作原理简单,不易受调频信号的影响,只要调频信号保持在差频放大器带宽之内,即可读出其平均值,对 f_D 直接计数有较高的分辨力,如闸门时间为 1s,则可分辨 1Hz,其测频范围可达 18GHz。

3. 微波频率转换式数字频率计基本原理

频率转换式(置换式)数字频率计是把微波频率的测量转换到较低射频上来进行测频的一种装置,这个较低射频可由计数器直接计数。图 14-4-5 是一种自动转换式数字频率计原理图。

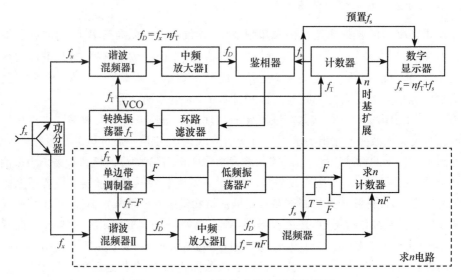

图 14-4-5　自动转换式数字频率计框图

其原理是把未知频率 f_x 分为两路。一路与转换振荡器输出的频率 f_T 一起送入谐波混频器 I,当差频 $f_D=f_x-nf_T$ 落入中频放大器 I 的带宽之内时,就有中频 f_D 输出,把 f_D 与来自计数器的标准频率 f_s 一起送入鉴相器,经鉴相检测得出误差电压,再经环路滤波器滤除高频分量,并把误差电压送入转换振荡器,对它施以压控微调,使 f_x 与 nf_T 的差值 f_D 保持在标准频率 f_s 上。把 VCO 的输出频率 f_T 送到计数器记录并进行 n 倍时基扩展,与此同时把恒差值 f_s 预置到显示器上,得出 $f_x=nf_T+f_s$。

为了求 n(见图中虚线框),用低频 F 对 f_T 实行单边带调制,得出 f_T-F,并与另一路 f_x 一起送入谐波混频器 II,得出差频 $f_D'=f_x-n(f_T-F)=f_s+nF$,经中频放大器 I 放大后,与来自计数器的标准频率 f_s 一起送入混频器,得出差频 nF,再把 nF 与来自低频振荡器的 F 一起送入求 n 计数器,即用低频 F 的周期($T=1/F$)作门控信号,计数 nF,有 $TnF=n$。把 n 再送入计数器,对 f_T 实行 n 倍时基扩展,于是得到 nf_T。上述的一系列过程都是由控制和搜索扫描等电路自动完成。

转换式数字频率计用较低射频能获得很高频率扩展。其灵敏度可达 -30dBm,一般说比外差式要高(外差式的灵敏度一般为 -10dBm)。

14.4.3　微波频谱分析仪

频谱分析仪是比较通用、功能综合性也比较强的测试仪器，可对调制信号、脉冲信号及其他信号的频率、电平、调制度、调制失真、频偏、互调失真、谐波失真、增益、衰减等多种参数进行测量，并已经被越来越广泛地应用于广播、电视、通信、雷达等方面。频谱分析仪的主要生产厂家有 R&S 公司、Agilent 公司、AuriTsu 公司和中电四十一所。阅读相关资料，掌握其性能指标，合理使用是微波工程师的基本技能。

用频谱仪测相位噪声为一种简易的方法，适合于要求不高的场合，同时也是广泛应用和十分有效的方法，其特点为简单，易操作。测试步骤为：

（1）设置中心频率 CENTER 使被测信号靠近屏幕的左侧或中心。

（2）设置参考电平略大于或等于载波信号的幅度。

（3）设置适当的扫频宽度使之能显现出带宽的一个或两个噪声边带。

（4）利用频谱仪的 Δ MARKER 功能，使频谱仪直接读出指定频偏处的单边带相位噪声功率电平与载波功率电平之比值（记录此时的分辨率带宽值）。

（5）用频谱仪的相位噪声公式，计算出归一化的相位噪声值。

图 14-4-6 是用频谱仪测相位噪声的实例。

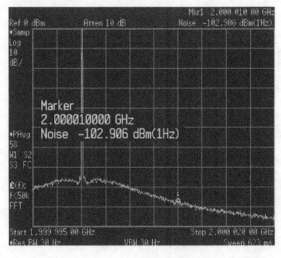

图 14-4-6　相位噪声测试图

14.5　微波噪声系数测量

任何一个网络（有源或无源）、一台仪器、一部接收机，都有内部噪声，其来源主要有电阻的热噪声和电子管、晶体管的散弹（粒）噪声、分配噪声和闪烁噪声等。来自设备外部的噪声主要有天线噪声、宇宙噪声、工业干扰、天电干扰等。在微波频段，由于外部噪声的影响急剧减小，所以主要致力于减小微波设备的内部噪声。为减小噪声和度量通信、增强雷达等接收微弱信号的能力，需要测量微波设备的噪声特性。因此，噪声测量日趋重要。

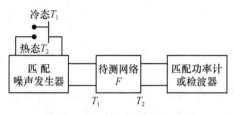

图 14-5-1　噪声测量基本电路

测量网络噪声系数的基本电路如图 14-5-1 所示。图中噪声发生器有"点燃"（热态 T_2）与"熄灭"（冷态 T_1）两个状态。前者为噪声功率输出状态，后者为将待测网络的输入端接到冷态噪声发生器的状态。图中的检测指示器为匹配功率计或匹配平方律检波器。

14.5.1　Y 系数

冷态相当于将待测网络接在温度为 T_1（室温）的输入匹配网络上。设此时测出的噪声功率为 N_{out1}。

$$N_{out1} = Gk(T_1 + T_e)B$$

热态相当于将待测网络接在温度为 T_2（噪声发生器的等效噪声温度）的输入匹配网络上，设此时测出的噪声功率为 N_{out2}，则

$$N_{out2} = Gk(T_2 + T_e)B$$

设 N_{out2} 与 N_{out1} 之比为 Y，即

$$Y = N_{out2}/N_{out1} = (T_2 + T_e)/(T_1 + T_e)$$

根据 Y 值可求出待测网络的等效噪声温度和噪声系数，这样测量噪声的方法称为 Y 系数法。

等效输入噪声温度为

$$T_e = \frac{T_2 - YT_1}{Y - 1}$$

噪声系数为

$$F = 1 + \frac{T_e}{T_0} = 1 + \frac{T_2 - YT_1}{(Y-1)T_0} = \frac{(T_2/T_0 - 1) - Y(T_1/T_0 - 1)}{Y - 1}$$

$$= \left(\frac{T_2}{T_0} - 1\right)\left[1 - \frac{Y(T_1 - T_0)}{T_2 - T_0}\right]/(Y - 1) = \frac{ENR}{Y - 1}\left[1 - \frac{Y(T_1 - T_0)}{T_2 - T_0}\right]$$

用 dB 表示有

$$F(dB) = 10\lg F = ENR(dB) - 10\lg(Y - 1) + \Delta$$

式中，ENR 是噪声信号源的起噪比，Δ 是当室温 T_1 不等于标准噪声温度 T_0 时的修正量，若 $T_1 = T_0$，则 $\Delta = 0$，上式变为

$$F(dB) = 10\lg F = ENR(dB) - 10\lg(Y - 1)$$

14.5.2　测量方法与误差

噪声系数测量的基本方法是 Y 系数法。在具体测试中，按 Y 的取值不同分为直接比较法（任意倍数功率法）、等功率指示法和 3dB 法（$Y = 2$，或称功率倍增法，也称二倍功率法）。

1. 直接比较法

用直接法测定噪声系数时，Y 系数可以取任意值。测量方法是，分别测出热、冷两态

的噪声功率比值 Y(Y 任意),代入 Y 系数方程式求出噪声系数 F。式中的 Δ 是当测试时室温偏离 290K 时的修正值,一般可忽略不计。例如,ENR=18dB,Y=9,T_1=300K 时,Δ 仅约为 -0.03dB。

求偏微分得等效噪声温度和噪声系数的测量误差方程分别为

$$\Delta T_e = \frac{1}{Y-1}\Delta T_2 + \frac{Y}{Y-1}\Delta T_1 + \frac{T_1-T_2}{(Y-1)^2}\Delta Y$$

$$\Delta F = \Delta ENR + \frac{4.34}{Y-1}\Delta Y + \frac{4.34}{T_2-T_0}\Delta T_1$$

使用直接法应注意,由于噪声谱中含有在短周期内幅度远大于均方噪声功率的分量,所以,必须严格保持待测接收机不过载。其次,由于宽带噪声信号动态范围很大,检波规律的校准很困难,采用标准正弦信号校准检波器的检波律与采用噪声功率校准的结果也不尽相同,而且当 Y 值太大时,待测设备有可能因限幅而产生噪声,这时应选用下述的衰减等功率指示法。

2. 等功率指示法

在测试噪声系数的各种方法中,以等功率指示法的测量精确度最高。测试中,用精密衰减器读取数据,指示器的两次读数相同,仅作为等指示之用,不必进行平方律校准。常用这种方法测量低噪声器件特性。等功率指示法有高频衰减等功率法和中频衰减等功率法两种。基本原理是用可变精密衰减器测量 Y 系数。

1) 高频衰减等功率法

如图 14-5-2(a)所示。在冷态 T_1 时,将衰减器置于 A_1(dB),使指示器有合适指示度;再接入热态 T_2,增加衰减量至 A_2(dB),使指示器恢复到原指示度。其 Y 值为

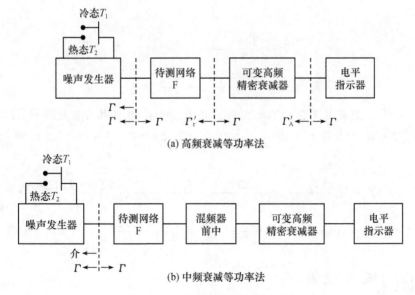

图 14-5-2　等功率法测量噪声系数

$$Y = 10^{A/10}$$

其中，$A = (A_2 - A_1)\mathrm{dB}$。

高频精密衰减器精确度一般为零点几分贝，为提高测量精确度最好采用中频衰减法。

2）中频衰减等功率法

如图 14-5-2(b)所示。除衰减量 A_1、A_2 由中频精密衰减器读出之外。其测量方法与高频衰减等功率法相同。但必须强调，此时得到的测量结果是待测网络与混频、前中级的总噪声系数 F_t。须再取下待测网络，将噪声发生器直接输入到混频级。测出混频级的噪声系数 F_2，再求出待测网络的噪声系数 F_1。

$$F_1 = F_t - \frac{F_2 - 1}{G}$$

式中，G 为待测器件的功率增益。

3）工作方程与误差方程

设 G_r 和 T_r 分别是指示器增益和噪声温度。在冷、热两态时的输出噪声功率分别为 N_1 和 N_2，即

$$N_1 = k(T_1 + T_e)GG_rB + kT_rG_rB$$
$$N_2 = k[(T_2 + T_e)G/Y + T_a]G_rB + kT_rG_rB$$

其中第二项表示衰减器在温度 $T_a(\mathrm{K})$ 时的噪声功率。由 $N_1 = N_2$ 得

$$T_1 + T_e = \frac{T_2 + T_e}{Y} + \frac{T_a}{G}$$

$$T_e = \frac{T_2 - YT_1}{Y - 1} + \frac{YT_a}{(Y - 1)G}$$

考虑到 $Y \gg 1$，所以

$$T_e = \frac{T_2 - YT_1}{Y - 1} + \frac{T_a}{G}$$

$$F = \frac{T_2 - YT_1}{(Y - 1)T_0} + \frac{T_a}{GT_0} + 1$$

其中，$Y = 10^{A/10}$。上式说明指示器噪声没有贡献。当待测网络为放大器时，$G \gg 1$，T_a/G 和 $T_a/(GT_0)$ 可忽略不计。考虑到 $Y = 10^{A/10}$，则 $\Delta Y = 0.23 \times 10^{A/10} \Delta A$，误差方程可写为

$$\Delta T_e = \frac{\Delta T_2}{10^{A/10} - 1} + \frac{\Delta T_1}{1 - 10^{-A/10}} + \frac{0.23 \times 10^{A/10}(T_2 - T_1)\Delta A}{(10^{A/10} - 1)^2}$$

$$\Delta F = \Delta \mathrm{ENR} + \frac{\Delta A}{1 - 10^{-A/10}} + \frac{4.34 \times 10^{A/10}\Delta T_1}{T_2 - T_1}$$

14.5.3　噪声测量解决方案

一个系统总的噪声系数是三个独立部分的各自贡献的综合结果，用于测量噪声系数

的仪表、测量或者校准时所用的噪声源以及 DUT。Y 因子方法是大多数噪声系数测量的基本方法,它用一个噪声源来确定 DUT 内部产生的噪声,无论是进行校准还是进行测量的时候,都需要用到这个噪声源。与之相比,冷噪声源方法只是在校准时才使用的噪声源,如图 14-5-3 所示。

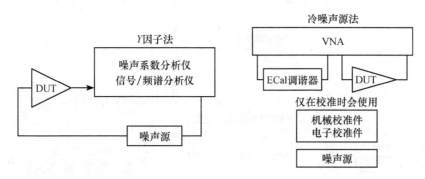

图 14-5-3　测量噪声系数所需要的基本组成部分

噪声系数的测量可以采用专用的噪声系数分析仪、基于信号/频谱分析仪和基于矢量网络分析仪等三种方式,以下是这三种基于不同平台的噪声系数测试仪的特点比较。

(1) 噪声系数分析仪(NFA):Agilent 提供用于测量噪声系数的单台仪表解决方案,NFA 系列是专为精确地进行噪声系数测量而设计的,配有标准的内部前置放大器,有三个频率范围可供选择:3GHz、6.7GHz 和 26.5GHz。NFA 系列也可以与多种宽待下变频器一起使用,最高的测试频率可以达到 110GHz。NFA 系列采用 Y 因子方法测量噪声系数,仪表本身的噪声系数很低。在基于信号/频谱分析仪的噪声系数测试仪的应用灵活性和基于矢量网络分析仪的噪声系数测试仪的最高的测试精度之间,NFA 不乏是一种非常好的取中的方案。

(2) 信号/频谱分析仪:在应用比较灵活的频谱分析仪上增加特殊的选件使之具有噪声系数测试的功能是一种比较经济的噪声系数测试方法。这种方法也使用 Y 因子法,它的测试精度和测试的频率范围取决于采用的是哪一种信号/频谱分析仪。通过在仪表内部或外部增加信号前置放大器可以提高测试的精度。

(3) 网络分析:如果需要最高精度的噪声系数测量结果,可使用 Agilent PNA-X 微波矢量网络分析仪和专为测试噪声系数而配的选件和附件(噪声系数测试选件 029 和两个电子校准件)。使用 PNA-X 测量噪声系数使用冷噪声源技术。它的另一个显著的优点是只要一次把被测器件与测试仪表连接好,就可以同时完成 S 参数和噪声系数的测量,极大地提高了测试效率。

图 14-5-4 是一个完整的 2~18GHz 微波噪声测量系统。

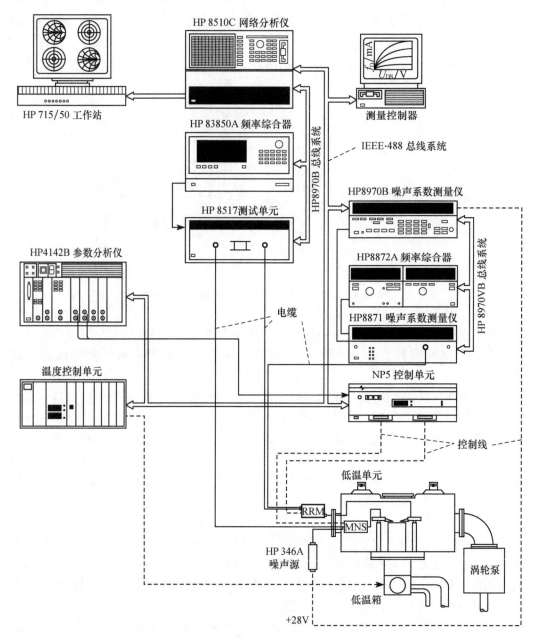

HP 8510C 网络分析仪

HP 715/50 工作站

测量控制器

HP 83850A 频率综合器

HP8970B 总线系统

IEEE·488 总线系统

HP8970B 噪声系数测量仪

HP 8517测试单元

HP8872A 频率综合器

HP4142B 参数分析仪

HP 8970VB 总线系统

HP8871 噪声系数测量仪

电缆

温度控制单元

NP5 控制单元

控制线

低温单元

RRM

MNS

HP 346A
噪声源

涡轮泵

低温箱

+28V

图 14-5-4 2～18GHz 微波噪声测量系统

14.6 介质参数测量

在微波电路的设计中,介质材料的特性是必须考虑的一个因素,因此,常常需要对各项参数进行较为准确地测量。测量介质特性的方法有传输线法(如波导、同轴传输线法等)、谐振腔法和准光法。传输线法简便易行,不需要特殊的仪表设备,但材料的损耗角很小时不易测准确。谐振腔法,当采用高 Q 腔体时,可测量小损耗角的介质材料。准光法主要用于毫米波段。

　　一种给定的均匀材料，一般的描述方法是用复介电常数张量和复磁导率张量表示。当材料为各向同性时，可用简单的复数表示，而不用张量。这里只考虑各向同性材料，且为非铁磁性材料，即磁导率很接近真空。

　　在一个填充均匀各向同性的区域中，麦克斯韦方程可写为

$$\begin{cases} \nabla \times \boldsymbol{E} = -\dfrac{\partial \boldsymbol{B}}{\partial t} \\[3mm] \nabla \times \boldsymbol{H} = \boldsymbol{J} + \dfrac{\partial \boldsymbol{D}}{\partial t} \end{cases}$$

同时有本构方程

$$\boldsymbol{B} = \mu \boldsymbol{H}, \quad \boldsymbol{D} = \varepsilon \boldsymbol{E}, \quad \boldsymbol{J} = \sigma \boldsymbol{E}$$

其中，μ 为介质的磁导率，ε 为介电常数，σ 为电导率。均为实数。

　　对于时谐电磁场，引入各场量的复振幅 $\dot{\boldsymbol{A}}$ 满足 $\boldsymbol{A} = \mathrm{Re}(\dot{\boldsymbol{A}} \mathrm{e}^{\mathrm{j}\omega t})$。为书写简便，以后均略去"·"。则有

$$\nabla \times \boldsymbol{E} = -\mathrm{j}\omega\mu \boldsymbol{H}$$
$$\nabla \times \boldsymbol{H} = \mathrm{j}\omega\varepsilon \boldsymbol{E} + \sigma \boldsymbol{E}$$

可改写为

$$\nabla \times \boldsymbol{H} = \mathrm{j}\omega\left(\varepsilon - \mathrm{j}\,\frac{\sigma}{\omega}\right)\boldsymbol{E} = \mathrm{j}\omega\tilde{\varepsilon}\boldsymbol{E}$$

其中

$$\tilde{\varepsilon} = \varepsilon - \mathrm{j}\,\frac{\sigma}{\omega}$$

称为复介电常数。

　　相对复介电常数定义为

$$\tilde{\varepsilon}_{\mathrm{r}} = \tilde{\varepsilon}/\varepsilon_0 = \varepsilon_{\mathrm{r}} - \mathrm{j}\,\frac{\sigma}{\omega\varepsilon_0}$$

令 $\varepsilon' = \mathrm{Re}(\tilde{\varepsilon}_{\mathrm{r}}) = \varepsilon_{\mathrm{r}}$，$\varepsilon'' = -\mathrm{Im}(\tilde{\varepsilon}_{\mathrm{r}}) = \dfrac{\sigma}{\omega\varepsilon_0}$，上式又常表示为

$$\tilde{\varepsilon}_{\mathrm{r}} = \varepsilon'(1 - \mathrm{j}\tan\delta)$$

式中

$$\tan\delta = \frac{\varepsilon''}{\varepsilon'} = \frac{\sigma}{\omega\varepsilon_0\varepsilon_{\mathrm{r}}} = \frac{\sigma}{\omega\varepsilon}$$

是表示损耗常用参数，称损耗角正切，而 δ 称为损耗角。

　　介质参数与下列因素有关。

　　(1) 频率。ε' 在相当宽的频谱范围变化足够缓慢，以致于可认为不变；但是宽到厘米波段与毫米波段之差，则不能认为不变。从表达式看出，ε'' 显然与频率有关。所以应该在所用频率附近测量 $\tilde{\varepsilon}_{\mathrm{r}}$。同时注意 σ 随频率的变化。

（2）温度。在很多情况下，ε_r 还随温度有可以觉察的变化，在测量时应该适当地保持温度恒定。

（3）湿度。某些材料的介质参数还受环境湿度的影响，或随水的百分比含量变化。因此，在特殊要求时必须尽可能保持环境湿度不变，如果这个因素影响很大，还必须确定其校正量。

介质参数的测量是间接测量，它以某种函数关系包含在可直接观察的测量量之内。这些与介质参数存在函数关系并可以直接测量的量，称为介质参数的相关可测量。

传输线法是将介质样品放在一段均匀波导或同轴线内，通过介质样品对其阻抗或网络参数的反应来测定其 ε_r。可见，各种阻抗与网络参数测量方法都适用。本节以波导传输线为例说明测量原理。

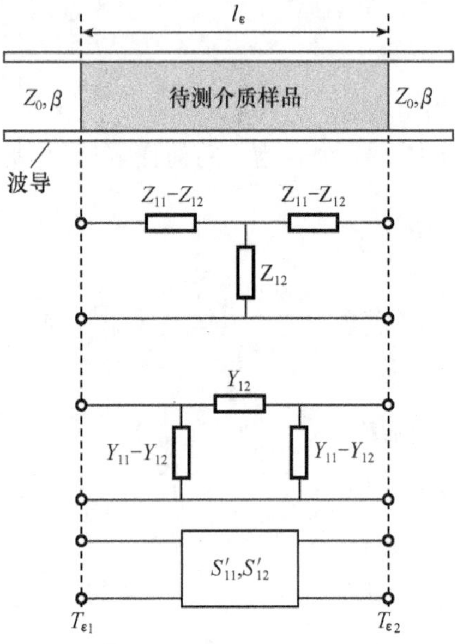

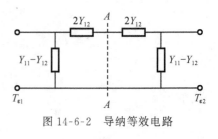

图 14-6-1　介质样品双口等效网络

14.6.1　介质样品的双口等效网络及 ε_r 测定公式

把介质样品放入波导管内，如图 14-6-1 所示。设波导传输单一主模，为 TE 模。介质填充波导的特性阻抗为

$$Z_\varepsilon = 120\pi \Big/ \Big[\varepsilon_r \mu_r - \Big(\frac{\lambda}{\lambda_c} \Big)^2 \Big]^{1/2}$$

通常 $\mu_r = 1$，当空气填充时，$\varepsilon_r = 1$，则有

$$\frac{Z_0}{Z_\varepsilon} = \frac{\sqrt{\varepsilon_r - (\lambda/\lambda_c)^2}}{\sqrt{1 - (\lambda/\lambda_c)^2}}$$

令 $R_\varepsilon = (Z_0/Z_\varepsilon)^2$。

为了便于分析，设介质样品的对称面为 $A\text{-}A$，它距样品两个端面 $T_{\varepsilon 1}$ 和 $T_{\varepsilon 2}$ 的距离均为 $l_\varepsilon/2$，则图 14-6-1 中的 Y 参数等效电路可以画成图 14-6-2 的形式。

使 $A\text{-}A$ 面相继短路和开路，得出如下关系式：

$$\begin{cases} Y_{11} + Y_{12} = -\mathrm{j} \dfrac{Y_\varepsilon}{Y_0} \cot(\beta_\varepsilon l_\varepsilon / 2) \\[2mm] Y_{11} - Y_{12} = \mathrm{j} \dfrac{Y_\varepsilon}{Y_0} \tan(\beta_\varepsilon l_\varepsilon / 2) \end{cases}$$

其中，Y_{10}，Y_{12} 是相对于空气波导特性导纳 Y_0 的归一化导纳。两式相乘得

$$Y_{11}^2 - Y_{12}^2 = \frac{Y_\varepsilon^2}{Y_0^2} = R_\varepsilon$$

图 14-6-2　导纳等效电路

类似地，利用阻抗等效电路在对称面短路、开路可得

$$Z_{11}^2 - Z_{12}^2 = \frac{Z_\varepsilon^2}{Z_0^2} = \frac{1}{R_\varepsilon}$$

即

$$R_\varepsilon = Y_{11}^2 - Y_{12}^2 = \frac{1}{Z_{11}^2 - Z_{12}^2}$$

由阻抗等效电路很容易求出，当 $T_{\varepsilon2}$ 面开路时，$T_{\varepsilon1}$ 面的输入阻抗为 Z_{10}；当 $T_{\varepsilon2}$ 面短路时，$T_{\varepsilon1}$ 面的输入阻抗为

$$(Z_{11} - Z_{12}) + \frac{(Z_{11} - Z_{12})Z_{12}}{(Z_{11} - Z_{12}) + Z_{12}} = \frac{Z_{11}^2 - Z_{12}^2}{Z_{11}}$$

如图 14-6-3 所示，若用 Z_{oc} 和 Z_{sc} 分别表示 $T_{\varepsilon2}$ 面短路和开路时，在 $T_{\varepsilon1}$ 面测出的输入阻抗，则有

$$Z_{11} = Z_{oc}$$
$$Z_{12}^2 = Z_{11}^2 - Z_{11} Z_{sc} = Z_{oc}(Z_{oc} - Z_{sc})$$

于是可得 R_ε 的测量值

$$R_\varepsilon = 1/(Z_{oc} Z_{sc}) \text{ 或 } Y_{oc} Y_{sc}$$

有

$$R_\varepsilon = \frac{\varepsilon_r - (\lambda/\lambda_c)^2}{1 - (\lambda/\lambda_c)^2}$$

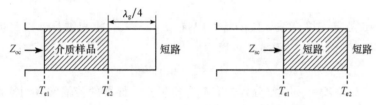

图 14-6-3　开路和短路阻抗（或导纳）

同时考虑到

$$1/\lambda^2 = 1/\lambda_c^2 + 1/\lambda_g^2$$

得

$$\varepsilon_r = \frac{R_\varepsilon + (\lambda_g/\lambda_c)^2}{1 + (\lambda_g/\lambda_c)^2}$$

对于有耗媒质，R_ε 是复数，令 $R_\varepsilon = A_\varepsilon + jB_\varepsilon$，则得

$$\tilde{\varepsilon}_r = \varepsilon' - j\varepsilon'' = \frac{A_\varepsilon + jB_\varepsilon + (\lambda_g/\lambda_c)^2}{1 + (\lambda_g/\lambda_c)^2}$$

故

$$\begin{cases} \varepsilon' = [A_\varepsilon + (\lambda_g/\lambda_c)^2]/[1 + (\lambda_g/\lambda_c)^2] \\ \varepsilon'' = -B_\varepsilon/[1 + (\lambda_g/\lambda_c)^2] \end{cases}$$

若用同轴线的主模 TEM 模进行测量，则 $\lambda_c = \infty$，因而

$$\tilde{\varepsilon}_r = \varepsilon' - j\varepsilon'' = R_\varepsilon = A_\varepsilon + jB_\varepsilon$$

所以

$$\varepsilon' = A_\varepsilon, \quad \varepsilon'' = -B_\varepsilon$$

14.6.2 阻抗法测量介质参数

阻抗法测量介质参数是最熟悉也是用得最广泛的一种方法。该方法可以测量各种复介电常数(一般是 $\varepsilon' < 20$ 的范围)。尤其适用于无耗介质和中等损耗的复介电常数。有终端短路法和终端电抗法两种。测量原理如下。

1. 终端短路法

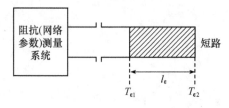

图 14-6-4 终端短路法

将长度为 l_ε 的介质样品装入直波导,使 $T_{\varepsilon2}$ 与直波导的一个端口取齐,再接上短路板,并要求 $T_{\varepsilon2}$ 与短路板严密接触,组成含介质样品的单口网络,如图 14-6-4 所示。

设已测出与空气交界面 $T_{\varepsilon1}$ 处的反射系数为 Γ,则 $T_{\varepsilon1}$ 面的输入阻抗为

$$Z_{T1} = Z_0 \frac{1+\Gamma}{1-\Gamma}$$

式中 $Z_0 = \omega\mu/\beta$ 是空气填充波导段的特性阻抗,$\beta = 2\pi/\lambda_g$。设直波导和短路板无耗,样品为有耗介质,则 $T_{\varepsilon1}$ 面的输入阻抗还可以写成

$$Z'_{T1} = Z_\varepsilon \tanh\gamma_\varepsilon l_\varepsilon$$

其中,$\gamma_\varepsilon = \alpha_\varepsilon + j\beta_\varepsilon$ 和 $Z_\varepsilon = j\omega\mu/\gamma_\varepsilon$ 分别是有耗介质填充波导段的传输常数和特性阻抗。

由于上两式表示同一阻抗,故有

$$\frac{1}{j\beta l_\varepsilon} \frac{1+\Gamma}{1-\Gamma} = \frac{\tanh\gamma_\varepsilon l_\varepsilon}{\gamma_\varepsilon l_\varepsilon}$$

上式左端为可测量,右端为待求量。解此超越方程可得 $\gamma_\varepsilon l_\varepsilon$。再根据

$$R_\varepsilon = A_\varepsilon + jB_\varepsilon = \left(\frac{Z_0}{Z_\varepsilon}\right)^2 = \left(\frac{\omega\mu/\beta}{j\omega\mu/\gamma_\varepsilon}\right)^2 = \left(\frac{\gamma_\varepsilon l_\varepsilon}{\beta l_\varepsilon}\right)^2$$

利用前述公式,即可求出 $\bar{\varepsilon}_r$。

2. 二已知终端电抗法

测量系统如图 14-6-5 所示。两已知电抗由滑动短路器的两个不同位置获得。该方

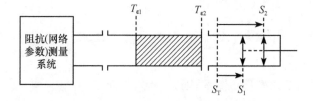

图 14-6-5 二已知终端电抗法

法的优点是不需要解超越方程。测量过程如下：在 $T_{\varepsilon 2}$ 处接入已知导纳 $Y_{\mathrm{out}}^{(n)}$，测出 $T_{\varepsilon 1}$ 面对应的输入导纳 $Y_{\mathrm{in}}^{(n)}$，$(n=1,2)$。

由等效电路(图 14-6-6)，求出

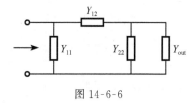

$$Y_{\mathrm{in}} = (Y_{11}^2 - Y_{12}^2 + Y_{11} \cdot Y_{\mathrm{out}})/(Y_{22} + Y_{\mathrm{out}})$$

图 14-6-6

再将 $R_{\varepsilon} = Y_{11}^2 - Y_{12}^2$ 代入上式得

$$Y_{\mathrm{in}}^{(n)} = (R_{\varepsilon} + Y_{11} Y_{\mathrm{out}}^{(n)})/(Y_{11} + Y_{\mathrm{out}}^{(n)})$$

由此解出

$$Y_{11} = (R_{\varepsilon} - Y_{\mathrm{in}}^{(n)} Y_{\mathrm{out}}^{(n)})/(Y_{\mathrm{in}}^{(n)} - Y_{\mathrm{out}}^{(n)})$$

分别取 $n=1,2$，两次得到的 Y_{10} 应相等，所以，

$$\frac{R_{\varepsilon} - Y_{\mathrm{in}}^{(1)} Y_{\mathrm{out}}^{(1)}}{Y_{\mathrm{in}}^{(1)} - Y_{\mathrm{out}}^{(1)}} = \frac{R_{\varepsilon} - Y_{\mathrm{in}}^{(2)} Y_{\mathrm{out}}^{(2)}}{Y_{\mathrm{in}}^{(2)} - Y_{\mathrm{out}}^{(2)}}$$

解出

$$R_{\varepsilon} = \frac{Y_{\mathrm{in}}^{(1)} Y_{\mathrm{out}}^{(1)} (Y_{\mathrm{in}}^{(2)} - Y_{\mathrm{out}}^{(2)}) - Y_{\mathrm{in}}^{(2)} Y_{\mathrm{out}}^{(2)} (Y_{\mathrm{in}}^{(1)} - Y_{\mathrm{out}}^{(1)})}{(Y_{\mathrm{in}}^{(2)} - Y_{\mathrm{out}}^{(2)}) - (Y_{\mathrm{in}}^{(1)} - Y_{\mathrm{out}}^{(1)})}$$

利用前述公式，即可求出 $\tilde{\varepsilon}_r$。

14.6.3 S 参数法测量介质参数

上述方法均须准确测量样品长度 l_{ε} 和端面位置，在某些情况下是比较困难的。S 参数法可避免这些测量，测量系统如图 14-6-7 所示。

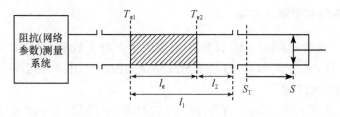

图 14-6-7 S 参数法

将介质样品装入直波导内，在直波导的一端接可调短路器(设连接面为 T)，另一端接测量系统。设介质样品的端面 $T_{\varepsilon 1}$ 和 $T_{\varepsilon 2}$ 到 T 面的距离分别为 l_1 和 l_2，介质样品长度为 l_{ε}。假定整个波导段的网络参数已经测出，设为 S_{11}, S_{12}, S_{21} 和 S_{22}。由于是互易的。故有 $S_{21} = S_{12}$。将 T 面分别移到介质样品的两个端面 $T_{\varepsilon 1}$ 和 $T_{\varepsilon 2}$，变换为这两个端面之间的网络参数，即

$$\begin{bmatrix} S_{11}' & S_{12}' \\ S_{21}' & S_{22}' \end{bmatrix} = \begin{bmatrix} \mathrm{e}^{-\mathrm{j}\theta_1} & 0 \\ 0 & \mathrm{e}^{-\mathrm{j}\theta_2} \end{bmatrix} \begin{bmatrix} S_{11} & S_{12} \\ S_{21} & S_{22} \end{bmatrix} \begin{bmatrix} \mathrm{e}^{-\mathrm{j}\theta_1} & 0 \\ 0 & \mathrm{e}^{-\mathrm{j}\theta_2} \end{bmatrix} = \begin{bmatrix} S_{11} \mathrm{e}^{-\mathrm{j}2\theta_1} & S_{12} \mathrm{e}^{-\mathrm{j}(\theta_1+\theta_2)} \\ S_{21} \mathrm{e}^{-\mathrm{j}(\theta_1+\theta_2)} & S_{22} \mathrm{e}^{-\mathrm{j}2\theta_2} \end{bmatrix}$$

其中, $\theta_1 = \beta l_1$, $\theta_2 = -\beta(l_1 - l_\varepsilon)$。故

$$S'_{11} = S_{11}\,\mathrm{e}^{-\mathrm{j}2\beta l_1}$$

$$S'_{22} = S_{22}\,\mathrm{e}^{\mathrm{j}2\beta(l_1 - l_\varepsilon)}$$

$$S'_{12} = S_{12}\,\mathrm{e}^{-\mathrm{j}\beta l_\varepsilon}$$

$$S'_{21} = S'_{12}$$

由于 $S'_{11} = S'_{22}$, 则

$$-2\beta l_1 = -\beta l_\varepsilon + \frac{\arg S_{22} - \arg S_{11}}{2}$$

计算可得

$$S'_{11} = S_{11}\exp\left[\mathrm{j}\left(\frac{\arg S_{22} - \arg S_{11}}{2} - \beta l_\varepsilon\right)\right]$$

或

$$S'_{11} = \mid S_{11}\mid\exp\left[\mathrm{j}\left(\frac{\arg S_{11} + \arg S_{22}}{2} - \beta l_\varepsilon\right)\right]$$

S'_{11} 和 S'_{12} 是 $T_{\varepsilon 1}$ 和 $T_{\varepsilon 2}$ 之间的散射参数, 可见与介质样品在波导中的位置无关。根据 S 参数与 $Y(Z)$ 参数之间的关系可得

$$R_\varepsilon = \frac{(1 - S'_{11})^2 - S'^2_{12}}{(1 + S'_{11})^2 - S'^2_{12}}$$

进而可计算出 $\bar{\varepsilon}_\mathrm{r}$。

由上述分析过程可以看出, 也可消去 l_ε, 同时取图 14-6-7 中的 $l_2 = 0$, 从而得到与样品长度无关的测量方法, 这是上述方法的对偶方法。

14.6.4　介质参数测量解决方案

下面介绍一种在 1MHz～1GHz 频率范围测量介电常数和磁导率的组合测量系统, 利用 Agilent E4991A 射频阻抗/材料分析仪精确地测量出阻抗, 然后根据阻抗测量自动计算出介电常数和磁导率。

整个测量系统包括 E4991A 射频阻抗/材料分析仪、16453 介质测试夹具和 16454A 磁性材料测量夹具。其中, 16453 介质测量夹具特别适于测量厚度小于 3mm 的基片材料(固态、片状材料样品), 如印刷电路板、基片和聚合物材料。当与 16453 配合使用时, 装入 E4991A 分析仪的固件(E4991A-002)能自动计算出介电常数, 固化软件还能用科尔图显示数据或求出弛豫时间;16454A 磁性材料测试夹具用于测量直径达 20mm 的环形样品, 适合的被测材料的例子是软铁氧体磁芯。为了有最大灵活性, 16454A 配备有不同尺寸环形体的各种大小的样品座。内置固件(E4991A-002)自动计算出磁导率参数, 消除了繁琐的缠绕线圈或冗长计算的步骤。图 14-6-8 是介质参数测量系统组成图。

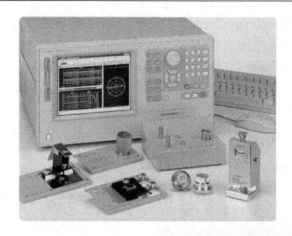

16453B电介质测试夹具　　　　　　　　16454A磁体测试夹具
频率:1MHz~1GHz　　　　　　　　　　频率:1MHz~1GHz
样本尺寸:(只计算平面部分)　　　　　　样本尺寸:(只计算环形部分)
厚度:0.3mm~3mm　　　　　　　　　　高:≤8.5mm
直径:≥15mm　　　　　　　　　　　　内径:≥3.1mm
　　　　　　　　　　　　　　　　　　外径:≥20mm

图 14-6-8　介质参数测量系统

14.7　天 线 测 量

　　天线系统一般都有两个方面的特性,即电路特性和辐射特性。电路特性主要包括输入阻抗、效率、带宽、匹配程度等,辐射特性主要包括方向图、增益、极化等。天线测量的主要任务是用实验的方法测定和检验天线的这些参数特性。

　　天线测量是天线设计研究的一种重要的方法。一种新型天线的研制往往是首先提出大量的新的设计概念,对天线的结构做出各种改进,从理论出发,建立某种理想的数学模型,进行数学分析。而理论研究的结果必须用实验来验证,天线参数的测量正是实验验证的基础。在新型天线的研制中,天线测量实验起着最重要的作用,它既是检验理论结论的手段,又是独立的研究方法。

　　对于无源天线,它是一种互易结构,按互易定理,不论作为发射天线还是接收天线,天线的参数是固定的。发射天线把发射机输出的高频交流能变为辐射电磁能,即变为空间电磁波;接收天线把到达的空间电磁波变为高频交流能,传送到接收机的输入回路。

　　对于大功率天线,如雷达天线,由于输入功率很大,无源非线性效应比较明显。电缆编织物的接触、连接器的丝扣和其他金属接头中,轻微的非线性的确存在。这些金属接触的每个表面都有金属氧化形成的薄绝缘层,正是这种接触非线性产生低电平无源互调干扰。近些年各基站天线制造商对基站天线的无源互调(PIM)特性的测试比较严格天线。在这种情况下,天线测试系统中,被测天线(无源天线)既可以作为发射天线,也可以作为接收天线。

在测试中,某些天线参数可以直接测量得出,比如天线输入阻抗、输入电压驻波比(VSWR)、方向图和增益系数,称为天线的一次实验参数,简称为一次参数。其余的参数称为二次参数,可以根据一次参数借图解或计算求得,比如谐振频率、频率特性和带宽等性能参数可以通过输入阻抗、输入电压驻波比的测量换算过来。主瓣宽度、旁瓣最大值的相对电平、方向性系数可以通过对方向图和增益系数的测量得出。

14.7.1　天线电路参数的测量

当测量天线的输入端口为 S 参数时,天线辐射面要保证匹配良好(即无反射)。因此要求天线必须指向自由空间或无反射墙,最理想的情况是在微波暗室中进行测量。而实际上,测量天线电路特性时,只要天线辐射基本不受阻碍,周围无金属材料影响,或使用适当吸波材料覆盖周围金属材料表明,辐射波空间接口反射的影响并不严重。

天线通过馈线系统和收发机相连。天线作为发射机的负载,它把从发射机得到的功率辐射到空间。同时作为接收天线时,它耦合到空间的电磁波能量,通过馈线将其传输到接收机输入端,此时接收机可以看作天线的负载。

由传输线理论可知,微波能量要想最大限度地得到传输,天线与传输线必须有良好的阻抗匹配。阻抗匹配的好坏将影响功率传输的效率。换句话说就是要求在天线的工作频带内保证尽可能小的电压驻波比(VSWR)。同时,在天线输入端口过度失配的情况下,收发机的效率及稳定性将极大地恶化。特别是作为发射机负载的天线,如果有过大的阻抗失配,发射机功放(PA)输出的能量不能有效地辐射出去,反射严重,很容易造成 PA 中的管芯发热并烧毁。对于接收机,前级低噪声放大器(LNA)输入端口一般考虑使用最小噪声系数情况下的负载设计,天线的过度失配会对 LNA 中管芯的输入端阻抗造成影响,使其不能得到设计的噪声系数指标,甚至可能造成低噪声放大器的自激现象。因此,天线阻抗匹配的好坏将直接影响到整个系统的性能指标及稳定性程度。

使用网络分析仪测量天线输入阻抗实质上就是测量天线输入端口的 Z 参数。由于 Z 参数有实部和虚部,为矢量形式,因此只有矢量网络分析仪才能测量天线的输入阻抗。进行天线端口的输入阻抗的测量时,先对网络分析仪进行校准,然后接上被测天线,让天线指向无反射的空间。从矢量网络分析仪上可以得出天线的输入阻抗(Z 参数)。如果存在有反射的障碍物时,会影响阻抗的测量值。由天线电路特性参数中一次参数的测量结果很容易得到天线带宽、中心频率,效率等二次参数的数值。

14.7.2　天线辐射参数的测量

很多解析法在天线辐射特性参数的计算上已经达到很高的准确度。但是,对于一个实用天线的设计,最终都要用实验结果来验证理论计算数据的准确性。但实验本身也有一些缺陷,例如,为了进行方向图测量,导致远场区的距离太长,甚至超出场地的范围;要使来自地面和周围物体的有害反射保持在允许的电平之下也是有困难的;在很多情况下,天线的工作环境和测试场的环境并不具有可比性;室外测量系统受环境影响较大,不具备全天候运作能力;室内测量系统又常常不能容纳大型天线设备。以上一些不足之处,可以用某些特殊技术来克服。例如,从近场测量来推算远场方向图、缩尺模型测量、专为天线测量而设计的自动化测试设备和利用计算机辅助技术等。更为精确的测量方法包括微波暗室、紧缩与外推法测试场、近场探测技术、经过改进的极化测量技术和扫频测量、天线特性的间接测量和自动化测试系统等。

其中,近场测量可以将一个常规的测试场地占用的面积缩小,然后利用解析法将测量出的近场数据进行变换,最后计算出远场辐射特性。通常用这种方法来测量方向图,并且常常是在微波暗室中进行。为了得到准确的测试结果,这种方法需要更加复杂和昂贵的测试设备、更全面的校准程序和更完善的计算机软件的支持。

近场测量的工作原理是在预先选定的表面上,用一扫描场探头来测试出近场测量数据(通常包括幅度和相位),这个表面可以是一个平面,柱面或球面,然后利用解析傅里叶变换法将测量数据变换到远场。解析变换的复杂性按平面到柱面和从柱面到球面的次序而增加,所选择表面视所测天线而定。随着当今计算机技术的飞速发展,解析变换的运算不再是难题和瓶颈。

1. 方向图测量

三维空间方向图的测绘十分麻烦,是不切实际的。实际工作中,一般只需测得水平面和垂直面(即 XY 平面和 XZ 平面)的方向图即可。天线方向图可以用极坐标绘制,也可以用直角坐标绘制。极坐标方向图的特点是直观、简单,从方向图可以直接看出天线辐射场强的空间分布特性。但当天线方向图的主瓣窄而副瓣低时,直角坐标绘制法显示出更大的优点。因为表示角度的横坐标和表示辐射强度的纵坐标均可任意选取,可以更细致、清晰地绘制方向图。天线方向图测量装置如图 14-7-1 所示。

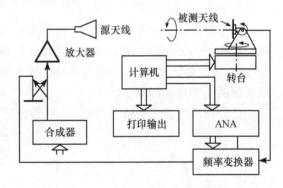

图 14-7-1　天线方向图测量装置

要测定方向图,就需要两个天线:辅助天线固定不动,待测天线安装在特制的有角标指示的转台上,转台由计算机通过步进电机控制。自动网络分析仪(ANA)用来测量两副天线间的传输系数,并通过数据接口将测量结果传给计算机。计算将角度和 ANA 测试数进行综合处理,通过打印机输出测试结果。

测试水平方向图时,可让待测天线在水平面内旋转,记下不同方位角时相应的场强响应。测试垂直面方向图时,可以将待测天线绕水平轴转动 90° 后仍按测水平面方向图的办法得到。也可以直接在垂直面内旋转待测天线,测取不同仰角时的场强响应而得到。

2. 增益测量

增益是表征一部天线性能重要的指标。天线增益一般定义为最大辐射方向上单位立体角辐射的功率与各向同性辐射器单位立体角辐射功率的比值,这里假定两者馈入的功率是一样的。因此,知道了增益和方向图就可以确定天线在每个方向的辐射。

天线增益的测量通常有两种方法,绝对增益测量和增益转换测量。用绝对增益法可以对天线增益标定,然后可以将它用作第二种方法中的标准增益天线。增益转换法要和标准增益天线一起连用,才能测量出被测天线的绝对增益,通常用作增益标准天线的是半波振子天线和角锥喇叭天线,它们都是线极化天线,增益转换测量法(图 14-7-2)是最常用的天线增益测量方法。

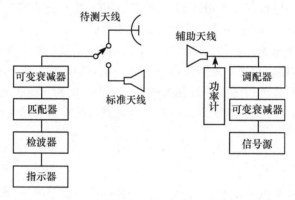

图 14-7-2 增益转换测量法(待测天线作接收天线)

测试过程要求分两组测量。一组是用待测天线作为接收天线,记录进入匹配负载的接收功率 P_T;另一组是用标准增益天线取代待测天线,记录此时进入匹配负载的接收功率 P_S。两次测量过程中,天线的几何位置关系应该保持不变,且进入作为发射天线的辅助天线的功率应保持不变。

已知标准增益天线的增益为 G_S,则被测天线的增益为

$$G_T = \frac{P_T}{P_S} G_S$$

3. 天线极化

简单的矩形微带天线,其辐射机理等效为平行的两个槽的辐射,是线极化辐射结构。但是也存在流过贴片的横向表面电流,会产生交叉极化分量,尤其是采用开槽、加载、非常规形状等结构的微带天线。交叉极化是影响天线性能的一个重要指标,交叉极化的大小由极化纯度参数来表征。

测量交叉极化分量只要简单地转动线极化源天线,然后测量天线的辐射方向图。要使测量结果准确,源天线的线极化纯度就要优于待测天线的交叉极化水平。

对于圆极化天线,其轴比的测定是绕天线的法向轴连续旋转线极化源天线,以旋转角度为自变量记录下待测天线接收到的信号。这种方法可提供待测天线在法向的椭圆率。

要获得所有方向上的椭圆率,其方法是将待测天线装在转台上,在转台旋转的过程中,让源天线快速转动。这样,测得的方向图的包络就给出了每个方向上的极化椭圆率。

4. 近场测量——调制散射法

图 14-7-3 给出了调制散射法用于天线近场测量的原理和系统示意。在图 14-7-3(a)中散射体是一个非线性的光电管偶极子,来自待测天线的连续波信号遇到这个散射体时再辐射的信号就是调制信号,散射的调制信号与散射体的位置有关,移动散射体的位置即可记录下天线的辐射方向图。图 14-7-3(b)是一个实际近场测量系统的示意图,整个测试系统在一个椭圆柱体区域,散射体是一个垂直于地面的列阵(一维扫描),接收天线是一个椭圆柱面反射面天线,其列馈源和散射体处于两个焦轴上,旋转待测天线,就可得到三维辐射场图。

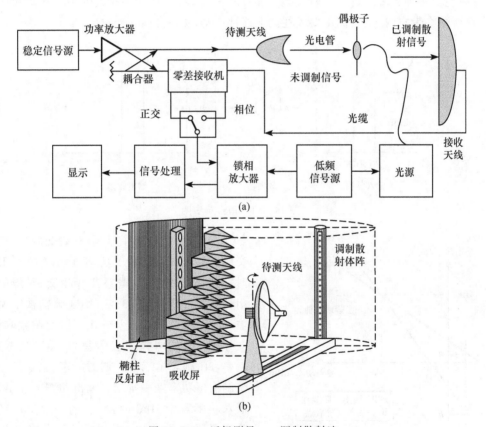

图 14-7-3　近场测量——调制散射法

散射体也可用圆环代替偶极子,感应的是磁场。调制散射体阵也可用平面阵(二维)代替线阵(一维阵),这样就无需旋转天线。

14.8　交 调 测 量

在射频或微波多载波通信系统中,三阶交调截取点 IP3 是一个衡量线性度或失真的重要指标。交调失真对模拟微波通信来说,会产生邻近信道的串扰,对数字微波通信来说,会降低系统的频谱利用率,并使误码率恶化。因此容量越大的系统,要求 IP3 越高,IP3 越高表示线性度越好和更少的失真,本节将简要介绍三阶交调截取点(IP3)测量方法。

14.8.1 计算三阶交调截取点

IP3 通常用两个输入音频测试,这里所指的音频与在低频电子线路的音频有区别,实际上是两个靠的比较近的射频或微波频率,由下式表示。

$$V_i(t) = A\cos(2\pi f_1) + A\cos(2\pi f_2)$$

当两个或多个正弦频率正好落在放大器的带宽内并通过一个非线性放大时,其输出信号将包括各种频率分量。三阶交调分量 $2F_1 - F_2$,$2F_2 - F_1$ 是非线性中三次方项产生的,由于落在带宽内,是我们主要关注的非线性产物,见图 14-8-1。

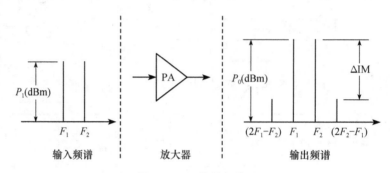

图 14-8-1　信号频谱图

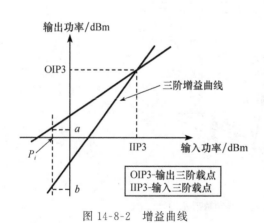

图 14-8-2　增益曲线

图 14-8-2 反映了基频(一阶交调)与三阶交调增益曲线,当输入功率逐渐增加到 IIP3 时,基频与三阶交调增益曲线相交,对应的输出功率为 OIP3。IIP3 与 OIP3 分别被定义为输入三阶交调截取点和输出三阶交调截取点。

放大器的增益 G 表示基频(一阶交调)的斜率,$3G$ 则表示三阶交调的斜率,也就是三阶交调输出功率是一阶交调输出功率的 3 倍,当输入功率等于 IIP3 时,对应的一阶交调和三阶交调都等于 OIP3,也就是说三阶交调输出功率与一阶交调输出功率相等。一阶交调曲线(基频)可以由直线方程表示

$$\text{OIP3} - a = G(\text{IIP3-}P_i)$$

三阶交调曲线可由直线方程表示

$$\text{OIP3} - b = 3G(\text{IIP3-}P_i)$$

由上面两式解出

$$OIP3 = a + \frac{a-b}{2} = \frac{3a-b}{2}, \quad IIP3 = OIP3 - G$$

例如,有一低噪声放大器的增益 $G = 20\text{dB}$,用两个音频频率分别为 F_1 和 F_2 输出功率等于 -10dBm,在放大器输出端测得三阶交调 $2F_1 - F_2$ 或 $2F_2 - F_1$ 的输出功率等于 -70dBm(图 14-8-3),可以计算 IIP3 为

$$OIP3 = \frac{3a-b}{2} = \frac{3 \cdot (-10\text{dBm}) - (-70\text{dBm})}{2} = 20\text{dBm}$$

$$IIP3 = OIP3 - G = 20\text{dBm} - 20\text{dBm} = 0\text{dBm}$$

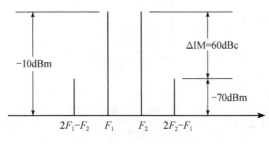

图 14-8-3　输出频谱图

14.8.2　测量方法与设备

要精确的测量 IP3 需要谨慎遵循几个步骤,如图 14-8-4(a)的测试框图所示,每部分的考虑和作用将影响测量精度,应尽量减少信号源和频谱分析仪产生的交调分量。附加在射频信号源与合成器之间的隔离器可以改善并隔离射频信号源之间的交调或混合,低通滤波器可以减少射频信号源的谐波成分。附加在被测放大器与频谱分析之间的隔离器可以改善与频谱分析仪的阻抗匹配,低通滤波器可以减少由被测放大器产生的谐波分量。输出到频谱分析仪的信号功率不能太高,避免由频谱分析仪产生的非线性失真,对此要求射频信号源的输出功率要小,同时,三阶交调输出功率比一阶交调输出功率要小很多倍,那么对测量的频谱分析仪的要求需要有高的动态范围。

图 14-8-4(b)是实验室常用的交调测量系统,依赖于两个高精度信号源和一个宽动态范围频谱分析仪。图 14-8-4(c)交调的相位测量系统,利用宽带肖特基二极管的非线性特性作为非线性参考通道,用相移器调整信号相位,结合待测通道的衰减器调整,与待测放大器通道形成对消,相移器的相移量就是交调信号的相位。

综合以上的考虑后,需要谨慎遵守以下测量步骤:

(1) 按照测试框图连接好设备。

(2) 设置射频信号源 F_1 的频率和输出功率。

(3) 设置射频信号源 F_2 的频率和输出功率。

(4) 设置频谱分析仪衰减电平、参考电平、中心频率、范围(SPAN)、分辨率等参数。

(5) 提供符合被测放大器的工作条件(电压,电流)。

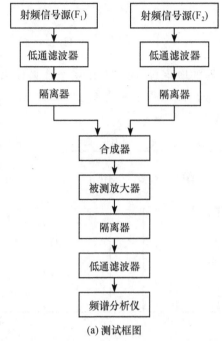

(a) 测试框图

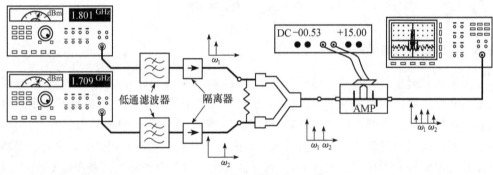

(b) 常用测试系统

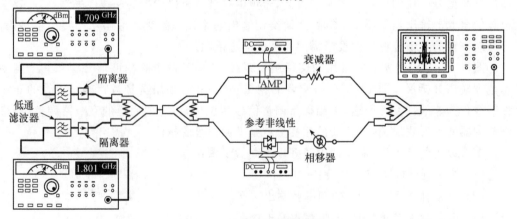

(c) 交调信号相位测量

图 14-8-4　双频交调测试

（6）调整射频信号源的输出功率并在频谱分析仪测得 F_1 或 F_2 的输出功率,此为 a 点的值并记录(比如 -10dBm);

（7）调整频谱分析仪测得 $2F_1\text{-}F_2$ 或 $2F_2\text{-}F_1$ 的输出功率并记录,此为 b 点的值;

（8）利用公式计算出 OIP3 和 IIP3。

14.9　电磁兼容测量

电磁兼容测量包括电磁干扰(EMI)和电磁敏感度(EMS)测量。EMI 测量需要的设备有接收机、接收天线、探头和卡钳,电源阻抗稳定网络等;EMS 测量需要的设备除上述的设备外,还需要产生电磁场的设备,例如各种信号源、功率放大器、发射天线、注入探头、传输室和混响室等。

测量电磁干扰信号特性可用频域法测量,也可用时域法测量。如果要测量干扰信号与时间的关系,例如测量开关形成的脉冲信号或其他瞬变信号,则宜采用时域测量。如果要测量干扰信号与频率的关系,即其频谱特性,则宜采用频域测量。由于频域测量仪器比时域测量仪器灵敏度高、频率范围宽、动态范围大,所以现在大部分 EMC 测量是用频域法。常用的频域测量仪器有干扰场强计、频谱分析仪、功率密度测量仪等。时域测量仪器有记忆示波器、峰值记忆电压表、瞬态记录仪等。

1) TEM 传输室测试装置

横电磁波传输室(TEM 传输室)是由信号源、放大器、功率计、负载和 TEM 传输室等组成。它可用作辐射敏感度测量装置和辐射发射测量装置,也可以作为电场标准和磁场标准来校准全向探头、小偶极子和环天线。TEM 传输室是一个变形的同轴线,外导体的横截面可成矩形或正方形,内导体是一块金属平板,两端成锥性并逐渐过渡到 50Ω N 型接头。内导体安装的位置有对称和非对称之分。当信号通过传输室时,在其内外导体之间激励起横电磁波,在 TEM 传输室中心部分形成一个比较均匀的场强,在大约半个腔体的 1/3 空间内场均匀性为 ±3dB,空间越小场均匀性越高。场强大小可以按平行板标准场强公式计算。TEM 传输室场强图如图 14-9-1 所示。低频场强测试系统如图 14-9-2 所示。

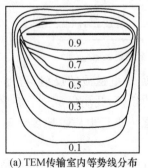
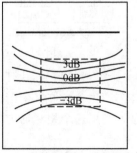

(a)TEM传输室内等势线分布　　　(b)TEM传输室内归一化场强分布

图 14-9-1　TEM 传输室场强图

在高频段,可以用测量通过 TEM 传输室的净功率计算场强,如图 14-9-3 所示。

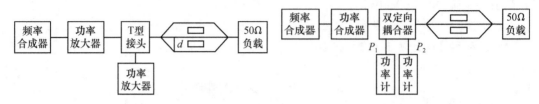

图 14-9-2　低频场强测试系统　　　　图 14-9-3　高频场强测试系统

一般 TEM 传输室的工作频率从直流开始到 500MHz,能在高场强的条件下工作。TEM 传输室的缺点是随着工作频率的增加,有效工作空间减小。

2) GTEM 传输室

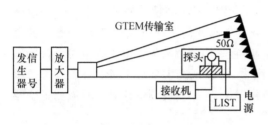

图 14-9-4　GTEM 测试装置

千兆赫横电磁波传输室(GTEM)克服了 TEM 传输室上限频率不高和被测件太小的缺点,它具有很宽的工作频率范围,较大的工作空间,但室内场强的均匀性和测量精度不如 TEM 传输室高。GTEM 传输室其结构形状与非对称 TEM 传输室的锥形部分相似,终端用了匹配负载和吸波材料。GTEM 测试装置如图 14-9-4 所示。

当 GTEM 室终端负载匹配良好时,信号通过传输室,在其内外导体之间激励起横电磁波场,在中心部分形成一个比较均匀的场。GTEM 一般只作为 EMS 测试装置。

3) 混响室

混响室是一个用金属板做成的屏蔽体,其内部有模式搅拌器、发射天线和接收天线,如图 14-9-5 所示。

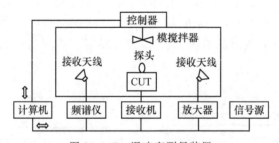

图 14-9-5　混响室测量装置

发射天线发射一个很强的信号,由于各个面对电磁波的反射,再加上模搅拌器的搅拌,使其在金属腔体内产生含有许多个谐振模的场强,此场强是一个极化和相位都是随机的、比较均匀的场强。利用这个相对均匀的场强可进行电磁敏感度测量。混响室的谐振频率由腔体的尺寸决定。

为产生更多的谐振模,可做成各边都不平行的、形状不规则的混响室。用这种方法产生的场强与用发射天线的方法产生的场强比较,在同样发射功率的情况下,用混响室产生的场强更大。

参 考 文 献

陈邦媛.2002.射频通信电路.北京:科学出版社

董树义.1990.近代微波测量技术.北京:电子工业出版社

雷振亚.2005.射频/微波电路导论.西安:西安电子科技大学出版社

雷振亚等.2009.微波电子线路.西安:西安电子科技大学出版社

廖承恩.1984.微波技术基础.北京:国防工业出版社

林为干.1978.微波网络.北京:国防工业出版社

清华大学《微带电路》编写组.1976.微带电路.北京:人民邮电出版社

汤世贤.1991.微波测量.北京:国防工业出版社

王新稳,李萍.2003.微波技术与天线.北京:电子工业出版社

王蕴仪等.1981.微波器件与电路.南京:江苏科技出版社

西南集成电路设计有限公司.SB3236锁相环电路.www.swid.com.cn

谢拥军等.2009.HFSS基础及其应用.北京:科学出版社

徐瑞敏等.2009.微波技术基础.北京:科学出版社

薛正辉等.2004.微波固态电路.北京:北京理工大学出版社

杨维生.微波印刷板制造工艺探讨.www.smt.cn

章荣庆.1994.微波电子线路.西安:陕西科技出版社

Chang K. 2000. RF and Microwave Wireless Systems. New York:John Wiley & Sons Inc.

Chang K. 2007. Encyclopedia of RF and Microwave Engineering. New York:John Wiley & Sons Inc.

Davis W A. 2001. Radio Frequency Circuit Design. New York:John Wiley & Sons Inc.

Everard J. 2001. Fundamentals or RF Circuit Design with Low Noise Oscillators. New York:John Wiley & Sons Inc.

Hong J S. 2001. Microstrip Filters for RF/Microwave Application. New York:John Wiley & Sons Inc.

Ludwig R. 2002. 射频电路设计——理论和应用. 王子宇等译. 北京:电子工业出版社

Mike G. 2001. The RF and Microwave Handbook. 2nd ed. Boca Raton:CRC Press LLC

Pozar D M. 1998. Microwave Engineering. New York:John Wiley & Sons Inc.

Rohde U L. 1997. Microwave and Wireless Synthesizers:Theory and Design. New York:John Wiley & Sons Inc.

Rohde U L. 2000. RF/Microwave Design for Wireless Applications. New York:John Wiley & Sons Inc.

Rohde U L. 2004. 无线应用射频微波电路设计. 刘光裕等译. 北京:电子工业出版社

Vendelin G D,Pavio A M,Rohde U L. 2005. Microwave Circuit Design Using Linear and Nonlinear Techniques. New York:John Wiley & Sons Inc

http://sproket.colorado.edu

http://www.atsc.org

http://www.chips.ibm.com

http://www.davic.org

http://www.directtv.com

附　　录

附录 A　回波损耗、反射系数、VSWR、失配损耗之间对应关系

回波损耗 /dB	反射系数	VSWR	失配损耗 /dB	回波损耗 /dB	反射系数	VSWR	失配损耗 /dB
∞	0.0000	1.00	0.00	19.50	0.1059	1.24	0.05
50.00	0.0032	1.01	0.00	19.00	0.1122	1.25	0.06
49.00	0.0035	1.01	0.00	18.50	0.1189	1.27	0.06
48.00	0.0040	1.01	0.00	18.00	0.1259	1.29	0.07
47.00	0.0045	1.01	0.00	17.50	0.1334	1.31	0.08
46.00	0.0050	1.01	0.00	17.00	0.1413	1.33	0.09
45.00	0.0056	1.01	0.00	16.50	0.1496	1.35	0.10
44.00	0.0063	1.01	0.00	16.00	0.1585	1.38	0.11
43.00	0.0071	1.01	0.00	15.50	0.1679	1.40	0.12
42.00	0.0079	1.02	0.00	15.00	0.1778	1.43	0.14
41.00	0.0089	1.02	0.00	14.50	0.1884	1.46	0.16
40.00	0.0100	1.02	0.00	14.00	0.1995	1.50	0.18
39.00	0.0112	1.02	0.00	13.50	0.2113	1.54	0.20
38.00	0.0126	1.03	0.00	13.00	0.2239	1.58	0.22
37.00	0.0141	1.03	0.00	12.50	0.2371	1.62	0.25
36.00	0.0158	1.03	0.00	12.00	0.2512	1.67	0.28
35.00	0.0178	1.04	0.00	11.50	0.2661	1.73	0.32
34.00	0.0200	1.04	0.00	11.00	0.2818	1.78	0.36
33.00	0.0224	1.05	0.00	10.50	0.2985	1.85	0.41
32.00	0.0251	1.05	0.00	10.00	0.3162	1.92	0.46
31.00	0.0282	1.06	0.00	9.80	0.3236	1.96	0.48
30.00	0.0316	1.07	0.00	9.60	0.3311	1.99	0.50
29.00	0.0355	1.07	0.01	9.54	0.3333	2.00	0.51
28.00	0.0398	1.08	0.01	9.40	0.3388	2.03	0.53
27.00	0.0447	1.09	0.01	9.20	0.3467	2.06	0.56
26.00	0.0501	1.11	0.01	9.00	0.3548	2.10	0.58
25.00	0.0562	1.12	0.01	8.80	0.3631	2.14	0.61
24.00	0.0631	1.13	0.02	8.60	0.3715	2.18	0.65
23.00	0.0708	1.15	0.02	8.40	0.3802	2.23	0.68
22.00	0.0794	1.17	0.03	8.20	0.3890	2.27	0.71
21.00	0.0891	1.20	0.03	8.00	0.3981	2.32	0.75
20.00	0.1000	1.22	0.04	7.80	0.4074	2.37	0.79

回波损耗/dB	反射系数	VSWR	失配损耗/dB	回波损耗/dB	反射系数	VSWR	失配损耗/dB
7.60	0.4169	2.43	0.83	3.93	0.6364	4.50	2.25
7.40	0.4266	2.49	0.87	3.80	0.6457	4.64	2.34
7.36	0.4286	2.50	0.88	3.60	0.6607	4.89	2.49
7.20	0.4365	2.55	0.92	3.52	0.6667	5.00	2.55
7.00	0.4467	2.61	0.97	3.40	0.6761	5.17	2.65
6.80	0.4571	2.68	1.02	3.20	0.6918	5.49	2.83
6.60	0.4677	2.76	1.07	3.00	0.7079	5.85	3.02
6.40	0.4786	2.84	1.13	2.80	0.7244	6.26	3.23
6.20	0.4898	2.92	1.19	2.60	0.7413	6.73	3.46
6.02	0.5000	3.00	1.25	2.40	0.7586	7.28	3.72
6.00	0.5012	3.01	1.26	2.20	0.7762	7.94	4.01
5.80	0.5129	3.11	1.33	2.00	0.7943	8.72	4.33
5.60	0.5248	3.21	1.40	1.80	0.8128	9.69	4.69
5.40	0.5370	3.32	1.48	1.74	0.8182	10.00	4.81
5.20	0.5495	3.44	1.56	1.60	0.8318	10.89	5.11
5.11	0.5556	3.50	1.60	1.40	0.8511	12.44	5.60
5.00	0.5623	3.57	1.65	1.20	0.8710	14.50	6.17
4.80	0.5754	3.71	1.75	1.00	0.8913	17.39	6.87
4.60	0.5888	3.86	1.85	0.80	0.9120	21.73	7.74
4.44	0.6000	4.00	1.94	0.60	0.9333	28.96	8.89
4.40	0.6026	4.03	1.96	0.40	0.9550	43.44	10.56
4.20	0.6166	4.22	2.08	0.20	0.9772	86.86	13.47
4.00	0.6310	4.42	2.20	0.00	1.0000	∞	∞

附录 B　功率比、电压比、dB 值的换算

dB	功率比	电压比	dB	功率比	电压比
0	1	1	6	3.981071706	1.995262315
0.1	1.023292992	1.011579454	6.5	4.466835922	2.11348904
0.2	1.047128548	1.023292992	7	5.011872336	2.238721139
0.3	1.071519305	1.035142167	7.5	5.623413252	2.371373706
0.4	1.096478196	1.047128548	8	6.309573445	2.511886432
0.5	1.122018454	1.059253725	8.5	7.079457844	2.66072506
0.6	1.148153621	1.071519305	9	7.943282347	2.818382931
0.7	1.174897555	1.083926914	9.5	8.912509381	2.985382619
0.8	1.202264435	1.096478196	10	10	3.16227766
0.9	1.230268771	1.109174815	11	12.58925412	3.548133892
1	1.258925412	1.122018454	12	15.84893192	3.981071706
1.5	1.412537545	1.188502227	13	19.95262315	4.466835922
2	1.584893192	1.258925412	14	25.11886432	5.011872336
2.5	1.77827941	1.333521432	15	31.6227766	5.623413252
3	1.995262315	1.412537545	16	39.81071706	6.309573445
3.5	2.238721139	1.496235656	17	50.11872336	7.079457844
4	2.511886432	1.584893192	18	63.09573445	7.943282347
4.5	2.818382931	1.678804018	19	79.43282374	8.912509381
5	3.16227766	1.77827941	20	100	10
5.5	3.548133892	1.883649089	21	125.8925412	11.22018454

续表

dB	功率比	电压比	dB	功率比	电压比
22	158. 4893192	12. 58925412	69	7943282. 347	2818. 382931
23	199. 5262315	14. 12537545	70	10000000	3162. 27766
24	251. 1886432	15. 84893192	71	12589254. 12	3548. 133892
25	316. 227766	17. 7827941	72	15848931. 92	3981. 071706
26	398. 1071706	19. 95262315	73	19952623. 15	4466. 835922
27	501. 1872336	22. 38721139	74	25118864. 32	5011. 872336
28	630. 9573445	25. 11886432	75	31622776. 6	5623. 413252
29	794. 3282347	28. 18382931	76	39810717. 06	6309. 573445
30	1000	31. 6227766	77	50118723. 36	7079. 457844
31	1258. 925412	35. 48133892	78	63095734. 45	7943. 282347
32	1584. 893192	39. 81071706	79	79432823. 47	8912. 509381
33	1995. 262315	44. 66835922	80	100000000	10000
34	2511. 886432	50. 11872336	81	125892541. 2	11220. 18454
35	3162. 27766	56. 23413252	82	158489319. 2	12589. 25412
36	3981. 071706	63. 09573445	83	199526231. 5	14125. 37545
37	5011. 872336	70. 79457844	84	251188643. 2	15848. 93192
38	6309. 573445	79. 43282347	85	316227766	17782. 7941
39	7943. 282347	89. 12509381	86	398107170. 6	19952. 62315
40	10000	100	87	501187233. 6	22387. 21139
41	12589. 25412	112. 2018454	88	630957344. 5	25118. 86432
42	15848. 93192	125. 8925412	89	794328234. 7	28183. 82931
43	19952. 62315	141. 2537545	90	1000000000	31622. 7766
44	25118. 86432	158. 4893192	91	1258925412	35481. 33892
45	31622. 7766	177. 827941	92	1584893192	39810. 71706
46	39810. 71706	199. 5262315	93	1995262315	44668. 35922
47	50118. 72336	223. 8721139	94	2511886432	50118. 72336
48	63095. 73445	251. 1886432	95	3162277660	56234. 13252
49	79432. 82347	281. 8382931	96	3981071706	63095. 73445
50	100000	316. 227766	97	5011872336	70794. 57844
51	125892. 5412	354. 8133892	98	6309573445	79432. 82347
52	158489. 3192	398. 1071706	99	7943282347	89125. 09381
53	199526. 2315	446. 6835922	100	10000000000	100000
54	251188. 6432	501. 1872336	0	1	1
55	316227. 766	562. 3413252	−0. 1	0. 977237221	0. 988553095
56	398107. 1706	630. 9573445	−0. 2	0. 954992586	0. 977237221
57	501187. 2336	707. 9457844	−0. 3	0. 933254301	0. 966050879
58	630957. 3445	794. 3282347	−0. 4	0. 912010839	0. 954992586
59	794328. 2347	891. 2509381	−0. 5	0. 891250938	0. 944060876
60	1000000	1000	−0. 6	0. 87096359	0. 933254301
61	1258925. 412	1122. 018454	−0. 7	0. 851138038	0. 922571427
62	1584893. 192	1258. 925412	−0. 8	0. 831763771	0. 912010839
63	1995262. 315	1412. 537545	−0. 9	0. 812830516	0. 901571138
64	2511886. 432	1584. 893192	−1	0. 794328235	0. 891250938
65	3162277. 66	1778. 27941	−1. 5	0. 707945784	0. 841395142
66	3981071. 706	1995. 262315	−2	0. 630957344	0. 794328235
67	5011872. 336	2238. 721139	−2. 5	0. 562341325	0. 749894209
68	6309573. 445	2511. 886432	−3	0. 501187234	0. 707945784

dB	功率比	电压比	dB	功率比	电压比
−3.5	0.446683592	0.668343918	−44	3.98107E-05	0.006309573
−4	0.398107171	0.630957344	−45	3.16228E-05	0.005623413
−4.5	0.354813389	0.595662144	−46	2.51189E-05	0.005011872
−5	0.316227766	0.562341325	−47	1.99526E-05	0.004466836
−5.5	0.281838293	0.530884444	−48	1.58489E-05	0.003981072
−6	0.251188643	0.501187234	−49	1.25893E-05	0.003548134
−6.5	0.223872114	0.473151259	−50	0.00001	0.003162278
−7	0.199526231	0.446683592	−51	7.94328E-06	0.002818383
−7.5	0.177827941	0.421696503	−52	6.30957E-06	0.002511886
−8	0.158489319	0.398107171	−53	5.01187E-06	0.002238721
−8.5	0.141253754	0.375837404	−54	3.98107E-06	0.001995262
−9	0.125892541	0.354813389	−55	3.16228E-06	0.001778279
−9.5	0.112201845	0.334965439	−56	2.51189E-06	0.001584893
−10	0.1	0.316227766	−57	1.99526E-06	0.001412538
−11	0.079432823	0.281838293	−58	1.58489E-06	0.001258925
−12	0.063095734	0.251188643	−59	1.25893E-06	0.001122018
−13	0.050118723	0.223872114	−60	0.000001	0.001
−14	0.039810717	0.199526231	−61	7.94328E-07	0.000891251
−15	0.031622777	0.177827941	−62	6.30957E-07	0.000794328
−16	0.025118864	0.158489319	−63	5.01187E-07	0.000707946
−17	0.019952623	0.141253754	−64	3.98107E-07	0.000630957
−18	0.015848932	0.125892541	−65	3.16228E-07	0.000562341
−19	0.012589254	0.112208145	−66	2.51189E-07	0.000501187
−20	0.01	0.1	−67	1.99526E-07	0.000446684
−21	0.007943282	0.089125094	−68	1.58489E-07	0.000398107
−22	0.006309573	0.079432823	−69	1.25893E-07	0.000354813
−23	0.005011872	0.070794578	−70	0.0000001	0.000316228
−24	0.003981072	0.063095734	−71	7.94328E-08	0.000281838
−25	0.003162278	0.056234133	−72	6.30957E-08	0.000251189
−26	0.002511886	0.050118723	−73	5.01187E-08	0.000223872
−27	0.001995262	0.044668359	−74	3.98107E-08	0.000199526
−28	0.001584893	0.039810717	−75	3.16228E-08	0.000177828
−29	0.001258925	0.035481339	−76	2.51189E-08	0.000158489
−30	0.001	0.031622777	−77	1.99526E-08	0.000141254
−31	0.000794328	0.028183829	−78	1.58489E-08	0.000125893
−32	0.000630957	0.025118864	−79	1.25893E-08	0.000112202
−33	0.000501187	0.022387211	−80	0.00000001	0.0001
−34	0.000398107	0.019952623	−81	7.94328E-09	8.91251E-05
−35	0.000316228	0.017782794	−82	6.30957E-09	7.94328E-05
−36	0.000251189	0.015848932	−83	5.01187E-09	7.07946E-05
−37	0.000199526	0.014125375	−84	3.98107E-09	6.30957E-05
−38	0.0001158489	0.012589254	−85	3.16228E-09	5.62341E-05
−39	0.000125893	0.011220185	−86	2.51189E-09	5.01187E-05
−40	0.0001	0.01	−87	1.99526E-09	4.46684E-05
−41	7.94328E-05	0.008912509	−88	1.58489E-09	3.98107E-05
−42	6.30957E-05	0.007943282	−89	1.25893E-09	3.54813E-05
−43	5.01187E-05	0.007079458	−90	0.000000001	3.16228E-05

续表

dB	功率比	电压比	dB	功率比	电压比
−91	7.94328E-10	2.81838E-05	−96	2.51189E-10	1.58489E-05
−92	6.30957E-10	2.51189E-05	−97	1.99526E-10	1.41254E-05
−93	5.01187E-10	2.23872E-05	−98	1.58489E-10	1.25893E-05
−94	3.98107E-10	1.99526E-05	−99	1.25893E-10	1.12202E-05
−95	3.16228E-10	1.77828E-05	−100	1E-10	0.00001

附录 C　衰减器电阻值

附表 C-1　不同结构衰减器电阻值

T 型结构		Π 型结构		桥 T 结构		平衡结构	
dB	a	b	1/b	1/a	c	1/c	a	1/a
0.1	0.0057567	86.853	0.011514	173.71	0.011580	86.356	0.0057567	173.71
0.2	0.011513	48.424	0.023029	86.859	0.023294	42.930	0.011513	86.859
0.3	0.017268	28.947	0.034546	57.910	0.035143	28.455	0.017268	57.910
0.4	0.023022	21.707	0.046068	43.438	0.047128	21.219	0.023022	43.438
0.5	0.028775	17.362	0.057597	34.753	0.059254	16.877	0.028775	34.753
0.6	0.034525	14.465	0.069132	28.965	0.071519	13.982	0.034525	28.965
0.7	0.040274	12.395	0.080678	24.830	0.083927	11.915	0.040274	24.830
0.8	0.046019	10.842	0.092234	21.730	0.096478	10.365	0.046019	21.730
0.9	0.051762	9.6337	0.10380	19.319	0.10918	9.1596	0.051762	19.319
1.0	0.057501	8.6668	0.11538	17.391	0.12202	8.1954	0.057501	17.391
2.0	0.11462	4.3048	0.23230	8.7242	0.25893	3.8621	0.11462	8.7242
3.0	0.17100	2.8385	0.35230	5.8481	0.41254	2.4240	0.17100	5.8481
4.0	0.22627	2.0966	0.47697	4.4194	0.58489	1.7097	0.22627	4.4194
5.0	0.28013	1.6448	0.60797	3.5698	0.77828	1.2849	0.28013	3.5698
6.0	0.33228	1.3386	0.74704	3.0095	0.99526	1.0048	0.33228	3.0095
7.0	0.38248	1.1160	0.89604	2.6145	1.2387	0.80727	0.38248	2.6145
8.0	0.43051	0.94617	1.0569	2.3229	1.5119	0.66143	0.43051	2.3229
9.0	0.47622	0.81183	1.2318	2.0999	1.8184	0.54994	0.47622	2.0999
10.0	0.51949	70.273	1.4230	1.9250	2.1623	46.248	0.51949	1.9250
20.0	0.81818	20.202	4.9500	1.2222	9.0000	11.111	0.81818	1.2222
30.0	0.93869	6330.9	15.796	1.0653	30.623	3265.5	0.93869	1.0653
40.0	0.980198	2000.2	49.995	1.0202	99.000	1010.1	0.980198	1.0202
50.0	0.99370	632.46	158.11	1.0063	315.23	317.23	0.99370	1.0063
60.0	0.99800	200.00	500.00	1.0020	999.00	100.10	0.99800	1.0020
70.0	0.99937	63.246	1581.1	1.0006	3161.3	31.633	0.99937	1.0006
80.0	0.99980	20.000	5000.0	1.0002	9999.0	10.001	0.99980	1.0002
90.0	0.99994	6.3246	15.811	1.0001	31.622	3.1633	0.99994	1.0001
100.0	1.0000	2.0000	50.000	1.0000	99.999	1.0000	1.0000	1.0000

附表 C-2　　L 型结构衰减器电阻值

L 型结构

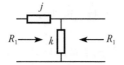

R_1/R_2	j	k	dB	R_1/R_2	j	k	dB
20.0	19.49	1.026	18.92	4.0	3.469	1.155	11.44
16.0	15.49	1.033	17.92	3.0	2.449	1.225	9.96
12.0	11.49	1.044	16.63	2.4	1.833	1.310	8.73
10.0	9.486	1.054	15.79	2.0	1.414	1.414	7.66
8.0	7.484	1.069	14.77	1.6	0.9798	1.633	6.19
6.0	5.478	1.095	13.42	1.2	0.4898	2.449	3.77
5.0	4.472	1.118	12.54	1.0	0	x	0

附录 D　LTCC 相关知识

D1　低温共烧陶瓷材料基本知识

集成电路芯片的封装基板可分为刚性有机封装基板、挠性封装基板、陶瓷封装基板这三大类。LTCC 是陶瓷封装基板的一个分支,以其优良的电学、机械、热学及工艺特征,满足低频、数字、射频和微波器件的多芯片组装或单芯片封装的技术要求,发展极为迅速,技术逐渐成熟完善。在军事、航天、航空、通信、计算机、汽车、医疗、消费类电子产品门类中获得很多研发和应用,开始形成产业雏形,有称 LTCC 代表着未来电子陶瓷的发展方向。

1. LTCC 基板特性

所谓的 LTCC 基板是与高温共烧陶瓷 HTCC 基板(Al_2O_3、BeO 等)相对应的另类基板材料,与 HTCC 的区别是陶瓷粉体配料和金属化材料不同,在烧结上控制更容易,烧结温度更低,具体而言,LTCC 主要采用低温(800~900℃),烧结瓷料与有机黏合剂/增塑剂按一定比例混合,通过流延生成生瓷带或生坯片,在生瓷带送上黏冲孔或激光打孔,金属化布线及通孔金属化,然后进行叠片、热压、切片、排胶,最后约 900℃ 低温烧结制成多层布线基板。多芯片模块用 LTCC 基板的显著特征是与导体(Cu、Ag 等)布线,以及可内置(埋)构成无源元件的电阻器、电容器、电感器、滤波器、变压器(低温共烧铁氧体)的材料同时烧成,在顶层键合 IC、大规模 LSI 及超大规模 LSI 等有源器件的芯片。

封装对基板材料有这样一些要求:高电阻率大于 $10^{14}\Omega \cdot cm$,确保信号线间绝缘性能;低介电常数 ε_r,提高信号传输速率,介电损耗 tgδ 小,降低信号在交变电场中的损耗,低的烧结温度,与低熔点的 Ag、Cu 等高电导率金属共烧形成电路布线图;与 Si 或 GaAs 相匹配的热膨胀系数,保证同 Si、GaAs 芯片封装的兼容性,较高的热导率,防止多层基板过热,较好的物理、化学及综合机械性能,经过十余年研发培育,LTCC 走向市场的速度加快,LTCC 的主要特性综述如下:

(1) 数十层电路基片重叠互连,内置无源元件,可提高组装密度、生产效率与可靠性,与同样功能的 SMT 组装电路构成的整机相比,改用 LTCC 模块后,整机的重量可减轻 80%~90%,体积可减少 70%~

80％,单位面积内的焊点减少 95％以上,接口减少 75％,提高整机可靠性达 5 倍以上。

(2)可制作精细线条和线距离,线宽/间距甚至可达到 $50\mu m$,较适合高速、高频组件及高密度封装的精细间距的倒装芯片。

(3)介电常数较小,一般 $\varepsilon_r \leqslant 10$,有的材料可做到 3.5 左右,高频特性非常优良,信号延迟时可减少 33％以上。

(4)较好的温度特性,热传导性优于印刷电路板 PCB,较小的热膨胀系数可降低芯片与基板间的热应力,有利于芯片组装。

(5)采用低电阻率混合金属化材料和 Cu 系统形成电路布线图形,金属化微带电阻及微带插损很低,并利用叠加不同介电常数和薄膜厚度的方式控制电容器的电容量与电感器的特性。

(6)可混合模拟、数字、射频、光电、传感器电路技术,进一步实现多功能化。

(7)制作工艺一次烧结成型,印刷精度高,过层基板生瓷带可分别逐步检查,有利于生产效率提高,非常规形状集成封装的研制周期短。

2. LTCC 基板材料

LTCC 基板材料的选取及制备工艺取得了很多令人满意的成效,加入玻璃是实现 LTCC 技术的重要措施,陶瓷粉料的比例是决定材料物理性能与电性能的关键因素,为获得低介电常数的基板,必须选择低介电常数的玻璃和陶瓷,主要有硼硅酸玻璃/填充物质、玻璃/氧化铝系、玻璃/莫来石系等,要求填充物在烧结时能与玻璃形成较好的浸润。

近年来的研发重点是微晶玻璃系和玻璃陶瓷复合系两类,如 $Al_2O_3\text{-}MgO\text{-}B_2O_3\text{-}P_2O_5$ 微晶玻璃系,硅酸盐加 Al_2O_3、SiO_2 玻璃陶瓷复合系,硼酸硅盐玻璃加 SiO_2 陶瓷复合系 BSGC,高硅玻璃陶瓷 HSGC 复合系等基板材料。为降低玻璃/氧化铝系的介电常数,在氧化铝中,加入比例大约是 $50:50$ 的低介电常数的玻璃成分。

LTCC 陶瓷粉料的制备多采用高温熔融法或化学制备法,前者将 Al_2O_3、PbO、MgO、$BaCO_3$、ZnO、TiO_2 等各种氧化物按比例配料、混合,在高温熔制炉中发生液相反应,通过淬火方法获得玻璃陶瓷粉料,经球磨或超声粉碎法即可制成烧结性好的 $0.1\sim0.5\mu m$ 的高纯、超细、粒度均匀的粉料,得到高活性的玻璃陶瓷粉料。例如,采用化学制备法来制备硼硅酸玻璃 BSG 粉料,与 SiO_2 称重配料共同作为 LTCC 陶瓷,SiO_2 起骨架作用,玻璃粉填充 SiO_2 间隙,实现液相烧结和控制烧结温度为 850℃。

封装用 LTCC 基板的生瓷带大多采用流延成型方法制造,流延浆料(成分包括黏结剂、溶剂、增速剂、润湿剂)的流变学行为决定基板的最终质量,具体因素为玻璃陶瓷粉状态、黏结剂/增塑剂的化学特性、溶剂特性,流延工艺的关键是设备、材料配方及对参数的控制。

现在许多公司都以卷的形式提供商用 LTCC 生瓷流延片,并提供与之收缩率和材料相匹配的金属化膏,从浆料经流延、金属布线,到最后通过在 900℃以下进行共烧形成致密而完整的基板或管壳,其烧结机理较为复杂,须用液相烧结理论进行分析,烧结工艺参数具体为:确定加热速率和加热时间、保温时间、降温时间,即如何确定热历史,控制以上系统在热历史内的玻璃结晶动力学过程和玻璃-陶瓷反应过程,控制基板烧结变形(膨胀、收缩)以达到几何精度要求。在烧结好的 Al_2O_3、BeO 基板上贴一层或多层生瓷片后进行层压和烧结,推出消除收缩率问题的"基板上流延片"技术,费用更高,而且 LTCC 多层化能力受限。不同介质材料层间在烧结温度、烧结致密化速率、烧结收缩率及热膨胀率等方面的失配,会导致共烧体产生很大的内应力,易产生层裂、翘曲和裂纹等缺陷。即使收缩率控制在 $\pm0.2\%$,在 X 和 Y 方向上,对于细节距的链接器或自动键合来说,累计误差将会导致对不准基板上对应焊盘问题,不同介质烧结收缩率稳定性的控制和较低的热导率以及介质层间界面反应的控制也是需要解决的问题。零收缩率流延带,在陶瓷中加入一些高热导率材料以提高材料的热导率,进一步降低介电常数等都将是

LTCC 技术的发展趋势。

目前,国外厂家可供应多种介电常数 $\varepsilon_r < 10$ 的生瓷带,但存在 ε_r 为系列化,不利于设计不同工作频率的器件,材料厂商比较注重生瓷带与银浆的匹配性能及材料性能,无实际应用生瓷带制作基板的设计与生产经验,对用户要求的掌握并不详尽。国内技术尚未达到 LTCC 用陶瓷粉料批量生产的程度,无系列化 LTCC 基板用生瓷带,科研需求一是直接购买国外厂家的生瓷带材料,二是采用进口陶瓷粉料自制生瓷带,从产业中前段起步,兼顾材料、器件、生产设备、加速发展。

3. LTCC 基板的封装应用

LTCC 基板的设计方法比 HTCC、厚膜、薄膜技术更加灵活,低温烧结可在厚膜工艺设备中进行,并综合 HTCC 与厚膜技术的特点,实现多层封装,集互连、无源元件和封装于一体,提供一种高密度、高可靠性、高性能及低成本的封装形式。其最引人注目的特点是能够使用良导体作布线,且使用介电常数低的陶瓷,从而减少电路损耗和信号传输延迟。目前已进入实用化、产业化阶段,成为备受关注的射频微波器件封装技术的制高点。

1) 微波芯片组件

MMCM(微波多芯片组件)采用 LTCC 技术,通过微波传输线(如微带线、带状线、共面波导)、逻辑控制线和电源线的混合信号设计,可将单片微波集成电路 MMIC 芯片与收/发模块组合在同一个 LTCC 三维微波传输结构电路中,LTCC 可设计出较宽的微波传输带,由微带线与带状线组成,叠层通过实现垂直微波互连,MMIC 芯片焊盘和 ASIC 芯片焊盘、低频控制信号线和电源线分别排布在上表层和中间层,在大功率 MMIC 芯片焊盘下设置散热通孔。三维微波传输结构在现代雷达系统、电子战系统、通信系统中的应用前景广阔。例如,相控阵雷达 X 波段 MMCM 采用 12 层 LTCC(厚度为 0.1mm 的 Ferro-A6 生胚材料)微波互连基板,其中微带线、接地面采用厚度为 0.2mm 的两层生坯片,带状线的两个接地面采用十层生坯片,距离为 1.0mm,控制逻辑线和电源线分布在两个接地面的十层生坯片中,最细线条达 0.1mm,线条精度为 ± 0.025mm,微波传输插损为 0.22dB · mm^{-1},集成十余块 MMIC 芯片和 ASIC 芯片,数十只小型片式阻容元件,采用共晶焊技术将芯片焊接到 LTCC 基板上,芯片焊透率超过 90%,采用金丝(带)键合技术实现芯片与 LTCC 基板焊接到 AlSiC 外壳中,其体积和重量仅为常规微波电路组件的 1/4 左右,将 MMIC 芯片倒装焊接在 LTCC 上,封装出汽车雷达用 76~77GHz 的 MMIC 模块,配备到豪华型轿车上提供适应性的巡航控制,若其成本下降有望能打开中级轿车市场,商业需求潜力巨大。

2) 射频系统级封装

在射频领域,可以采用系统级封装 SiP 或者系统集成 SoC,两种方法各有千秋。SiP 可用倒装片、金属线焊、层叠式管芯、陶瓷衬底、BGA 封装或岸面栅格阵列等技术来组合封装各种芯片,如数字电路、存储电路、射频电路、微机电系统、分立器件。先进的射频封装设计有赖于芯片/封装的协同与建模及封装仿真智能化,射频集成的功率放大器、前端模块中的声表面滤波器、射频开关及其相关无源元件的 SiP 在行业内被日益广泛地接受,并用于大批量封装生产中。与一般的 SiP 技术相比,应用在射频领域 SiP 的最为关键的技术是无源嵌入、基板、堆叠裸芯片。

LTCC 为射频 SiP 提供了一种优越的封装解决方案,LTCC 基板可嵌入更多更复杂的由陶瓷自身构成的元器件,通过 LTCC 基板技术,在射频 SiP 中实现双工器、若干低通滤波器、两只 PIN 二极管天线开关与三只声表面滤波器的模块化,行业人士认为,芯片与 LTCC 技术相结合是当前实现收/发模块小型化最有效的方法,在微功耗的无线局域网 WLAN 收/发模块,通信网络组件、蓝牙收/发模块、天线开关模块中均采用 LTCC 技术,有的厂家年产开关模块(内含分拨器、收/发转换开关、天线开关等)1 亿块以上,将更多芯片组合到常规外形的单个封装中的新方法(包括 LTCC、层压板、玻璃基板)正成为射频 SiP

的一种趋势。

　　3）阵列式封装

　　用 LTCC 技术很容易制造出针栅阵列式封装 PGA、球栅阵列式封装 BGA 以及四方扁平封装 QFP，一体化 LTCC 基板/外壳成为很好的发展方向，芯片键合互连可采用倒装焊、梁式引线、载带组装，I/O 引出段为 PGA 一体化封装的陶瓷多芯片组件，MCM-C 由 LTCC 基板、钉头针状外引线、封装外壳腔壁和盖板等组成，先采用开空腔技术，选用与 LTCC 基板相同材料和收缩率（最好为无收缩率）的生瓷，制作窗框形封装腔壁多层瓷片；再将腔壁多层瓷片与基板多层瓷片叠压成一体后共烧，获得一体化的陶瓷基板/外壳；最后钎焊 PGA 外引线，容易制作出系列化、通用的大腔体陶瓷 PGA 外壳，满足专用混合 IC、MCM 的需要，应用较多的一体化基板/外壳的外引线细节距面阵 PGA 的引线区端子/面积比率达到 31.63 线/cm²，节距 1.778mm 正交面阵排列，或 2.54mm 按相邻行、相邻列均错位 1.27mm 排列。

　　将 LTCC 基板与外壳腔臂一体化共烧后，采用置球工艺在 LTCC 基板地面的面阵 I/O 端子焊接上制作出 BGA 焊球凸点端子，可形成一体化的基板/BGA 外壳，其正交面阵节距可制作成 1.27mm、1mm、0.653mm 规格，引线区的端子/面积比率很高，达到 62 个/cm²、100 个/cm²、248 个/cm²，利用小金属球凸点满足高密度集成复杂的 MCM-C 封装要求。

　　4）光电子封装

　　在光电子器件中，封装往往占其成本的 60%～90%，封装在降低成本上扮演举足轻重的角色，LTCC 基板可满足下一代光电子器件封装的要求，借助 LTCC 技术，将各种不同的 Si、GaAs、InP 材料制作出新型光学有源、无源元件与电子有源、无源元件整合在同一封装中，达到高性能、低成本的光电子封装的目标，并有利于提高光电子器件的集成度和应用。

　　随着 MLCC 所用陶瓷和浆料低温烧结化的深入研发，LTCC 基板在芯片封装中的应用日渐广泛，其封装结构紧凑、体积小、重量轻、性能好、可靠性高的特点突显，技术研发和市场需求紧密结合，成为微电子产业兵家必争之地，器件封装及模块化成为首选，同时也是发展毫米波及微波 IC 与光电子器件的当务之急，低成本国产化有很大发展机遇。

D2　LTCC 材料特性（附表 D-1～附表 D-5）

附表 D-1　介质材料特性

材　　料	处理温度/℃	热膨胀系数/（ppm/℃）	透湿性
聚合物	<200	25～100	中等到高
金属	>600	20～25	低
陶瓷	800～1700	4～10	低到中等

附表 D-2　典型的生瓷带材料特性

品牌型号	Dupont 951	Dupont 943	Ferro A6M	Ferro A6B	Heraeus CT200	Heraeus HL2000
颜色	蓝	蓝	白	黑	亮蓝	亮蓝
常用烧结厚度/mil	1.7,3.5,5.1,7.8	4.4	3.7,7.4	3.3,6.7	0.8,1.6,3.1,4.1,8.0	3.5 到 3.75
介电常数	7.8	7.5	5.9	6.5	9.1	7.3
损耗正切/%	0.15	<0.1	<0.2	<0.5	<0.2	<0.26
绝缘电阻	>10¹²Ω/层	>10¹²Ω/层	>10¹²Ω/层	>10¹²Ω/层	>10¹³Ω·cm	>10¹³Ω·cm
击穿电压/(V·mm⁻¹)	>1000	>1000	>900	>1000	>1000	>3000

续表

品牌型号	Dupont 951	Dupont 943	Ferro A6M	Ferro A6B	Heraeus CT200	Heraeus HL2000
烧结密度 /(g/cm²)	3.1	3.2	2.5	2.5	2.45	2.9
TCE/(ppm/℃)	5.8	6.0	7.5	9~10	5.6	6.1
X-Y 收缩率/%	12.7±0.3	9.5±0.3	15.0±0.2	14.5±0.2	10.6±0.3	0.16~0.24
Z 收缩率/%	15±0.5	10.3±0.5	25.0±0.5	35.0±0.5	16.0±1.5	32.0
金属化	Au/Ag-Ag-Au	Au/Ag-Ag-Au	Au/Ag-Ag-Au	Au/Ag-Ag-Au	Au/Ag-Ag-Au	Au/Ag-Ag-Au

附表 D-3　常用导体的电导率和熔点

导　体	电导率 σ/(S/m)	熔点/℃
银(Ag)	6.17×10^{7}	961
铜(Cu)	5.8×10^{7}	1083
金(Au)	4.10×10^{7}	1063
钨(W)	1.815×10^{7}	3370

附表 D-4　国内常用材料特性

公　司	烧结温度/℃	热膨胀系数 /($\times 10^{-6}$/℃)	介电常数 /(1MHz)	电阻率 /($\Omega \cdot$cm)	扰折强度 /(kg/cm²)	导　体
IBM	850~1050	2.4~5.5	5.3~5.7	—	—	Au
NEC	900	4.2	7.5	10^{14}	3000	Au、Pd-Ag
NEC	900	1.90	3.9	10^{13}	1400	Pd-Ag
杜邦	850	7.9	8.0	10^{12}	2100	Au、Ag、Pd-Ag
43 所	850	—	5.0	10^{12}	—	Au
43 所	850	—	8.1	10^{13}	2100	Pd-Ag
东芝	960~980	5.5	8.5	10^{13}	1700	Pd-Ag

附表 D-5　常用 LTCC 无源元件及其等效电路模型

描　述	典型的电路布局	等效电路模型
单层圆形电感		
单层矩形电感		

描　述	典型的电路布局	等效电路模型
多层矩形电感		
多层圆形电感		
卵形电感		
两层并联电容		
单层串联电容		
四层串联电容		
电容 Π 型网络		
LC 级联网络		

描　述	典型的电路布局	等效电路模型
LC 谐振槽		
低通网络		
具有一个传输零点的高通网络		
具有一个传输零点的带通滤波器		
具有两个传输零点的带通滤波器		

附录 E　介质谐振器的模式

1) 腔内介质谐振器(附表 E-1)

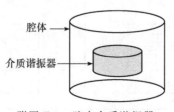

附图 E-1　腔内介质谐振器

附表 **E-1**　圆柱形介质环的模式

模 式	模式分类	m	n	p
TE_{0np}	横电场(TE)	$m=0$	$n=1,2,3,\cdots$	$p=\delta,1+\delta,2+\delta,3+\delta,\cdots$
TM_{0np}	横磁场(TM)	$m=0$	$n=1,2,3,\cdots$	$p=\delta,1+\delta,2+\delta,3+\delta,\cdots$
EH_{mnp}	准 TE	$m=1,2,3,\cdots$	$n=1,2,3,\cdots$	$p=\delta,1+\delta,2+\delta,3+\delta,\cdots$
HE_{mnp}	准 TM	$m=1,2,3,\cdots$	$n=1,2,3,\cdots$	$p=\delta,1+\delta,2+\delta,3+\delta,\cdots$

2) 介质环谐振器

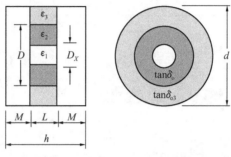

附图 E-2　内空的圆柱形介质环谐振器(DDR)的结构

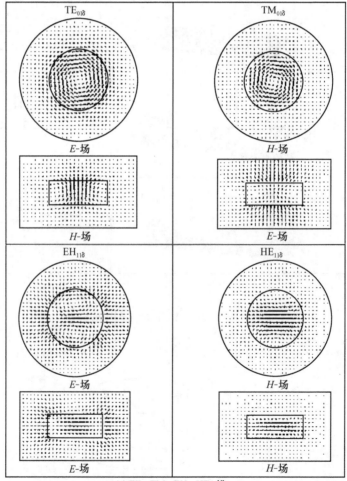

(a) TE_{01}, TM_{01}, EH_{11}, HE_{11} 模

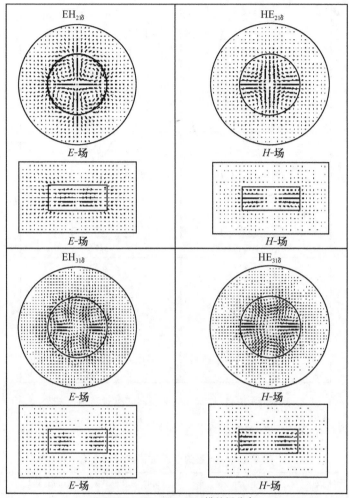

(b) $EH_{21}, HE_{21}, EH_{31}, HE_{31}$ 模的场分布

附图 E-3　介质环谐振器的模式结构

3）柱状介质谐振器

磁场（M）和电场（P）偶极矩的一些模式。

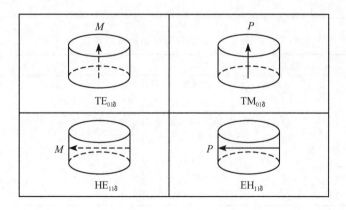

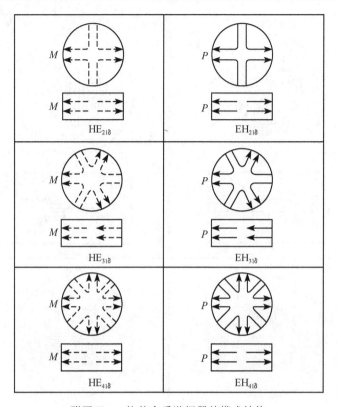

附图 E-4　柱状介质谐振器的模式结构

4）介质谐振器材料（附表 E-2、附表 E-3）

附表 E-2　典型的介质谐振器材料参数

系　列	介电常数	$Q/(1/\tan\delta)$	$\tau_f/(ppm/℃)$	$\tau_a/(ppm/℃)$	比　　较
2900	29～30.7	＞50000@2 GHz	4/2/0/−2	＞10	BaZnTa oxide
3500	34.5～36.5	＞35000@2 GHz	6/3/0/−3	10	BaZnCoNb
4300	43	＞9500@4.3 GHz	6/3/0/−3/−8	6.5	Zrtitanium-based
4500	44.7～46.2	＞9500@4.3 GHz	6/3/0/−3/−8	6.5	Zrtitanium-based
8300	35～36.5	＞9500@4.3 GHz	9/6/3/0/−3	10	Titanate-based
8700	29.5～31	＞10000@10 GHz	4/2/0	10	BaZnTa oxide

附表 E-3　介质环谐振器的典型参数

材料代码	介电常数	Q	$\tau_f/(ppm/℃)$	$\tau_a/(ppm/℃)$
U	36～40	＞6000@7 GHz	−4～10	6～7
M	37～40	＞7000@7 GHz	0～6	6～7
V	33～36	＞10000@10 GHz	0～8	12～13
R	29～31	＞12000@10 GHz	0～6	10.7
B	27～29	＞15000@10 GHz	0～6	11
E	24～25	＞20000@10 GHz	0～6	10.7
F	23～24	35000@10 GHz	0～4	11

附录 F　常见介质的电参数

附表 F-1　一些实电介质在 25℃ 时的相对介电常数

介　质	ε_r	介　质	ε_r
真空	1(定义)	云母	6~11
空气(大气压强,0℃)	1.0006	滑石石瓷	6
琥珀	2.7	聚乙烯	2.25
硼硅酸盐玻璃	4.0	聚乙烯氯化物	6
康宁玻璃 0010	6.68	环氧树脂	3.6~11
康宁玻璃 0014	6.78	(合成)橡胶	3~4
高硅玻璃	4~5	氯丁(二烯)橡胶	7
石英(熔融的)	3.8	蜂蜡(白色)	2.65
金刚钻	5.5	蜂蜡(黄色)	2.73
瓷器	5.5	固体石蜡	2.3
大理石	10~15	钛酸钡	1200

附表 F-2　一些分子的电偶极矩

分　子	偶极矩 $(10^{-30}C/m)$	偶极矩 (D)	分　子	偶极矩 $(10^{-30}C/m)$	偶极矩 (D)
HCl	3.5	1.05	NH_3	4.9	1.47
CsCl	35.0	10.5	$HgCl_2$	0.0	0
H_2O	6.2	1.87	CCl_4	0.0	0
D_2O	6.0	1.80	CH_4O	5.7	1.71

附表 F-3　氩的极化

结　构	T/K	压强(atm)	ε_r	$\alpha_e/(10^{-40}F/m^2)$
气体	293	1	1.000517	1.83
液体	83	1	1.53	1.86

附表 F-4　一些离子晶体静态和射频介电常数

材　料	ε_r 静态的	ε_r 光学的	材　料	ε_r 静态的	ε_r 光学的
LiF	9.27	1.90	KCl	4.64	2.17
LiC	11.05	2.68	RbCl	5.10	2.18
NaCl	5.62	2.32	NaI	6.60	2.96

附表 F-5　材料的电介质性质

材　料	方　向	相对介电常数				损耗角正切
		$f=60\,\mathrm{Hz}$	100kHz	1MHz	100MHz	
晶体						
金红石	$\parallel_c$	—	170	170	—	10^{-4}
	$\perp_c$		90	90	—	2×10^{-4}
三氧化二铝	$\parallel_c$	—	10.6	10.6	10.6	—
	$\perp_c$		8.6	8.6	8.6	—
铌酸锂	$\parallel_c$	—	—	30	—	0.05
	$\perp_c$		—	75	—	
陶瓷						
$BaTiO_3$		—	—	1600	—	150×10^{-4}
氧化铝		—	—	4.5～8.5	—	0.0002～0.01
滑石石瓷		—	—	5.5～7.5	—	0.0002～0.004
金红石		—	—	14～110	—	0.0002～0.005
瓷器		—	—	6～8	—	0.003～0.02
聚合物						
聚乙烯		—	2.3	2.3	—	10^{-4}～10^{-3}
聚丙烯		2.1	—	—	—	2.5×10^{-4}
聚四氟乙烯		2.1	2-3	2-3	—	2×10^{-4}
聚苯乙烯		2.55	—	—	—	5×10^{-5}
聚氯乙烯		3～6	3～5	3.5	3.0	10^{-4}
聚碳酸酯		—	—	2.8	—	3×10^{-2}
聚酯纤维		—	—	4-5	—	0.02
尼龙66		—	3.5	3.33	3.16	0.02
玻璃						
耐热玻璃		—	—	—	4～6	0.008～0.025
石英		—	—	4	—	2×10^{-4}
维克玻璃		—	—	—	3.8	9×10^{-4}
混合物						
云母		—	—	5	—	3×10^{-4}
氯丁(二烯)橡胶		—	—	6.3	—	—

附表 F-6　三种液体的典型弛豫时间

材　料	温度/℃	$\tau/(10^{-11}\mathrm{s})$
H_2O	19	1
CH_3OH	19	6
C_2H_5OH	20	13

附表 F-7　一些非无极性材料的 ε' 和 n^2 值的比较

材　料	n^2	ε'	测量的频率/Hz
氢(液态,−253℃)	1.232	1.228	
金刚石	5.66	5.68	
氮(液态,−197℃)	1.453	1.454	
氧(液态,−190℃)	1.491	1.507	
碳(液态)	1.918	1.910	
溴	2.66	3.09	
石蜡(液态)	2.19	2.20	10^3
苯	2.25	2.284	10^3
聚苯乙烯	2.53	2.55	$10^2 \sim 10^{10}$
聚乙烯	2.28	2.30	$10^2 \sim 10^{10}$
四氯化碳	2.13	2.238	
聚四氟乙烯	1.89	2.10	$10^2 \sim 10^{10}$

附表 F-8　探地雷达(GPR)应用频率

材　料	典型的渗透深度	估计工作的最大频率
纯净淡水冰	10km	10MHz
温和的纯冰	1km	50MHz
咸水冰	10m	50MHz
淡水	100m	100MHz
沙滩(沙漠)	5m	1GHz
砂土	3m	1GHz
壤土	3m	500MHz
黏土(干)	2m	100MHz
食盐(干)	1km	250MH
煤炭	20m	500MHz
岩石	20m	50MHz
水	0.3m	10GHz

附录 G　微波 PCB 电路基板相关知识

G1　印制电路板基材基础知识

使用最多的一类基板材料产品形态是覆铜板。覆铜板产品又有很多品种,按不同的划分规则,有不同的分类。包括:单、双面 PCB 用基板材料;多层板用基板材料(内芯薄型覆铜板、半固化片、预制内层多层板);积层多层板用基板材料(有机树脂薄膜、涂树脂铜箔、感光性绝缘树脂或树脂薄膜、有机涂层树脂等)等。下面简单介绍。

（1）按板的增强材料不同，可划分为纸基、玻璃纤维布基、复合基（CEM 系列）、积层多层板基和特殊材料基（陶瓷、金属芯基等）五大类。随着电子技术的发展和不断进步，对印制板基板材料不断提出新要求，从而促进覆铜箔板标准的不断发展。

（2）按印制板材料强度可分为两大类：刚性基板材料和柔性基板材料。一般刚性基板材料的重要品种是覆铜板。它是用增强材料（reinforcing material），浸以树脂胶黏剂，通过烘干、裁剪、叠合成坯料，然后覆上铜箔，用钢板作为模具，在热压机中经高温高压成型加工而制成的。一般的多层板用的半固化片，则是覆铜板在制作过程中的半成品（多为玻璃布浸以树脂，经干燥加工而成）。

（3）按板所采用的树脂胶黏剂不同进行分类，常见的纸基 CCI 有：酚醛树脂（XPc、XxxPC、FR-1、FR-2 等）、环氧树脂（FE-3）、聚酯树脂等各种类型。常见的玻璃纤维布基 CCL 有环氧树脂（FR-4、FR-5），这是目前广泛使用的玻璃纤维布基类型。另外还有其他特殊性树脂（以玻璃纤维布、聚基酰胺纤维、无纺布等为增加材料），如双马来酰亚胺改性三嗪树脂（BT）、聚酰亚胺树脂（PI）、二亚苯基醚树脂（PPO）、马来酸酐亚胺-苯乙烯树脂（MS）、聚氰酸酯树脂、聚烯烃树脂等。

（4）按 CCL 的阻燃性能分类，可分为阻燃型（UL94—V0、UL94—V1 级）和非阻燃型（UL94—HB级）两类板。近几年，随着对环保问题的更加重视，在阻燃型 CCL 中又分出一种新型不含溴类物的 CCL品种，可称为"绿色型阻燃 CCL"。随着电子产品技术的高速发展，对 CCL 有更高的性能要求。因此，从 CCL 的性能分类，又分为一般性能 CCL、低介电常数 CCL、高耐热性的 CCL、低热膨胀系数的 CCL 等类型。

随着电子技术的发展和不断进步，对印制板基板材料不断提出新要求，从而促进覆铜箔板标准的不断发展。目前，基板材料的主要标准如下。

（1）国家标准。目前，我国有关基板材料的国家标准有 GB/T 4721—4722—1992 及 GB 4723—4725—1992，中国台湾地区的覆铜箔板标准为 CNS 标准，是以日本 JIS 标准为蓝本制定的，于 1983 年发布。

（2）其他国家标准主要有日本的 JIS 标准，美国的 ASTM、NEMA、MIL、IPc、ANSI、UL 标准，英国的 BS 标准，德国的 DIN、VDE 标准，法国的 NFC、UTE 标准，加拿大的 CSA 标准，澳大利亚的 AS 标准，前苏联的 FOCT 标准，国际的 IEC 标准等。

JIS——日本工业标准-（财）日本规格协会

ASTM——美国材料实验室学会标准（American Society for Testing and Materials）

NEMA——美国电气制造协会标准（National Electrical Manufacturers Association）

MH——美国军用标准（Department of Defense Military Specifitions and Standards）

IPC——美国电路互连与封装协会标准（The Instittue for Interconnecting and Packing EIectronic Circuits）

G2　微波基板材料

高频信号要求材料的介电常数稳定、介质损耗角正切值小，满足此要求的材料及基板的国外公司有欧美的 Rogers、Arlon、GIL Taconic、Metclad、Isola、Polyclad，日本的 Asaki、Hitach、ehemical、Chukok等，国内以江苏泰州的几家公司为主。下面分别介绍。

G2-1　国产微波基板材料特性

以江苏泰州的微波基板材料为主（参阅 http：//www.js-wb.com/c6.htm）介绍国产材料的特性。其他厂家产品性能与此类似，可查阅相关手册。

第一系列　聚四氟乙烯及聚四氟乙烯玻璃布敷铜板

纯聚四氟乙烯板材和聚四氟乙烯玻璃布层压板材单、双面敷铜箔或一面敷铜箔,另一面衬铝板或铜板经高温、高压、烘焙、烧结而制成具有优良电气性能和较好机械强度的微波介质印刷电路基板。

1. 聚四氟乙烯玻璃布覆铜泊层压板——F4B 型、F4B-1 型、F4B-2 型

本产品是根据微波电路的电性能要求,选用优质进口材料,经高温、高压、烘焙、烧结而制成,它具有良好的电性能和较高机械强度,是广大技术人员广泛选用的优良微波印刷电路基板。

技术条件：

(1) 主要介电常数：2.55,2.65,2.9,3.0

(2) 外观：符合微波印刷电路基板材料外观的国际、军标规定的指标。

(3) 常规板面尺寸(mm×mm)：1200×480,860×550,660×440,490×490,550×430,410×440, 430×360,300×250。

(4) 敷铜箔厚度(mm)：0.035 或 0.018。

(5) 厚度尺寸及公差。

① 敷铜箔板的标称厚度包括两面铜箔的厚度。

板厚	0.10,0.12,0.17 0.20,0.25,0.30	0.5,0.8,1.0	1.5,2.0	2.5,3.2,4.0,5.0
公差	±0.01	±0.03	±0.05	±0.06

② 厚度、公差表。

③ 特殊尺寸可根据用户电路设计要求而压制。

(6) 机械性能。

① 翘曲度：

板厚/mm	翘曲度最大值 mm/mm		
	光面层压板	单面覆铜箔板	双面覆铜箔板
0.25~0.5	0.03	0.05	0.025
0.25~0.5	0.025	0.03	0.020
1.5~2.0	0.020	0.025	0.015
3.0~5.0	0.015	0.020	0.010

② 剪切、冲剪性能。

剪切：<1mm 的板剪切后无毛刺,两冲孔间距最小为 0.55mm,不分层。

≥1mm 的板剪切后无毛刺,两冲孔间距最小为 1.10mm,不分层。

③ 抗拉强度：厚度为 1mm 的板,F 拉≥1000kg/cm²。

④ 弯曲强度：厚度为 1mm 的板,F 弯≥800kg/cm²。

⑤ 抗剥强度：常态≥15N/cm;恒定湿热及(260°±2)℃熔焊料中保持 20s 不起泡,不分层且抗剥强度≥12N/cm。

⑥ 化学性能：可参照印刷电路化学腐蚀方法加工电路,而介质材料性能不改变,且可进行孔金属化。

2. 耐高温超薄敷铜箔板

本产品采用高纯度,厚薄均匀度高的进口丝玻璃布和进口超薄铜箔,按聚四氟乙烯玻璃布层压板的

压制工艺而压制出来的,可以制作毫米波电路的超细线条和线间隙的优良介质敷铜箔基板。

技术条件:

(1) 机械性能、电性能指标:与 F4B 敷铜箔板相同。

(2) 特殊性能:

① 因选用进口超薄铜箔从而使制作印制电路细线条精度提高。

② 铜箔厚度的均匀性进一步提高,从而使电路的性能达到理想的设计效果。

③ 抗剥离强度进一步提高。

(3) 铜箔板的厚度:根据电路设计要求面压制,一般在 0.07～0.25mm 范围内任意选取。

3. 聚四氟乙烯玻璃布、铜、铝基板 F4B-1/AI,F4B-1/CU

该产品是在聚四氟乙烯玻璃布层压板的基础上采取一面敷铜箔,一面敷不同厚度的铜板或敷不同厚度的铝板。

技术条件:

(1) 板面尺寸(mm):400×300、400×400。

(2) 衬底板厚度(mm):0.5、0.8、1.0、1.5 等。

(3) 翘曲度:其指标符合基板设计要求。

(4) 电气性能:其性能指标除同 F4B 类材料相同外,其微波接地及散热性能大大提高。

4. 最新产品

两面不同厚度的聚四氟乙烯玻璃布介质,中间不同厚度的铜铝板 AI-F4B-AI,CU-F4B-CU。所有型号、规格、产品技术指标同上。

5. 聚四氟乙烯敷铜箔板 F4T 型、F4T-1 型、F4T-2 型

本产品是在纯聚四氟乙烯板材两面敷上经氧化处理的电解铜箔,然后经高温、高压、烘焙、烧结而成的电路基板,又简称纯四氟板。该板具有微波介质材料最优良的电气性能(即低介电常数、低损耗)并具有一定的机械强度,是微波印制电路良好基板。

技术条件如下。

(1) 外观:符合微波印制电路基板的一般要求。

(2) 外形尺寸(mm×mm):220×270,180×180,150×150,100×120。

(3) 厚度及公差(mm):0.5±0.05,0.8±0.08,1±0.1,1.5±0.15,2±0.2,3±0.3。

(4) 机械性能。

① 翘曲度:双面板为 0.02mm/mm。

② 剪切、冲剪性能:剪切无毛刺,冲剪时两冲孔最小间距为 0.55。

③ 抗拉强度:F 拉≥200kg/cm^2。

④ 抗弯强度:F 弯≥120kg/cm^2。

⑤ 抗剥强度:常态≥8N/cm。

恒定湿热及热焊 20s 后≥6N/cm。

(5) 化学性能:可参照印制电路化学腐蚀方法加工电路板,其介质材料机械、电性能不变。

(6) 物理电气性能。见后面附表。

第二系列　微波复合介质基片类

微波复合介质敷铜箔基本是由低损耗无机矿物质二氧化钛（TiO$_2$）和低损耗有机塑料按比例混合，然后烘焙、烧结、压制而得到的复合介质基片，用该基片敷上超薄铜箔再经压制而成敷铜箔基片，是制造微波元器件的最佳材料，可广泛应用于卫星通信、导航、固态相控阵雷达、广播电视等电子设备及微波印制电路器件中。

1. 微波复合介质敷铜箔基片 TP 型、TP-1 型、TP-2 型

1）用该基片做微波电路的特点

（1）介电常数可根据电路要求在 2.5～16 范围内任意选择且稳定。使用温度为 $-100\sim+150$℃。

（2）铜箔和介质的粘附力比陶瓷此片的真空镀膜牢靠，电路加工方便，成品率高，且成本较陶瓷基片大大降低。

（3）介质损耗角正切值 tgδ$\leqslant 1\times 10^{-3}$，且随频率增高损耗值变化小。

（4）易于机械加工，可方便进行钻、车、磨、剪、刻等多种加工，这是陶瓷基片不能比的。

2）技术指标

（1）外观：双面平整，无斑点、伤痕、凹陷、铜箔的皱折、针孔等。

（2）尺寸及公差。

① 外形尺寸：$A\times B$（mm×mm）为 30×50，40×50，60×100；

$A(B)$公差$\leqslant\pm 0.03$mm，120mm×100mm，150mm×150mm，180mm×180mm，270mm×220mm；

② 厚度尺寸及公差：δ（mm）0.3±0.02，0.5±0.02，0.8±0.03，1±0.04，1.2±0.05，1.5±0.06，2±0.08。

（3）机械性能。

① 抗剥性能：常态$\geqslant 10$N/cm；交变湿热：8N/cm。

② 拉伸强度：$\geqslant 800$kg/cm^2。

③ 化学性能：可能照印制电路化学腐蚀方法加工电路板而不改变介质材料的性能。

2. 新型微波复合介质基片 TF 型、TF-1 型、TF-2 型

本产品是由微波性及耐温性优越的聚四氟乙烯树脂材料与天然矿物质复合而成，该类材料能与美明罗杰斯公司 RT/duroid、6006、6010、TMM10 等产品媲美。

该材料主要特点：比 TP 系列产品工作温度有较大提高，可在 $-80\sim+200$℃范围内长期使用，可进行波峰焊、固熔焊。

产品主要性能见附表 G-1。

附表 G-1　几种主要基板材料物理电气性能

性　能	参　数	测试方法
介电常数/10GHz	9.60±0.20	带状线谐振法 GB 12636—90
介质损耗/10GHz	$\leqslant 0.0025$	带状线谐振法
介电常数温度系数	$\leqslant -385$ppm/℃	GB 1410—88
体电阻率	$\geqslant 5.0\times 10^{11}\Omega\cdot$cm	GB 1410—88
表面电阻	$\geqslant 5.0\times 10^{11}\Omega$	GB 1410—88
基片抗拉强度	$\geqslant 110$MPa	GB 2568—95
铜箔剥离强度	$\geqslant 15$N/cm	GB 4722—92

续表

性　能	参　数				测试方法
浸焊性	260℃/5min 无熔蚀				GB 3261—93
使用温度范围	−55~200℃ 无变形				
吸水率	≤0.1‰				
比重	(2.9±0.1)g/cm³				
耐辐照	30min,20rad/cm² 无变化				
耐腐蚀	浸泡 24h 表面无变化				
热膨胀系数(25℃基准,温速 5℃/min)	温度/℃	X	Y	Z	
	−25	−1.4	−1.2	−1.7	
	0	−0.8	−0.6	−1.3	
	50	0.8	0.7	1.1	
	100	1.3	1.1	1.7	
	150	1.9	1.6	2.6	

第三系列　绝缘漆布类

本产品是聚四氟乙烯玻璃布敷铜箔板层压前的原材料,是用聚四氟乙烯分散乳液浸渍在无碱玻璃上,经干燥、烘焙、烧结而制成的耐热绝缘以及低损耗微波介质材料,具有优良电气性能、不粘性及耐高温性能。广泛应用于电子、电机、航空、纺织、化学和食品工业等部门。在微波电路器件上可以作为多层印制板之间的介质隔层。

1. 材料分类

(1) 聚四氟乙烯玻璃防粘漆布:型号 F4B-N。

(2) 聚四氟乙烯玻璃绝缘漆布:型号 F4B-J。

(3) 聚四氟乙烯玻璃透气漆布:型号 F4B-T。

2. 技术要求

(1) 外观:表面光滑平整、胶量均匀、无裂缝及机械损伤。

(2) 外形尺寸:长度为 $A=1~50m$;宽度为 $B=900~1000mm$

(3) 厚度及公差(附表 G-2)。

附表 G-2　厚度及公差

厚度 δ/mm	防粘用 F4B-N				绝缘 F4B-J			透气防粘漆布 F4B-T	
	0.08	0.10	0.15	0.40	0.1	0.15	0.24	0.04	0.07
公差	±0.01	±0.02	±0.03	±0.04	±0.05	±0.01	±0.02	±0.004	±0.005

附表 G-3　机械、物理、化学电气性能

编　号	指标名称	测试条件	单　位	指标数值
1	拉伸强度	拉力机	kg/cm²	1000
2	使用温度	烘箱中	℃	250℃长期使用,300℃间断使用
3	化学性能	浸入酸碱盐中		全部是惰性的

编 号	指标名称	测试条件	单 位	指标数值
4	表面电阻系数	常温下	Ω	$\rho_s \geqslant 10^{12}$
5	体积电阻系数	常温下	$\Omega \cdot cm$	$\rho_v \geqslant 10^{13} \Omega \cdot cm$
6	击穿电压	$\delta = 0.8$	kV	$V_穿 \geqslant 0.6$
		$\delta = 0.1$	kV	$V_穿 \geqslant 0.8$
		$\delta = 0.15$	kV	$V_穿 \geqslant 1.1$
		$\delta = 0.20$	kV	$V_穿 \geqslant 1.3$
		$\delta = 0.40$	kV	$V_穿 \geqslant 1.5$
7	介电常数	1GHz		$\varepsilon_r = 2.7 \pm 0.1$
8	介质损耗角正切值	1GHz		$tg\delta \leqslant 2 \sim 5 \times 10^{-4}$

G2-2 国外微波基板材料

附表 G-4 简单介绍 Arlon、Rogers、Taconic 等公司的微波基板材料的基本指标。附表 G-5 为微波电路中可能遇到的其他材料特性。详细特性及规格请关注相关网站。

附表 G-4 Arlon、Rogers、Taconic 等公司的微波基板材料的基本指标

公司及产品型号	相对介电常数	相对磁导率	体电导率	介质损耗角正切	磁损耗角正切	磁饱和率
Arlon 25FR	3.43	1	0	0.0035	0	0
Arlon 25N	3.28	1	0	0.0024	0	0
Arlon AD 250	2.5	1	0	0.003	0	0
Arlon AD 270	2.7	1	0	0.003	0	0
Arlon AD 295	2.95	1	0	0.003	0	0
Arlon AD 300	3	1	0	0.003	0	0
Arlon AD 320	3.2	1	0	0.003	0	0
Arlon AD 360	3.6	1	0	0.003	0	0
Arlon AD 1000	10	1	0	0.0035	0	0
Arlon AD 350	3.5	1	0	0.026	0	0
Arlon AD 450	4.5	1	0	0.0026	0	0
Arlon AD 600	6	1	0	0.0035	0	0
Arlon CLTE/LC	2.94	1	0	0.0025	0	0
Arlon CuClad 217	2.17	1	0	0.0009	0	0
Arlon CuClad 233	2.33	1	0	0.0013	0	0
Arlon CuClad 250GT	2.55	1	0	0.001	0	0
Arlon CuClad 250GX	2.5	1	0	0.0022	0	0
Arlon DiClad 522	2.5	1	0	0.001	0	0
Arlon DiClad 527	2.5	1	0	0.0022	0	0

续表

公司及产品型号	相对介电常数	相对磁导率	体电导率	介质损耗角正切	磁损耗角正切	磁饱和率
Arlon DiClad 870	2.33	1	0	0.0013	0	0
Arlon DiClad 880	2.2	1	0	0.0009	0	0
Arlon DiClad 917	2.17	1	0	0.001	0	0
Arlon DiClad 933	2.33	1	0	0.0014	0	0
Rogers R03003	3	1	0	0.0013	0	0
Rogers R03006	6.15	1	0	0.0025	0	0
Rogers R03010	10.2	1	0	0.0035	0	0
Rogers R03203	3.02	1	0	0.0016	0	0
Rogers R03210	10.2	1	0	0.003	0	0
Rogers R04003	3.55	1	0	0.0027	0	0
Rogers R04232	3.2	1	0	0.0018	0	0
Rogers R04350	3.66	1	0	0.004	0	0
Rogers RT/duroid 5870	2.33	1	0	0.0012	0	0
Rogers RT/duroid 5880	2.2	1	0	0.0009	0	0
Rogers RT/duroid 6002	2.94	1	0	0.0012	0	0
Rogers RT/duroid 6006	6.15	1	0	0.0019	0	0
Rogers RT/duroid 6010/6010LM	10.2	1	0	0.0023	0	0
Rogers TMM 10	9.2	1	0	0.0022	0	0
Rogers TMM 10i	9.8	1	0	0.002	0	0
Rogers TMM 3	3.27	1	0	0.002	0	0
Rogers TMM 4	4.5	1	0	0.002	0	0
Rogers TMM 6	6	1	0	0.0023	0	0
Rogers Ultralam 1250	2.5	1	0	0.0015	0	0
Rogers Ultralam 1300	3	1	0	0.003	0	0
Rogers Ultralam 2000	2.5	1	0	0.0019	0	0
Rogers Ultralam 1217	2.17	1	0	0.0009	0	0
Taconic CER-10	10	1	0	0.0035	0	0
Taconic CER-30	3	1	0	0.0014	0	0
Taconic CER-35	3.5	1	0	0.0018	0	0
Taconic CER-60	6.15	1	0	0.0028	0	0
Taconic TLC	3.2	1	0	0.003	0	0
Taconic TLE	2.95	1	0	0.0028	0	0
Taconic TLT	2.55	1	0	0.0006	0	0
Taconic TLX	2.55	1	0	0.0019	0	0
Taconic TLY	2.2	1	0	0.0009	0	0

续表

公司及产品型号	相对介电常数	相对磁导率	体电导率	介质损耗角正切	磁损耗角正切	磁饱和率
Nelco N4000-13	3.5	1	0	0.012	0	0
Nelco N4000-13 SI	3.4	1	0	0.01	0	0
Neltec NH9294	2.94	1	0	0.0025	0	0
Neltec NH9300	3	1	0	0.0023	0	0
Neltec NH9320	3.2	1	0	0.0024	0	0
Neltec NH9338	3.38	1	0	0.003	0	0
Neltec NH9348	3.48	1	0	0.003	0	0
Neltec NH9350	3.5	1	0	0.003	0	0
Neltec NX9240	2.4	1	0	0.0016	0	0
Neltec NX9245(IM)	2.45	1	0	0.0016	0	0
Neltec NX9294	2.94	1	0	0.0022	0	0
Neltec NX9300(IM)	3	1	0	0.0023	0	0
Neltec NX9320(IM)	3.2	1	0	0.0025	0	0
Neltec NY9208(IM)	2.08	1	0	0.006	0	0
Neltec NY9217(IM)	2.17	1	0	0.008	0	0
Neltec NY9220(IM)	2.2	1	0	0.009	0	0
Neltec NY9233(IM)	2.33	1	0	0.0011	0	0
Neltec NY9250(IM)	2.5	1	0	0.0016	0	0
Neltec NY9255(IM)	2.55	1	0	0.0018	0	0
Neltec NY9260(IM)	2.6	1	0	0.002	0	0

附表 G-5　微波电路中可能遇到的其他材料特性

材　料	相对介电常数	相对磁导率	体电导率 /(S/m)	介质损耗角正切	磁损耗角正切	磁饱和率
空气	1.0006	1.0000004	0	0	0	0
三氧化二铝陶瓷	9.8	1	0	0	0	0
92%氧化铝	9.2	1	0	0.008	0	0
96%氧化铝	9.4	1	0	0.006	0	0
乙基纤维素氧化铝	1	1.000021	36000000	0	0	0
乙基纤维素2号氧化铝	1	1.000021	33000000	0	0	0
酚醛塑料	4.8	1	1E—009	0.002	0	0
苯并环丁烯	2.6	1	0	0	0	0
铍	1	1.00000079	25000000	0	0	0
黄铜	1	1	15000000	0	0	0
青铜	1	1	10000000	0	0	0

材　料	相对介电常数	相对磁导率	体电导率/(S/m)	介质损耗角正切	磁损耗角正切	磁饱和率
铸造生铁	1	60	1500000	0	0	0
铬	1	1	7600000	0	0	0
钴	1	250	10000000	0	0	0
铜	1	0.999991	58000000	0	0	0
康宁玻璃	5.75	1	0	0	0	0
氰酸酯	3.8	1	0	0	0	0
金刚石	16.5	1	0	0	0	0
高压合成金刚石	5.7	1	0	0	0	0
铁氧体	12	1000	0.01	0	0	0
环氧玻璃纤维板	4.4	1	0	0.02	0	0
砷化镓	12.9	1	0	0	0	0
玻璃	5.5	1	0	0	0	0
聚四氟乙烯玻璃	2.5	1	0	0.002	0	0
金	1	0.99996	41000000	0	0	0
石墨	1	1	70000	0	0	0
铟	1	1	6440000	0	0	0
铁	1	4000	10300000	0	0	0
铅	1	0.999983	5000000	0	0	0
镁	1	1	22500000	0	0	0
大理石	8.3	1	0	0	0	0
云母	5.7	1	0	0	0	0
环氧树脂胶系列	4.2	1	0	0.02	0	0
钼	1	1	17600000	0	0	0
合金钕铁 30	1	1.0445730167132	625000	0	0	0 gauss
合金钕铁 35	1	1.0997785406	625000	0	0	0 gauss
镍	1	600	14500000	0	0	0
钯	1	1.00082	9300000	0	0	0
氯化聚乙烯	1	1	1E+030	0	0	0
理想导体	1	1	1E+030	0	0	0
铂	1	1	9300000	0	0	0
树脂玻璃	3.4	1	0	0.001	0	0
聚酰胺	4.3	1	0	0.004	0	0
聚酯纤维	3.2	1	0	0.003	0	0
聚乙烯	2.25	1	0	0.001	0	0
聚四氟乙烯树脂	2.1	1	0	0.00045	0	0

续表

材　料	相对介电常数	相对磁导率	体电导率 /(S/m)	介质损耗角正切	磁损耗角正切	磁饱和率
聚酰亚胺-石英	4	1	0	0	0	0
聚苯乙烯	2.6	1	1E—016	0	0	0
瓷	5.7	1	0	0	0	0
石英玻璃	3.78	1	0	0	0	0
铑	1	1	22200000	0	0	0
硬橡胶	3	1	1E—015	0	0	0
蓝宝石	10	1	0	0	0	0
硅	11.9	1	0	0	0	0
二氧化硅	4	1	0	0	0	0
氮化硅	7	1	0	0	0	0
银	1	0.99998	22200000	0	0	0
钐钴 24	1	1.06313817927575	1111111	0	0	0
钐钴 28	1	1.03838895916414	1111111	0	0	0
焊锡	1	1	7000000	0	0	0
不锈钢	1	1	1100000	0	0	0
钽	1	1	6300000	0	0	0
氮化钽	1	1	7400	0	0	0
聚四氟乙烯	2.1	1	0	0.001	0	0
锡	1	1	8670000	0	0	0
钛	1	1.00018	1820000	0	0	0
钨	1	1	1820000	0	0	0
真空	1	1	0	0	0	0
蒸馏水	81	0.999991	0.0002	0	0	0
淡水	81	0.999991	0.01	0	0	0
海水	81	0.999991	4	0	0	0
锌	1	1	16700000		0	0
锆	1	1	24400000		0	0

G3　微波多层印制板简介

高速信号传送的基板材料,有陶瓷材料、玻纤布、聚四氟乙烯及其他热固性树脂等。在所有的树脂中,聚四氟乙烯的介电常数(ε_r)和介质损耗角正切($\tan\delta$)最小,而且耐高低温性和耐老化性能好,最适合于作高频基板材料,是目前采用量最大的微波印制板制造基板材料。

设计师选择材料时,注重的往往是电性能指标、温度稳定性、频率稳定性和热膨胀系数指标。而对微波印制板的制造者来说,更加关注的是微波材料的可加工特性。在微波印制板的制作过程中,钻孔、孔金属化前的活化处理、金属化孔制作、层压及表面涂敷处理等工序的加工及过程控制,将直接制约着最终微波印制板的质量及可靠性。

在多层微波印制板的制造方面,欧美一些厂家已掌握并实现了多种型号双面微波层压板基材的微波印制板多层化制造技术。包括微波介质基板多层化层压制造、金属化孔互连及埋/盲孔制造、多层微波印制板电装及耐环境保护性阻焊膜制造、多层微波线路表面电镀镍金以及多层微波印制基板的三维数控铣加工等制造技术。

1. 微波覆铜箔板材料的特性

在目前微波多层板的设计和制造过程中,选用较多的是介电常数为 2.94 的聚四氟乙烯覆铜箔板材料。由于制造工艺的实现,需依据不同微波板材的特性,所以通过以下简介,希望给各位一个初步认识。这里着重介绍的是一种陶瓷粉填充、玻璃短纤维增强的聚四氟乙烯(PTFE)微波覆铜箔板材料,通过它的多层化加工,可以实现微波多层印制板的制造。此类材料应用最多的是美国 Rogers 公司生产的 RT/duroid 6002 板材,它具有以下显著特点:

(1) 卓越的高频低损耗特性。
(2) 严格的介电常数和厚度控制。
(3) 极佳的电气和机械性能。
(4) 极低的介电常数热系数。
(5) 与铜相匹配的平面膨胀系数。
(6) 低 Z 轴膨胀。
(7) 低的逸气性,是空间应用的理想材料。

由于具有上述种种优点,目前该种微波高频介质材料广泛应用于以下诸方面:

(1) 相列天线。
(2) 地面和机载雷达系统。
(3) 全球定位系统天线。
(4) 大功率底板。
(5) 高可靠性复杂多层线路。
(6) 商业用航空防撞系统。

此种高频介质板材 RT/duroid 6002 的主要性能,参见附表 G-6。

附表 G-6 RT/duroid 6002 微波印制板材性能一览

性　　能	代表值	单　位	条　件	测试方法
介电常数	2.94±0.04	—	10GHz/23℃	IPC-TM-650 2.5.5.5
损耗因数	0.0012	—	10GHz/23℃	IPC-TM-650 2.5.5.5
介电常数热系数	+12	ppm/℃	10GHz/1～100℃	IPC-TM-650 2.5.5.5
体积电阻	106	MΩ·cm	COND A	ASTM D257
表面电阻	107	MΩ	COND A	ASTM D257
抗张模量	828	MPa	23℃	ASTM D638
压缩模量	2482	MPa		ASTM D638
吸水率	0.1	％	—	IPC-TM-650 2.6.2.1
热传导率	0.60	W/m/K	80℃	ASTM C518
热膨胀系数(X,Y,Z方向)	16,16,24	ppm/℃	10K/min	ASTM D3386
密度	2.1	—	gm/cm³	ASTM D792
比热	0.93	—	J/g/K	
剥离强度	8.9	1bs/in	—	IPC-TM-650 2.4.8

2. 微波印制板多层化制造工艺流程

按照设计的需求,微波多层板的制造可以有多种实现途径。鉴于设计具体需求的差异,可采取各自不同的工艺路线。以下列出的是一种典型微波多层板的制造工艺流程。

(1) 光绘模版及内层图形制作如下:

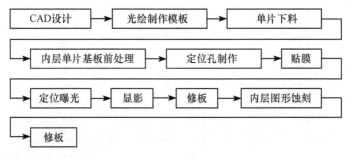

(2) 层压制作及表面涂覆如下:

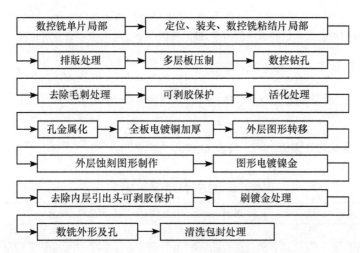

由于微波多层板所需用介质材料的特点,给多层板的实现带来了一系列问题。例如,多层板制造用粘结片的选择、多层微波印制板的层压实现方式以及聚四氟乙烯类微波多层印制板的孔金属化制造前的材料表面活化处理,都将是微波多层印制板工艺所必须加以深入研究的课题。下面简单加以介绍。

G3-1　微波印制板多层化制造的粘结片选择

无论何种形式多层板的制造实现技术,基本离不开层压实现所发挥重要作用的粘结片材料。目前,包括美国 Rogers、Arlon 和 Taconic 公司在内,均有针对其不同类型微波介质基板材料,实现多层板制造的半固化片材料提供。除此以外,尚有多家公司提供的半固化片材料,可用于层压制造,现将各公司半固化片情况综合列于附表 G-7。

附表 G-7　半固化片性能一览

半固化片名称	介电常数/10GHz	损耗因数/10GHz	Tg/℃	公　司
RO4403	3.17	0.0050	—	Rogers
RO4450B	3.54	0.0040	—	Rogers

半固化片名称	介电常数/10GHz	损耗因数/10GHz	Tg/℃	公　司
25N	3.38	0.0025	—	Arlon
25FR	3.58	0.0035	—	Arlon
CuClad6250	2.32	0.0013	—	Arlon
CuClad6700	2.35	0.0025	—	Arlon
FV6700	2.35	0.0025	—	Neltec
TacBond HT1.5	2.35	0.0025	—	Taconic
Speedboard C	2.60	0.0036	220	Gore
R/Flex3908	2.90	0.0020	280	Rogers
CLTE-P	2.94	0.0025	—	Arlon
Speedboard N	3.00	—	140	Gore
R03001	2.28	0.0030	176	Rogers
TacPreg/TacBond	3.20	0.0022	—	Taconic

从附表 G-7 所列粘结片材料来看,微波多层印制电路板的制造较为复杂。由于各类型粘结片的特性差异,在选用过程中会出现这样那样的困难,最终将需一个持续探索和研究的过程。

G3-2　微波印制板多层化制造的层压控制

由于粘结片选用类型的差异,相应层压制造工艺,将会有所区别。这里将选用几种粘结片材料的工艺,供参考。

1. 半固化片 25FR 层压工艺(附表 G-8)

附表 G-8　层压过程温度记录(25FR)

时间/min	温度/℃	时间/min	温度/℃	时间/min	温度/℃
0	24	16	63	32	106
1	25	17	66	33	108
2	25	18	70	34	110
3	26	19	75	35	112
4	27	20	79	36	114
5	28	21	83	37	117
6	29	22	86	38	119
7	31	23	89	39	122
8	33	24	92	40	125
9	36	25	95	41	127
10	39	26	97	42	130
11	42	27	99	43	133
12	45	28	100	44	135
13	49	29	101	45	138
14	54	30	103	46	140
15	58	31	104	47	142

续表

时间/min	温度/℃	时间/min	温度/℃	时间/min	温度/℃
48	144	56	157	64	170
49	146	57	159	65	172
50	147	58	161	66	173
51	149	59	162	67	175
52	151	60	164	68	177
53	152	61	165	69	178
54	154	62	167	70	180
55	156	63	168		

2. 半固化片 SpeedBoard C 低 Tg 层压工艺(附表 G-9)

附表 G-9　层压过程温度记录(SpeedBoard C)

时间/min	温度/℃	时间/min	温度/℃	时间/min	温度/℃
0	24	26	104	52	160
1	24	27	107	53	161
2	24	28	110	54	162
3	24	29	113	55	163
4	25	30	117	56	164
5	25	31	120	57	165
6	27	32	123	58	165
7	28	33	126	59	166
8	29	34	129	60	167
9	32	35	131	61	167
10	34	36	134	62	168
11	37	37	136	63	168
12	40	38	138	64	169
13	43	39	140	65	169
14	47	40	143	66	170
15	51	41	145	67	170
16	56	42	146	68	170
17	62	43	148	69	171
18	66	44	150	70	171
19	71	45	151	71	172
20	76	46	153	72	172
21	82	47	154	73	173
22	88	48	156	74	173
23	93	49	157	75	174
24	98	50	158	76	174
25	101	51	159	77	175

3. 半固化片 R04450B 层压工艺（附表 G-10）

附表 G-10　层压过程温度记录（R04450B）

时间/min	温度/℃	时间/min	温度/℃	时间/min	温度/℃
0	19	25	96	50	152
1	19	26	98	51	154
2	20	27	101	52	156
3	21	28	102	53	157
4	22	29	105	54	159
5	23	30	106	55	160
6	24	31	108	56	161
7	26	32	110	57	162
8	29	33	111	58	163
9	32	34	113	59	165
10	36	35	115	60	166
11	40	36	118	61	167
12	45	37	121	62	167
13	50	38	124	63	168
14	56	39	126	64	169
15	60	40	129	65	170
16	65	41	131	66	172
17	69	42	134	67	172
18	73	43	137	68	173
19	77	44	139	69	174
20	81	45	141	70	174
21	85	46	143	71	175
22	88	47	146	72	175
23	91	48	148		
24	94	49	150		

G3-3　孔金属化制造前材料表面活化问题

由于聚四氟乙烯材料的憎水性及其表面能很低的特性,其印制板孔金属化不同于常规的印制板,对它进行孔金属化和电镀是很困难的。而金属化孔质量的好坏直接影响多层微波基板的质量。

对于聚四氟乙烯高频多层印制电路板的孔金属化制造,其最大的难点是化学沉铜前的活化前处理,也是最为关键的一步。

有多种方法可用于化学沉铜前处理,但总结起来,能达到保证产品质量并适合于批量生产的,主要有以下两种方法:

1. 化学处理法

金属钠和萘与非水溶剂(如四氢呋喃或乙二醇二甲醚等溶液)内反应,形成一种萘钠络合物。各组分之配比请参见附表 G-11。该钠萘处理液能使孔内之聚四氟乙烯表层原子受到浸蚀,从而达到润湿孔壁的目的。此为经典成功的方法,效果良好,质量稳定。

附表 G-11　钠萘处理液各组分配比示例

药品名称	份　额	药品名称	份　额
金属钠	2.3g	乙二醇二甲醚	100ml
萘	12.8g		

世事无绝对,凡事都要采取一分为二的态度。对于此种聚四氟乙烯钠萘处理液来说,也有其制备、使用和储存方面不易的一面,简述如下。

(1) 该种聚四氟乙烯钠萘处理液的制备反应,属非水溶剂化反应(类似于有机合成的格氏反应)。对于具备一定化学合成经验的专业技术人员来说,尚不能保证每次合成的成功率。对于不具备此类水平的人员来讲,实现该处理液的配制,较为困难。

(2) 由上可知,制备前对反应瓶的去水烘干处理很重要。

(3) 上述反应,需在氮气的保护下进行。因此,对反应装置的搭建,需进行一定的考虑,并善于进行总结。

(4) 该反应过程中会产生一定的热量,此反应成功之关键之一,是确保反应过程药液温度需低于5℃。可通过冰浴或冰盐浴来实现。

(5) 作为反应主要成分的金属钠,易燃,危险性大。一方面需专人管理,另一方面在反应前需对其进行小块化处理。只有这样,才能确保该种聚四氟乙烯钠萘处理液的成功合成。然而,金属钠原料质量的好坏,直接关系到最终结果的成败。

(6) 对于钠萘处理液来讲,其毒性大,且保质期较短,应根据生产情况进行配制。不用时,选用棕色细口瓶进行密闭保存。此外,采用该处理液对聚四氟乙烯进行孔壁作用后,可将其及时倒回棕色瓶内,留作下回再次使用。

2. 等离子体处理法(PLASMA)

等离子体是指像紫色光、霓虹灯光一样的光,也有称其为物质的第四相态。等离子体相态是由于原子中激化的电子和分子无序运动的状态,所以具有相当高的能量。

1) 机理

在真空室内部的气体分子里施加能量(如电能),由加速电子的冲撞,使分子、原子的最外层电子被激化,并生成离子,或反应性高的自由基。

如此产生的离子、自由基被连续的冲撞和受电场作用力而加速,使它与材料表面碰撞,并破坏数微米范围以内的分子键,诱导削减一定厚度,生成凹凸表面,同时形成气体成分的官能团等表面的物理、化学变化,提高镀铜粘结力、除污等作用。

上述等离子体处理常用的气体有氧气、氮气和四氟化碳气。下面通过由氧气和四氟化碳气所组成的混合气体,举例说明等离子体处理的机理。

2) 用途

(1) 凹蚀/去孔壁树脂沾污。

(2) 提高表面润湿性(聚四氟乙烯表面活化处理)。

(3) 采用激光钻孔之盲孔内碳的处理。

(4) 改变内层表面形态和润湿性,提高层间结合力。

(5) 去除抗蚀剂和阻焊膜残留。

3) 举例

(1) 纯聚四氟乙烯材料的活化处理。

对于纯聚四氟乙烯材料的活化处理,是采用单步活化通孔工艺。所用气体绝大部分是氢气和氮气的组合。

待处理板无需加热,因为聚四氟乙烯被处理成活性,润湿性有所增加。真空室一旦达到操作压力,启用工作气体和射频电源。

大多数纯聚四氟乙烯板的处理仅需约 20min。然而,由于聚四氟乙烯材料的复原性能(回复到不润湿表面状态),化学沉铜的孔金属化处理需在经等离子体处理后的 48h 内完成。

(2) 含填料聚四氟乙烯材料的活化处理。

对于含填料的聚四氟乙烯材料制造的印制电路板(如不规则的玻璃微纤维、玻璃编织增强和陶瓷填充的聚四氟乙烯复合物),需两步处理。

第一步,清洁和微蚀填料。该步典型的操作气体为四氟化碳气、氧气和氮气。

第二步,等同于前述纯聚四氟乙烯材料表面活化处理所采用的一步法工艺。

结　　论

各类通信用特种印制板之一的微波印制板,尤其是聚四氟乙烯类微波材料的运用,在原有对印制板的单、双面制造要求的基础上,逐渐向微波多层化电路板制造方向迈进。这种微波多层印制电路板有别于传统意义上的多层印制板,由于其层压制造的特殊性,除了微波多层板粘结材料的选择、微波多层板的层压制造以及微波多层板的孔金属化前活化处理,必须认真研究对待以外,对层间重合精度、图形制作精度、层间介质层厚度一致性、镀层均匀性及涂覆类型,也提出了更为苛刻的要求。

进入 21 世纪以来,无论是各类微波多层印制板的设计需求数量,还是制造工艺要求质量,都在迅速发展之中。由于其独特的产品特征,在电子、通信、汽车、军事、计算机等领域中将大显身手,未来的应用会越来越广泛。

(参阅 http://www.pcbcity.com.cn/pcbinfo/articles/2009-12/)